人工智能往事

THIS COULD BE IMPORTANT

精英、文化与思维

My Life and Times with the Artificial Intelligentsia

[美] 帕梅拉·麦考黛克（Pamela McCorduck）——著

虞晶怡 杨丽凤——译

格致出版社 上海人民出版社

推荐序一

江绵恒 *

20 世纪 80 年代初期，我曾参与翻译出版过《第二次计算机革命和第五代计算机》一书，原著作者之一便是帕梅拉·麦考黛克女士，另一位作者是图灵奖获得者、斯坦福大学荣休教授费根鲍姆先生。2020 年，此书中文版再版（为何再版 40 年前的书请见我为该书中文版新版即《第五代：人工智能与日本计算机对世界的挑战》写的译者序），并请两位作者为中文版再版写了序言。

帕梅拉·麦考黛克女士并不是计算机科学家，而是一位作家，但是她从人工智能的概念出现伊始，就一直关注这一领域的发展，并与许多这一领域的前辈科学家和后来者保持着友谊，《人工智能往事：精英、文化与思维》（以下简称《人工智能往事》）一书便是记录了人工智能领域发展历程背后的那些鲜活的人和事。

人工智能虽然在近年来被广泛提及，但它其实并不是一个新概念。1956 年夏天在美国达特茅斯学院（Dartmouth College）召开的研讨会上，赫伯特·西蒙（Herbert Simon）、约翰·麦卡锡（John McCarthy）、马文·明斯基

* 江绵恒，中国科学院原副院长，上海科技大学校长。

（Marvin Minsky）、艾伦·纽厄尔（Allen Newell）以及克劳德·香农（Claude Shannon）等数十位科学家聚集在一起，首次就“如何让机器拥有类人的智能”这一议题提出了“人工智能”这一概念。《人工智能往事》一书的重要看点之一，便是其从见证者的角度用人物叙述的手法生动地记录了这一群人工智能奠基者的理念、创造、故事与人生。这群科学家凭借着梦想、智慧及努力早在70年前就开始构筑人工智能的宏伟目标。

但是在近70年的时间里，人工智能一路的发展并不一帆风顺。对于人工智能发展的愿景及作用，质疑者从不缺席。科学家之间的学术偏见以及一些阶段里研究者有意无意的各自为营、缺乏合作，也导致了人工智能在发展的过程中不止一次陷入低谷。但每一次低谷又为下一次高峰打下了坚实的基础。因此，我们唯有了解和尊重每个历史阶段铺路石的作用，才能真正了解人工智能的发展历程，才能展望未来人工智能究竟如何为人类社会增添福祉。

人类文明的演进经历了农业革命和工业革命，对应于社会形态从农业社会到工业社会；现在公认的说法是人类正向信息社会迈进，这一进化的推动力或许可以被称为信息革命，而信息革命赖以形成的基础是信息科学与技术的不断发展和创新。由于人工智能是信息科学与技术创新发展的核心之一，它在信息革命进程中所能发挥的历史作用是不言而喻的。

特别需要指出的是，不同技术革命的时间尺度是大不相同的；农业革命以万年为单位，工业革命以百年为单位，而信息科学与技术对当今社会各个方面的改变，可以说以十年来计算。农业社会的人终其一生不会感受到农业的进步，工业社会出生的人，一生可以经历飞机的发明和人类登月的成功，如今祖孙三代可以同时经历信息技术给生活和工作方式带来的改变（这大概不需要举例），而人工智能近20年所取得的重大进展（也不一一举例）更是说明了这一点。

但是人工智能未来发展的制约，个人认为主要不是技术上的，而是世界各国历史发展阶段不平衡所造成的。马克思在《〈政治经济学批判〉序言》中有一段话："无论哪一个社会形态，在它所容纳的全部生产力发挥出来以前，是决不会灭亡的；而新的更高的生产关系，在它的物质存在条件在旧社会的胎胞里成熟以前，是决不会出现的。"因此当世界80%的人口仍处于欠发达的社会发展阶段，人工智能技术的发展和成果要从少数人（主要是经济发达国家）的专利变为全社会财富的源泉，还要经过很长的历史过程。

回望中国改革开放40多年，经济社会发展取得了举世瞩目的巨大成就，占世界人口20%的人民摆脱了贫困，进入了小康，中国成为世界第二大经济体。但是中国经济社会的发展还没有完全完成农业化向工业化转变的历史进程。因此中国特色的发展是农业现代化和工业现代化及信息化发展并举，而人工智能技术的发展已经在各行各业的发展中形成自身和赋能的胎胞。我们有理由相信，随着国家市场经济的不断发达，对教育和科技的不断投入，法律法规的不断完善，伦理道德的不断提高，全社会的不断进步，人工智能在中国发展的天地一定会越来越广阔。

回望《人工智能往事》一书中帕梅拉笔下的人工智能先驱们，他们有血有肉，有性格有梦想。他们中的很多人，在帕梅拉开始撰写此书时还都是初出茅庐的年轻人，但他们敢于拥抱不确定、不完美，甚至焦虑。这让我想到建校才10年的上海科技大学，建校时上科大的教授们平均年龄还不到30岁。但这一群充满朝气、敢想敢做的年轻人，勇敢地追求着那些暂时无法被名、利、"帽子"所衡量的价值，撑起了上科大学生培养和科学研究的重任。祝愿他们能像人工智能的先驱们一样，永远坚持自己的信仰，坚守自己的价值，用耐心和毅力拥抱美好的未来。

2023年春于上海科技大学

推荐序二

爱德华·费根鲍姆*

帕梅拉·麦考黛克的回忆录向我们讲述了她与“人工智能”这一新学科的科学家之间的友谊和过往；此外，回忆录里还记载了她与一些重要的作家和人文学者之间的故事。她想成为连接所谓的“两种文化”(科学和人文)的桥梁。稍后在这篇序言中，我会讲述更多关于这“两种文化”以及帕梅拉在其中所担任的角色。

但首先，我想谈谈这本回忆录出色的写作和绝妙的故事叙述。为什么这本书这么好？因为帕梅拉既是一位优秀的小说家，也是一位涉猎不同主题(例如女权主义、艺术家、计算机、日本科技等)的非虚构类文学作家。

帕梅拉在她的回忆录出版大约一年后去世，享年81岁。整个美国人工智能领域的社群都为她的逝世感到悲痛。随着人工智能迅速进入大众的视野，她对此一定还有很多话想说。可惜，她没有时间去讲述更多了。

她的回忆录会告诉你，她是谁。帕梅拉出生在那个正经受德国轰炸机从空中往下扫荡的英国，她和家人在战火中生存了下来并移民到了美国。她明

---

* 爱德华·费根鲍姆(Edward Feigenbaum)，图灵奖得主、人工智能研究先驱、斯坦福大学计算机科学 Kumagai 名誉教授。

智地选择了到加州大学伯克利分校的英语系开始自己的大学生涯（注意她是从人文学科开始的）。在当时，她并没有预想到自己将会与科学和科学家们打交道，尤其没有预想到这是一群研究新兴的人工智能科学的科学家。

帕梅拉在19岁那年获得了她的第一个学位（英语），并积极寻找她大学毕业后的第一份工作。恰好当时，我和我的同事朱利安·费尔德曼教授正在寻找这样一位优秀的年轻人来帮助我们汇集并出版如今已成为经典著作的《计算机与思维》。就这样，因为幸运，我们找到了彼此。

帕梅拉为费尔德曼和我做了两件事。首先，她在准备出版《计算机与思维》的手稿方面具有很强的自主性，并且做得非常好。其次，她试图理解这份早期人工智能材料的内容。也就是说，她不仅被这些材料的内容和想法深深吸引，还开始将自己视为可能让科学家与人文学者之间相互理解、相互沟通的“桥梁”。

1965年，我从加州大学伯克利分校搬到了斯坦福大学，承担了非常重要的工作；同时，我还开启了人工智能领域的一个新的分支（这个分支后来被称为“专家系统”或者“基于知识系统”）。我需要一名执行助理帮我负责管理工作。所以我打电话给帕梅拉，问她是否想从事这份工作，她接受了。两年后，她在纽约哥伦比亚大学继续她的英语写作与文学的求学生涯，获得了她的第二个英语学位。

帕梅拉结婚了，好运也随之而来。她的丈夫成为卡内基梅隆大学计算机科学系系主任。卡内基梅隆大学的今天就像1972年一样，以出色的人工智能工作而闻名于世。帕梅拉也在那时成为附近匹兹堡大学的教员。

这使她与几位才华横溢的科学家，尤其是三位天才之星建立了密切的联系。其中两人——赫伯特·西蒙和艾伦·纽厄尔——被认为是人工智能的联合创始人。第三位是拉吉·雷迪，他是“语音理解之父”，也是一位伟大的机器人工程师。西蒙是20世纪最伟大的思想家之一，他因在人类思维的人工智能模型方面所做的工作而获得了诺贝尔经济学奖。帕梅拉在她的回忆录中对这三位才华横溢的天才以及斯坦福大学和麻省理工学院的科学家进行了深入的描写。

之后，帕梅拉的丈夫搬到纽约，创办了哥伦比亚大学计算机科学系。与此同时，帕梅拉将她的教学技能从匹兹堡大学带到了哥伦比亚大学。在新环境中，她有充足的时间开展新项目。我邀请她一起写作一本关于日本国家第五代计算机计划的书，也就是在那时，我们开始寻求关于人工智能科学和工程发展的崇高目标，以及人工智能在整个社会的广泛应用。我们完美的合作促成了《第五代》一书，它讲述了日本的人工智能对世界的挑战。

这本书有中文译本。它使得几个国家的政策发生变化，也改变了一些头部大公司的研究投入。

帕梅拉撰写或与人合著了其他几本关于计算机作为通用机器的书籍、"专家系统"的系列成功史（与我和仁井彭妮合著），以及一本关于美国新墨西哥州圣达菲研究所的科学家的小说（虚构小说），圣达菲研究所主要研究复杂性科学。

这篇序言特别关注的，也是帕梅拉职业生涯中最核心的主题，是她的一本关于英国艺术家哈罗德·科恩的生平、个性、思想和艺术作品的书——《亚伦代码》。科恩在他所谓的"抽象表现主义"的杰出艺术生涯之后，转向学习人工智能技术及语言，建立了一个具有深刻洞察力的人工智能认知模型（当然是在计算机程序中），并将其扩展以制作能在世界范围内展出的有趣且重要的艺术品。

哈罗德·科恩的故事代表了在"两种文化"（科学和人文）之间架起桥梁的故事的精髓。

"两种文化"的概念起源于20世纪50年代的C.P.斯诺——一位科学家，同时也是小说家。他对"两种文化"之间的巨大鸿沟感到绝望。还在大学学习时，帕梅拉就听过斯诺关于这个主题的演讲。

帕梅拉对这个鸿沟敏感而警觉，并设定了人生方向，想尽自己所能来帮助缩小“两种文化”之间的差距。尽管她希望通过写书和讲课去努力实现这一点，但她在这个过程中走的每一步都遇到阻力（主要来自人文学科）。“这可能很重要”，这就是她几十年来对她在人文学科的同事所说的有关计算机科学，尤其是与人工智能有关的话。

最后，帕梅拉赢了。她幸运地可以在有生之年看到胜利的第一阶段。现如今讨论最多、最“热门”、触及人类生活方方面面的话题是人工智能的新程序和新设备，以及它们在每个人日常生活中的广泛存在。

2022年12月于斯坦福大学

译者序

虞晶怡

初识帕梅拉·麦考黛克源于读她与费根鲍姆共同撰写的《第五代：人工智能与日本计算机对世界的挑战》(以下简称《第五代》)，该书详细介绍了日本在20世纪后期试图在并行计算上赶超美国所做出的努力。这些努力在技术上实现了巨大的突破，但由于技术路径、编程语言、体系结构等各方面的原因，这些技术的突破并没有转化为商业上的成功，反而被快速迭代的单核处理器（例如Intel x86架构）轻松超越。但是日本在并行计算上的勇敢探索为今天基于多核处理器的AI计算框架奠定了基础。帕梅拉作为一个知名作家，大胆与计算机领域的顶尖学者费根鲍姆合著《第五代》一书，成功为大众介绍了这段值得深思的历史，堪称人文与科技合作的佳话。

很明显，帕梅拉并不满足于介绍这段历史的前因后果。她敏锐地意识到，在冰冷的机柜、枯燥的代码、干涩的算法后面是一个个鲜活的、极其有个性的人。《人工智能往事》这本回忆录就是为了记述人工智能发展历程中的"思想传承和人物个性"而生，而非对人工智能的发展进行系统的技术分析。帕梅拉希望通过记述更多关于人工智能先驱的故事来告诉我们人工智能的主体是人而非机器。很多时候，关于人工智能的思考在本质上是关于人的思考。

有什么样的人，就会有什么样的人工智能。许多人工智能先驱，比如赫伯特·西蒙，他们是受人敬仰的科学巨匠，但同时也是有血有肉、有快乐有悲伤的个体。事实上，在帕梅拉和他们的交流中我们了解到，这些巨匠也时常不被认可，甚至遭到冷落。然而，他们之所以能够成为现如今 AI 浪潮的奠基人，是因为他们对科学的执着、对未来的信仰、对人类的期望。这让我想起十多年前的杨乐昆（Yann LeCun）。他倡导的深度学习框架一度不受认可甚至被质疑。他也曾经愤愤不平，乃至宣誓不再向计算机视觉顶级会议 CVPR* 投稿。但他对于科学的执着却从未减少。由于他和约书亚·本吉奥（Yoshua Bengio）、杰弗里·辛顿（Geoffrey Hinton）的坚持，深度学习终于成为本次 AI 浪潮的核心范式。这些精彩的灵魂，不正告诉我们，AI 的背后是一个个鲜活的人——AI 因人而生，也应为人而进化、进步。人工智能的发展和人本身的发展将不可避免地共进退。

我和杨丽凤老师是第一次翻译如此长篇的作品。这对我来说是一次非常好的实践，它帮助我更好地思考人工智能技术及产品在开发和应用过程中可能会遇到的挑战，尤其是它与人的关系。这本书非常特别：作者帕梅拉·麦考黛克本科毕业于加州大学伯克利分校英语系，之后在哥伦比亚大学的写作班接受写作训练。也就是说，帕梅拉接受的教育植根于人文学科，即她在这本回忆录中所提到的“第一文化”。而这本回忆录记述的是人工智能的发展史及早期重要人物，它们隶属于帕梅拉在书中提到的“第二文化”。这段历史是帕梅拉亲身经历的历史；这些人物是她生命历程中、事业发展里遇到的非常重要的人，包括她的第二任丈夫约瑟夫·特劳布（Joseph Traub，前卡内基梅隆大学计算机科学系系主任、前哥伦比亚大学计算机系系主任）以及人工智能先驱赫伯特·西蒙、艾伦·纽厄尔、约翰·麦卡锡、马文·明斯基、爱

* CVPR 是 IEEE Conference on Computer Vision and Pattern Recognition 的缩写，即 IEEE 国际计算机视觉与模式识别会议。该会议是由 IEEE 举办的计算机视觉和模式识别领域的顶级会议。——编者注

德华·费根鲍姆等。在这本回忆录中，帕梅拉做的一个非常重要的工作是从“第一文化”，即人文的视角审视人工智能作为“第二文化”的发展，同时又从“第二文化”，即理工的视角审视一些人文学者作为“第一文化”的从业人员对人工智能的恐惧和抗拒。这本独特的书，只可能由帕梅拉来写：她的教育和工作背景横跨了人文和理工学科，纵跨了人工智能起步和快速发展的重要阶段。只有她能如此近距离真切地观察、思考并描述“第一文化”和“第二文化”在这段起伏的历史中是如何帮助人工智能更负责任地成长的。

在翻译这本书的过程中，作为独立的“智能体”，我和杨丽凤老师试图依靠我们自己曾接受的教育和训练去感知、识别帕梅拉对人工智能发展史的记录，然后再用我们自己的语言把我们所感知和识别到的东西表达出来。我和杨丽凤老师都不具备帕梅拉的跨学科背景：我研究的是计算机视觉，来自“第二文化”，杨老师研究的是人类经济行为，来自“第一文化”。这让准确地翻译帕梅拉的书变得困难。难上加难的是，帕梅拉出生在英国，曾经在美国的西部、中部、东部深度生活工作过。她写到的一些细节，如果没有相应的文化背景是无法准确捕捉、理解、翻译的。事实上，当我和杨丽凤老师着手翻译此书时，我们曾寄希望于AI翻译器，但很多时候译文与作者的原意相距甚远。不久前OpenAI推出了上知天文下知地理，可以与我们对答自如的ChatGPT——它可以创造性地学习出几乎可以突破图灵测试的回答。但在最需要“信达雅”的地方，这个工具仍然无法很好地掌握翻译。然而这个结论不难理解，因为好的翻译，尤其是这样一本较私人的回忆录，需要基于人对人的全面理解，而每个人又是如此的具体和特别。实现人与人的对齐是人类面对的世纪难题。

但幸好人是社会的动物，人和社会的发展靠的是独立智能体之间的分工、信任、合作，个人无须做到全知全能。我曾在美国西部和东部生活，而杨老师在美国中部。我和杨老师阅读对方的翻译，互相弥补知识的盲区和智能的不足，这本书才得以渐渐成形。其间我们还收到了很多老师同学的帮助，他们用他们的“深度网络”“数据库”“算力”来修正我们的翻译。但无论怎样，我们都不是帕梅拉本人，我们的翻译肯定会有很多错误（包括但不限于跨语言、跨文化、跨学科、跨年代的错误），只能希望读者能多包涵。

提到不可避免的错误，与之相关的是这本书的一个重要主题，即人工智能的利与弊，以及相应的对待人工智能的两种态度：来自“第二文化”的支持和来自“第一文化”的反对或质疑。帕梅拉的观点是非常鲜明的：她非常乐观地支持人工智能的发展，期待人能开发利用不同形态、不同水平的智能。她不认为人工智能必须以人的智能的形式出现。通过发展人工智能，人类可以更好地理解智能，以及人本身，同时能让人工智能更好地服务于人，比如通过开发养老机器人来解决老龄化问题，通过开发医疗程序来解决医疗问题。作为来自第一文化的人，她对第一文化对人工智能的恐惧是不认可的。她认为第一文化对人工智能的恐惧是宗教式的、情绪化的、非理性的。帕梅拉说，人工智能对她而言代表了理性和秩序。相对不理性和失序，人工智能的理性和秩序可能会让她感到更安全。帕梅拉还说，有些第一文化的人认为发展人工智能是一种亵渎，因为人工智能想要模拟人并取代人。但帕梅拉认为发展人工智能与取代人毫无关联，发展人工智能的目的是要帮助人，让这个世界变得更好。

帕梅拉对人工智能的乐观并不是无限度的。这一点我们可以从她的行文中，尤其是本书的最后几个章节中看出。近年来，随着人工智能技术的发展和应用，它的弊病也开始显现，比如人工智能技术被滥用于对人的跟踪与监控，比如信息茧房的形成、虚假信息的泛滥和社会的割裂，再比如 AIGC 数据库中本来就存在的偏见以及后续新生成内容对这种偏见的加深等。帕梅拉随之对人工智能的态度也变得有些审慎。但她的观点仍然是乐观的：她认为技术本身没有对错，对错在于人们如何使用技术。作为译者，我们不认可帕梅拉对人文学者的一些过分挖苦。原因在于，新技术出现后，如果只有表扬的声音是不正常的。没有批评，表扬无意义；人文学科的逻辑，和其他学科是一样的，是在批评中建设。近年来，人文学者对人工智能技术的一些担忧正慢慢成为社会的共识。大家普遍认为对新技术的开发与使用应始终保持一个审慎的态度，要时刻警惕它们的边界。

最后我想说的是，这本书的英文名称为“This Could Be Important”，这句话在很多章节中多次出现。帕梅拉用“this”指代了很多东西：首先是她所见证的人工智能发展中的“思想传承和人物个性”。她认为这段历史有记录下来的必要，可以给后人启发；其次是人工智能本身，帕梅拉认为发展人工智能很重要（但技术分析并不是这本回忆录的侧重）。在写人工智能发展史的同时，帕梅拉也在记述女性的社会地位的变迁。“this”也指代女性在信息学科，乃至整个社会中的贡献。帕梅拉在书中提到了一些女性的默默付出和牺牲，比如那些为了支持丈夫的事业而放弃自己的追求、不快乐地生活在匹兹堡的女性，她们包括赫伯特·西蒙的妻子多萝西娅·西蒙（Dorothea Simon）、艾伦·纽厄尔的妻子诺埃尔·纽厄尔（Noël Newell），等等。当然还有帕梅拉自己（但在整体上帕梅拉认为自己和丈夫的关系是平等的，两个人在不同时期都曾做出牺牲或让步以成就对方）。帕梅拉身为女性在人工智能方面的工作长时间不被认可，比如在《第五代》出版后，她和爱德华·费根鲍姆去日本访问，费根鲍姆被当作“special guest”，她却被忽略。一些重要的杂志如《新闻周刊》和《时代》在报道《第五代》时，都将注意力放在费根鲍姆身上，对作为共同作者的帕梅拉只字不提。因此这本回忆录从某种角度讲，是一本女性主义的回忆录，是一个呼唤：社会应该给女性科研工作者更多关注和尊重。这对帕梅拉很重要，对女性很重要，对整个社会也很重要。

我要特别感谢本书的共同译者杨丽凤教授——一位研究人类态度与行为的学者。她比我更了解人。翻译此书时，正值全球新冠疫情的高峰。在将近三个月时间里，我和她一起被封控在学校同一栋宿舍的不同楼层。我一度想要放弃翻译此书，因为当时的悲观让我觉得神乎其神的AI好像也没有什么用，甚至不能解决温饱问题。是杨老师和其他同事、学生的支持和鼓励，让我度过了最困难的时期——我平时不做饭，家里连电饭煲都没有，杨老师把她们家唯一的电饭煲借给了我。封控结束我才知道，杨老师当时正怀着身孕。杨老师的坚韧和执着，让此书得以完成和出版。翻译这本书的过程让我们意识到技术自始至终无法脱离人——技术能否造福人类在于其后的一个个鲜活的人对世界的理解。因此愿此书能让读者们可以更加了解自己，更了解人为什么要发明 AI，更了解什么样的 AI 才能造福人。正如英文书名所示，也许某天某位读者会觉得这本书所探讨的问题是重要的（this might be important），那我们的工夫就没有白费。

2023 年秋于上海科技大学

目　录

╱ 第七部分　为什么称之为光荣呢？

第一部分

两种文化

我相信整个西方社会的知识生活正越来越往两个极端群体分裂：一边是思考类知识分子群体；另一边则是科学家……在这两个群体之间，存在相互理解的鸿沟——有时（尤其是在年轻人中）是敌意和厌恶，但最重要的是缺乏相互理解。

——C. P. 斯诺（C. P. Snow），

“两种文化”，1959 年

/ 第一章 /

生活在指数级的变化中

一

在气候温和的斯坦福大学，阳光明媚，时光荏苒。那是 1965 年一个风和日丽的日子，或许是春天，或许是秋天。经历了倒时差的疲惫，一位世界闻名的苏联计算机科学家造访了斯坦福大学计算机科学系。他就是安德烈·叶尔绍夫（Andrei Yershov），我受邀带领他参观校园。

他特别想看看“医生”（Doctor）的运行情况，这是史上首批交互式计算机程序之一。虽然“医生”被安放在几英里之外的斯坦福人工智能实验室，但在斯坦福大学主校区的波利亚楼二层，研究生们早就通过一台电传打字机实现了与它的远程连接。那是一个摆放在架子上的普通键盘，它可以用来发送和接收信息。通过打字，你可以远程传输信息。接收信息时，键盘的按键会自动逐个按下，如同幽灵一样打字。这台机器没有屏幕，却可以通过物理方式击打一卷纸条，记录交互信息。

叶尔绍夫坐在打字机前，我和研究生们则围在他身边观看。

随着巨大的电流声响迅速地充满整个房间，这台打字机也咔嗒咔嗒地动了起来，并随之弹出一条消息：

“医生”：我是“医生”。下午好。请输入你的名字。

访客照做后，“医生”程序经过一些预备程序热身后，便开始正式运行了。紧接着：

“医生”：今天是什么把你带到了这里来见我呢？

访客：哦，没什么特别的，我只是感到有点累，仅此而已。

“医生”：你为什么认为你感到有点累？

访客：啊，我这段时间出差很频繁，没办法在家里待着。

“医生”：跟我谈谈你的家庭吧。

他们的交谈突然变得亲密起来。我们的访客非常清楚，另一端是一台计算机，而不是一个人。即便如此，他仍然开始分享他对妻子和孩子的担忧，诉说他们分隔两地时在地理和情感上的距离。目睹这样的场景让我们感到尴尬不已。我们努力不去盯着他们看，但却被这样的对话深深地吸引了。这样一台没有个人情感的机器却有着一股特别的魅力，让访问者能打破传统意义上人与人之间交往的一些礼仪禁忌而敞开心扉。如果一个经验丰富的计算机科学家都愿意与这台机器进行这样一场真情外露的对话，全然忘却了身边的观众，那么倘若与这台机器对话的是一个没那么专业的外行人，他又会怎么表现呢？

从 1960 年开始到这件事情发生，我已经在人工智能（artificial intelligence，AI）领域工作了大约五年。就在那一刻，我发现自己的某些方面被瞬间改变了。这一刻不是人工智能参与国际象棋、跳棋，或是证明什么定理、解决什么谜题。这也不是人工智能被应用于任何其他抽象任务。这是人工智能与人在思想上的联系。这是多么不可思议，简直是超现实的。但与此同时，这又是完全真实的，甚至是可解释但却又无法被真正解释的。

有些顿悟常常转瞬即逝。它们会突然出现在你的脑海，又忽然隐匿多年。这一刻的顿悟便是其一。对我来说，这样的顿悟常常在机器向我们展示它的思想的时候发生。我从不认为这样的顿悟是邪恶或者是不恰当的。但我会想到它。我会在接下来的人生中都去思考它。

在那个阳光明媚的下午，我无论如何也想不到，我将会关注人工智能数十年。我已经准备好进行一次旅行，由好奇心驱使，顺着信念，无视悲观者的悲叹和批评家的嘲讽。有时，这条道路似乎把我带进了一个奇怪的、令人不安的世界，进入一个把我所知的一切都颠覆的地方。但最终，我会抵达一个相对宁静和乐观但仍带有严重顾虑的终点站。

在未来，我们每个人都会走过这段旅程。这本书是一份邀请，邀请各位跟上我的脚步。也许当大家知道了有人曾在这条路上跌跌撞撞，这条路会更容易走。我也鼓励对技术细节不太感兴趣的读者从这里跳到下一处谈个人感想的地方。

机器是真的会像人类一样思考，还是只是在假装思考？类似这样的争论和愤怒总是不断出现。而这样令人厌倦的争论常常让我感到非常无聊。用一个行为科学的比喻来论述：尽管鸟类和飞机的运作原理并不完全相同，但它们都在飞行。而这两种不同机制导致的飞行，实际上都是依靠伯努利原理。对于人类大脑的思考和计算机的思考这两者的比较，我感觉也是类似的。除非你是一个认知科学家，专门致力于在人类的认知行为上建模，否则你为什么对机器思考的真实性感到不安？毕竟，如争论者所说，人相对于其他物种的优越性并不是通过人的认知来区分的。当然，当人们把情感甚至愤怒带到这些问题的讨论中时，我也会对他们是否认可自己的论点表示怀疑。在他们看来，如果机器不像我们一样思考，那它们又如何能认同我们的价值观？虽然的确可能是这样，但事实上，人类中有很多人并不会认同“我们”的价值观。我也不确定自己会认同你们的价值观。

二

在距离那个特别的斯坦福大学的下午大约半个世纪以后，在 2011 年的情人节以及其后的两个寒冷夜晚，我又看了一遍古老的人类角斗士与智能机器人展开的对决。这个对决的战场是电视智力竞赛节目《危险边缘》(*Jeopardy!*)。在这个节目中，参赛者需要快速运用大量细微知识，猜出谜语、双关语和笑话，解释模棱两可的语句。站在台上代表人类智慧的是两位智力竞赛达人。两人中间有一个巨大的蓝色的箱子。这个箱子就是由 IBM 团队设计的一个计算机系统：沃森(Watson)。它的标志让我想起了基思·哈林（Keith Haring）的作品《发光的婴儿》(*Radiant Baby*)。

谁会取得胜利呢？人类？还是机器？

当我观看这场比赛时，1965 年在斯坦福大学的那个下午再一次浮现在我的眼前：叶尔绍夫和那台咔嗒咔嗒、呼呼作响的电传打字机。科技进步已经如此神速。此时，我认识了半个多世纪的一小群和善的人挤满了我在曼哈顿的客厅，是他们的努力工作造就了这样的科技进步：赫伯特·西蒙（Herbert Simon)、艾伦·纽厄尔（Allen Newell)、约翰·麦卡锡（John McCarthy）和马文·明斯基(Marvin Minsky)。他们是人工智能的奠基人，都是美国的天才。

在节目开始的第一个晚上，沃森用不太像人类的声音回答了问题[1]，表现勉强领先于人类竞争对手。第二天晚上，本以为人类可能取得胜利，然而并没有。这一次，沃森把它的人类竞争对手打得落花流水。第三天晚上简直是“大扫荡”：沃森以 3∶1 的比分战胜了水平与它最接近的人类竞争对手。我周围的天才们都笑了，我也笑了。

人工智能的成就突然变得广为人知又令人振奋。现在，出现了事故率极低的自动驾驶汽车（以及黑客侵入它们的危险)、可被人脸识别和语音指令激活的电话，还有各种能从根本上改变整个行业（包括法律、金融、医学、科学、工程、娱乐等领域）的智能应用。哦对了，还有间谍领域中的人工智能应用。每天，这样的应用层出不穷。

一个由统计学、数学、逻辑学和亮眼的工程学共同组成的，综合的宏大螺旋星云旋转起来，创造了现代的人工智能。

举个例子，在那接下来的几年里，IBM 的沃森在医学研究、临床应用、商业和金融应用上不断进步。它可以沉着地回答你存疑但尚未提出的问题。2015 年，沃森在纽约市的翠贝卡电影节走上红毯，随时可以成为你的编剧或设计师伙伴。2017 年，沃森在巴西圣保罗的州立艺廊做了几周的艺术指导，直接回答游客关于个人画作的问题。也许没有人会猜到 IBM 与人工智能的关系曾经有多么紧张，但我还记得，所以我又笑了。谷歌公司在朝其他的方向发展，推广自动驾驶汽车、机器阅读和海量文本图像的分析处理；在伦敦，谷歌的母公司 Alphabet 的另一个子公司 DeepMind 同时诞生了国际象棋冠军和围棋世界冠军，这是长期以来被认为不可能的壮举。DeepMind 开发的程序原名叫 AlphaGo，后来更名为 AlphaZero。之所以叫这个名字，是因为一开始时，除了游戏规则外，它是从零学起的。它通过与自己对弈来训练技能，并非接受来自人类的指引而进步。因此，可以说它理解游戏该怎么玩，并且这种理解游戏与以前的游戏程序不同，它没有使用蛮力。DeepMind 联合创始人兼首席执行官德米斯·哈萨比斯（Demis Hassabis）在 2016 年 1 月的一篇博文中提到，围棋中的可能位置比宇宙中的原子还要多，AlphaZero 程序将引领通用的而非专项的人工智能的发展。也许，他说的是对的。

关于国际象棋冠军 AlphaZero，数学家斯蒂芬·斯特拉格茨（Stephen Strogatz）写道："最令人不安的是，AlphaZero 似乎具有洞察力。它的下棋方式是任何计算机都没有的，直观而漂亮，具有浪漫的攻击风格。它玩的是赌博，冒的是风险……大师们从未见过这样的玩法。AlphaZero 拥有艺术大师的细腻，同时拥有机器超人的能量。AlphaZero 让人类第一次看到令人敬畏的新型智能。"（Strogatz，2018）詹姆斯·萨默斯（James Somers）敏锐地描述了人类冠军对 AlphaZero 的反应：先是悲伤、抑郁，最后是接受。"AlphaZero 背后的算法可以推广至任何双人的、完全信息的零和游戏（即不存在隐藏元素的游戏，如扑克中的面朝下的牌）……其核心是一个强大的算法，你可以给它人类最丰富、研究最多的游戏规则，当天，它就可以成为有史以来此类游戏最优秀的玩家。而这其中也许更令人惊讶的是：这个系统的迭代也是迄今为止最简单的。"（Somers，2018）此后，

AlphaZero 在多人游戏方面开始了进一步的发展。

随着 21 世纪第二个十年的结束，每个编辑都对“人工智能”这个名词感到不安，而这个词每天都在广播、报纸、期刊和博客中涌现。2018 年 5 月，就在一周之内，卡内基梅隆大学宣布设立首个人工智能专业的本科学位项目[2]；白宫与各大企业代表举行了关于人工智能未来的高峰会议[3]；《纽约时报》(*The New York Times*）援引谷歌首席执行官桑达尔·皮查伊（Sundar Pichai）的话，“人工智能的进步会推动谷歌更多地反思其围绕人工智能的企业责任”[4]；《纽约客》(*The New Yorker*）刊登了一篇题为“卓越的智能：人工智能的危险是否超过了它的承诺？”(Superior Intelligence：Do the Perils of A.I. Exceed Its Promise?）的文章[5]。而《纽约时报》用整整一个版面来讨论人工智能的伦理问题。[6]

一夜之间，“奇点”的概念，也就是机器有可能变得比它们的创造者更聪明的概念，开始出现得比科幻小说描述的还要多。[7]

西北大学计算机科学教授拉里·伯恩鲍姆（Larry Birnbaum）将人工智能称为“生活在指数级的变化中”。指数型曲线刚开始似乎上升得缓慢，但之后会越来越急剧地攀升，越爬越陡。我们所有人现在都生活在人工智能的指数级发展中。

三

60 年来，我一直生活在指数级发展的人工智能中。我目睹了计算机从蹒跚学步的学徒发展为在跳棋、国际象棋、智力竞赛节目《危险边缘》以及当下极其复杂的围棋中能战胜任何人类的机器。到 2018 年，大约 2/3 的美国成年人已经以智能手机的形式将人工智能装入他们的口袋或手袋。虽然目前只有 15% 的美国家庭拥有 Alexa 或 Echo 等声控智能音箱，但这类人工智能产品的普及速度比智能手机和平板电脑的普及还要快。

更技术性地讲，根据 2017 年的人工智能索引介绍，人工智能在曾经需要人类智能才能完成的任务上比人类做得更好。人工智能在标记图像方面的错误率从 2010 年的 28% 下降到 2016 年的低于 3%，而人类在这项任务中的错误率约为 5%。Switchboard 是一款查找人们的联系信息并将他们联系起来的应用程序，2017 年，语音识别在 Switchboard 这一有限的领域实现了与人类的势均力敌。来自卡内基梅隆大学和阿尔伯塔大学的两个程序，在德州扑克中击败了专家。微软的程序在雅达利 2600 的《吃豆人》游戏中取得了最高分。然而，该索引也承认，如果任务稍有改变，这些程序的冠军地位就会发生动摇。

起初我是一个善意的怀疑论者，但慢慢地，我相信人工智能是不可避免的。自科学革命开始以来的半个多世纪里，如何突破人类的局限已经成为我们集体追逐并为之着迷的愿望。也许，这种痴迷可以追溯到更久以前。在这场变革之初，我们认识到“知识就是力量”。弗朗西斯・培根（Francis Bacon）的这句名言所表述的“力量”能塑造我们的环境、我们的健康、我们的财富，甚至我们的未来。如今，人工智能是这个“力量”的基本组成部分。

尽管早期声誉存疑，但人工智能一开始是为了阐明人类智能的本质，并推动科学家对其他物种的智能进行研究。随着它的发展成熟，该领域开始提出可能同时支配生物界和社会世界的智能原则。当然，感谢人工智能的存在，人类智能所渴望的视野被迅速扩大。人工智能及其同源相邻的认知科学都表明了一件事：如果我们在智能规律的理解这一方面处于前牛顿时代，那么，这些规律可能存在且能够被我们发现。

与此同时，人工智能正在改变一切，其中包括我大学所学的人文学科。到目前为止，各类断言或缺乏深刻意义的表述几乎完全定义了西方传统中的大部分关键问题——什么是思维、记忆、自我、美、爱和伦理？但在人工智能中，问题都必须被精准定义，并必须能在可执行的计算机代码中实现。因此，需要重新审视这些永恒的问题。有些人认为，某种程度上，人类在艺术、人文和哲学方面的成就逐渐削弱。甚至，年近百岁的亨利・基辛格（Henry Kissinger）也宣称，人工智能标志着启蒙运动的结束——这句话有很多理由令人感到不安（Kissinger,

2018）。但我相信，人工智能有助于我们理解，甚至可能更好地回答这些重要问题。

几十年来，像雷·库日韦尔（Ray Kurzweil）这样的工程师、发明家和未来学家，一直在谈论人工智能将以“奇点”的形式迅速地、无法被阻挡地、全方位地来到我们的世界。在2012年《PBS新闻一小时》(PBS NewsHour）同保罗·索尔曼（Paul Solman）的访谈中，库日韦尔说：“在2029年左右，人工智能将达到人类智能水平。按这样的推算，例如到2045年，我们将把人类文明中的智能水平，或者说人类生物机器智能的水平（human biological machine intelligence）提高到如今的10亿倍。”库日韦尔是一个专业的未来学家，表述夸张而富有争议性是他的职责。虽然有时候他承认自己的预测可能会偏离几十年，但他向我们保证，他的预测最终是会实现的。然而，跟库日韦尔的观点相悖的情况也有很多。所以，他的预测是否真的会实现，我们拭目以待。[8]

40多年前，当时在麻省理工学院工作的埃德·弗雷德金（Ed Fredkin）预测：对于成熟的人工智能来说，人类将是无趣的——因此，也许他们会把我们当作宠物。这种可能性在斯派克·琼斯（Spike Jonze）2013年的电影《她》(*Her*）中得到了体现。在这部电影中，人工智能并没有像许多经典故事所描绘的那样试图反抗或征服人类。相反，百无聊赖的人工智能抛弃了人类（让人类渴望这些智慧伙伴能够归来）。

在人工智能早期的几十年里，大多数哲学家仅仅认为它是一种智力游戏、比喻或寓言，以此来证明该技术不是真正的思维。直到最后，哲学家们才开始认真关注它们。2010年，纽约大学的哲学家戴维·查尔莫斯（David Chalmers）提出了一套解决“奇点”问题的合理场景，并邀请世界各地的同事对此做出回应。[9]牛津大学的哲学家和认知科学家尼克·博斯特罗姆（Nick Bostrom）看到了人工智能的可能性和危险性，他断定：成功应对它的挑战，特别是学会控制它，是我们人类这个世纪的基本任务（Bostrom，2014)。哲学家丹尼尔·丹内特（Daniel Dennett）长期以来一直是人工智能的友好观察者和批评者，也是一个对智能问题有深刻思考的人。他能在《从细菌到巴赫，再回到细菌：心智的进化》（*From Bacteria to Bach and Back*：*The Evolution of Minds*）中对整个情况提出奇妙而细微的看法，正是因为他把智能问题放在时代背景中，并将其视为一个伟大整体的局部（Dennett，2017）。[10]

预测人工智能的未来，不仅仅是学者们的事。在接受朱利安·桑克顿（Julian Sancton）的采访时，《纸牌屋》（*House of Cards*）的编剧、开发者和制作人鲍尔·威利蒙（Beau Willimon）说：

> 这就是我听起来完完全全像个疯子的地方。但实际上，我认为，人类只是一个开始。我认为我们已经完成了生物进化阶段。这个过程非常低效。我们花了150亿年才达到现在的水平，但未来仍有150亿年的时间要走。我们是爬出海洋的蝾螈，但却还有比这更超乎我们想象的事情在前方。并且，我不认为是上帝创造了宇宙。我认为上帝是被宇宙计划创造出来的。而我们现在在做的最基本的一些事情就是在教下一个“东西”做到如何想象。接下来，这个“东西”将独立于我们，自主行动。它将提出我们不知道如何提出的问题，它将思考我们没有能力思考的事情，它将体验和感受我们没有能力体验的东西。（Sancton，2014）

这当然仅是一种观点。

“它将提出我们不知道如何提出的问题，它将思考我们没有能力思考的事情，它将体验和感受我们没有能力体验的东西。”是的，我相信，最终这会发生。我们从个人电子设备的角度来考虑人工智能——我的搜索引擎会因为人工智能变得更好，我的车会自动驾驶，我的医生会更好地给我治病，我的奶奶可以安全地独自留在家里养老，最终，机器人还会做家务。但是，人工智能的更大贡献将是全球性的，它将揭示自然环境与人类福祉是如何巧妙地相连。而人工智能的最大贡献也许就在于它在理解和阐明智能规律方面的根本作用。无论智能的表现媒介是什么，是生物体还是机器，都适用这一智能规律。

长期以来，我都很愿意接受类似上述观点。也许是过于乐观了，但我期待有其他更聪明的大脑围绕在身边。（我身边一直有这样的大脑，但他们都以人的样貌出现）我不太担心他们会想要占据我的位置——虽然这件事是以这样一个星球的存在为前提。在博斯特罗姆预测的场景中，这个星球不会完全铺满太阳能电池板，来为统治星球的人工智能提供电力。人类将继续存在，但可能不再会成为主导物种。相反，将来占主导地位的也许是人类的非生物后代。但说真的，这些可怕的未来的景象听起来好似人类已经没有任何主导能力了一样。我们的确是担心的，而且我们也将会看见类似的场景，因为这样的未来已经处于进行时了。

一个简单的搜索（当然是人工智能技术推动的）就可以很迅速地显示我们是如何将人工智能编织在了我们生活的里里外外，让科学的探索与人类的欲望相交织。人工智能甚至完全成为我们生活的必需品。以福岛第一核电站的核灾难为例，没能及时预防灾难的我们，是多么希望做点什么来规避灾难呀！人工智能翱翔、攀爬、栖息于我们的个人设备之上，无论我们是否愿意与他人建立联系，都把我们连接在一起，塑造我们的娱乐方式，甚至给我们的客厅吸尘。

机器人，作为一种可视化的（visible）人工智能［在专业领域内，人们更常使用“具身化”（embodied）这一术语］，占领了我们想象里非常重要的一部分。机器人源自我们的想象。书籍、电影、电视和电子游戏激发了我们对机器人的猜想：当可视化人工智能成为我们的伙伴时，我们的行为会有什么样的改变？它们将引发什么问题？但是，这种可见的化身，不管它们化为人形还是以其他形式出现，都只是人工智能的一种表现形式。非实体的、更抽象的智能，例如谷歌大脑（Google Brain）、AlphaZero和卡内基梅隆大学的Nell[11]，都隐藏在人眼看不见的机器里，傲然俯视人类的极限。它们的影响和意义甚至更为深远。

分布式智能和多智能体软件镶嵌在全世界的电子系统之中，抓取的信息可用于研究、分析、操纵、重新分配、重新呈现，尽可能地被开发利用。最重要的是，这样的信息是人工智能学习的原始材料。人类的知识和决策正迅速从书本和大脑转移到可执行的计算机代码中。但是，合理的警告和深深的恐惧可能比比皆是：以浮于表面的大数据为基础建立起来的算法强化了这些数据所代表的偏见。

你知道你自愿提交的（例如申请驾照时必须提交的）数据正在被收集、整合、营销。这是很糟糕的事情。然而，更糟糕的是，有很多你的网络行为（例如你的网购记录、使用公交系统的记录）等都在你非自愿的情况下被收集、被营利，并窥探着你。恐怖从阴暗面爬了上来：机器人在社交媒体上撒谎、误导人，没有良知的巨魔出没，各种有可能带来不可预见的灾难性后果的应用程序出现了。

位于加州大学圣迭戈分校的加州电信和信息技术研究所创始主任拉里·斯马尔（Larry Smarr）称这种分布式智能和多智能体软件相当于一台全球计算机。几年前，他在发给我的电子邮件中说："人们只是还不明白，能够吸收所有人实时数据的全球人工智能会有怎样的不同。"他补充道，通过共享数据，人工智能的成形已经不是几个 Lisp 的程序员一点点积累的工作成果，而是整个世界都在帮助人工智能以最高速度形成。未来几年，我们将见证深刻的变化。简而言之，人工智能已经围绕在我们的身边。对，就是在如今的我们身旁。

工业化的阅读、理解和问答技术越来越成熟，相应的程序正在被安装到你的个人设备上。这些机器中，有些是以统计方式学习的，另一些则是用与人类学习类似的方法在多个不同时期的层面上学习。它们不需要等待程序员去实现学习，而是在自我教学中完成学习。许多传统公司（如丰田或通用电气）了解到这一点的重要性，正在重塑自己成为具有突出人工智能特点的软件公司。

我对文字、文本理解程序特别感兴趣。这其中的一部分原因是，我自己就是一个做文字、文本工作的人。另一部分原因是，我认为人类之复杂在于我们使用文字的能力，口语或书面语，这也许是将人类智能与其他动物的智能分开的少数能力之一。（制作图像是另一种能力。）当然，其他动物也会相互交流。但是，如果它们的交流其实具有深刻的符号性，那只能说至今我们仍无法理解它们的符号。此外，人类不仅有面对面交流的手段，还有跨时代和跨距离的交流。我们通过口头交流，然后通过图画表现，通过讲述、制图、写作、印刷，通过现在的电子文本和视频，进行交流。

在很长一段时间里，我们是地球上唯一会使用符号的生物。现在，计算机越来越聪明，我们终于有了使用符号的伙伴。一场伟大的对话已经开始。在未来很长一段时间内，这场对话都不会结束。

这本书接下来将讲述在不寻常的半个多世纪里的一个分成很多段的故事。人类如何迈向一个新的时代：一个由我们设计的新智能出现并与我们生活在一起的时代。但这本书是关于人类的，而不是关于机器的。碰巧的是，哪怕人工智能还没有完全成熟，它的到来也与我自己的生活轨迹相平行发展。因此，这是一个与我自己的探索交织而成的伟大科学探索传奇。这是一个科学领域的成长故事，也是一个天真的年轻女子的成长故事——现在她稍微聪明了一些，也明显年长了。

我写了一部日记——现在仍在写——因为我感觉到，我目睹的将是一个重大的事件。[12] 不管是好是坏，所有的东西——社会、医学、交通、通信——都发生了变化。但在很长一段时间里，我一直与严肃的思想家争论，试图告诉他们，它——人工智能——可能是极为重要的。

我提供了一个我自己的故事，个性、友谊、敌意、背景和机会，种种元素都能在这段特殊的故事中找到。要了解人工智能发展的早期年代，仅用抽象概念是行不通的。

注 释

[1] 无论是过去还是现在，技术人员都在争论一个合成的声音应该或可能听起来有多接近“人”的声音。参见 John Markoff（2016，February 15）. An Artificial，Likable Voice. *The New York Times*。关于这些声音的性别问题也引发了更深入的争论：我们是想要一个人们固有印象中卑躬屈膝的女性声音，还是一个男性说教的声音？

[2] 2018 年 10 月，麻省理工学院宣布将投入 10 亿美元支持整个人工智能学院，此举的魄力超过了卡内基梅隆大学仅设立人工智能专业的决定。

[3] Shepardson，David.（2018，May 10）. White House to Hold Artificial Intelligence Meeting with

Companies. Reuters.

[4] Wakabayashi, Daisuke. (2018, May 9). Google Promotes A.I. But Acknowledges Technology's Perils. *The New York Times*.

[5] Friend, Tad. (2018, May 14). Superior Intelligence: Do the Perils of A.I. Exceed Its Promise? *The New Yorker*.

[6] *The New York Times*, "Artificial Intelligence: Ethical AI." March 4, 2019.

[7] 科幻作家弗诺·文奇（Vernor Vinge）经常被认为是最早用这个词来描述智力进化中的这样一个时刻的人，但约翰·冯·诺伊曼（John von Neuman）和斯坦尼斯拉夫·乌兰姆（Stanislaw Ulam）似乎是第一个从数学中借用这个词的人。在纪念冯·诺依曼的致辞中，乌兰姆写道："我和冯·诺依曼曾经对技术和人类生活方式变化的加速进程进行过讨论。这种加速进程将导致某种重要奇点在人类史上出现，在此之后，我们习以为常的人类生存方式将难以为继。" Ulam, Stanislaw. (1958, May). John von Neumann, 1903—1957. *Bulletin of the American Mathematical Society*, 64, 3. 感谢布鲁斯·加雷兹（Bruce Garetz）让我注意到这一点。

[8] 许多人强烈反对这种情况的出现。例如，2016 年的一个人工智能专家小组召开会议审查人工智能的伦理和工具性后果，他们不认为这样的后果会真实发生。《连线》（*Wired*）杂志名誉主编、40 年来的敏锐技术观察者凯文·凯利（Kevin Kelly），不认为这种情况会出现。为《纽约时报》报道硅谷多年的约翰·马尔科夫（John Markoff）也不认为这样的情况会出现。我之后会谈及这个问题。

[9] 查默斯的文章发表在《意识研究杂志》（*Journal of Consciousness Studies*）上。随后在 2012 年的另一期《意识研究杂志》中，许多人对这篇文章进行了回应。参见"The Singularity: Ongoing Debate Part Ⅱ." 19,（7—8）。

[10] 丹尼特和我在思考上几乎总是殊途同归，但他的思考更细致、更深入。我只是往前展望而已。因此我很庆幸可以将这种谨慎、深入的思考任务外包给他。

[11] 在本书中，除了首字母大写外，我不会将大多数程序的缩略词以全大写的方式进行表述。读者没必要读得这么累。

[12] 原始的手写螺旋装订笔记本保存在卡内基梅隆大学亨特图书馆。

/ 第二章 /

强空间感架构下的计算机理性、快思维与慢思维、智能连续体

一

在我的有生之年，一个广阔而优雅的人工智能架构已经有了基础，而它的完成，将需要许多代人的努力。它就像中世纪的大教堂，或者是更伟大的圣索菲亚大教堂，它将是一个神圣智慧的全新圣殿。这个结构将把任何地方发现的智能实例——在大脑、思想或机器中，在细胞、树木或生态系统中——归入一般原则，甚至写入法律。这个架构正在缓慢却又极其精细化地从观察、实验、建模和实例中形成。它已经开始影响并阐明智能的新定义。虽然在智能测试开始一个多世纪后，我们仍然没有找到真正的智能衡量标准，但最终，这个迟来的标准仍将到来。

这一雄心勃勃的新尝试，旨在像牛顿发现运动定律那样，发现智能的定律。在牛顿之前，没有人会特别地注意到公园里的散步，河水、风和潮汐的流动，血液的循环，车轮的滚动，炮弹的轨迹以及行星的运行之间的共同点。然后，牛顿发现了它们在基本层面上潜在的共同规律，而这些规律能够解释这些现象并把它

们都连接在一起。虽然智能的种类可能比上述动态的种类更多，但是，倘若我们能发现各类智能潜在的基本逻辑，这一逻辑将是简单而优雅的，且能够以无限的种类或形式出现。

计算机科学家已经开始把这个结构大厦称为“计算机理性”(computational rationality)，一个融合每一种智能的范式（Gershman et al.，2015）。这个结构的灵感源自一个普遍的共识，即智能不是来自展现它的媒介——无论是生物的还是电子的——而是来自系统中各元素之间的互动方式。当一个系统确定了一个目标（我想去看电影、我需要学习分析几何），开始学习（从老师、训练集、自己或他人的经验中学习），自主前进，并在复杂多变的环境中自我调整，智能就启动了。[1]或者你可以把智能的实体想象成分层的网络。在这样的分层网络中，人类的智能当然是属于最复杂的那一层，特别是以群体为单位的人类智能。

智能有三大核心特征。第一，智能有目标，可以形成观念，并能计划最优的行动去实现这些目标。第二，计算出理想中最优的行动在解决现实世界的问题时可能难以实现，但理性的算法可以让足够好的方案出现（用赫伯特·西蒙的话说，这是“满足基本要求”的方案)。这样的算法可以使计算成本最优化。第三，这些算法可以被理性地嵌入有机物具体的需要中。嵌入可以线下通过工程或者进化设计实现，或是通过元推理机制进行在线调整，从而当即选出特定场景下的最优解（Gershman et al.，2015)。

我们未完成的、事实上只能说刚刚开始的理性计算的大框架在结构上已经十分庞大，并且包罗万象。比如说，生物学家现在可以轻松地从细胞到符号层面谈论认知。神经学家可以辨识人类和动物共有的计算策略。植物学家可以证明树木会互相交流，互相提醒共同敌人的出现（例如树皮甲壳虫）并发出警告（“邻居，激活你的毒素！”)，或是告诫即将成长的小树（“不要长这么快，小树苗”)。

尽管大多数人花了很多年才理解这样的逻辑框架，但人文学科处在这个结构中并不违和。当然，计算理性当然涵盖人工智能，是人工智能的一个关键引路人、启发者，甚至还是一个有力的挑战者。

为了充分理解这一点，我们必须放弃旧的观念。一种观点认为，只有人类才能体现出真正的智能［或者用哲学家约翰·塞尔（John Searle）的话说，人类智能是“强智能”(strong intelligence）］。人工智能，无论它取得什么成就，都不同于人，因此人工智能属于“弱智能”(weak intelligence)。[2]

我们还必须放下另一个旧的观念，即认为智能只存在于个人的大脑中。对于在西方文化中长大的人来说，改变这个观念是一件艰难的事，因为西方文化传统更强调个人智慧而不是集体智慧。

毫不意外，有人反对认知学、计算机研究、神经科学探索和复制人脑的思维，因为他们认为人脑智能是人类的专属。对于持有这类反对意见的人来说，哲学家是人脑思维的唯一解释者。哥伦比亚大学日报《观察者》(*Spectator*）曾经报道：一个大学生抱怨，他可以按照核心课程的要求阅读康德和休谟关于人脑思维本质的文章，但是为什么关于人脑思维科学的书籍却如此匮乏？为什么他在阅读康德和休谟对人脑思维推测的同时阅读不到相关的科学新发现呢?

的确，为什么不能呢?

也许是奇思异想，但是我们也许可以把智能看成一个连续的有机体。这个连续有机体的一端是简单的细胞，它们的智能在于思考如何生存、如何避免自我毁灭。而另一端，则是人类在许多不同的情况下表现出或是灵活多样或是普遍适用的智能，以及人类对符号进行操纵（例如通过讲故事、做图像）。而这些表现是其他生物体基本上做不到的。

一个细菌不会去为自己从什么样的物质中汲取能源进行新陈代谢而深入地、逻辑地思考。它只会寻找周围环境中那些特定的能量来源。一只猎豹不会想：“那只动物是不是一顿美味的晚餐？我应该邀请隔壁那些无聊的家伙一起共餐吗?”猎豹只会自动识别猎物（提取猎物的特征）并尽可能快地捕获猎物。我们称之为单纯的本能。但事实上，这是一种智能在起作用，感知、识别，并根据这些感知和识别迅速采取行动。

同样，机器学习（machine learning，ML）也能快速感知和识别大量数据中的规律。具体来说，机器学习是一系列的算法、统计和数学技术融合并可以通过经验自动改进的自主学习。机器学习依靠巨大的数据集来寻找固定模式，探索细微差别，包括监督学习、无监督学习、强化学习、深度学习和神经网络等。后两种的运作方式类似于大脑，但不是大脑。因此，机器学习可以说是相当于某些生物体的智能，类似于这些从简单的细胞到完整的动物内生的本能的智能。

尽管机器学习很了不起，但它的应用很狭窄。机器学习不能直接转移应用领域，如果初始条件稍有变化，它就会失败。它仍然需要人类来标记算法的初始材料（例如人工标记出猫、黑色素瘤、碎纸机、道路障碍物等）。我们现在承认，机器学习使用的算法和统计方法并不是中立的。具有文化偏见的人类，有意识或无意识地，都在影响这些方法的中立性。因此，惯有的假设（这些假设有时是错误的）和人类根深蒂固的偏见也被带入了机器学习所依赖的初始材料之中。

然而，机器学习以简化的方式，模仿了有机大脑的一些功能。麻省理工学院的托马索·波焦（Tomaso Poggio）是一位横跨神经科学和计算领域的杰出研究者，他认为，近年来比较成功的算法——AlphaZero（现在它是全球围棋冠军）和Mobileye（基于视觉的司机防撞系统）——都是基于两个算法，这两个算法是从神经科学的发现中得到的启示。这些算法的应用包括深度学习和相关的呈现技术、强化学习、迁移学习等。

智能连续体的另一端是人类表现出的符号认知。它是缓慢的、分析性的（需要数秒、数分钟甚至数小时或数天）、抽象的、逻辑的、常识性的（基于经验法则和其他人类的知识，这些知识可能是由教师、书本或经验提供的）。与这种人类智能相对应的人工智能的应用很少。卡内基梅隆大学计算机科学学院前院长安德鲁·摩尔（Andrew Moore）称人工智能是“迄今为止，使计算机以我们认为的人类智能的方式行事的科学和工程”。而这里的“迄今为止”随着时间的推移在不断地改变。

是的，人类表现出两种智能，心理学家丹尼尔·卡内曼（Daniel Kahneman）称之为快思维和慢思维。这正是因为，人类是从我们与所有生物共享的智能连续体的末端进化而来的。[3] 目前，无论人工智能的应用（快思维）多么狭窄，它们都是随处可见的，并且似乎将一直快速增长。尽管人工智能是在慢思维中诞生的，符号认知的应用（慢思维）却少之又少。

最近，不止一位人工智能研究人员告诉我，在基础研究方面，机器学习几乎已经走完了它的全部历程。媒体每天都在庆祝的“突破”，实际上只是机器学习的新应用。无论这些应用多么出色和有用，机器学习都不能在各个领域之间移植应用。而且必须再次说明的是，如果初始条件稍有改变，这一算法就会失败。机器学习还忽略了一个尴尬但影响深远的事实，即研究人员往往无法解释他们的数学模型的内部运作。著名的机器学习研究人员阿里·拉希米（Ali Rahimi）说，由于对机器学习这样的工具缺乏严格的理论上的理解，深度学习的研究人员更像是炼金术士，而不是科学家（Naughton，2018）。[4] 虽然如此，我们并不能轻视其狭窄的应用，它们仍然可以产生重大影响（特别参见第三十章，关于中国和美国）。

另一方面，麻省理工学院的帕特里克·温斯顿（Patrick Winston）曾说过，符号认知具有特殊性。它可以将两个表达式合并成一个更大的表达式，并且在这个过程中不去打乱这两个原本的表达式。符号认知的这一特点，使得人类能够建立复杂的、高度嵌套的符号描述。这些描述可以是类别、属性、关系、行动和事件。温斯顿和他的同事迪伦·霍姆斯（Dylan Holmes，2018）写道：“凭借这种能力，我们可以记录例如：鹰是一种鸟，鹰的速度很快，某只鹰在田野上方，鹰在捕猎，一只松鼠出现，约翰认为鹰会试图抓住松鼠。”尽管其他动物可能对世界的某些方面有它们自己的内部认知表达，但这些表达似乎缺乏复杂的、高度嵌套的符号描述。

因此，符号认知可能是下一个研究前沿，以“老式人工智能”（Good Old Fashioned AI，GOFAI）（Somers，2017）被改进之后的形态被带到新的时代。又或者，这个新的研究前沿将是一个前所未有的东西。

智能的整体是多变的、集体的、分布的，甚至是涌现式的。理解和知识只有在一个大的系统中才有可能实现。没有什么东西是只存在或者产生于某个人的脑袋的。

我这样的看法源于 20 世纪 70 年代初的一位年轻的科学家（我忘了他的名

字)。当时我们在奥克兰米尔斯学院校园的桉树下漫步。他试图跟我讲解“智能行为的系统论”。他当时其实没有用“智能行为的系统论”这个表述,或者他也许并不知道这个表述。他说,你和我都认为自己很聪明,但我们并没有发明自己所说的语言。无论我们有多聪明,我们都没有发明什么东西。相比之下,我们多么依赖于过去和现在许许多多其他人的各种发明和创新。

我停了下来。我立刻明白,他是对的。几个世纪以来,西方思想一直强烈地偏向于赞美个人:个人的勤奋、创造力、洞察力和才华。而这种勤奋、创造力、洞察力和才华所处的社会环境却鲜有提及。这些被抬举的个人品质需要在一定的社会环境中才能出现、被滋养、被加成,从而让创新成为可能。

智能是个人独有的属性——这一观点在西方思想中是如此根深蒂固,以至于几乎没有人想到要质疑它。至少,在第一文化中是这样,而我所学的正是其人文传统。第二文化,即科学和数学,在平衡前人的功劳和个人的工作方面做得更好。它们以引用的形式明确提到了一连串的先例。是的,一些有天赋的人推动了这一切的发展,有时十分出色。但他们在这么做的过程中所依靠的内部系统却不是他们独自发明的。[5]

随着人工智能的研究填补智能连续体中几乎空缺的、慢思维的一端,即符号的部分,我相信计算理性的架构——智能的原则、规律——将最终被揭示。[6]

二

这些事情的发展成就了一段历史。这是一个人类的故事:关乎一小群极其聪明的科学家创造的人工智能的故事。他们深知如果科学家和机器共同合作的话,计算机可以表现出我们所谓的“智能”。彼时,关于人工智能的想法是大胆的、有一些疯狂的。这个想法甚至像是科幻小说里的描述,而不属于科学。

最早的研究人员并不都是男性。玛格丽特·马斯特曼(Margaret Masterman),

曾经是路德维希·维特根斯坦（Ludwig Wittgenstein）的学生，于1955年在剑桥大学成立了剑桥语言研究组（虽然不是大学的正式组成部分）。他们致力于研究自动翻译、计算语言学，甚至是早期的量子物理学。因此，她的这些工作与艾伦·纽厄尔和赫伯特·西蒙的努力是同期进行的。人们通常认为后两位创造了第一个人工智能程序。马斯特曼和她的同事们的工作在机器翻译方面具有开创性意义，但语言学和机器翻译在不久以后便从核心人工智能中分离了出来。（我对语言为什么不能被当成符号感到不解。）除非有人认真修订人工智能的历史，纠正我自己的著作《会思考的机器》（*Machines Who Think*），否则，马斯特曼不会得到她应得的荣誉。[7]

因此就像最初想象的那样，人工智能，一个运作于符号性的人类智能水平上的领域，创始人都是美国人。这主要是二战以后美国繁荣的结果。艾伦·图灵（Alan Turing），一个天才的英国人，当然也预见了计算机智能的可能性，甚至设计了一个原始的下棋机器（虽然他并没有编程）。他提出了"模仿游戏"，这就是后来著名的图灵测试。一组人类判断者必须进行自由（文字）对话，也就是牛津大学和剑桥大学钟爱的那种口试。受访者可能是，也可能不是计算机，但判断者并不知情。根据这些对话所表现出的人类特性，判断者将对受访者是计算机还是人类做出判断。[8]

图灵认为计算机一定可以做到的事情并没有实现，因为受到了二战后英国的国家紧缩政策以及英国人根深蒂固的派系主义的阻止。（你可以听到伦敦的博学者们互相说："曼彻斯特大学？他们在争夺战后英国稀缺的研究资金！"曼彻斯特大学真的在争夺资金吗？）最终，图灵英年早逝。英国对同性恋定罪的律法导致他最后自杀。[9] 这样一位天才的逝去，是往后无论多少愧歉都无法弥补的损失。

也许，甚至在图灵之前，与他同时代的德国工程师康拉德·楚泽（Konrad Zuse）在20世纪30年代末就已经看到了计算智能的可能性。他在柏林他父母家的客厅搭建了一排电子机械式计算机。楚泽的父母非常开明，但他用爱心手工搭建的计算机系列却没有受到纳粹政府重视。在战争期间，这些设备被转移到巴伐利亚，最终作为战利品被运往瑞士。二战结束后，至少有十年时间，德国被禁止涉足电子领域。

在很长一段时间里，苏联在财政和意识形态上都受到约束。当时在麻省理工学院的埃德·弗雷德金曾经向我解释过苏联是如何教授计算机编程的。“这就像他们的游泳任务，”他说，“每个人都必须知道如何游泳。很可惜的是，稀缺的游泳池使这变得不可能。所以人们只能‘在旱地上学游泳’。”我看到弗雷德金靠在曼哈顿西 116 街的一面深色花岗岩墙上，模仿如何在地上游泳：他一条腿站着，踢出另一条腿，挥舞手臂，这就是对蛙泳的讽刺。“苏联的编程也一样。没有足够的计算机让人们真正去学习。人们只能‘在旱地’编程。”这样的条件不但不能为创新提供宝贵的空间，更不能让人工智能得到发展。[或者，正如一位苏联科学家曾经对当时在斯坦福大学的爱德华·费根鲍姆（Edward Feigenbaum）所说：“有任何人允许你去发展人工智能吗？”]

而今，人工智能已经成为一个实实在在的全世界共同努力发展的领域。比如说中国希望成为世界领先的国家，而日本人已经走在了世界的前沿。并非偶然的是，人工智能领域一些最杰出的科学家是女性。这样的现实也碾压了早期关于男性创造人工智能是因为男性天生的性别优势这样的说法。

谈回可能有一定偏向性的人工智能的神话：该领域的四位创始人，约翰·麦卡锡、马文·明斯基、艾伦·纽厄尔和赫伯特·西蒙，是我们现在可以看到的现实的四位“善”使徒（你也可以认为他们是代表“恶”的天启骑士）。当前，我们都活在这个现实中，而他们从一开始就看到了这个现实。是的，虽然他们都是美国人，但他们在任何地方都会成为天才。美国足够富裕，其政府领导人也有足够的远见，这一切都促使了这些天才的蓬勃发展。

因此，人工智能通过一小群科学家的大脑和双手诞生了。科学家们都彼此相识，创造了每一个程序，努力使其在他们那个时代的原始机器上运行。这本书的部分内容是关于他们的。他们中的大多数人都已经是我记忆中的人物，是他们构造了那个宏伟的梦想，构筑了那个终将到来的未来。他们在当时的孤立中努力致力于科学工作——在科学领域，他们时常受到其他科学家的嘲讽。人工智能是他们理解人类智能或是其他智能的方式。他们带着壮丽而充满乐趣的生活态度在不断地追寻它。

对人工智能的技术方面，我没有太多的发言权。我曾在人工智能领域发展的早期写过《会思考的机器》一书，该书里面的一些内容也在几本优秀的历史书、教科书和部分调研文章中被描述过。但是，时不时地，我现在也会关注当前的研究。其中一部分原因是，总有这样那样的人工智能应用让我着迷，也有一部分原因是，我想要让这本书所叙述的内容得到更新。

请记住，对于我引用的每个案例，世界各地都有许多类似的研究工作正在进行。对今天的人工智能进行全面调查需要百科全书式的研究。重复一遍拉里·斯马尔的话："这不再是几个程序员拼凑的 Lisp 程序了。整个世界，我们每一个人，都在为人工智能做贡献。每当我们上网，使用我们的智能手机、信用卡或社交媒体，通过自动收费站，播放流媒体电影，看电视，都是在为人工智能贡献自己的那部分。无须担心，不只是你，我们所有人都一起在做这样的事情。"

这个故事也不可避免地会讲到那些感觉受到人工智能威胁的人。他们对我感到愤怒，因为在人工智能迷惑了我的心智之后，我甚至还依然保持乐观。我觉得这些人对人工智能的恐惧是狄俄尼索斯式的（根据尼采对阿波罗精神和狄俄尼索斯精神的区分叙述*），而人工智能的历史则有阿波罗精神的特征。这种狄俄尼索斯精神的爆发往往以对人工智能猛烈攻击的形式出现，但他们有时也会用同样的热情支持它。

同时，这本书也关于我，以及我自己经历这一切的旅程。在这段经历里，我是一个着迷的旁观者，一个人文和科学这两种文化之间偶然出现的使者。我会诉说一路上的见闻，以及多年来我对会思考的机器的了解。我会解释，作为一个人文主义者，我为什么会被人工智能吸引，以及我的直觉会带我到哪里。我会介绍

---

* 尼采认为，阿波罗（日神）精神讲求实事求是、理性和秩序，狄俄尼索斯（酒神）精神与狂热、过度和不稳定联系在一起。——译者注

我自己，供你评判我这个叙述者。

我学到的一件事是，人类可以在自然视觉能力（通过眼镜、显微镜、望远镜），运动能力（通过马、汽车、飞机、太空探测器）和沟通能力（通过写作、发表、电话、Skype）上拓展并取得成功。我们的这些拓展的努力和行为不会被指责为野心勃勃的玩命。

但扩展我们的自然思维能力呢？这却被认为是非法、阴险、亵渎、狂妄的行径。总而言之，这被认为是不可能的事。（当下人工智能的发展证明，这种“不可能”的观点已经站不住脚了，但这个观点却蒙蔽了许多非常聪明的人数十年。）正如你将看到的，这一切都有明显但微妙的理由。

生活在人工智能的指数级爆发中，我非常有幸看到大多数人从最开始仅仅是玩笑式地吐槽自己的电脑和手机不够智能，发展到对这些产品的（不够）智能大声地表示不满。我也是如此。虽然我是人工智能的历史学家，保留了它婴儿阶段的记录，而几年后，我的兴趣也从人工智能转移到了其他的事物。有一段时间，我对人工智能没有太多关注。当我因为被一些新的程序吸引而把注意力转移回来的时候，我所看到的是一个激动人心的时刻。

人工智能的许多子领域，如机器学习、模式识别、视觉、机器人学或自然语言处理，曾经像新教教派一样各自为政（同样，也在道德上互相指责）。但是如今，它们可能开始相互融合，相互补充，相互渗透，并彼此完善。

在这些新的合一的创造中，人类水平的智能，甚至更强大的智能，都是可以想象的。

三

但是，请让我把话说清楚。当我们遇见特别新的事物的时候，我们常常会感到极度不安，特别是当这个新事物关乎人类大脑以外的智能时。西方文学记载了许多这样的不安，从“十诫”(“你不可为自己造像，也不可模仿天上的、地下的、水里的任何东西……”）到《弗兰肯斯坦》(*Frankenstein*)、《神经外科医生》(*Neuromancer*)，甚至每日新闻……我对这种不安表示同情。每个人都知道，技术可以赋能，但也会有所索取。对于人工智能，我们在这条道路上走得还不够远，还没有到可以去权衡得失的时候。虽然我有疑虑，但长远来看，我的愿景是，如果人类拥有了智能辅助，这个世界将会更美好。

好吧，就算智能计算机会称霸，用《危险边缘》的人类冠军肯·詹宁斯（Ken Jennings）的话说：“我代表我个人，欢迎我们的计算机新霸主。”他刚以绝对劣势但非常耀眼的结果败给了 IBM 的智能计算机沃森，说这话的时候面无表情。这句话暗指《辛普森一家》(*The Simpsons*）中的一集，而这一集的内容很有可能是借鉴了阿瑟·C. 克拉克（Arthur C. Clarke）的《童年的终结》(*Childhood's End*)（沃森可能可以参透这句话里的种种暗指，而我却没有)。可能，我们都欢迎智能霸主的到来，他们或者它们也许能把我们从人类的各种愚蠢行为中拯救出来。

至少，智能霸主会给我们带来一个全新的视角。

但在这个 60 年的故事中，最令人不解的是，数十年来，我一直无法让本来可以非常有智慧的并且受过良好教育的人相信我上面谈到的这些问题有多么重要。

注　释

[1] 认知、计算机和神经科学彼此密切合作，但作为计算机科学的一个分支，人工智能是唯一一个试图构建能够在复杂、不断变化的环境中自主运行的机器的领域。因此，人工智能无论在哪里出现，都使得关于智能的研究更严格。在最早的人工智能研究中，这种关于智能本质研究的总体范式是相对隐性的，而不是不言自明的。

[2] 在 2014 年的人工智能峰会上，领先的人工智能研究人员使用了这两个短语（与哲学家的精

确度相同，也就是说，一点也精确）。起初我认为这是讽刺。然后我认为他们是故意使用这些术语，就像同性恋者将“酷儿”（queer）一词视为对批评者的当面蔑视一样。不，我的不懂历史的朋友们不知道这些短语是从哪里来的，但发现它们很有用，并以很单纯的方式使用它们。哲学家丹尼尔·丹尼特曾与约翰·塞尔进行过激烈的公开交流。当我把这件事告诉他时，他无奈地咕哝了一下。但显然这些短语会一直存在，直到它们被更好地定义或被发现原来是无稽之谈。（我采用了曾经具有讽刺意味的说法“人工智能精英”* 作为这本书的标题，因为它让我觉得很好笑。）

[3] 我们现在知道人类的思维受到人类肠道生态组成的奇怪而强烈的影响，所以我和我的肠胃病学家正在热烈讨论缺乏肠道的机器是否能够像人类一样思考。也许为机器提供肠道和适当的生物群系是解决机器中类人思维缺失的重要环节。也许这是一个可怕的想法。当然，我要感谢乔内尔·帕特里克（Jonelle Patrick）向我提出了这个问题。

[4] 再次听到与炼金术相关的人工智能让我大吃一惊，仿佛回到 20 世纪 60 年代一样。在这里就不再给我的读者提我曾经可以写的关于科学如何发展的文章。但拉希米是正确的，这些神秘的应用程序现在正在现实生活中被使用，而使用者并没有深入了解它们的工作原理。正如阿司匹林在被应用了数年后一直很神秘，但不知何故，人工智能似乎比阿司匹林更有意义。

[5] 这一点现在在 Sloman，Steven，& Fernbach，Philip.（2017）. *The Knowledge Illusion*：*Why We Never Think Alone*. New York：Riverhead 等书中得到了明确的体现。

[6] 我很感激能与爱德华·费根鲍姆讨论，这些讨论使得我在对智能连续体的理解上有了更清晰的直觉。

[7] 再次感谢爱德华·费根鲍姆让我注意到马斯特曼。

[8] 图灵测试缺乏改进，但比赛每年举行一次，规则是至少 30% 的评委必须认可受访者的“人性”。2014 年夏天，1/3 的评委首次一致认为尤金·古斯特曼（Eugene Goostman）是一个喜欢汉堡包和糖果、有魅力的也许是典型的 13 岁的乌克兰男孩，并认为他的父亲是一名妇科医生。然而，尤金是由俄罗斯人弗拉基米尔·韦谢洛夫（Vladimir Veselov）和乌克兰人尤金·杰姆琴科（Eugene Demchenko）领导的团队制定的一个程序。正如专业人士所嘲笑的那样，进行该实验的两名科学家为《ACM 通信》（*Communications of the ACM*）（2015 年 4 月）写了一篇关于评委人数、评委知识的长篇澄清文章，并引用了图灵的话：“与其试图制作一个程序来模拟成人的头脑，为什么不尝试产生一个程序模拟孩子的头脑呢?”该杂志的主编摩西·Y. 瓦尔迪（Moshe Y. Vardi）尖酸地回应道：“这个 2014 年图灵测试实验的细节只是强化了我的判断，即图灵测试对机器智能是什么几乎没有说明。产生类人对话的能力充其量只是智能的一小部分。”而我认为，这个 2014 的测试并不是那么微不足道。正如我们将看到的，在接下来的几年里，人机对话变得更加复杂和多元。

[9] 围绕官方发现的图灵自杀问题引发了热烈的质疑。图灵完成了对他具有羞辱性的“化学阉割”判决。尽管他失去了安全许可，但他当时正在从事重要的、非秘密的研究。在他的朋友们眼中，他看起来是快乐的。众所周知，他对实验中使用的氰化物不够小心。因此，他的母亲认为他的死是一场意外。其他人则暗示他可能是被谋杀：他掌握着二战的一些最大秘密，并且由于他的同性恋身份，很容易受到勒索和承受其他的压力。为了避免他屈服于被勒索，将他干掉可能会很方便。然而这些猜测似乎过于牵强，因为他的同性恋身份早就不是秘密了。

---

* 英文原书名为 *This Could Be Important*：*My Life and Times with the Artificial Intelligentsia*。——译者注

/ 第三章 /

两种文化

一

我个人对智能的探索始于一次讲座。就如同马丁·路德（Martin Luther）的《九十五条论纲》(Ninety-Five Theses）震撼了16世纪教会的根基一样，那次讲座的能量甚至可以在20世纪中期震惊整个英美文学界。

1960年秋天，加州大学伯克利分校英语系有两位学期访客。其中一位是C. P. 斯诺，他是“陌生人和兄弟们”(Strangers and Brothers）系列小说的作者，讲述了英国科学界的数学家和科学家如何帮助英美赢得第二次世界大战。另一位访客是他的妻子帕梅拉·汉斯福德·约翰逊（Pamela Hansford Johnson)。她也是一位小说家。至少在英国，帕梅拉和她的丈夫一样出名。

斯诺和约翰逊每周四下午会预留一些时间，让学生一起来喝茶。虽然我很想去，但我实在是有些不太好意思。在斯诺发表了关于他所说的“两种文化”，即人文和科学的演讲后，我特别渴望去见他，但最后我还是不好意思去。这是他一年多前在剑桥大学所做的里德讲座（Rede Lecture）的路演版本。那个月里，斯诺讲座的名气越来越大，争议也越来越多。[1]

“两种文化”的演讲常常回荡在我的耳边，有时候让我觉得滑稽，有时候又让我感到痛苦。因此我觉得还是有必要谈一谈斯诺演讲的主旨。它深深地激怒了“第一文化”，即人文学科，并且开启了人类和人工智能之间将产生的不必要的摩尼教*之争。

1960年秋天，站在讲台上的斯诺，是一个穿着宽松灰色西装的肥胖男子。他的黑边眼镜、他的嘴，甚至他的整张脸对于他那颗超大的光头来说似乎都太小了。他的体重和他的牛津剑桥口音让人感觉到了他的威严。直到后来，我才知道他的口音是刻意习得的。

一开始，斯诺便提到人文与科学是平行存在的两个领域。斯诺接受的是培养化学家和物理学家的教育，然而现在却成了小说家。他等于非常幸运地畅游在这两个不同的世界里，因为只有极少数的人能做到这一点。斯诺继续说，事实上，不管是在智识生活还是现实生活中，我们都被分到了对立的两个极端：人文主义者或科学家。这两个群体都完全失去了跨越鸿沟互相对话的能力，更别说意愿了。人文主义者用“知识分子”这个标签来描述自己，并把科学家排除在这个标签之外。在人文主义者看来，科学家是浅薄和粗鲁的（哈！这是科学英雄的时代!）。人文主义者认为他们是文化的唯一监护人，而文化的定义是什么只取决于他们。

科学家们反过来认为人文主义者“完全缺乏远见，对他们的同伴漠不关心，深究起来是反智的，他们急于把艺术和思想都限制在特定的时刻”，斯诺如此描述。典型的科学家认为，人文主义者在智力上是贫乏的，他们以自己的无知为豪，好像传统文学文化是唯一重要的文化。他们的行为就像自然秩序并不存在，并且认为对自然秩序的任何探索，无论是对其本身还是对其结果，都是没有任何价值的。

他承认，这些看法就像是讽刺漫画，虽然并不那么极端。

在伯克利校园最大的演讲厅之一——德温内尔楼155号，斯诺的演讲令我为之震撼。我很喜欢我的必修科学课程。我曾认真考虑过填报人类学或古生物学专业，而不是英语专业。我喜欢跪在泥土里把东西挖出来，而这样就有可能找到

---

* 摩尼教，又称明教，为3世纪中叶波斯人摩尼创立、在巴比伦兴起的世界性宗教。——译者注

人类始祖的感觉似乎可以给我带来极大的快感。后来我放弃了这个追求。阻止我的不是我当时可笑而浪漫的看法，而是我的一位密友。“你怎么可能出差去实地考古呢？”她嘲笑道，“你不在的时候，你的丈夫和孩子怎么办？”对于这个问题我不知道该怎样回答。为了我假设中会有的丈夫和孩子，我选择继续主修英语文学。好吧，我其实也喜欢这个专业。

斯诺提出了一个难题：“你能描述热力学第二定律吗？”第二天，带领我上“弗吉尼亚·伍尔芙”研讨会的约翰·帕特森（John Paterson）在困惑中笑了笑并摇了摇头：“我连热力学第一定律是什么都还不知道呢。”[2]

斯诺的观点让我感到震惊，但同时，他其实也把我已经知道的但却没有被完善的东西以文字的形式表达了出来。理科学生很少出现在我的讨论课上，所以我不认识任何理科学生。我也从来没有和工科学生约过会。我们能聊些什么呢？我想，加州大学伯克利分校哲学系开设的关于英国经验主义的课程一定可以作为谈资，聊聊大英帝国。我对科学基本一无所知，因而被禁锢在这两个文化极端的一头，我永远不会有特权去突破。我为此感到遗憾，但这并不是一个悲剧。

然而，它是悲剧。

对于我，幸运的是，在听完斯诺的演讲后的几周内，我开始认识人工智能。禁锢我的封印也因此开始被揭开。当时，我并没有把这两件事联系起来。只是在回过头看的时候，也就是在我早就放弃了要探索人类先驱并且已经参与探究人类的继承者的时候，我才把这两件事情联系到一起。这种将塑造我人生的联系，正是这样产生的。

二

上大学的时候我一直在打工。当时我是南楼（South Hall）地下室的打字员。南楼是伯克利校园里最后的维多利亚式建筑之一：高大，陡峭的复折式屋顶上有锻铁的褶皱，生机勃勃的常春藤向上蔓延直逼高耸的窗户。它是商学院的所在地（当时的商科还没有发展成今天这样耀眼而富有的学科）。

从1959年夏天到1961年冬天，每个工作日下午，我都会在结束我的英语专业课程后来到南楼工作。我当时的专业课包括“小说的兴起”“弥尔顿时代”“现代诗歌”“20世纪法国文学”。从专业课赶到南楼，我会为管理行为学课程敲出课程大纲，为市场营销课程打出阅读清单，为“不确定性下的决策”课程印出期中考试试卷，为宏观经济学的学术论文打字。有一个特别长的夏天，我敲了一整本会计学的教科书。

在这些课程大纲和阅读清单中，我偶尔会遇到“人工智能”这个词。最异乎寻常的是，赫伯特·西蒙的名字似乎无处不在。似乎有一门关于市政管理的课程？教科书是由赫伯特·西蒙参与撰写的。组织中的决策？教科书是由赫伯特·西蒙参与撰写的。企业理论？赫伯特·西蒙。人工智能介绍？赫伯特·西蒙。如此种种，甚至还有更多。就像是在德维内尔楼里，在丰富的英国文学和其他欧洲文学中，莎士比亚会出现在每门课程中一样（实际上，也可能是德莱顿。你虽然从来没有读过他的作品，但应该听说过他是小众中的权威之一）。以我出身英语专业的傲慢态度，我认为，如果赫伯特·西蒙参与了几乎每本教科书的编写，那么，商科及其所有的小分支肯定是史上最单薄的学术领域。不过，那时我还不知道“博学”这个词。

西蒙曾经的两位博士生，从当时匹兹堡的卡内基理工学院（后来的卡内基梅隆大学）来到伯克利，成为商学院新的助理教授。朱利安·费尔德曼（Julian Feldman）在1959年秋天来到这里；而爱德华·费根鲍姆则是在英国做了一年的富布赖特学者后，于1960年那个关键的秋天来到这里。费尔德曼看起来总是很匆忙，生活的压力把他压得喘不过气来（我的工作是把他的心理学实验记录用打字机转录保存下来。这些记录里包含许多无意义的字节。后来，我用其中出现的JIK和DAX给我的两条金鱼命名）。他是个大个子，感觉似乎能把整个房间塞满。这与其是说他的体型，不如说是他那永远忙碌的存在。

与此相反，费根鲍姆总是那么平和，完全没有刻板印象中红头发人的坏脾气。他总是随时愿意停下来跟别人讲个笑话，抽着他那根无处不在的烟斗，慢慢地摇头感叹人生中一些甜美的奇迹。他圆圆的脸和慈祥的笑容，使他看上去就像一个戴着眼镜、更阳光、更自信的查理·布朗（Charlie Brown）*。

费根鲍姆和费尔德曼是人工智能这一新领域的使者。或者，按照他们的说法，人工智能是通过计算机的方法模拟人认知的过程。在他们看来，人工智能就是用一个非常酷炫的名词去形容科学家通过计算机模拟人类思考的某一些方面。他们不仅拼命地给那些困惑的商学院学生做讲解，还给全校的所有同事做讲解。[3]

教科书的缺乏加大了给伯克利分校的商科学生（以及心理学、运筹学或工程学专业来听课的学生）讲授人工智能的难度。人工智能作为一个独特的领域，在那之前几年才诞生，并在1956年夏天由约翰·麦卡锡命名。当时，约翰·麦卡锡和马文·明斯基在信息理论创始人克劳德·香农（Claude Shannon）的指导下组织了达特茅斯的一个夏季研讨会。当时，这些名字对我来说似乎没有任何意义，甚至到了现在，这其中的一些人对于普通民众来讲也貌似没有什么意义。但是，他们和他们的同事，将改变世界。

三

费根鲍姆和费尔德曼决定把各种资料编写成一本教科书。这样，最重要的人工智能工作就可以在两张书皮之间找到，而不是在互联网时代之前，隐藏在奇怪的会议论文和期刊中。我是1961年1月毕业的，计划于次年9月前往法学院求学。但大约在我听了C. P. 斯诺的“两种文化”讲座的那段时间，费根鲍姆对我说：“在你没课的那个学期，你愿意为我们的著作工作吗？”我热情地答应了。也

---

* 美国《花生漫画》(*Peanuts*）主人公，拥有宠物史努比（Snoopy）。——译者注

就是那个时候才问这本书是关于什么的。

他说："人工智能。"

对于这个词，我需要一个更好的定义，而不是已经从敲打出的课程大纲中了解到的。

"人工智能，"费根鲍姆耐心地说，开始了千百次解释中的第一次（在我的一生中，他曾给我解释过许许多多的话题），"是计算机用与人类相似的方式去行动。当计算机这么做的时候，我们会说：'啊！这是智能行为。'"

当时，这是一个可以被接受的答案。但在1960年，我一定是吸了一口气。我经常去新计算机中心，它位于另一个地下室，离南楼有几栋楼的距离。警惕的教授们告诫我一定不要弄掉或弄乱那成堆的打孔卡。我会带着打孔卡，穿过柜台，交给一个职员，他的工作就是给这台现代计算机的巨大磁带驱动器和处理单元站岗。24小时后，我会去取回卡片和计算机运行一次后打印出来的所有东西。在1960年，这算是最先进的技术了。

将这一切与智能联系在一起，嗯，仿佛是很滑稽。

智能是英语、法语、古典文学、人类学和建筑学——这些所有我当时选的课——所推崇的人性的必要条件。智能对文学、艺术、音乐和美好的结构而言至关重要。它与计算机无关，与计算机的所有闪光灯、磁带驱动器、开关、只会循规蹈矩的指示无关。不然，计算机只会像维多利亚时代的女士们一样，在昏暗的沙发上晕倒，等待着被调试到正常的状态。

四

我对爱德华·费根鲍姆给我提供的这个工作机会很感兴趣。我需要在毕业和入读法学院之间这段间隙找一份工作。作为一个文学专业的学生，当时发生了一些其他的事情与二战后的悲观主义彻底影响了我。无论这种悲观是来自英国、美国还是法国，我感到被压迫、被排斥。

我并不天真。我经历了二战——是的，那时我只是一个孩子，但我经历了二战。我出生在英国闪电战期间的空袭中。在那个致命的夜晚，除了飘动的防水油布和我分娩的母亲，我什么都没有。从我出生呼吸第一口空气开始，我就知道天空中的人想要杀害我。此后，我在英国和之后移民至美国都经历了艰难的日子。到我上大学的时候，在电报大道的皮科洛蒙德二世咖啡馆里，大屠杀已经成为人们一边喝浓咖啡一边讨论的最热门话题。我的新朋友刚刚从匈牙利革命中逃离。宝琳·凯尔（Pauline Kael）在电报大道上经营一家路边电影院，名为“电影协会和工作室”，她后来成为《纽约客》著名的影视评论家。当时，凯尔本人偶尔会售票，然后离开售票处跑到电影机前开始放映。在这家电影院，我看了欧洲新出的所有电影，以至于到了后来，即使是看最好的那些片子，我都感到非常无聊甚至厌世。

但当时我才 20 岁。我恋爱了。伯克利的春天，伯克利的夏天，甚至是伯克利的秋天，都有一种即将来临的闪耀。在任何一个季节，校园对面的旧金山湾和金门大桥的景色都能让你驻足片刻，领略其壮丽的全景。我开始理解人类最幸福的时刻，智力和性的觉醒同时到来。那时候对我来说，是很难感到厌世的，厌世是不可能的。

半个多世纪前，我在人工智能精英层的研究圈子里发现了相同的兴奋、乐观、对未来的欢快期盼。这和我内心秘密守护的心情是一样的。然而不一样的是，这个研究圈子里的人对这样的心情非常坦然。他们感到自己就处在这样一个历史性的时刻：一个壮观的、划时代的历史时刻。他们是对的。

注 释

[1] 斯诺在1956年为《新政治家》(*The New Statesman*)撰写的一篇文章中勾勒了两种文化的想法，并在1959年的里德讲座之前在其他地方展示了它的版本。他将这些想法扩展成长篇文章，发表在1959年的两期《邂逅》(*Encounter*)中。这最后成了一地鸡毛，变得非常针对个人也非常难堪。英国人的阶级偏见在争论中展示无遗。这让美国的争论者万分尴尬。美国人认为不诉诸此类做法也可以表明他们不认同斯诺。多年来，一个由赞成和反对争论组成的小型行业疯狂地工作着。这些争论在我们现在居住的科学饱和的世界看来是难以置信的。但在当时，斯诺的观点对在英国和其他地方盛行近三个世纪的人文学科的正统和知识霸权来说是严重的异端（因为这本书被翻译成多种语言并且卖得很好）。在里德讲座的四年后，斯诺发表了一篇文章重新回顾并陈述他主要的遗憾是没有使用分子生物学而是用热力学第二定律作为测试科学素养的问题。斯特凡·柯林尼（Stefan Collini）为斯诺的《两种文化》(*The Two Cultures*)(1998年，剑桥大学出版社）所写的导论，给斯诺的论点和他的批评者的论点提供了有用的背景。斯诺的不满有很长的个人起源（柯林尼认为，固定在20世纪30年代），并且基于事实和热情，但它触动了公众的神经。而这种触动已经在名为“愤怒的青年”(Angry Young Men）的文学运动中生根发芽。这场文学运动所反映的工人阶级的、与日常辛劳相关的现实主义（和反现代主义）在战后席卷了伦敦西区和百老汇的舞台，并很快就充斥了好莱坞电影。1957年10月上旬人造卫星“斯普特尼克”(Sputnik）的发射也让公众感到不安。2008年，《泰晤士报文学增刊》(*The Times Literary Supplement*)将《两种文化与科学革命》(*The Two Cultures and the Scientific Revolution*)列入二战以来对公众讨论影响最大的100本书之一。2015年2月，当我穿过哥伦比亚大学校区时，我看到了至少有两场标题为“两种文化”的讲座的公告。费根鲍姆最近告诉我，作为1959年英国的一名博士后，他买了第一版的《两种文化》，这本书到现在还被他保存在防火保险箱里。

[2] 热力学第二定律说，在一个孤立的或封闭的物理系统中，无序或熵通常会增加。它永远无法重新给自己排序。如果当时斯诺提到熵是隐藏的信息，或者该信息减少了不确定性，正如粒子物理学家所相信的那样，它可能会增加乐趣。有特定的观众对信息有所了解。

[3] 这个话题在商学院中被冲淡了还是有一些历史原因的。赫伯特·西蒙和他以前的学生艾伦·纽厄尔曾在卡内基工业管理研究生院任教，他们有足够的冒险精神，可以去任何地方做自己的研究。其中一个重要的研究领域是他们发明了思考机器，即模拟人类认知某些方面的计算机。任何想与他们一起研究新领域的人都必须进入卡内基工业管理研究生院，并从那里获得博士学位。费尔德曼最初接受的专业研究领域是心理学，而费根鲍姆接受的则是电气工程，所以对于他们来说，他们一起走的是一条很不平凡但显然充满快乐的路。因为他们都拥有工业管理研究生院的博士学位，所以在伯克利的同事看来，他们一定很适合商学院。然而他们并不适合，但当时还没有人明白这一点。

/ 第四章 /

过去和现在的思考

一

爱德华·费根鲍姆和朱利安·费尔德曼合著的书是《计算机与思维》(*Computers and Thought*)。纳入这本前卫读物的论文来自各种期刊，如《西部联合计算机会议论文集》(*Proceedings of the Western Joint Computer Conference*)、*Lernende Automaten*、《仿生学研讨会》(*Symposium on Bionics*) 和《无线电工程师协会论文集》(*Proceedings of the Institute of Radio Engineers*)。其中一篇来自 IBM 的《研究与发展杂志》(*Journal of Research and Development*)；另一篇名为“计算机器与智能”(Computing Machinery and Intelligence)，是艾伦·图灵的精彩而有趣的文章，来自《头脑》(*Mind*)。在文章中，他提出了“模仿游戏”，也就是后来的图灵测试。

寻找这些材料使我远离了平日学习的主图书馆，来到散布在校园北部的小型科学和工程图书馆。这些早期的人工智能出现在这么多奇怪的角落里，是因为科学家们有时只是发了一篇论文给杂志或会议，但脑海中并没有所谓“策略性”出版的概念。但实际上这种分散的学术发表现象表明，不同学科的许多研究人员——包括工程、心理学、商业等领域——都指向了这些新计算机在某种程度上可以思考的可能性：当时的时代潮流正孕育着这种想法。

在《计算机与思维》的导言中，费根鲍姆和费尔德曼提出了他们的收录标准。其中最重要的一点是：他们希望关注结果，而不是猜测。是的，结果，而不是猜测。多年来，因为来自不同领域的科学家曾经相信——用我认识的一位诺贝尔物理学奖获得者的话说——他们可以“进入这个领域，净化人工智能”，所以这个问题反复出现。尽管在发展过程中，人工智能领域的发展采纳过不同的路径，也融合过不同领域的研究，但最终发展的结果如何才是最主要的。

费根鲍姆和费尔德曼区分了神经控制论和认知模型。按照神经控制论的要求，计算机的学习要从零开始（后来称其为神经网络，大致是指类似大脑的结构）。他们更倾向于认知模型，有两个原因。首先，他们认为即使不按照神经控制论要求的那样从头开始——也就是说从细胞开始，机器的智能表现实现起来已经很难了。因此，认知模型科学家在他们的系统中构建了他们所理解的尽可能复杂的信息处理，并将其编程到计算机中。其次，认知模型方法已经被证实可以产生结果，而神经控制论是否能产生结果却“几乎不可见”。虽然这一情况在那以后将会改变，但在当时却还没有。在构建一个智能系统的过程中加入一些事先设定的智能虽然违反了“心灵应该如白板一般”的哲学概念，但这样的做法符合现实——人类生来就知道很多东西，并且随着我们的成长而得到训练。

我从所有这些晦涩难懂的技术期刊中得到了什么？有的报告描述了下国际象棋和跳棋的计算机程序——虽然它们并不是很出色，但可以看出是可以竞技的。有两个程序证明了数学定理，另外还有一个程序可以解决大一微积分中的符号积分问题。一些程序可以回答问题（在主题和句法上都有严格的限制），还有一些程序可以识别简单的模式。在20世纪50年代末，已经有一些程序被编写出来模仿人类的认知能力，至少在当时是这样构思的。这也定义了一个将在人工智能领域持续一段时间的划分：一方面是对人类思维方式的模仿——准确地说是模拟；另一方面是通过尝试任何有效的方法——数学模型、统计模型和算法——来实现结果。[1] 在早期，人工智能领域是普遍适用的。

人类的智慧似乎就像中国的长城一样气势恢宏，但是当人类伸手触摸它的时候，它就融化在了臆测的沼泽瘴气中。计算机程序可能提供了一种建模和理解人类智慧的方式，让任何人都能看到它智能的行为。

我将这些资料取来、剪下、粘贴、打字输入。我的两个老板并不关心我什么时候工作，只要我工作完成了就可以。因此我大多数时候在晚上工作。那时我的新婚丈夫汤姆·泰勒夫森（Tom Tellefsen）是一位正在专心攻读建筑专业的学生。如典型的计算机系一样，夜晚是实验室和办公室开始活跃的时刻。在我工作的过程中，我周围都是计算机领域年轻的研究生。他们不仅是精力充沛的好伙伴，而且还潜移默化地教会了我一些我需要知道的科学方法。

随着这本书的日臻完善，费根鲍姆和费尔德曼添加了一些简短的段落介绍每篇论文的背景。由普伦蒂斯霍尔出版公司来出版这本书，并将其列入计算机系列丛书似乎是很自然的。但该丛书的顾问编辑，无处不在的赫伯特·西蒙，告诉普伦蒂斯霍尔出版公司，这本书是卖不出去的，因此他们应该拒绝出版。(为此，西蒙在以后的许多年里都嘲笑自己。半个多世纪后，这本书在网上免费提供。但如果你需要，麻省理工学院出版社会卖给你一本印刷装订本。)

麦格劳-希尔公司欣然签下了它。该公司在马林县设立了一个分公司，与伯克利隔着旧金山湾。我还清楚地记得当时我与费根鲍姆和费尔德曼一起去拜访他们的编辑的情景。从 4 岁起我就开始阅读。曾经我有一个非常模糊的想法，就是我有一天可能会参与写书。如今我居然可以去见一位真正的出版商？实在是太棒了！

当《计算机与思维》于 1963 年出版时，我已经离开了校园。我最终没有进入法学院，而是在我的家族企业中工作。这份工作其实并不适合我。所以，当 1965 年爱德华·费根鲍姆打电话给我，邀请我到斯坦福大学担任他的助理时，我非常高兴。费根鲍姆终于放弃了他在伯克利令人沮丧的工作来到了斯坦福。而斯坦福是最早拥有真正的计算机系的大学之一。

二

"它不会思考，因为它不是人！"最近，一位挚友大声地对我说。他指的"它"是一台计算机。用哈佛大学的莱斯利·瓦利安特（Leslie Valiant）的话说，我的朋友并没有弄清楚计算机是什么和做什么的（Valiant，2014）。但事实上抱有"计算机不是人，不会思考"这种想法的人，不止我的朋友。

然而，在过去的半个世纪里，有些东西已经改变了。现如今，我们所认为的智力、思维或认知已经延伸到更多的行为和实体，这是20世纪60年代的人所无法预料的。动物行为学家研究灵长类动物、鲸、大象、狗、猫、浣熊、鹦鹉、啮齿动物、大黄蜂，甚至是黏菌的智力，但没有人对此感到惊讶。甚至有很多书是关于跨物种的智力比较的，试图从中找出人类的独特之处。这不是显而易见的。我们的同类生物非常聪明。独立智库圣塔菲研究所所长、理论生物学家戴维·克拉考尔（David Krakauer）认为，在生物系统中，从细胞以上直至大脑，认知是无处不在的。但就我们所知，至今似乎没有其他动物拥有人类独特的大脑前额叶。而那正是制订计划、自我约束、语言深度拓展和符号认知的部位。正如我们将看到的，这种能力有着惊人的、巨大的作用。

2013年，哥伦比亚大学英语系的年轻助理教授丹尼斯·特南（Dennis Tenen）在哈佛大学举办了一次人文研讨会。他建议也许智能存在于系统中，而不是脑袋里。提出这个观点后，特南并未被轰出这个人文研讨会。对于人文主义者来说，无论这个想法是多么新奇，几十年来，它都一直是人工智能的核心。即使是人文主义者也只需回顾一下威廉·巴特勒·叶芝（William Butler Yeats）的《在学童中间》（*Among School Children*）*：

随音乐摇曳的身体啊，灼亮的眼神！

---

* 选自卞之琳译本。——译者注

我们怎能区分舞蹈与跳舞人？

费根鲍姆在1960年对我的解释（“啊！那就是智能行为！”）只是智能的一个操作性定义。他并没有提到计算机需要模仿人类的思维过程。我们只需要认识到，当它的行为或输出是类似人类的，我们就称之为智能。当然，具体到时间和文化尺度，这个判断是有问题的。在19世纪，文员和书记员是有报酬的专业人士，他们的工作需要智能行为。无须惊讶的是，机器早已取代了他们。费根鲍姆补充说，后来，随着程序越来越复杂，任何从事智能任务的计算机都需要解释它的推理过程，让人类满意。[2] 随着越来越多的没有人能验证的决定（有时这些决定事关生死）由闪存算法做出，这个早期由费根鲍姆提出的想法再次引起人们的关注。

三

在爱德华·费根鲍姆于半个多世纪以前的1960年跟我分享简短的人工智能定义以后，2010年，拉塞尔和诺维格（Russell and Norvig，2010）将人工智能归为以下四个大类：（1）类人行动；（2）类人思考；（3）理性思考；（4）理性行动。

类人行动意味着人造物可以听懂并说出自然语言，存储它知道和听到的东西，使用这些知识去回答问题并得出新的结论，适应新的环境，并检测和推断多种模式。它甚至还可以进行视觉识别和物体操纵。它会知道社交规则——在具体表现行为上，它知道站立的时候什么是与人保持的最合适的距离，如何与人进行对话，何时微笑，何时应该显得严肃。但至今，还没有一个程序，没有一个现存的人工制品可以做到以上所有。

类人思考以最新的认知心理学和神经科学研究的发现为基础，对人思考的方式进行建模。类人思考技术也在反哺这两个领域。这是理解人类认知的一种方式，无论是计划任务、解释场景，还是提供帮助。当一台计算机有了足够精确的关于人脑某些方面的理论以后，计算机程序便可以表达这一理论。单纯模仿人脑处理信息的输入和输出是不够的：计算机程序必须遵循与人类思维相同的步骤，并使之成为构建、测试人类思维理论的一部分。

理性思考指的是遵守思维、理性和逻辑的规律，有时通过正式的逻辑概念来进行表达。作为亚里士多德主义的理想的思考方式，理性思考在混乱的现实世界中经常遇到麻烦。

理性行动指某个智能体——某个事物或某个人——在其环境中自主运作，长时间坚持运转、适应变化、创造并追求目标。理性智能体的行为是为了实现最好的结果（或者在不确定的情况下达到最好的预期结果——因为一个理性的智能体并不是全知全能的）。

理性智能体有两个优点。其一，它们可以比“思维法则”所允许的方法更通用。其二，用拉塞尔和诺维格的话说，理性智能体“比基于人类行为或思想的方法更适用于科学发展”。这其实是用一种巧妙的说法去表示理性智能体可以快速迭代。而对于人类来说，智能的迭代需要时间，有时候根本不可能迭代。如今，大多数人工智能都可以被归为理性智能体。就如这里定义的一样，也许理性行为和类人行为正在计算机里慢慢趋同。但这一同质化还未发生。人类也并没有做到这样。

再看一下这些类别：类人行动和思考，理性行动和思考。这台机器与人类的亲密关系深深震撼了我。有了人工智能，我们正在创造自己的二重奏分身，或者说是新的、改良版的人类，甚至有可能是我们的继任者。

“你只需要告诉我，”机器似乎正对我们低语，像情人一样暧昧，“只需要告诉我，你是怎么做的。”我们情不自禁地靠近它。它说：“告诉我以后，我就也可以像你一样做到。”

我们退缩以后，它又说：“告诉我嘛。”

我们当然又向它靠得更近了。

我们吐露心声，只被我们不知道的事物所阻碍。我们潜意识里的各种小把戏，都比我们预想中要更深刻并且更加复杂。我还感到惊讶的是，在这四个定义中，“类人”一词出现的频率如此之高。这反映了一个长期存在的信念，即智力仅仅是人类独有的属性。尽管，正如前文所述，近几十年来，科学家们已经扩大了智力的定义，将其他物种也包括在内。

也许物理学家马克斯·泰格马克（Max Tegmark）在《生命 3.0》（*Life 3.0*，2017）中使用的分类方法在这里可以被运用。他把生命的三个阶段归纳为生物进化、文明进化和技术进化。“生命 1.0 在其一生中无法重新设计其硬件和软件：两者都是由其 DNA 决定的，并且只能通过一代一代的进化来改变。相比之下，生命 2.0 可以重新设计其大部分软件：人类可以学习复杂的新技能——例如语言、运动和职业——并且可以从根本上更新他们的世界观和目标。生命 3.0 在地球上还不存在，它们不仅可以大范围重新设计自己的软件，还可以重新设计自己的硬件，而不是被动地等待着自己漫长地逐渐进化。”

过了很长的一段时间，直到被牵着鼻子走上人工智能的道路后，我才明白：计算机将是最终把“两种文化”结合在一起的工具。而人工智能及其原则将是这种融合的核心。根据多年来我试图向第一文化的同事们解释人工智能和计算科学的经历，我觉得其他人应该也无法理解这一点。

这种理解是逐渐形成的。21 世纪初，一个名为“数字人文”的领域已经开花结果，尽管这只是最明显的融合迹象。我还指的是更深层次的东西，无论是智力上还是情感上——这是前文所述的计算理性的宏大科学事业的启航。它涵盖、解释和说明了智能的所有表现形式。

注　释

[1] 几十年后，我听到有人说该领域的一切都在《计算机与思维》中原则性地进行了布局，随后的工作仅仅是技术评论。不。这本书出版以来的60年里，人工智能有了巨大的发展，这要归功于新的想法、新的工艺和划时代的更好的技术。例如，这本书没有在任何地方提到过机器人学。当然，《计算机与思维》中出现了许多基本思想，但最后人工智能各项技术的发展却是当时完全无法预知的。

[2] 一个2013年诞生的谷歌系统似乎让每个人都感到困惑。在访问数百万个随机YouTube视频时，它准确无误地识别出碎纸机的图像。与猫不同，碎纸机是大多数人类无法识别的物体，谷歌的工程师无法对其特征进行分类和编码。这个系统并没有说明它是如何学习的。作为对费根鲍姆声明的回应，几十年后，一些人现在支持解释的必要性，因此一些深度学习程序正在慢慢配备可解释的推理线。

/ 第五章 /

在斯坦福学习新的思维方式

一

1965 年，斯坦福大学的校园肯定是世界上最可爱的地方之一。我的父亲曾在书中读到：整个地球上，适合人类每日生活的最理想的温度就在加利福尼亚州的红木城。这是父亲永远不会忘记的。红木城离斯坦福大学只有几英里远。那里日间时分，阳光明媚而温暖；而夜幕降临的时候，海雾从西边爬过圣克鲁斯山，带来凉爽的夜晚。偶尔的小雨，丰富了这里的色彩；但更多的，还是始终如一的阳光。到处都是斯坦福大学的师生们骑着自行车（现在又有了滑冰和滑板）的身影。

我当时住在旧金山，从帕洛阿尔托的老南太平洋火车站出发，每天都在棕榈路上优雅的加那利岛枣树下骑车通勤。我会穿过金色砂岩传教士风格主校区的大道，然后转北，到达那里的波利亚楼。

乔治·波利亚（George Pólya）自 1940 年离开瑞士联邦理工学院以后加入了斯坦福大学。他一直是斯坦福校园里伟大的数学之星。他在数学的许多领域里都做出了重大贡献。虽然他已经荣休了，但依然在这些领域非常活跃。波利亚特别执迷于“启发式思维”的研究——这是一个因为他而变得众所周知的词。人们到底是如何解决问题的？他们使用的是什么经验法则？“启发式思维”对于研究人工智能的人来说是最贴心的问题，因为他们相信启发式思维对于人脑的计算缺陷是极好的补充。

波利亚楼是一处临时办公地。约瑟夫·艾希勒（Joseph Eichler）的公司在一棵古老的、虬曲的活橡树周围建造了一小群建筑。公司因其为大众设计的现代主义建筑住宅小区而闻名。那棵橡树是加州海岸的典型树种。除了两层的波利亚楼，其余的建筑都是单层白色灰泥建筑。这些建筑有突出的横梁，还有巨大的落地窗迎接着加州的阳光。计算机可能不关心太阳和光线，但使用和照料计算机的人对这些肯定相当在意。

我在波利亚楼的办公室与爱德华·费根鲍姆的办公室中间只隔着一扇门。从办公室往外看，是漂亮的侧花园。在我搬到一间可以俯瞰河滨公园和哈德孙河的书房之前，这曾是我工作过的最喜欢的办公室。每天早上来上班是那么愉悦的事情：雾气刚刚散去，露出靛蓝的天空；清新的空气，一年四季都有盛开的鲜花。在这样的环境里开始工作，是如此惬意。

除了在新的计算机科学系担任教授外，费根鲍姆还是计算中心的负责人。计算中心是为整个校园服务的。作为他的助手，我的第一个项目是采访全校的教师用户，询问他们使用计算中心设备的目的。在整理完这些信息以后，计算中心决定已经是时候去旧换新：采用一个全新的系统——IBM System/360，取代老旧的（可能是两年前的）Burroughs B 5500 信息处理系统。当时，那是一个超前的计算系统，可以做到上下兼容。这意味着，有着最小内存和旧款处理器的机器仍然可以与高端的机器兼容。它还结合了商业用和科学工程用的计算机。在 IBM，两种计算机曾经一直是两条独立的产品线。

其他高端主机的制造商也为此展开了激烈的竞争，相互角逐希望我们采用它们提供的机器。我负责记录会议上制造商们对各自产品的宣称和承诺。最后，爱德华和他的同事们认为 IBM 能为他们的问题提供最好的解决方案，因此他们最终选择了 S/360。然而可惜的是，新系统十分“腼腆”，就像还没准备好签署婚约的公主遇见王子一样，存在各种软件问题、硬件问题，后来还有所谓的“雾件”问题。当 IBM 的代表走进办公室时，我努力保持严肃。他们打扮得像黑手党一般。他们那非常显眼的得体的西装和昂贵的领带在衣着的确十分随意的斯坦福校园里显然超级正式。他们可以做到趾高气扬地道歉，最后说：“我们产品的表现如果不好，那都已经是历史了。如今我们可以为你们做些什么呢？”这真是令人难忘的反应，以至于后来我想我也要找一两个机会好好运用一下这句话。

爱德华一边抽着烟斗，一边暗自评估。他平静地说：“你认为，我们什么时候可以看到这个系统？”

“我们在加班加点地准备。”IBM 的代表急切地向他保证。爱德华保持沉默，吐出一口烟，若有所思地眯起眼镜后面的双眼。短暂的沉默之后，他回应说：“那至少让我们看一部分吧。”

尽管爱德华一定十分气愤，但我从未见过他失去泰然和冷静。在大约 60 年的友谊中，我从未听过他提高嗓门大声说话。对我来说，这件事给我上了另一堂印象深刻的课。我在英裔爱尔兰家庭中长大，懂得吼叫的“战术价值”，那种吼叫的声音能把窗棂里的窗户震碎，让女性膝盖发麻。许多年后，我异想天开地想，人工智能吸引我的理由之一，正是它不存在愤怒和不公。作为 20 世纪中叶的孩子，无论是在世界范围内，还是在家庭的闹剧中，从一开始，我就被愤怒和不公包围着。

世界上的愤怒和不公不需要重复。但在我的家庭里，愤怒、发脾气、生闷气、威胁和高分贝的喊叫（特别是我父亲）至少每周都会发生。每当这时，母亲和我们这些孩子，便只能留下叛逆但顺从的眼泪。对于渴望宁静和智力刺激的灵魂来说，建立在冷静理性基础上的人工智能正是情感的安慰剂。然而，在人工智能冷静的阿波罗精神中，狄俄尼索斯精神也会突然爆发。二者相伴而生，与我们同在。

以上我对我们家“家庭剧场”的描述其实也不算完整。事实上，它的喜剧成分比闹剧更为丰富，并充满了音乐性和文学性。我的母亲来自英国村庄，是一位乡下姑娘。她的村庄风景如画，美到能放在饼干罐顶上当作宣传图画。她是一个有天赋的音乐家。我脑子里最初的记忆就是坐在我们家最朝外的那个房间，听母亲用钢琴演奏德彪西的《月光》。母亲是20世纪30年代一位独立的职业女性：白天，她是忙碌的理发师；晚上，她是舞蹈乐队的钢琴师。多年以后，我还在我的礼服盒子里发现了她那条迷人的亮片绉纱礼服。母亲工作勤奋、心胸宽广、热情洋溢，为世间的各类人而着迷。如今我明白了，她在20世纪50年代那样一个女性地位不进反退的时代付出了沉重的代价，特别是在我们长大的加利福尼亚州郊区。父亲去世以后，她的善良和幽默感（在她七八十岁时，她的音乐家伙伴们称她是“一缕阳光”）加上她对音乐和舞蹈的重新投入，使她度过了25年的快乐生活。她还是个诙谐的故事家，喜欢讲述她的音乐伙伴和令人惊讶的家庭传闻。父亲去世后，我和母亲挚友一般的关系是之前我们从未有过的。在那段后来的母女友谊中，我开始理解，我身上的一些优点正是源于她。

我的父亲富有雄心且睿智，最终他在北美洲成为一个非常成功的商人。他英俊潇洒、风流倜傥、魅力十足，还有爱尔兰说书人的各种天赋。他能够把自己悲惨的贫穷童年、痛苦耻辱的时刻（我现在才明白）化为有趣的故事，以至于我们笑得眼泪都流了出来，并乞求他再讲一遍，一遍又一遍。他的故事很多，比如，那个戴着石膏头盔的男孩（头盔是从某个在殖民地服役的亲戚那里偷来的）激怒了利物浦校长。校长喊道：“从帽子下面滚出来！滚出来！”或是他的裤子不知怎的，被胡乱裁剪，以至于裤裆都掉到了他瘦弱的膝盖上。又或是关于传说中的那些伦敦的姑妈们收留他，教他各种礼仪；等到他回到利物浦自己家的那个毫无规矩约束的餐桌上时，他几乎都要饿晕了。这些故事有几十个，在他讲述的时候，我们几乎可以提前一步替他把故事讲出来，因为我们特别爱听这些故事，也常常听得到。我们仍然爱他。多亏了他有趣的故事，以及他那总是驱动着他的不知疲倦的好奇心，我们原谅了他的暴怒和坏脾气。对于父母，我们永远无法忘怀。

二

我在斯坦福大学的办公室几乎是一个聚会场所。任何想要见爱德华·费根鲍姆的人，无论是教授还是计算中心的负责人，都要经过我的办公室。他们总在等候时与我友好地交流片刻。这就是为何我能从约翰·雷诺兹（John Reynolds）那里认识维恩图，从诺贝尔遗传学奖得主乔书亚·莱德伯格（Joshua Lederberg）那里快速了解质谱学。

现在回想起来，当时，爱德华一边在管理斯坦福大学计算中心，与顽固的计算机制造商打交道，一边正和莱德伯格开始他们的宏伟目标：研究科学家如何在脑中形成假设。这个研究项目将颠覆当时的人工智能研究，并且推翻两千多年来西方哲学的信念。

事实上，直到十年后，当我开始写我的人工智能史《会思考的机器》时，才真正理解这项研究的影响。我发现，由费根鲍姆和莱德伯格领导的名为"Dendral"的项目，涉及对人类和机器所使用的归纳法的彻底反思。它强调的是知识，而不是推理。我后来认为，Dendral 是人工智能的特里斯坦和弦，一个改变一切的大胆见解。[1]

因此，就像特里斯坦和弦一样，知识存在于早期的人工智能中——例如国际象棋的规则，但是费根鲍姆和他的同事们从根本上改变了重点：是知识，而不是推理。如果将 Dendral 放在我将在后文中写到的早期人工智能的背景下理解，那么，这种强调就更有意义了。

三

我和丈夫汤姆对旧金山长年的雾和风感到了厌倦。我们意识到我们或许可以生活在有着明媚阳光的温暖的半岛。多年以前，我父亲在读书时便已经注意到了这个半岛。我们在斯凯龙达的村庄以西约 2 英里处，找到了一个正在出租的破旧小木屋。那里是拉洪达路和天际线大道的交叉口，在斯坦福西侧的高处。小木屋岌岌可危地依附在西坡的峡谷峭壁上（我们离开几年后，它真的滑进了峡谷）。听说它曾经是当地的妓院，但我们的邻居却笑了。“哦，不，”他说，“那只是个隐蔽的酒吧。话说回来，那个酒吧不是还在地窖里吗？”哦，他说得确实有道理。

如今，我可以开着我既没有油表也没有安全带的黑色甲壳虫，沿着拉洪达路向东直行，一路越过天际线大道的山顶，抵达斯坦福大学。我已经不需要先坐老式的南太平洋火车，再换骑自行车了。

这栋小屋与世隔绝，与我们以前的住所——旧金山湾岸高速公路上的波特雷罗山公寓——完全不同。以前，为了能够欣赏到旧金山天际线的美景，我们吸了不少可怕的汽车尾气。在山上，高大的海岸红杉和褐色橡树包围了我们。每天早上，当我们沿着积满泥土的楼梯走向我们的汽车时，都会踩到肥大的黄香蕉蛞蝓。我们可以看到我们的邻居，但夜晚来临的时候，我们甚至无法看到他们屋子里的灯光。

沿着拉洪达路再往前走，肯·凯西（Ken Kesey）和他的追随者们（Merry Pranksters）就住在拉洪达村，并且在那里举行派对。在天际线和拉洪达路的拐角处停着一辆巴士，上面满是他们的涂鸦，这辆车几乎永远在“车库里修理”。每个周末，有时周中，“地狱天使”摩托车帮成员会打破森林的宁静，他们的哈雷摩托在山路上列队拜访凯西这帮人。汤姆经常在城里工作、参加夜间课程。我开始没有安全感，感到了自己的脆弱。有一次，我以为有人闯入小屋，就报了警。最终，警官来了，但没有发现什么闯入迹象。警察局的人是不可能在半小时内赶到我们这里的。因此，他强烈建议我自己备好枪。汤姆和我去西尔斯百货公司买了一支猎枪，没有弹药。我们把它放在床底下。我只在电影中看过，知道该把枪指向哪个方向。

我从来没有想过要沿着路走到凯西家，向他的追随者们介绍我自己。我很害羞，很正经，其实我觉得，对于这帮“野人”来说，我可能太拘谨了。我对毒品不感兴趣，我的古怪脾气还未成型，只是处于萌芽的状态。后来当我再遇到类似的一些人时，我发现我们是彼此喜欢的。但我们都变了：他们不再是狂野的捣蛋鬼，我也不再是那个拘谨又呆板的斯坦福大学雇员。

20 年后，我遇见了凯西。当时，我的文学编辑约翰·布罗克曼（John Brockman）举办了名为“现实俱乐部”的不定期会议。那次，我们聚集在一起向凯西致敬，而他当时正在城里宣传一本书。我们在某个人那完美无瑕的白色公寓见面。从这套公寓可以俯视中央公园。从南面可以看到曼哈顿中城夜晚耀眼的灯光。我向凯西做了自我介绍，并告诉他在 20 年前，我们相遇过。他环顾这间可以登上杂志的公寓，发自内心地笑了起来。他笑得是这么开心又释怀，还紧紧地握住了我的手。“亲爱的，你这一路真不容易啊！”

拉洪达小屋让我学会自给自足。屋里安装了一个可怜却昂贵的煤气供暖系统，所以，我们不得不靠烧壁炉取暖。在圣克鲁斯山区，即使在盛夏，当太平洋的海洋雾气流入峡谷并上升到山顶时，我们也会遇上寒冷的夜晚。冬天偶尔会下雪。所以我学会了劈柴。我学会了手脚并用地爬过峡谷壁，找到供水系统的故障并修理它。这种事可能每月都会发生一次。我们养了一条狗——一条圣伯纳犬，叫塞巴斯蒂安（Sebastian），当我们把这只巨型犬丢上甲壳虫车的后座并开着车在帕洛阿尔托四处转时，我便是一处奇观。

住在半岛上就意味着有些夜晚和周末我可以用我在办公室里整天使用的豪华电子打字机专心写作。其实晚上和周末有许多人都在波利亚楼继续工作。幸运的时候会有人顺路过来打断我一下——“你在做什么重要的事吗？”“倒也没有。”——然后我们开始聊天。我最喜欢的访客是比尔·米勒（Bill Miller），他是解释基础物理研究中气泡室图形的专家。后来，他当了斯坦福大学的教务长，再后来当上了斯坦福研究所的首席执行官和所长。同时，米勒是一个可以同时做到专注、有远见并且务实的人。

米勒的远见在他后来的成就中显而易见。他的远见不仅体现在他担任斯坦福大学的教务长和副校长的过程中，他在硅谷的建设发展中也扮演了重要的角色。硅谷由弗雷德里克·特曼（Frederick Terman）在曾经的樱桃、杏和桃子园上开创。除了学术的一面，米勒还是早期的风险投资家、企业家和许多组织的董事会成员。最重要的是，正是他预见了计算机的社会、科学和经济前景，并让更多的人也看到了这一未来景象。

米勒出生在印第安纳州的农村，并在附近的普渡大学上学。那张又大又平的脸使他看起来有点单纯，但他其实并不简单。他既有农家子弟善意地怀疑一切的态度，又是个完全的实用主义者。这使他所做的一切都充满了特殊的色彩。他思考人们的行为方式，创建了一些精辟的规律，并把它们作为“中产阶级威廉语录”* 呈现给我。永远要懂得去谈判，“中产阶级威廉”劝告说。如果你凭借实力进行谈判，你不会有任何损失。如果你只有弱点，从弱点出发进行谈判，你仍然不会失去什么。他在德国担任美国占领区的年轻军官时，有一段猎杀野猪的故事。几十年后，在我的一部小说《混乱的边缘》(*The Edge of Chaos*）中，我便致敬了这个故事。我不知道是他的军队还是他的农场经历激发了他对年轻的计算机作曲家约翰·乔宁（John Chowning）的支持。米勒告诉赞助方，乔宁当时正在研究的是计算机房里的环境噪声。

米勒总是能提供许多实用的建议。当我需要一只猫来对付我们小木屋里的老鼠时，他说：“一定要找一只妈妈是捕鼠者的小猫。小猫不是天生会抓老鼠的，它们需要被教育去这么做。”但是如果我问他是不是喜欢帕洛阿尔托灿烂的阳光，他就会感到困惑。他会看向窗外——是的，就是那儿的阳光——然后耸耸肩：“我在这里和在印第安纳州一样，”他说，“我只关心我的工作。”

这太令我惊讶了。我对环境一直都很敏感。7 岁时，当我来到阳光灿烂的加利福尼亚州，我一下子就从那巨大、压抑、沉默的黑暗中走了出来。在那个年纪，你不会想到坟墓或死亡，但我知道，是加利福尼亚州的光芒让我重获新生。

---

* 在英文中，比尔是威廉（William）的昵称，比尔·米勒的全名应为威廉·米勒。“中产阶级威廉”应该是米勒给自己起的绰号。——译者注

四

在斯坦福大学，我沉浸于学习中，就像我在加州大学伯克利分校时从研究生们那里学习到许多东西一样。我主要学习人工智能，它是斯坦福大学极其重要的研究领域。斯坦福大学、卡内基梅隆大学和麻省理工学院，是当时世界三大人工智能研究中心，它们三个又都是无可争议的世界计算机研究中心。因此，人工智能被集中嵌入更广泛的、开创性的研究中并不是巧合。

爱德华·费根鲍姆来到斯坦福，希望和约翰·麦卡锡进行合作。他们私下也是很好的朋友，但也明白在人工智能研究中，他们将遵循不同的道路。当我来到斯坦福大学的时候，麦卡锡正把研究团队搬到斯坦福山丘上一个漂亮低矮的半圆形新工业建筑里。那里离波利亚楼大约有 5 英里远。当时一家名为“通用电话和电气电力”的公司（现在已经倒闭了）觉得看到新的结构并不符合他们的研究计划，就把它送给了斯坦福大学，成为斯坦福人工智能实验室（Stanford Artificial Intelligence Laboratory，SAIL）。[2]

在从波利亚楼转移到 SAIL 的研究项目里，有肯尼思·科尔比（Kenneth Colby）的“医生”项目。科尔比是一位医学博士和精神病学家。他认为一定有办法能够改善病人的康复过程——也许是通过自动化。对于州立精神病院的病人来说，如果幸运的话，一个月可以见到一次治疗师。科尔比认为，不管“人造的”治疗师有什么缺点，如果病人可以随时跟这样的治疗师互动，无论这其中有什么不足，效果总归比现在的情况更好。在精神药物还未出现的日子里，并不是只有科尔比一个人这么想。马萨诸塞州综合医院当时也在进行类似的工作。科尔比曾与约瑟夫·魏岑鲍姆（Joseph Weizenbaum）合作过一段时间。魏岑鲍姆是一位经验丰富的程序员，曾在美国银行的自动化工作中发挥过重要作用，并对用 Lisp 进行实验感兴趣。魏岑鲍姆很快就创造了一种 Lisp 的变种，叫作 Slip（即符号化 Lisp）。对于人工智能来说，这些词的含义其实并不重要。

“医生”就是著名的苏联科学家安德烈·叶尔绍夫来访时想要看到的程序。对我来说，他与“医生”的相遇，让我突然间意识到了人工智能不仅是有趣甚至逗乐的抽象概念，更是有深度而丰富的。

“医生”程序引发了一些问题。在病人没有可能得到任何其他帮助的情况下，机器是否应该承担助人康复的角色？这个问题以及由此衍生出的问题都值得被认真对待。为此，支持和反对的声音都很强烈。魏岑鲍姆警告说，康复治疗是机器不可以介入的一个领域；但科尔比说，基于机器的治疗肯定比完全没有帮助要好。

因此，“医生”是魏岑鲍姆和科尔比之间激烈的学术争斗的开始。后来，我在出版《会思考的机器》时也被卷入其中。这让我最后成了魏岑鲍姆坚定的敌对者。

在叶尔绍夫与“医生”互动（或是没有互动）的时候，魏岑鲍姆已经开始声称科尔比剽窃了他的成果：他指控“医生”只是魏岑鲍姆自己的问答程序的一个衍生版本。这个程序名为“伊丽莎”[以伊丽莎·杜利特尔（Eliza Doolittle）命名]。伊丽莎是为了模拟，或以类似漫画夸张的手法模仿罗杰治疗师而出现的。它只是把病人的陈述句转化成疑问句。例如病人说：“我今天感到很难过。”它会说：“你今天为什么感到难过？”如果病人回答道：“我不太清楚。”它会回应说：“你不清楚细节吗？”费根鲍姆曾把 Lisp 教给魏岑鲍姆，说伊丽莎不是人工智能，它最多是一个编程实验。

科尔比极力否认魏岑鲍姆的指控。的确，他们两位曾有过短暂的合作。但把真正的（即使是十分原始的）精神病学的技能安装到“医生”身上的确是科尔比做的原创性的贡献。科尔比也借此证明了“医生”这一新命名的合理性。此外，科尔比正在努力使这个项目成为一个实用的项目，而魏岑鲍姆在他的玩具般的项目中没有做任何的改进。

也许是因为魏岑鲍姆声称自己被剽窃的说法没有得到预期的效果，他转而开始对科尔比进行居高临下的道德批判。魏岑鲍姆说，即使科尔比能让“医生”运行，它也是一个令人讨厌的程序。是人类，而不是机器，才可以倾听其他人类的烦恼。科尔比争辩说，这正是他的观点。精神痛苦的人根本找不到人听他们倾诉，难道这些病人应该就这样被置于痛苦之中吗？[3]

我同意科尔比的观点。但在此之前，我也许是不会同意他的。因为从直觉上来讲，我是站在魏岑鲍姆这一边的。

但是在斯坦福大学，我正在学习用不同的方式思考。有一天，我试图向费根鲍姆解释，我总是模糊地、本能地摸索着解决问题，依靠的是感觉。但现在我开始从逻辑上思考这些问题了。爱德华笑了，说："分析性思维欢迎你的到来。"

进入大学时，我热切地希望学习到"世界上最好的思想和言论"——正如我在大一时于马修·阿诺德（Matthew Arnold）的《文化与无政府状态》（*Culture and Anarchy*）中读到的那样。此外，阿诺德还说："这些知识的目的，是将新鲜和自由的思想，流转到我们原有的观念和习惯上。"

对我来说，与人工智能的相遇正是如此。

五

在我的生活中，还发生了其他事情。晚上我一直在旧金山的加利福尼亚大学继续教育部参加写作讲习班。讲习班由热情洋溢的纽约人伦纳德·毕晓普（Leonard Bishop）主持，他是20世纪五六十年代一位成功的小说家。他把我拉到一边，用他那美妙的下东区的吆喝口音对我说："你最好开始认真对待这些与写作相关的东西，好吗？"

我感到焦躁不安。我的志向完全不只是成为某些人的助手。当计算中心产出的文档足够多以至于需要一个技术作家和编辑时，我便申请了这个工作。后来爱德华告诉我，他很不高兴，但还是指示那位负责招聘的人应该对我和其他受聘者一视同仁。最后，我没有得到那份工作。那份工作最终给了一个看起来对什么都一脸惊诧的家伙。我称他为“蠢蛋”(在学习人工智能的同时，我还在学习意第绪语)。不过据我所知，他比我更有资格拿到这个职位。但是，我不能再继续原来的生活了。我的婚姻正濒临破碎。我决定远离这一切，到东部去。

在波利亚楼的最后那段日子的某一天，我站在楼里向外看。我望着那棵巨大的老橡树屹立在四方形的计算机中心的中间。我看着研究生们在各个建筑之间来来往往。这里有帕特·苏普斯（Pat Suppes）的早期机器教学项目，有放置主机的计算中心，还有一栋相邻的大楼是一个数学教育项目的所在地。我认识这里几乎所有的研究生。当时的人们还不太用这个词，但我想我们就是一群书呆子——一群“奇葩”。

我们确实明白，从一个奇特的角度来看，我们都是亲人，处在同一个团体，是一个氏族，甚至可能隶属于一个“邪教”。世界上几乎没有其他人意识到这一点。在1966年，并不是我们中间的每个人都能意识到即将到来的信息革命，以及它所带来的彻底而根本性的变革：从生物学到物理学，到文学，到商业，到艺术，都可以用信息处理，都将走向数字化进程。在信息革命的早期，我们只能在为数不多的“部落成员”的联系中，获得滋养心灵的安慰。但我们是那么有信心并毫不动摇地确信，我们所致力的将以某种方式改变一切。当我回到这个圈子以外的世界时，我想知道，我是否会再有家的感觉。

如果我在未来生活得如此快乐，是什么吸引我回到现在，回到过去，回到那个外部世界呢？我想，主要应该是“两种文化”讲座中所谈到的“第一文化”。是文学、人文学科。这些依然充满我的想象。虽然世界上没有哪种文化会特别欢迎我，或者欣赏我现在所说的一切。但是，在很长一段时间里，我还是一直都在渴望着它。

注 释

[1] 在理查德·瓦格纳（Richard Wagner）的歌剧《特里斯坦与伊索尔德》(*Tristan und Isolde*)中，特里斯坦和弦是大三度和小三度的四音组合。这在当时是令人震惊的，尽管一些音乐学家认为这不是瓦格纳的原创。它令人震惊源自瓦格纳赋予它的强调。这个和弦后来找到了一个非常愿意收录它的家——一个包含阿伦（Arlen）、埃林顿（Ellington）、格什温（Gershwin）、斯特霍恩（Strayhorn）的美国歌曲集，他们融合了晚期浪漫主义的音调和非裔美国人音乐的节奏（更不用说在32个简洁小节中的故事）从叮砰巷音乐（Tin Pan Alley）中跃出并着迷世界。

[2] 在 http://infolab.stanford.edu/pub/voy/museum/pictures/AIlab/SailFarewell.html 阅读 SAIL 的自传。

[3] 到2018年，在线治疗蓬勃发展。斯坦福大学心理学家和计算机科学家共同努力完成了一个名为"Woebot"的项目，为患者提供并非免费但廉价的治疗抑郁症的方法。它是一个混合体——一部分与计算机互动，一部分与人类治疗师互动，适用于那些负担不起传统治疗高昂费用的人。早期的一些研发还包括洛杉矶创意技术研究所的一个项目，名为"埃莉"(Ellie)，帮助前士兵治疗创伤后应激障碍（PTSD）。埃莉精心设计的方案似乎克服了许多患者拒绝向人类治疗师说出真相但面对电脑感觉更自由的问题。(我们在苏联计算机科学家安德烈·叶尔绍夫身上看到了这一现象。）几十年前，凯泽基金会（Kaiser Foundation）发现了对普通医学问题的相同反应——人们觉得人类医生会对他们指指点点，而计算机不会。因此，他们在计算机面前可以更加坦诚。

/ 第六章 /

铁锈地带的革命

一

在纽约市，有一份工作正等着我。此外，我开始在哥伦比亚大学在职学习写作。1968 年秋天，由于一笔慷慨的奖学金，我可以全职参加哥伦比亚大学文学院的写作课程。我当时 27 岁，刚结束一段婚姻，住在国际学舍，过着我当时人生中最快乐的日子。每天，我除了写作，就是继续写作。

写作项目要求学生设计一门课程以补充写作训练班的内容（所以我们可能会在版税收入之间，做一些有额外收入的工作）。我设计了一门研究计算机中人为因素的课程。在 1968 年，这样的课程对于文学院的人来是天方夜谭，他们完全不知道我想做什么。那又怎样呢？除了写作训练班之外，我还怀着喜悦的心情，在哥伦比亚大学四处选课。

我曾对“在写作班被修改过的小说”的那种无攻击性的套路说过一些冷嘲热讽的话。但在哥伦比亚大学艺术学院的那两年时光，对我来说却是一份无与伦比的礼物。我身边有很多我听说过的作家，如阿德里安·里奇（Adrienne Rich）、让·斯塔福德（Jean Stafford）、斯坦利·库尼茨（Stanley Kunitz）、弗兰克·麦克沙恩（Frank MacShane），还有一些年轻作家。来访的作家中也不乏名人，比如雷诺兹·普莱斯（Reynolds Price）、罗伯特·佩恩·沃伦（Robert Penn Warren）、豪尔赫·路易斯·博尔赫斯（Jorge Luis Borges）。

我很幸运地成为霍滕斯·卡利舍*的学生。后来她声称，大部分时间她都没有管过我。但是多年以后我才发现，我的一份手稿上满满都是批注。卡利舍和我一开始是师生关系，但在接下来的40年我们成了亲密无间的朋友，一直到她去世。[1]与此同时我也是英国访问作家V. S. 普里切特**的学生。他是我见过最善良的人，对写作有着超强的敏锐力，也深刻地明白作家是多么脆弱。他把我的第一部小说《熟悉的关系》（*Familiar Relations*），即我名义上的硕士论文，交给了他自己的文学编辑，还立即在伦敦找到了一个出版人——迈克尔·约瑟夫（Michael Joseph）。在我离开哥伦比亚大学，以及他回到伦敦之后，普里切特仍和我保持了好几年的联系。

这时，我再次坠入爱河，并同时爱上了两个男人。我深深地为一位诙谐又机智的柏林法官所着迷。他也住在国际学舍。当时他拿到了特别奖学金，到美国来研究美国基本制度。此外，我也被贝尔实验室的计算机科学家乔·特劳布（Joe Traub）深深吸引。我们在斯坦福大学时就认识了，但一直到我们都来到纽约以后才开始更加了解对方。那段日子是我人生中最美好的时光。

那一年，爱德华·费根鲍姆来看望我，对我的转变感到惊讶。嗯，是的，我更瘦了，穿着超短裙、紧身衣和高筒皮靴，做着我喜欢的事，变得越来越自信。我把内心的秘密跟他分享了："我现在的感觉就像有钱人一样。"我说："我可以做任何我想做的事，并且还可以毫无负担地抽身而去。"

1969年6月，学年结束了。那位法官回了柏林。我们曾经对彼此都是认真的。但作为一个作家，我无法让自己离开我的母语环境。我日益增长的女权主义思想让他那有序的德国灵魂感到担忧。在我们的余生中，我和他继续维持着朋友关系。在他深爱的纽约，或我最后也爱上了的柏林，我们还会（带上我们的配

---

* 霍滕斯·卡利舍（Hortense Calisher），美国小说家，美国艺术文学院的第二位女院长。——译者注

** V.S. 普里切特（V.S. Pritchett），英国作家、文学评论家和编剧，尤其以短篇小说闻名。——译者注

偶）相见。

相比之下，乔钦佩我的独立。甚至当这一切颠覆了他从小到大被教导的男女关系应有的样子时，他还是喜欢我。我们搬到（格林威治）村里住在了一起，并在那年的12月结婚了。当时他说服我，说如果我们在年内结婚便可以省税。其实并不是钱的问题。感谢德拉科特出版社，在哥伦比亚大学的第二年，我已经得到了更慷慨的奖学金——乔说的省税只是一个借口。

我爱上乔有很多原因。很难说这些原因的哪一个对我更重要：他对我工作的坚定支持、我们的深情厚谊（这是往往被低估的婚姻特征）、他的快乐之心和他给我带来的从不厌倦的新鲜感。差不多50年的日子里，他会带着一张清单来共进晚餐。清单上面写着他想逗我开心、刺激我甚至挑衅我的话题。有时，我会收到一封电子邮件的调侃："今晚的晚餐会告诉你两个明星项目。"而我必须等到他回到家，晚餐摆在桌上时才能听到。他理解、滋养、共享我心底所有最深的热情。

我爱乔对生活的态度。我猜这是科学家的普遍态度：质疑既定事实，不认为任何事是理所当然的，愿意提出甚至令人难堪的问题，以不同的方式看待这一切。许多年前，我送给他一份圣诞礼物：一块厚重的河石，上面是圣约翰大教堂的石匠们刻下的一个词——"WONDER"（好奇）。这个词于我而言是对他的总结：概括了他对世界永恒而童真的好奇与喜爱。这个词也是我们大多数谈话的开始，"我很好奇……"。我们把这块石头放在了圣塔菲房子的小花园里，就在他的书房外。他喜欢在那里读书，看他的花园，观察他的鸟儿，并在喜悦和好奇中抬起眼睛望向那桑雷德克里斯托山。

2015年，就在他所爱的那所房子里，他去世了。他被他所爱的那些山包围着，在我的怀里离开人世。虽然这是那么地突然，但他仍然活在我的心里，我的脑海里。他对生活的好奇和快乐感染着我，直到永远。

1970年，计算机科学还是一个新兴的领域。在贝尔实验室，乔是不安分的。在哥伦比亚大学的第二年，也是最后一年的春假，我们一起前往各个渴望雇用他的学校。我也经常跟着去面试工作，就像一个跟班一样，因为我根本不像我丈夫那样是炙手可热的人才。而且，在那个性别歧视的年代，同一所大学雇用一对夫妇是根本不可能的，被认为是任人唯亲，是不被推崇的。无论我们的领域相差多远，我们都有裙带关系。我一次又一次地听到这种说法。在4月的一天，我们被西雅图的美景迷住了。乔最终同意在华盛顿大学担任教授。

我们俩都特别喜欢西雅图。不论以什么人的标准来看，这都是一个壮丽的城市。乔特别喜欢在附近徒步旅行和滑雪，十分方便。那里的山丘、丰富的淡水和海水，在我看来是那么美丽。周围的环境让我感到愉悦，让我想起了童年时的旧金山湾区。我们交了很多好朋友，我们徒步走过卡斯卡特山的小路，我们在山坡上滑雪。我在西雅图社区学院教英语。我的许多学生都是从越南战争回国的老兵，这个经历对我来说本身就是一种教育。

但在那时，在微软和亚马逊出现之前，西雅图在计算机科学领域并无建树。就在我们来到西雅图一年后，卡内基梅隆大学向乔提供了他们计算机科学系的系主任职位，于1971年夏天开始任职。对于这份工作邀请，他无法拒绝。我理解其中的原因，并完全支持他的决定。

二

我一直在悄悄地了解匹兹堡和卡内基梅隆大学的超级明星计算机科学家。这始于我还是一名本科生，并在伯克利的商学院准备打印课程大纲和推荐书单的时候。主要是当时，我注意到了一个反复出现的名字：赫伯特·西蒙。接下来，当我从事《计算机与思维》一书的工作时，我看到其中的许多作者都曾在卡内基梅隆大学工作过。最后，我在斯坦福大学工作的两年时间终于让我把这其中的点和线都连在了一起。这些经历都让我了解到，卡内基梅隆大学的人是多么杰出。

这时我也知道，就在这里，这个铁锈地带的中心，艾伦·纽厄尔和赫伯特·西蒙首次赋予了人工智能生命。我知道这件事，但并不完全了解。正如我在写人工智能史《会思考的机器》时一样。

在教师欢迎会上，我站在西蒙面前。而面对这样一位大明星，我竟然一句话都说不出来。他就是曾被我暗地里“指控”为极其单薄的商科学术领域里的唯一学者。当时，我却几乎没有勇气与他握手。

尽管几乎和西蒙一样杰出，纽厄尔对我的威慑要小一些。他们俩在认知心理学和人工智能方面已经有了15年的研究伙伴关系。纽厄尔和西蒙与一位有天赋的程序员J.C.（克利夫·）肖［J.C.（Cliff）Shaw］一起，开发了有史以来的第一个人工智能程序——逻辑理论家。

那晚，我也遇到了拉吉·雷迪（Raj Reddy）。我们不是第一次相遇。当我在斯坦福大学时，雷迪是斯坦福大学人工智能实验室一名废寝忘食的研究生，从事语音理解的研究。一天晚上，在约翰·麦卡锡的一个聚会上，我见到了雷迪的新婚妻子阿努（Anu）。她穿着漂亮的纱丽，睁着大大的眼睛，静静地坐着。从印度的班加罗尔飞到斯坦福大学，她曾被古怪的人工智能奇才们吓呆了。现在，在匹兹堡，她镇定而自信，是一个有着灿烂笑容和幽默感的女人。

三

因为伦敦的迈克尔·约瑟夫出版了我的前两部小说《熟悉的关系》（*Familiar Relations*）和《工作到底》（*Working to the End*；这本书描绘了20世纪60年代，大科学环境中的一位女科学家），我受邀到匹兹堡大学英语系工作。当时的系主任是罗伯特·惠特曼（Robert Whitman）。当提到我们办公室的建筑——42层的哥特式复兴建筑时，他诙谐地说：“你很快就会学会把这里称作‘学习的殿堂’而不笑出声了。”碰巧的是，惠特曼，一位戏剧文学专家，与玛丽娜·冯·诺伊曼·惠特曼（Marina von Neumann Whitman）结了婚。她在匹兹堡大学教经济学，是约翰·冯·诺伊曼的女儿。我很快将会认识到他在早期计算机方面的杰出工作。

我在匹兹堡大学的学生几乎都是家中第一代大学生。从这个角度来看，他们是清新而愉悦的。我开始创作小说《三河》(*Three Rivers*)，讲述 20 世纪 70 年代的电视新闻，而背景是匹兹堡。在这个过程中，我结识了匹兹堡的记者朋友。

乔全神贯注地在一个曾经很出色的系所工作。但由于几个权威学者的突然离开，这个系现在已经接近濒死状态。在乔努力把这个系带回它的巅峰状态的过程中，艾伦·纽厄尔是他不可或缺的导师。乔招聘新的教师，重新设计博士生项目，专注于自己的研究并认真带领学生。几名研究生从华盛顿大学跟着乔一起来到这里，其中一位是孔祥重（H. T. Kung）。乔很照顾他们。

在匹兹堡，孔祥重和他的新婚妻子对于在周围几乎没见过亚洲面孔而感到非常不习惯。他们不得不开车到华盛顿特区去，购买中国食材，做一些简单的亚洲菜。直到圣诞假期去拜访多伦多的亲戚，他们才带着正宗中国食物回来。很久以后，在乔的 80 岁生日会上，孔祥重——时任哈佛大学的威廉·盖茨（William Gates）计算机科学教授——回忆起在卡内基梅隆大学时跟乔一起工作的场景：在一起证明定理时，他们会争吵并互相大吼，甚至会从对方手里把粉笔抢来用。有一次，乔对这个孔子的第七十六代后裔气急败坏地吼道："你不是中国人！如果你真的是中国人，你应该知道尊敬长辈。"

我那意气风发的丈夫曾经是国际象棋团体赛中下第一名次的选手，还当过布朗克斯科学高中国际象棋队的队长。在我们到达匹兹堡后不久的一个晚上，他坐下来玩当时最好的电脑国际象棋程序（官方称其为"MacHack"）。因为它是由麻省理工学院的设计师理查德·格林布拉特（Richard Greenblatt）设计的，它同时也被非正式地称为"格林布拉特"。乔用王翼弃兵局，六七步就把对面将死。他一言不发，把游戏结果打印下来贴在办公室门外，之后再也没有挑战过它。[汉斯·柏林纳（Hans Berliner）是世界通信象棋冠军——也就是说他会把每一步棋写在明信片上并通过邮寄明信片给远方棋友的方式下棋——而他在卡内基梅隆大学攻读博士学位，正在研究一个下棋程序。他说他从来没有想到乔的获胜策略，于是，他相应地修改了自己的作品。]

四

尽管在匹兹堡发生的一切对我和乔来说都是好事，但在这个城市，我却深感不自在。在那里的第一个冬天，我谁也不认识。我在城市周围开车，一直开到乡下。我被20世纪70年代初匹兹堡杂乱的丑陋所震惊——没有人费心清除的矿渣堆，既不值得使用也不值得拆毁的生锈的工业建筑。那些只为工厂、磨坊和煤矿工人建造的排屋缺乏美感。但谁又会关心这些呢？他们的居民来自欧洲的乡村，几个世纪的当地文化塑造了这些村庄。文明早已被时间磨平。他们明白凄凉的住所和艰苦的劳动是为他们逃避饥荒、躲避那些由国家支持的恐怖行动而付出的代价。

对这些移民来说，美好的愿望都集中体现在教堂上——天主教堂的精美砖石和引人注目的彩色玻璃窗，东正教教堂的金箔或青金石色的洋葱圆顶，在阿勒格尼山的山坳里意外发现的拜占庭的异国风情。人类喜欢美，渴望美。这些建筑证明了这一点。信徒们可以把他们对可爱、对超越、对恩典的渴望全部倾注在这里。教堂是人类对摆脱日常肮脏生活的集体呼唤。

美国的巨大财富，在宾夕法尼亚州西部得到了实现——卡内基（Carnegie）、弗里克（Frick）、梅隆（Mellon）、菲普斯（Phipps）、威斯汀豪斯（Westinghouse），还有更多，但当时的匹兹堡实际上是一个殖民地。这些财富被吸走，流向了资本集中的大都市：纽约市和华盛顿特区。虽然我们在匹兹堡的时候，那里新建了一个新的博物馆，并且旧的博物馆也加建了一个新区，但博物馆里摆放的也就是一小部分象征性的艺术品。安德鲁·卡内基（Andrew Carnegie）将小型免费图书馆散布在各地（但不只是在匹兹堡，他在全国范围内都这么做。大家因此都非常敬重他）。

第二次世界大战的钢铁生产使得即便是中午时分，也需要借助路灯才能看得清路。战后，匹兹堡宣布“复兴”的口号响起，空气也因此被适时地净化了。否则，25年来，这个城市基本不会有什么变化。市区很单调，空置的店面让人感到不安。城里的居民想着建立一个新的体育场馆，即三河体育场，它将使这个粗糙的、充斥着啤酒和枪击的小镇重新焕发活力。

五

20 世纪 70 年代开始，匹兹堡正处于巨大变化的风暴中。这座城市曾经引以为豪的工业（美国各地的城镇都以匹兹堡命名，希望复制其工业实力）开始消亡。条带采矿正在取代地下采煤。巴西、韩国，以及后来的中国，都正在建造更新、成本更低、更灵活的钢铁厂。世界的发展最终会把匹兹堡的产业带走，因为美国的管理层拒绝现代化，美国的劳工拒绝屈服。

这是一个渐进的过程，20 世纪 70 年代初的经济放缓被认为只是一时的挫折，一切都会恢复正常。与此同时，我的男学生们仍然可以在暑期找到工厂工人的工作，三个月赚的钱几乎和我九个月赚的一样多。当你早上走出前门时，炼钢的刺鼻气味将在你的鼻子里徘徊。而死亡就隐藏在空气中：接下来的 40 年里，匹兹堡不仅会失去它的采矿和钢铁工业，还会失去 40% 的人口。

第二个巨大的变化是信息革命。当工业时代正在消亡时，信息革命正在卡内基梅隆大学工厂式的黄砖建筑中孕育，孕育的目标是大学能够以某种方式“绿化”城市，将其带入新的时代。但是，我发现自己所在的匹兹堡似乎是一个不太可能实现这种重生的地方。卡内基梅隆大学是在过去巨大死海中的一个绿色未来岛。

20 世纪 70 年代初的第三个巨大变化，是女权主义的崛起。妇女们终于为体面、正义和平等而奋斗。这不仅仅是像过去一样是为了别人；现在，她们开始为自己这么做了。

这些事情中的每一件——工业时代的死亡、信息时代的诞生，以及女权主义的第二次浪潮，都会深深地影响我，并在我的脑海中刻下烙印。

我以局外人的身份进行观察和写作，把这个城市令人痛苦的转变写成文字。

我在教导它的儿女。但是，我觉得自己像一个没有被嫁接成功的枝条。无论我如何努力，在匹兹堡，我总是会这样想。

摘自我 1977 年的日记：

你必须曾经生活在文化中心之一——纽约、旧金山——才能理解其他州的思想生活是多么致命沉重。为了接近他们所认为的舆论中心，他们以一种凶猛的方式攻击伟大的命题，连沿海地区性格冷淡的公民都对此感到震惊。这一点在格拉迪斯的小说中得到了充分的体现［格拉迪斯·施密特（Gladys Schmitt）是当地一位备受喜爱的小说家，他在 20 世纪四五十年代大获成功］，也许这也是我悲伤的原因。我觉得我与一切都有距离：饥饿、窒息、被剥夺。然而，我在所谓的中心生活过，我也知道那种羡慕的样子是多么愚蠢。

我并不是唯一一个有这样想法的人。赫伯特·西蒙的妻子多萝西娅（Dorothea）和艾伦·纽厄尔的妻子诺埃尔（Noël）都来自旧金山湾区。我们发现自己是陌生土地上的陌生人。因为我们的丈夫开始了宏伟而重要的冒险，所以我们要尽量在这样的生活里让它达到最好。多萝西娅·西蒙很坚忍，从不抱怨；但诺埃尔·纽厄尔患有严重的偏头痛，这让我揪心。后来，当小说家马克·哈里斯（Mark Harris）搬到镇上，我们变得亲密无间时，是他的妻子约瑟芬·哈里斯（Josephine Harris）——另一个在旧金山待了多年的人——毫不含糊地说出了每个人的心里话：这不是我们应该待的地方。

在这群人里，我算是比较年轻的一位。这些较年长的女性对我来说是警世的榜样。而她们对我则是既支持又羡慕。我是新的一代。我会提出关于女性角色的问题，会不再愿意完全接受自我否定和挫折。我不接受几千年来大多数女性的命运。在我的定义里，我丈夫的事并不比我的事优先度更高。如果这个城市不适合我，我也没有必要留下来。相比之下，禁锢在旧社会中的年长女性却觉得她们必须忍受和沉默。

虽然我在匹兹堡大学的英语系任教，但卡内基梅隆大学计算机科学系所弥漫的兴奋和激动感染着我，让我寻求到了安慰和一些激励。（卡内基梅隆大学的商学院和戏剧系也是排名顶尖；在纽厄尔和西蒙的指导下，这里的心理学系也将蓬勃发展。）开创性的计算机项目正在进行，而且正因为如此，这里吸引了一波又一波有趣的访客。

一天下午，我看着 Big Iron 被搬进建筑风格粗犷的科学馆。对于某种人来说，Big Iron——20 世纪 70 年代那些庞大的主机——等同于 Big Power，略显性感。那天晚上，我和一位来自施乐公司帕洛阿尔托研究中心（PARC）的年轻访问科学家共进晚餐。他告诉我他对计算机的构想：一只胳膊就可以提起它，而另一只胳膊则可以空出来去提一袋杂货。我想，艾伦·凯（Alan Kay）很可爱，但他对于移动电脑（Dynabook）的想法实在是太荒谬了。

荒谬。我在笔记本电脑上写下这个词，写下艾伦·凯最初的想法。我也可以用我的智能手机把这个记下来，只是它的键盘太奇怪了，所以我没有这么做。但在那台手机上，我不仅可以阅读短信和电子邮件，还能在每天乘坐地铁的时候，阅读约瑟夫·康拉德（Joseph Conrad）、亨利·詹姆斯（Henry James）和查尔斯·狄更斯（Charles Dickens）的作品。

注 释

[1] 霍滕斯·卡利舍和我有很多成为朋友的理由，其中之一是她对 C. P. 斯诺作品的理解和钦佩。她非常喜爱“陌生人和兄弟们”这一系列小说中创作的想法，一个我们大多数人不会被允许进入的有重要意义的生活世界，里面是大科学的世界，科学在政府中（尤其是在赢得第二次世界大战的过程中）有着特殊的作用。她钦佩斯诺对智能的更大的想法。在回忆录《她自己》（*Herself*）中，她描述了与斯诺和他的妻子帕梅拉·汉斯福德·约翰逊共度的一天，以及她多么不愿意离开。几十年后，她写了一部名为“运动之谜”（Mysteries of Motion）的长篇小说，里面有原创性和挑衅性的关于太空计划的评论，包括她所说的“奇怪挑剔的知识分子居然认为这与他们无关”。

第二部分

脑

无论我们多么确定

当未来降临时

预见的时刻终是不可预见。

——T. S. 艾略特（T. S. Eliot），

《大教堂谋杀案》

（*Murder in the Cathedral*）

/ 第七章 /

约翰·麦卡锡与会思考的机器

一

重建一个学术院系需要大量时间，所以，我和乔选择在夏天休假，这样，他就可以心无旁骛地进行研究。我们在博尔德的国家大气研究中心度过了一个夏天。1973 年，我们又被邀请到斯坦福大学过暑假。重新在斯坦福的阳光下骑自行车，拜访老朋友，结识新朋友，我们过得很快乐。

当假日开始的时候，我从爱德华·费根鲍姆那里听说，约翰·麦卡锡现在已经有了飞行执照，驾驶着他的小飞机，在阿拉斯加一个偏远的地方紧急迫降。粗俗地说，那个地方的名字叫“驯鹿屎山口”。他被发现并获救全靠运气。我那时已经写完了小说《三河》，正在寻找一个新的故事。我想，我在人工智能领域认识了不少奇人，那么以他们为基础，写一部小说怎么样？

一天下午，我懒洋洋地躺在树荫下，心想：我为什么非要写小说呢？为什么不能写一部历史呢？这一定很容易，我可以采访一些重要人物，然后把这些采访拼在一起，我的书不就完成了！ 1973 年 7 月 4 日，我把这个想法告诉了乔——我要写一部人工智能的历史书。这部历史，由那些正在创造这段历史的人在活着的时候讲述。乔很喜欢这个想法。五天后，我试着在爱德华·费根鲍姆身上做了试验，他非常支持我的想法。

可我又开始了自我怀疑，我究竟能否胜任这件事？爱德华笑了笑："你有很多朋友，他们会帮助你。此外，也许你不应该深究技术分析，而应该探究思想传承和人物个性。""时机正好，因为很多重要人物都是我的好朋友，"爱德华继续说，"我会让麦卡锡加入你的企划的。"爱德华边说边为我安排了在斯坦福大学教师俱乐部的午餐，以帮助我结识约翰。

二

尽管人工智领域出现的时间并不长——约翰·麦卡锡在1956年才为它命名——但从一开始，麦卡锡就是一个杰出的人物。我第一次见到他时，他的办公室还在波利亚楼。很快，他就搬到了斯坦福大学后面的山上，领导他在1966年创办的斯坦福人工智能实验室。麦卡锡已经是一个传奇，而他将带领SAIL成为一个新的传奇。

在计算领域，尤其是在人工智能领域的一些关键思路上，麦卡锡功不可没。他的一个主要观点是分时（time-sharing）。因为计算机的运算过程比人类快得多，所以计算机的运算可以在用户之间同时分享，而这是用户注意不到的。麦卡锡是第一个提出这个观点的人——显而易见，他身先士卒。他在早先任职的麻省理工学院和斯坦福大学里，先后设计并搭建了几个系统。但是，搭建系统是一项艰苦的工作，必须攻克艰巨的技术难关。而且，正如众人所说，在一个24小时才能出结果的时代（你还记得我抱着打孔卡片盒子的时代吗?），这一想法遭到了不少人的非议和抵抗。

分时将改变人们与计算机交互的方式和人们通过计算机交流的方式。即使在那时，速度比人类快的计算机也仍在不断加速。分时是互联网运行的基础，是诸如万维网、手机、服务器和云计算等一切事物的基础。

为了更有效地进行他的人工智能研究，约翰·麦卡锡曾梦想建立可行的分时系统。我在《会思考的机器》一书中写道，他和马文·明斯基如何在1956年夏天组织了达特茅斯会议。在这刚刚起步的会议上，第一批严肃的专家聚集在一起，讨论智能机器的可能性。

麦卡锡坚信，可以通过使用数理逻辑使计算机达到人类水平的智能，而数理逻辑既是智能机器“表示”知识的语言，也是它们运用知识进行“推理”的手段。

他的这一想法确实属于人工智能的一个特定范畴，即采用形式逻辑和数学中体现的“思维法则”来进行“理性思考”。在当时，知识表示只是一个模糊的概念。直到后来，其他人工智能研究者才意识到它是智能行为的基础。而且，正如麦卡锡首先提出的，计算机的数理逻辑需要十分明确。[1] 在人工智能领域，知识表示困扰科学家们数十年。它要求科学家们从邋遢到整洁（从非数学到数学），不断完善他们的人工智能。直到21世纪初，知识表示才成为沟通“两种文化”的大桥下的一个重要桥墩。

麦卡锡的这一理念，即思考既需要用到知识又需要用到推理，促使他发明了一种叫作“Lisp”的编程语言。Lisp不是首个列表处理语言，但肯定是第一个被普遍应用的。列表处理将数据结构和对数据的操作均以列表的方式表述。为了提高效率，它还利用树形的处理方式。麦卡锡认为早期由纽厄尔、肖、西蒙和费根鲍姆设计的列表处理语言IPL-V（五号信息处理语言），虽然思路很好，但实现起来很麻烦。麦卡锡的看法果然是对的，后来人们广泛接受并长期使用Lisp语言。除了在人工智能方面的工作，麦卡锡还对计算的基础数学理论做出了重要贡献。

1971年，鉴于麦卡锡出色的工作，他荣获被称为计算机界诺贝尔奖的图灵奖。后来，他还获得了许多其他国际奖项，并入选美国国家工程院和国家科学院院士。

三

在 1973 年的午餐会上，我提议要写一部人工智能史。当时我对麦卡锡唯一的了解是，他是 SAIL 的创始人。SAIL 是麦卡锡的心血结晶。它后来孵化了人工智能史上一些最著名的人物、技术和程序。它不仅仅孵化了人工智能，更推动了计算科学研究的整体发展。

当我在斯坦福工作时，SAIL 便是一个令人神往的地方。它坐落在一个郁郁葱葱的金色山坡上，天气晴朗时可以看到远处的山峰：马林县的塔玛佩斯山、康特拉科斯塔县的暗黑山、圣何塞外的汉密尔顿山。沿着蜿蜒曲折的道路行驶，当看到“当心机器人汽车”的标志时，我不自觉地笑了：难道会发生甲壳虫车和移动机器人之间的类似西部片“OK 镇决斗”* 的情景吗？那我岂不是还要像电影里那样，停下来打一场排球了？

SAIL 大楼里一个开阔房间的中央放着巨石般的计算机。它们已经被研究生们命名为甘道夫（Gandalf）、弗罗多（Frodo）、比尔博（Bilbo）、咕噜，甚至可能还有索伦（Sauron）。** 因为当时我们都着迷于 J. R. R. 托尔金（J. R. R. Tolkien）的《指环王》(*Lord of the Rings*)，所以每个人的办公室门上都有中土风格的数字，由计算机用优雅的精灵文字呈现——这本身就是一个图形学的创举（不是因为它是精灵文字，而是因为它独特的手写风格）。

大楼里一只独立的机械臂站立在一块特定的区域，一块有机玻璃屏障牢牢禁锢住了它，使它在自由活动时，不会打到无辜的路人。

SAIL 便是今后硅谷的雏形，它拥有全天候轻松自由的氛围。同时它也为硅谷的另一个传统奠定了基础。约翰·麦卡锡固然是个天才——我并非草率地使用

---

* 《OK 镇大决斗》是由约翰·斯特奇斯执导，伯特·兰卡斯特、柯克·道格拉斯等主演，于 1957 年上映的西部片。该片讲述的是在淳朴的 OK 镇发生的两股地方势力的大决斗。——译者注

** 《指环王》中的主要角色。——译者注

天才这个词——但他对世俗的细节却没有什么耐心。他对自己的这一点非常了解。因此他聘请了另一位有天赋的科学家作为副主任，以使 SAIL 精准运作。这位副主任就是莱斯特·欧内斯特（Lester Earnest）。他很满意 SAIL 异想天开的环境和舒服的热水澡，也知道如何设定明确的目标，让研究生们实现目标，有所产出。

多年来，SAIL 科研成果不断涌现。SAIL 的学生和校友对机器人技术、计算机小型化（笔记本电脑和智能手机）、图形用户界面（设备屏幕上出现的画面）、语音识别和理解（Siri、Alexa、航空公司预订系统甚至处方药订购的声音）做出了重大贡献。SAIL 生产出了拼写检查器和廉价激光打印机，而从简单到复杂的电子游戏也得益于 SAIL。技术方面，SAIL 的贡献轻轻松松就列得出一张超长的清单。

回想 20 世纪 60 年代中期，当我第一次认识麦卡锡时，他抱有一种强烈的社会正义感。这也许起源于他父母的激进政治观念。麦卡锡自学了俄语，1965 年前往苏联访问和教学。后来，他倡导苏联对不同政见者开放言论自由，并向苏联政府施压，允许他们自由旅行。据说，为了一个特殊的反对者，他把一台复印机和一台打印机非法带入苏联。

1966 年左右，他积极参加反越战的抗议活动。一天，他来到我在斯坦福大学的办公室，要求我签署一份承诺书，这份承诺书会在《斯坦福日报》(*Standford Daily*）上发表。它宣称，越南战争应受谴责，因为它与美国精神背道而驰，我们作为承诺书的签署人将欣然接受、庇护或以其他方式援助越战逃兵。虽然我认为这场战争应受谴责，或者说这场战争是罪恶的，但我担心做出这样的承诺需承担风险，因此我犹豫不决。

麦卡锡耐心地等我签字，带着一种无声却不容置疑的正气。

我最终还是签了字。

正当我准备首次前往纽约，告别第一段婚姻时，我在爱德华·费根鲍姆的聚会上遇到了约翰·麦卡锡。他邀请我去喝杯咖啡，于是我们走进了埃尔卡米诺大街上一家灯光昏暗的咖啡店，在一个由绿松石色的墙面和橙色的灯具组成的环境中，我们开始了彼此都不怎么擅长的闲聊。与麦卡锡聊天，人们常常对他的严肃心生敬畏甚至感到不安。要知道他对形式逻辑的严密性和正确性有着深入骨髓的偏执。想象一下如果要求他放宽标准，不使用定理来编写人工智能，会让他多痛苦。随性闲聊对麦卡锡可能意味着人类本身并不遵循严密的逻辑。这样的推测让我担心，和我见面时，麦卡锡为了便于与我交流不得不放松了他对形式逻辑的严格要求。

我们开始谈论我们都喜欢的流行乐。记得以前有一次我和一个朋友正在旧金山的温特兰宴会厅排队，等候詹尼斯·乔普林（Janis Joplin）的演出，正好遇见麦卡锡大摇大摆地路过。我和他打了个招呼，问他是否愿意站在我们前面，插进越来越长的队伍。"不，"他很有礼貌地说，"那是不对的。"随后走到了队伍末尾排队。

之所以和麦卡锡讨论音乐，是因为 1968 年 11 月麦卡锡去了被苏联入侵的捷克斯洛伐克，并给他 SAIL 的副手莱斯特·欧内斯特写了一封很长的信，向他清楚地描述了入侵的各种后果，还简要评价了他所访问的科学团体，并描述了他听到的音乐——所有的歌都来自美国。他写道，当他继续前往奥地利时，他很高兴能够听到西海岸的音乐——他在捷克斯洛伐克从未听过：蓝色快乐、杰弗逊飞机，还有披头士、奥蒂斯·雷丁和威尔逊·皮克特*。

所以，如果我没记错的话，我和他当时就坐在埃尔卡米诺咖啡店里，隔着桌子谈起了音乐。我盯着他"蓬头彼得"**式的头发，他的胡子就像是园艺奇迹。他长期沉浸在反主流文化中，这让他觉得很有趣。"反主流文化圈子里的大多数

---

* 蓝色快乐（Blue Cheer），美国乐队，成立于 1967 年，由迪基·彼得森（Dickie Peterson）组织成立。杰弗逊飞机（Jefferson Airplane），美国乐队，于 1965 年在旧金山湾区成立。披头士（The Beatles），英国摇滚乐队，1960 年成立于英国利物浦市。奥蒂斯·雷丁（Otis Redding），知名美国灵魂乐歌手，代表作有 *Pain in My Heart*。威尔逊·皮克特（Wilson Pickett），美国节奏布鲁斯、灵魂乐和摇滚乐歌手和作曲家。——译者注

** 蓬头彼得（Struwwelpeter），德国家喻户晓的童书《蓬头彼得》的主角，一个头发乱蓬蓬的孩子。——译者注

人都有野心，想凑齐一把‘钥匙’，搞到1公斤大麻，以便更好地做生意。他们自己正是他们所抨击的资本家。”他笑着说。

过了一会儿，我说了一句：“你像是个怪人。”

他默默地注视着我，我觉得我冒犯了他。过了一会儿他才回复说：“不，我只是有点害羞。”

我不知道该怎么评价他这种让人放下防备的自我表露。同时，我也深感羞愧：在我的生活中，我也曾有过两次，也许三次，类似地长时间的手足无措的沉默的害羞，但我却没能看出麦卡锡那时已经受害羞的折磨，还把他当作了怪人。

四

1973年7月，一个夏日中午，在斯坦福大学教师俱乐部，约翰·麦卡锡受邀与我和爱德华·费根鲍姆共进午餐。麦卡锡的气色非常好——眼睛清澈，面色红润，丝毫没有因为近日在阿拉斯加荒原上的擦伤受影响。他的头发仍然相当长（但有序，我在日记里是这样写的），这是他与反主流文化交锋的结果。他的胡须已经修剪过了，能看出部分已经开始变灰白。因为他说话时喜欢拽着胡子的边缘，他的胡子呈现方形。

起初，他让我有些失望。他说，现在写人工智能的历史太早了，主要的想法还没有出现；并且劝我为什么不写点别的——麦卡锡有一些神秘的数学项目，他认为写这个会更好。我喝着冰茶，摇了摇头。“我不是一个喜欢寻觅项目的人，”我带着出乎意料的自信，“目前为止，我只想写人工智能的历史。”

爱德华提前告辞了，但那天下午我和麦卡锡谈了近四个小时。他侃侃而谈，一个又一个故事涌出，精辟又有趣。在日记中，我是这样描写的：

听他说话真是一种享受。他有一种奇妙又智慧的乐观主义，仿佛对他来说只要方法正确，人们什么事情都能做到。他痴迷技术，并且他的技术炉火纯青。如果你提到技术方面的问题，他会坚定地回答："但这里有一个技术解决方案……"他具有感染力，与我身边那些先天阴郁的人相比，他就像是会发光。虽然他的同事们对他很不爽，但我觉得，他游戏人生的理念令人愉悦，他似乎是完全的"游戏人"*。乔告诉我，纽厄尔和西蒙经常感到不安，因为人工智能领域的两位老政治家——麦卡锡和明斯基——做事完全"不负责任"。我对明斯基了解不多，但我要说，我喜欢约翰·麦卡锡的处事方式，约翰万岁！

在愉快而刺激的四个小时结束时，教员俱乐部里服务我们的职员显然已经被迫接受了我们这种马拉松式的谈话，变得很有耐心。麦卡锡说："好吧，（小声嘀咕）改变他人的看法还是看你了。""但是约翰，"我反驳道，"你就是改变他人看法最好的工具。与你交谈以后，我对人工智能的热情高涨。"

这是真的，但麦卡锡肯定从来没有喜欢过随后出版的《会思考的机器》。因为这次谈话很久以后，在一次 SAIL 的盛大周年庆典上，有人问及为什么计算机科学家自己不记录历史时，他说，那不是他们的工作。他还补充道，现有的关于计算机的史书并不是很好。我希望他的意思只是《会思考的机器》在那时有点过时，而不是写的不好。

结果如此，在那个夏日的下午，麦卡锡耸了耸肩，还是同意与我合作，帮我写人工智能史。有了费根鲍姆和麦卡锡的合作，卡内基的纽厄尔、西蒙和雷迪也愿意帮忙。也许他们只是为了让我忙起来。这样我就没空施压给乔让他离开匹兹堡。我现在就剩下需要和麻省理工做人工智能的人建立联系。

我已经不记得是谁帮了我一把，但我确实和麻省理工的人建立了联系。我后来经常去马萨诸塞州剑桥市采访他们——马文·明斯基、西摩·佩珀特（Seymour Papert）、埃德·弗雷德金、约瑟夫·魏岑鲍姆、乔尔·摩西（Joel

* 游戏人（homo ludens），出自约翰·赫伊津哈（John Huizinga）著作《游戏的人：文化中游戏成分的研究》（*Homo Ludens*：*A Study of the Play-Element in Culture*）。该书主要阐述游戏的性质、意义、定义、观念、功能以及与诸多社会文化现象的关系。——译者注

Moses)，甚至还有隐居的克劳德·香农——信息论的创始人。他已经退休，住在马萨诸塞州萨默维尔市维多利亚式老房子里。

如今回想起来，我惊讶于每个受访者的善良、宽容、开明和坦率。他们中的大多数人当时正处于研究事业的高峰，热衷于追求下一个发现。他们不仅要忙于展开进行中的研究项目、指导他们的研究生、准备本科生的课堂教学，还要进行自己厌恶的筹款工作。计算机需要钱，机器人设备也需要钱。以当时的标准来看，人工智能需要巨大的资金。然而，他们向我敞开心扉，耐心回答我的普通问题，还要绞尽脑汁思考之前从未有人采访过的问题。直到现在，我依然觉得我对他们的善意有所亏欠。

五

就这样，人工智能这本历史书在我眼前铺展开来。要知道，在想象人类大脑以外的智能方面，西方文学有着悠久丰富的传统：从荷马开始（一瘸一拐的赫菲斯托斯带着他的机器随从，它们会协助赫菲斯托斯的锻造，还为奥德修斯的船只提供动力，驶入爱琴海）；中世纪欧洲的圣人和他们的铜头像（既是他们世俗智慧的标志，也是他们智慧的来源）；疯狂的帕拉塞尔苏斯和他的同形体；负责监视布拉格外邦人的约瑟夫·格伦（Joseph Golem）；弗兰肯斯坦博士的经典怪物；万能机器人（R.U.R）。在我写作的时候，《星球大战》（*Star Wars*）风靡全球，其中不乏或可爱或危险的机器人。机器人已经成为不少电视、电影和电子游戏的主打。在研究过程中，我发现了许多早期的准科学尝试，像是有人尝试创造人类大脑以外的智能。所以，人工智能并非只是造梦者的幻想。

我想用这个历史框架来说明两个主要观点。第一，在人类大脑之外创造智能，是一个历史悠久的想法，在各个时代和文化中都有神话般的例子。第二，这种冲动最终在名为“人工智能”的科学领域中得到实现。

我想说，对人工智能有两种态度并存。第一种是对人工智能的普遍支持。因为荷马的“机器人”受到了奥林匹亚人的欢迎和使用 *，我便称之为希腊式观点。另一种观点，我称之为希伯来观点。这一命名基于希伯来人禁止刻画图像的戒律，因为这些造物会引起对它们的恐惧和亵渎感。[2] 这种由人工智能引起的恐惧和亵渎感在文学中（也会在生活中出现，因为人工智能即将融入我们的日常）随处可见，诸如约瑟夫·格伦、弗兰肯斯坦的无名怪物、巫师的学徒等。

我想，这样一种激动人心的叙述一定会吸引我在匹兹堡大学英语系的同事们。他们怎么可能抗拒人工智能呢？当文学描述渐渐走入大众生活，任何聪明的读者都该被这一主题吸引啊。

当然，我自己又是怎么看待人工智能的呢？我是不可知论者。我根本无法判断正在发生的一切在科学上的重要性。但是在我周围的都是我所认识的最聪明、最令人兴奋的人，在他们的影响下，我有些半信半疑地相信了人工智能的优点。

我与人工智能研究员共享的这些乐观情绪是难以忽视的。我们都相信，虽然不知道是什么时候，但人工智能终将到来（人生有限，学问无涯 **，成功之路，任重道远）。它的到来将是一件好事，因为正如我所说的，追求更多的智能就像追求更多的美德，它值得追捧。当时，我们唯一的对手是那些嘲笑和怀疑我们的人，他们说这是不可能的。我无法解释为什么我当时完全没有看出人工智能只是人类的一种追求而已，而只要是人类的追求就会有各种缺陷，就会顽固而负面地影响着人的行为。

我也没能看到阴影中还潜伏着其他什么。

也许更糟糕的是，我没能意识到自己潜意识里对人工智能成功的渴望，也不清楚它的成功究竟可能会带来什么好处。因此，当接下来的 30 年内人工智能的

---

* 在荷马史诗《伊利亚特》中，火神赫菲斯托斯创造了一组木偶金人作为他的助手。——译者注

** 原文为“Art is long，life is short”，俗语。——译者注

成果都没能出现，我的这种渴望渐渐破灭了。即使在 21 世纪的前 20 年里人工智能的影响力急剧上升，我对人工智能的缺陷的失望也越来越大。

注　释

[1] 20 世纪早期的艺术也明确地质疑表现形式。譬如毕加索和布拉克的立体主义，马格利特的超现实主义（Ceçin’est pas une pipe），杜尚的现成品，或詹姆斯·乔伊斯的尤利西斯。但直到将计算引入人文学科，这些学者才有理由质疑自己的表现形式的准确性。第二十六章有更多关于这个主题的内容。

[2] 多年来，我忘记了这些术语是我从马修·阿诺德的《文化与无政府状态》中借用的。这是我在大学一年级时读到的一本书。

/ 第八章 /

会思考的机器诞生于圣诞

一

在我开始写作这本书之前，我参加了一个关于人工智能文献的速成班，因为我在读《计算机与思维》(1963 年）时几乎不理解它的内容。随后我又开始研读赫伯特 · 西蒙在 1969 年出版的经典著作《人工科学》(*The Sciences of the Artificial*)。两本书都是不错的选择，因为它们的讲解都是由浅入深，先提出简单的原则，再阐述这个领域中的研究。

在《人工科学》中，西蒙认为，人工现象——无论是企业高管的行为、经济系统的波动，还是人们的思维方式，都受到个人心理学的影响，这些现象虽然不属于物理学或生物学，但也应该像自然科学一样，得到实证的、科学的关注。[1]"提及复杂环境中的复杂系统时，人工性是一个重要的切入点，而人工性和复杂性是相伴而生的。"(Simon，1996）

他继续说道，大部分时间，我们都生活在人工环境中，其中最重要的元素是名为"符号"的人工字符串。我们通过语言、嘴到耳、手到眼进行交流，所有这些都是我们集体制造的结果。

西蒙还认为，复杂行为出现在对深层复杂环境的反应中——地面上的一只蚂蚁对环境产生反应，不是因为它有任何伟大的计划。但是蚂蚁有一个目标，它通过试错知道它何时达到这个目标。蚂蚁的形象是西蒙对“迷宫”的长期研究的一种说法，我将在下一章中详细介绍。复杂行为是作为对深层复杂环境的反应出现的，这是一个强有力的想法。在人工智能中，这一看法将以不同方式屡次出现。

我们可以明确两个深刻的原则。第一，复杂性从简单性中产生。简单性可以说是一个单一的神经元，连接着其他的神经元，最终产生巨大的思维复杂性。简单性，也可以说是一个计算机寄存器的 0 或 1 的状态，它和其他“0—1”元件连接，也产生了巨大的思维复杂性。上文中的每一个例子都是智能行为，是最类人化的特征。第二，我们丰富的人类语言是人工制品：我们发明了语言，每天使用、阐述它们。西蒙继续说，计算机是经验性的，它能够存储符号，还能使用、复制、删除、比较符号，这恰好与人类神经系统对符号所做的大部分操作相吻合。因此，人类认知的某些部分可以在计算机上进行建模和模拟。智能是符号系统的工作，它可以在人脑或计算机中进行。

西蒙的论点预示了一个概念，这一概念最终将成为认知科学中的既定概念：智能不是来自展现它的体现媒介——无论是血肉之躯还是电子元件——而是来自系统元素之间的互动安排方式。60 多年后，这个想法将被称为计算理性，包括大脑、思维和机器的智能。

二

往回追溯，让我们回到人工智能的起点。在我为本书进行的第一次采访中，爱德华·费根鲍姆讲述了一个故事，我如实将它记述在了 1979 年出版的《会思考的机器》中：

当时我大四，但我在卡内基理工学院工业管理研究生院（GSIA）选修了一门研究生课程，名叫“社会科学的数学模型”。1956 年 1 月，在圣诞节假期之后，赫伯特·西蒙走进教室，说：“圣诞节期间，艾伦·纽厄尔和我发明了一台会思考的机器。”听了他的话，我们一脸茫然。我们并不太清楚他所说的“思考”的含义。对他所说的“机器”，我们倒是有一些了解。但把“思考”和“机器”这两个词放在一起时，我们就有些不知所措了。所以我们回答道：“好吧，您说的‘会思考的机器’是什么意思？尤其是您说这是一台‘机器’？”作为回应，他只是把一堆 IBM 701 手册放在了桌上，说：“来，把这个带回家读一读，你们会明白我说的机器是什么。”卡内基理工学院没有 701 手册，但兰德公司有。于是我们把手册带回了家。我就像读小说一样直接读完了。这就是我对计算机的初次印象。[2]

就这样，在圣诞节期间，艾伦·纽厄尔和赫伯特·西蒙发明了一台会思考的机器。这是一个如此平常的时刻，以至于全世界都没有意识到即将到来的巨变。这就像一个单细胞生物分裂成两个细胞，成为多细胞生物的瞬间；或者像第一个原始人为了更好地勘察平原，用后腿直立的那一刻；又或是像 20 世纪初的物理学家向他们自己证明，物理世界并不是我们直观感受的样子。

我发现关于会思考的机器的构思在历史和文化中一直存在——古埃及人、希腊人、近代中国人 * 和日本人。到了 19 世纪，科学家和诗人都有这样的构思，特别是那些渴望创造实用之物的科学家。记载显示，科学家们几乎都是被实际的目标所驱使。例如，杰出的英国发明家查尔斯·巴贝奇（Charles Babbage）希望用机器计算出对航海和弹道学至关重要的数据表（他还希望发明自动印刷的方法，不过这一想法衍生出了很多失误）。在那之前，这些数据表的制作一直是受过高等教育的流落在荒凉的英国荒野和沼泽的牧师的无趣任务。在监督建造一台计算潮汐涨落的基本规律的机器时，凯尔文勋爵（Lord Kelvin）大声疾呼：“让我们用黄铜去代替大脑！”（McCorduck，1979）

---

* 此处原文为“the early Chinese”，没有对应的严谨翻译，不知道具体指的是古代中国人（Ancient Chinese）还是近代中国人（Modern Chinese），可能为作者对中国了解不多产生的谬误。——译者注

当巴贝奇没有钱建造他的分析引擎时，他和他的助手埃达·洛夫莱斯（Ada Lovelace）想通过建造一台井字游戏机或象棋机来筹集资金。我不知道这发生在什么时候，也许是在他们提出的赌马游戏的系统之前，也许是在那以后。

然而这些深具洞察力的人一定知道，他们的机器所提供的东西远远超出了潮汐表的计算。因此，如果 19 世纪的先驱们不去留下这种见解的书面记录，那他们一定有合理可信的理由。

机器相比人类肉身的优越性是工业革命的核心。在维多利亚时代的这些先驱对机器智能进行构思的时候，工业革命正极大地改变着他们的生活。如果强大而不知疲倦的机器也能出色地思考会发生什么，从那时起，对可思考机器的担忧始终存在。

三

在 1973 年和 1974 年，当我速成学习人工智能的文献时，我也在努力筹集资金来支持我的新项目。我需要资金用于公务旅行和采访录音带的转录。

我向我能想到的所有来源恳求资金。美国海军研究局召开了一次会议，认为我的项目十分有趣，应当支持。他们会考虑为我提供资金。

美国国家科学基金会也说了同样的话，但他们又皱着眉头说：“难道你没有意识到，你根本不是科班出身的科学历史学家吗？你仅仅是一个作家。”我回答说，那些科班出身的科学历史学家肯定会把目光放在所有领域。当一个新的科学领域诞生，他们也一定会为此而着迷。但我的目标是为普通读者写一本书，而不是为其他科学历史学家写。

为了经费，我甚至还写了我人生第一份古根海姆基金会申请书，虽然我最后并没有从那里拿到资助。

我还找到了美国国家人文基金会的一个支持科学与人文相结合的项目。我表示我是大学英语系的一名教师，准备写一写这门迷人的新科学，这门科学起源于世界上最亲切和最久远的神话传说。国家人文基金会没有很快拒绝我，我不清楚他们没有反馈预示着什么，只知道我一定没能取悦他们，仅此而已。

随后，就像变魔术一样，资金终于出现了。它似乎来自艾伦·纽厄尔，也许是拉吉·雷迪，但他们否认了。这笔钱来自麻省理工学院的某人，这个人对这个项目非常感兴趣，但不愿透露姓名。在《会思考的机器》出版后，我发现我的匿名资助者是当时在麻省理工学院的埃德·弗雷德金，他的私人基金会会资助一些古怪的项目，而他们当时看中了我的项目。我永远深怀感激——没有他的帮助，这本书就不会被写出来。

这段经历让我对整个资助提案过程充满负面情绪。不管是谁在做决定，他们的判断似乎都是武断而保守的。许多年后，我问一位科学历史学家——一位现在研究人工智能的科学家，为什么我在人工智能的黎明时分没有看见历史学家们的身影。“哦，”她看起来有点尴尬，说道，“那时我们还不确定这个领域的重要性。”

不管怎样，我终于有了一些资金去启动我的项目。我只需要思考，如何讲述这个神话般的当代故事。在写书的过程中，我学到了很多东西。但更重要的是，我更好地了解了那些凭借智慧和冒险精神发明了会思考的机器的天才们，这也丰富了我的生活。他们中大部分是美国人，他们都拥有美国人的特点：乐观、创新、务实、亲切、有趣。

四

这些人中的一个，是赫伯特·西蒙。

“圣诞节期间，艾伦·纽厄尔和我发明了一台会思考的机器。”

当我把这个从爱德华·费根鲍姆那里听来的故事告诉西蒙本人时，他难以置信地笑了起来：“我说过这句话吗？”

1971 年，当我们第一次见面时，西蒙已经 55 岁了，尽管鬓角已经开始变白，他的头发整体仍是棕色。他大部分时候脸色严峻，不苟言笑。他的脸蕴含着一种不信任的咆哮，一对棕色的小眼睛从低眉毛下狐疑地看着外面。西蒙在现实生活中其实是一个非常爱笑的人。他的严肃的面庞只是一个惊人的伪装。无论是观察我匹兹堡住所旁松树上的斑鸠，还是带着无尽的愉悦从事科研，西蒙在一切事物中都能发现惊人的奇迹。在我们的访谈录音中，可以常常听到我俩的大笑。他不只是在接受我的访问，更是在教我一些东西，而且他乐于教我东西。我们的笑声像是一种艺术，肆意地渲染着我们亲密的谈话。

1955—1956 年的圣诞假期之后，西蒙、纽厄尔和他们在兰德公司的长期合作者克里夫·肖，还没有在计算机上运行过相关程序。但是，他们已经知道如何组织程序。而且，西蒙已经召集家人来规划这个程序。实践告诉他们，通过大量的编码，他们设想，被命名为逻辑理论家的程序，可以证明阿尔弗雷德·诺思·怀特海（Alfred North Whitehead）和伯特兰·罗素（Bertrand Russell）的《数学原理》(*Principia Mathematica*）中的定理。在 12 月的那个分水岭式的结果之后，西蒙声称，一切都完成了，就差大声公布成果了。

当然，事实并非如此。写代码的工作十分艰巨，而且很容易出现错误。西蒙、纽厄尔和肖打了许多次耗费预算的深夜长途电话。纽厄尔说，肖当时正在圣莫尼卡的兰德公司的 Johnniac* 上实践团队的想法 [3]，他“不仅仅是一个程序员，还是一个真正的计算机科学家。在某种意义上，我和赫伯特都不配获得此称号”。

西蒙在 1991 年的自传《我的生活模式》(*Models of My Life*）中写道，1954 年，他和纽厄尔终于抓住机会将计算机作为符号的通用处理器使用（最终还作为思想的通用处理器)。计算机不仅仅是运算的快速引擎了。他们两人对数值计算都不感兴趣。而正如我所说的，在 19 世纪中期，查尔斯·巴贝奇和埃达·洛夫莱斯就看到了这种可能性；在 20 世纪 30 年代末，艾伦·图灵和康拉德·楚泽就已经看到了这一点。[4] 1948 年，在加州理工学院的希克森讲座上，约翰·麦

---

* John von Neumann Integrator and Automatic Computer，约翰·冯·诺伊曼积分器和自动计算机。——译者注

卡锡还只是听众中的一名普通大学生。当他听到大脑和计算机之间的比较，便决定了未来的研究生涯：他想要设计会思考的机器。1950 年，马文·明斯基仍是哈佛大学的一名本科生，在麻省理工学院的心理学家沃伦·麦卡洛克（Warren McCulloch）和数学家沃尔特·皮茨（Walter Pitts）的影响下，他也有了同样的雄心。会思考的机器正悄然到来。

有了当时最好的计算机之一——兰德公司的 Johnniac，西蒙和纽厄尔就有了手段去实现这个捉摸不透、永恒不变但又可以说是傲慢自大的雄心壮志：发明一台会思考的机器。

注 释

[1] 在启蒙运动期间，当思想家渴望成为“道德科学中的牛顿”时，这种说法是不言而喻的。随后的浪漫主义时期坚持将自然科学与关于人类的知识或“人文科学”分开。如今，诺贝尔奖颁发给有关人类自我认知的研究，它可以是生物学，也可以是心理学。此外，25 年来，复杂性科学一直是独立智囊团圣塔菲研究所的中心主题。“计算机科学”一词是指研究数字计算机周围的现象，每天都充满惊喜。但正如西蒙所写的那样，这些都是新奇的概念。

[2] IBM 701 是一种真空管机器，总内存为 2 048 个字（字大致相当于字节），每个 36 位。加法需要 12 微秒周期；乘法或除法需要 456 微秒的周期。我写这篇文章的桌面有 4 GB 的内存，即 4 000 000 000 字节，并且运行得很好，对我来说足够快。卡内基梅隆大学计算机科学教授伊利亚诺·塞尔维萨托（Iliano Cervesato）指出，普通智能手机的计算能力比 20 世纪 70 年代全世界所有计算机的计算能力总和还要高，执行的任务比几年前想象的要多，而且价格便宜到地球上一半的人都买得起。Iliano Cervesato，“Thought Piece.” Welcome to the〈source〉of it all. A Symposium on the Fiftieth Anniversary of the Carnegie Mellon Computer Science Department，2015.

[3] 约翰尼亚克以约翰·冯·诺依曼的名字命名。它在普林斯顿高等研究院的复制品 Maniac I 是在洛斯阿拉莫斯建造的。Maniac 据称是数学分析仪、数值积分器和计算机（Mathematical Analyzer，Numerical Integrator，and Computer）的首字母缩写词。戴维·E. 肖（David E. Shaw）的 Non-Von 是后来另一个以冯·诺依曼命名的计算机体系结构。

[4] 纽厄尔说巴贝奇和图灵都没有影响过他和西蒙。他对这两位早期涉足人工智能的人物中的任何一个都不太了解。对他来说，需要做的事情实在是太显然了。

/ 第九章 /

第一台会思考的机器会思考什么？

一

有史以来第一台会思考的机器会思考什么？曾经，这个问题很容易回答。我会说：有史以来第一台会思考的机器被称为“逻辑理论家”，它试图证明怀特海和罗素《数学原理》中的定理。

现在，这个问题变得难以回答了，因为自20世纪50年代中期以来，我们已经把“思考”这个词扩展至更广泛的认知行为。

正如第二章中所述的，科学家们一直在研究从鲸鱼到变形虫、从章鱼到树木的几乎所有动物（甚至植物）的认知行为，并称其为智力。生物学家们很容易想到，认知是无处不在的，从细胞、大脑开始。这种包容性的智能意识，隐含在第一本人工智能读物《计算机与思维》中。这本书包含了描写关于机器模式识别和关于下棋程序的文章。计算机科学家们现在把大脑、思维和机器中的智能的大领域称为计算理性。

但是，在逻辑理论家所处的20世纪50年代中期，思维只意味着符号思维，即只有人类才有的那种计划、想象、回忆和创造符号的能力。约翰·麦卡锡曾经调侃说，也许恒温器也在思考。他疯了吗？不，这个假设是为了迫使我们定义人类和恒温器之间的具体差异。随着时间的推移，这条分界线已不再那么明显。几十年的研究表明，思维远比我们想象的要复杂。

因此，让我展开我开篇的问题：第一台会思考的机器会思考什么？这台机器被称为逻辑理论家，简写为LT（Logic Theorist），它试图证明怀特海和罗素《数学原理》中的定理。虽然它的主题是逻辑，但该程序完全属于与“逻辑性思考”不同的“人性化思考”的范畴。艾伦·纽厄尔和赫伯特·西蒙是认知心理学家，他们只是想模拟人类证明定理的方式，而不是创造一个能超越人类思维的杀手机器——尽管他们每个人都承认这一结果不可避免。他们很清楚智能的其他功能，但他们的首要目标是模拟人类思维的最高水平的一些部分，即孕育文化和文明的符号过程。

鉴于当时的原始研究工具，关于人类思维的科学知识非常匮乏。纽厄尔和西蒙的方法不是刺激-反应、联想记忆，也不是20世纪中期认知心理学家对人类思维方式的其他猜测。LT是一个人类符号思维的模型，它是动态的、非数学的、象征性的，并随着时间的推移而变化。

LT是纽厄尔和西蒙在理解人类思维的道路上迈出的第一步。最终，它将产生关于智能更抽象和普遍的描述。

关于LT程序的细节可以在其他记载中找到相关描述，但它的首要突出特点是它可以学习。在启发式方法的帮助下，也就是受益于程序员教给它的经验法则，程序只考虑可能的路径来证明定理，而不会遍历所有可能的路径。当它沿着这些路径并在这个过程中产生新的定理时，便获得了新的知识，将其储存，然后用于解决其他问题。

接下来，LT可以重新组合它已经拥有的知识，创造出全新的知识。它可以迅速扩大搜索范围，寻找远远超出人类搜索能力的答案。这就是为什么它发现了比怀特海和罗素使用的更短、更令人满意的定理2.85证明。西蒙写信把这个消息告诉了伯特兰·罗素，后者幽默地回应了他。[1]

虽然LT能够学习、创造新的知识，发现问题的新答案，还能知道它在做什么，但是，它能做的所有事情仅限于一个有限的领域。不过，这种组合搜索的能力将在未来很好地服务于人工智能：当“深蓝”击败加里·卡斯帕罗夫（Garry Kasparov）时，人类观众发出了一声惊呼，因为“深蓝”发明了人类比赛中从未出现过的棋步。[2] 当 AlphaGo 连续击败两位围棋冠军（两位都声称自己是世界最强棋手）时，它也找到了一个闻所未闻的围棋棋步。组合搜索是机器创造力的一个方面。

LT 没有提供关于人类如何思考的生理学理论，这并不是它故意的。但它表明，在证明逻辑定理这一有限的任务中，人类的思维表现可以在计算机上进行模拟，模拟方式符合心理学家所知道的人类思维运作的方式。西蒙认为，最终我们会需要有关人类思维的生理学理论（我们仍然在等待着这一理论，准备好不断发出惊叹）。但研究人员并没有试图从我们在人类行为中看到的复杂性直接跳到神经元水平，LT 只是代表一个中间水平，一个易于机械化的水平——纽厄尔和西蒙已经做到了，他们把它称为信息处理水平。

今天我们可以说，LT 是心理学家丹尼尔·卡内曼在 2011 年所描述的慢思维的第一个计算机模型，即“系统 2”——慢速、慎重、分析。LT 并不是另一种思维的模型，即“系统 1”——本能、冲动、有时情绪化。在我承认与计算机科学家的相处正在改变我的思维方式之后，爱德华·费根鲍姆说：“迎接分析性思维吧！”当时就像其他正常人一样，我还不明白我会有两种思维方式。在认知心理学的历史上，两种（或更多）思维方式的概念几乎是闻所未闻的。大多数人存在一种绝对的信念：一个事物要么存在思维，要么不存在思维。

费根鲍姆后来认为，LT 的最大优势是组合搜索，在其经验法则的指导下，它可以搜索更大的空间，甚至比像阿尔弗雷德·诺思·怀特海和伯特兰·罗素那样智慧的人类更快地找到解决方案。因此，LT 展示了人工智能的一个重要特征，有时这也是一个诅咒：在规则的指导下，我们想象不到拥有更强大搜索能力的人工智能究竟还能做什么。它将前往我们无法预想的地方，产生无法预想的结果。

简而言之，人工智能总会产生意想不到的结果。同样，阿梅莉亚·埃尔哈特

（Amelia Earhart）在 1937 年开创环球飞行时，可能想象到了一个终会实现的全球商业飞行网络。但她能预见到这个网络将大大促进全球变暖吗？

一个重要事实值得重复：人类无法想象到搜索空间中的一切可能。虽然机器也无法想象，但它们可以思考得更深更快，往往会带来意想不到的结果。

西蒙试图教给我的另一个深刻教训也体现在 LT 中。在科学建模中，抽象来看，一个事物存在很多层次，对每个层次的研究本身就是有用的。一切物质在最底层的研究可能是物理学，但研究化学和生物学这两个更高层次的物质组织仍然是有用的。很久以后，我在圣塔菲研究所的工作中重新遇到了同样的抽象层次想法，特别是对复杂适应性系统的研究。开始时，这些系统很简单，但它们会动态地适应环境，最后变得很复杂。

二

LT 拥有解决问题并从解决方案中学习的能力，那它在世界范围内掀起风暴了吗？这很难说。

“跟大多数人比起来，我认为它更加震撼，”西蒙笑了，然后他变得很严肃，“我惊异于很少有人意识到他们现在生活在一个不同的世界，一个被人工智能包围的世界。但这个观点也许有点骄傲自负了，因为我正是创造人工智能的人之一。”他仍然感到惊讶的是，即使在 1975 年我们谈话时，也就是在 LT 首次亮相近 20 年后，仍有那么多人没有意识到随着对计算机的理解一再加深，世界已经发生了变化。“仍然有受过良好教育的人在认真争论计算机是否会思考，这表明他们还没有认清事实。”

问题是，当时大多数人接触的是数字计算。计算机或许能够计数，但它们能处理其他种类的符号吗？迟至 2013 年，我听到一位哈佛大学教授（确实是人文学科）宣布，计算机“只能处理数字”。他没用过电子邮件吗？在某种字面意义上，他是正确的——计算机只能处理 0 和 1。但用乔治·戴森（George Dyson）婉转的说法来说，计算机在有意义的数字和有作用的数字之间做出了区分。而且计算机是从 0 和 1 的简单层次，到可以模仿人类思维的层次分层的。毕竟，贝多芬创造崇高的音乐，只是用了以神经细胞的通断为基础的思维。所有的符号都是在一个物理系统中创造和存在的。纽厄尔和西蒙在 1976 年写道："物理符号系统是一般思维行动的充分必要条件。"最后，通过发明一个可以进行非数字思考的计算机程序，纽厄尔和西蒙宣布他们已经解决了心智和身体的共存问题。或者说，这个问题已经简单地消失了。

人类和计算机是两个物理系统操纵符号的例子，二者都表现出一些心智的特征。LT 是一个由物质构成的系统也能表现出心智的特征的例子。

那么，什么是心智？纽厄尔和西蒙宣称，它是一个能够将记忆的内容以符号形式储存的物理系统。符号是能够被赋予意义的对象——指示、表示，或是关于一个概念的信息，例如笔、兄弟关系或物体的质量。一个物理符号系统，无论它是大脑还是计算机，都可以适当地对这些符号采取行动。后来我们了解到，当我们思考时，我们不仅会处理记忆，还会处理来自环境内部和外部的信息。

物理符号系统虽然简单，但意义深远，这一概念将在未来几十年内支撑人工智能的发展。它将渗入生物学，作为解释生物系统如何运作的一种方式。它将经常在物理上体现出来，被视为任何一般智能行动的一个基本条件。但是，一些人工智能研究者想要摆脱这种观点。他们认为，对环境的实时快速反应比花哨的内部表征——头脑更重要，但那是后话了。

西蒙认为，理解是三个要素之间的相互联系：一个系统、一个或多个知识体，以及系统将执行的一组任务。[3] 由此可见，意识是一个在特定时间内存储了一些短时记忆的信息处理系统。它能意识到意识外部和意识内部的事物，还可以对它们做出描述。西蒙对我补充道："这只是头脑中发生的事情的一个子集，一个小但相当重要的子集。"

西蒙和纽厄尔并没有声称要解释或模拟思维的所有部分——他们工作的对象

只是“一个小但相当重要的子集”。这让二元论者感到十分困惑：什么是思维的一个子集？对他们来说，一个实体要么在思考，要么没有。只是将认知的某些方面抽象出来，并在计算机上模拟它们，对他们来说毫无意义。然而，任何一个人文主义者都理解提喻法*，即以局部代表全部的修辞手法。在英语里，我们用“给我一只手”（give me a hand）来指代帮助，用“地上的靴子”（boots on the ground）来指代士兵。提喻法并不完全等同于抽象出智能的某些方面，但这种比喻的说法可能会为局外人指明一条道路，让他们无视关于思维的可有可无的教条，开始理解人工智能。

二元论者并不是唯一一类不喜欢这种理解方法的人。在反对者中，也有希望从神经元开始在机器中建立智能的神经网络科学家。西蒙对此没有意见：“打个比方来说，我们是从 A 走到 B，他们是从 Z 走到 Y。因为艾伦和我都有行为科学、经济学和运筹学的背景，所以我们的方法更适合我们。并且我们知道我们的方法还不能把人类的大部分行为简化为公式。”

但是，情况将在几十年后发生变化。

三

《计算机与思维》这本人工智能教科书主要分为两个部分。第一部分是人类认知的模拟，其中包括模拟人类解决问题、语言学习、概念形成、不确定性下的决策，以及社会行为的论文。另一个部分是人工智能，这一部分不涉及人类的行为。这一部分包含了有关视觉识别、数学定理证明（逻辑和几何定理）和玩游戏（国际象棋和跳棋）的程序的论文，而这些论文对自然语言形成提供了一些早期的理解。虽然这些内容现在看起来可能会有点混乱——但从中我们得知人类的认

---

* 一种修辞方法，以局部代表全部和以全部指部分。——译者注

知是依靠了模式识别和许多机械性技巧——这些知识代表了当时的一些学者对如何辨别思维的短暂理解。

在20世纪六七十年代，几乎所有人工智能相关工作都各自为政，而细分后的子领域内有自己的社交网络、期刊、专业会议和同行评议小组。研究机器人的人不会与研究机器学习的人交流，研究自然语言处理的人也不会与研究约束分析的人交流。这种情况在社交上是完全合理的，但在科学上它却是无稽之谈：智能行为需要各种技能的组合。在我写这篇文章时，领域间的分离仍然存在。但是，一些子领域之间开始探索可以从对方那里学到什么、如何结合某些子领域来加速认知计算。

四

西蒙公布会思考的机器之后，1956年的冬日和春天成为历史上的重要时间点。西蒙会不会感觉到他们正在做一些大事，尤其是他似乎保留了当时的所有文件？在他的文件里，都是关于潜在研究途径的笔记，以及未来可供扩展的想法，只是有限的时间阻碍他实现它们。

随着对智力的科学定义变得更加清晰细致，智力开始描述个人同周围文化之间的关系。这种文化是一种经过许多代人才建立的文化。（还记得在米尔斯学院的桉树下散步时，我的顿悟吗？）

现实世界的问题是非常复杂的，时间和知识是有限的，而达到目标的最佳方式，需要理想化的行动和接近理想化行动的能力。这种方式就是人类的头脑中存在着的分配时间等资源的内在程序。塞缪尔·格什曼和他的同事们（Gershman et al., 2015）曾这样写道："有时，智能也是知道如何最优分配稀缺资源的知识。"作为智能的化身，我们被迫进行权衡，被迫学会做出决定。

纽厄尔和西蒙看到，人类使用启发式方法来确定和接近理想化的行动、分配资源并权衡取舍。虽然这些非正式的经验法则并不是每次都有效，但它们削减了达到目标的搜索空间，从而使人类能够在合理的时间范围内做出反应。纽厄尔和西蒙的人工智能程序，以及其他一些程序都依赖于启发式方法。但是在 20 世纪 80 年代，更正式的统计方法将在很大程度上取代人工智能中的启发式方法，这与其他技术（以及大幅改进的技术）一起带领人工智能走出摇篮，进入渴望拥抱世界的婴儿期。

五

1956 年夏天，纽厄尔和西蒙受邀参加了达特茅斯会议，多年后这一会议成为传奇的夏季会议。会议的组织者是另外两位年轻的科学家：达特茅斯大学数学系的约翰·麦卡锡和哈佛大学的马文·明斯基。会议由当时在贝尔实验室工作的信息理论之父克劳德·香农主持，意在探讨能够达到人类智能水平的机器——人工智能。

关于如何实现人工智能，所有受邀者都有各式各样的想法——生理学、形式逻辑——而纽厄尔和西蒙带着“逻辑理论家”来了，这是一个能够实际起效的程序。

“艾伦和我以前根本不喜欢‘人工智能’这个名字，”西蒙后来说，“我们想了一长串的术语来描述我们正在做的事情，最后把名字确定为‘复杂信息处理’。”但这一术语最终却不了了之。诗意常常让位于沉闷的精确性。但“人工智能”这个名字却流传甚广，而我自己也更喜欢这个名字。[4]

1956 年 9 月，就在夏季的达特茅斯会议之后，在马萨诸塞州的剑桥，电气和电子工程师协会（IEEE）举行了一次大型会议。纽厄尔和西蒙将与一小群来到达特茅斯的科学家共享一个平台，其中包括了明斯基和麦卡锡。这种安排使这些人像是处在同等地位，而实际上，只有纽厄尔和西蒙已经编写了一个实际起效的程序，其他人仍处于构想阶段。

约翰·麦卡锡认为，他应该向 IEEE 会议报告刚刚结束的达特茅斯会议，并描述纽厄尔和西蒙的工作。可这两位匹兹堡人却极力反对：“我们自己会报告自己的工作，谢谢。”西蒙还记得，他与 IEEE 会议主席沃尔特·罗森布利斯（Walter Rosenblith）进行了一场艰难的谈判。在会议之前，罗森布利斯还带着纽厄尔和西蒙在麻省理工学院的校园里走了一个多小时。他们最终同意，麦卡锡将对达特茅斯会议的工作做一个总体介绍，然后纽厄尔将特别谈谈自己和西蒙的工作。纽厄尔和西蒙是第一个发言的，他们愿意且理应得到这一荣誉。

这两位成功的科学家将勇往直前，把他们的技术应用于一个更宏大的计划。他们将其命名为通用问题求解器（General Problem Solver, GPS），他们希望这个技术能解决一般的问题。通用问题求解器确实发展了一些解决常见问题的技术。但是，这种对推理的强调会误导人工智能研究人员：对于智慧行为，推理是必要条件，但不是充分条件。

注 释

[1] 但《符号逻辑杂志》（*The Journal of Symbolic Logic*）拒绝发表任何由计算机程序合著的文章。此外，一些逻辑学家误认为纽厄尔和西蒙作为认知心理学家急于模拟人类的思维过程。这些逻辑学家创造了一个更快的定理证明机器，并成功地将逻辑理论家斥为原始人。所以我们是很原始的；我们人类都很原始。

[2] 乔是这场比赛的观众，他年轻时曾是一名有天赋的国际象棋选手，他告诉我他认为自己是唯一一个支持机器获胜的人。“但这个伟大的程序是人类的一项成就，”他争辩道。

[3] 这种对理解的简单描述导致哲学家约翰·塞尔通过“中文屋论证”（Chinese Room Argument）对人工智能进行攻击，我稍后将对此进行更多说明。

[4] 人工智能这个领域存在乱命名的问题。现阶段，你会听到人们用机器学习、认知计算、智能软件和计算智能等术语来指代计算机做的一些事情。这些事，如果人也能做，按照费根

鲍姆的旧公式，我们可能会将之称为智能行为。有时，新词的出现主要为了与20世纪80年代人工智能一无是处的坏名声做区分。20世纪80年代人们开始谈论“人工智能冬天”。通常，科学家们都会慎言（我想起约翰·麦卡锡的警告：“人工智能可能会在4年或400年内到来。”）。但赫伯特·西蒙却不同寻常。在我的《会思考的机器》（1979年）一书中，他解释了他在1958年做出的四个预测的推理。这些预测并没有很快实现。后来我看到他在1965年的预测，即20年后，人类现在可以做的任何工作都将由机器完成。而事实上，即使50年后这一预测也没实现。新闻工作者和其他热心的推动者，例如新发股票的卖家，都有些反应过的了。但有时丰富的命名法也反映了领域分裂为子领域。在21世纪的第二个十年，人工智能这个词似乎重新获得了尊重。

/ 第十章 /

赫伯特·西蒙：作为谜语的迷宫

一

迷宫不可抗拒地吸引着赫伯特·西蒙：它是一个理解人类选择和人类生活模式的谜语。他在1991年出版的诙谐的自传《我的生活模式》受到了美国经典著作《亨利·亚当斯的教育》(*The Education of Henry Adams*) 的影响。但亨利·亚当斯是一个在新旧世界之间徘徊不定的人，而赫伯特·西蒙则是一个新世界的积极开创者。

西蒙写道，当我们思考时，当我们生活时，我们一步步、在一轮轮的转折中做出选择。我们的环境提供了人生的转折和选择。一旦做出选择，我们就不能回头了。我们不知道前面有什么；我们有目标，但这些目标往往是模糊的。他在自传中写道："目标与其说是在引导探索，不如说是从探索中产生的。"(Simon，1991) 我们做的任何一个选择都不能保证可以使我们更接近目标。在这样一个迷宫中，弥诺陶洛斯可能潜在其中。* 我们害怕遇见它，但必须不顾一切地前进 (Simon，1991)。

---

* 弥诺陶洛斯 (Minotaur)，古希腊神话中的牛头人。住在克里特岛的迷宫中，会吃掉迷宫中迷路的人。——译者注

西蒙曾说他可以写一本大部头的书籍，关于中西部人在塑造20世纪美国方面的微弱影响。他在密尔沃基出生长大，之后进入了芝加哥大学，并在1936年获得学士学位，1943年获得博士学位。1939—1942年期间，西蒙在加利福尼亚大学领导一个研究团队，之后一直在伊利诺伊理工学院任教。直到1949年，他搬到卡内基梅隆大学，在那里度过了他的余生。

西蒙的兴趣一直都很广泛：市政管理、政治学、数学经济学、认知心理学、计算机科学。然而，它们都围绕着一个中心主题：人们是如何做出理性选择的？

他的第一本书《行政行为》（*Administrative Behavior*）是以他的博士论文为基础的，研究了一个商业和经济学中普遍存在的观点，即任何完全理性的选择都必须考虑到所有的选择和每个选择的可能结果，并比较每个结果的准确性和效率。

他对于完全理性的选择嗤之以鼻。对于人类来说，完全的理性是荒谬的。人类的理性受到各种限制，比如时间、可用信息、决策者在组织中的位置等。正如他所说的这一原则：人类只有有限的理性。他的论点与古典经济学家的论点完全对立，后者一直假装人类总是做出全知全能的理性经济选择。凭借对有限理性原则的坚定信念，在将近40年后，他获得了诺贝尔经济学奖。[1]

西蒙看到，人类的决策和问题的解决是复杂的，也是难以理解的——它们虽然是理性的但存在缺陷。到了1954年，他认为了解这些过程的最好方法是在计算机上进行模拟。在圣莫尼卡的兰德公司，他认识了年轻的艾伦·纽厄尔，并带他来到卡内基梅隆大学当自己的博士生，后来又成为他的教职员工。在纽厄尔这位研究伙伴身上，他找到了与自己相同的信念。有了计算机，他们相信他们可以对人类思维的一些小而关键的部分进行建模。

在关键的1956年，就在西蒙和纽厄尔沉浸在“逻辑理论家”中的时候，西蒙发表了一篇学术论文“理性选择和行为结构”（Rational Choice and the Structure of Behavior）。其中提出的观点促使他写下了他唯一的一篇小故事“苹果”（The Apple）。一个叫雨果的年轻人住在一座有很多房间的城堡里，每个房间都有几个门洞。他可以通过其中一个门洞走到相邻的房间，但是他永远无法走回头路。他可以看到相邻的房间里有什么，但他永远无法知道远处他将发现什么。随着雨果（我们也可以像他一样试试）开始追求美味的食物和墙壁上的艺术品，故事慢慢揭示了追求这些东西的代价。

西蒙认为这个故事的主题是选择的负担——对意义的寻找。[2] 它也可以代表艺术家通过不断选择找到一条路，一个禁止过度涂抹、重写和擦除艺术品的世界。在这些房间里，雨果没有遇到一个心爱的（或鄙视的）人。虽然这只是一个寓言，但雨果一生的孤立隔绝却令人心寒。

1960 年底或 1961 年初，当西蒙从卡内基梅隆大学休假一年，在兰德公司工作时，爱德华·费根鲍姆给他带了一本豪尔赫·路易斯·博尔赫斯的《虚构集》(*Ficciones*)。西蒙非常兴奋地读到了“巴别图书馆”(The Library of Babel)，一个讲述了最伟大的迷宫的故事。十年后，作为阿根廷的一名客座讲师，西蒙希望能够会见博尔赫斯。在自传中，他详细叙述了那次会面，发现他们找到了很多可以谈论的东西——哲学、数学、诗歌——但是，最终他明白，尽管迷宫在博尔赫斯的小说中是一个基本的存在，但在迷宫的背后并没有伟大的抽象模型。“他很会写故事，但没有实例化模型。他只是一个讲故事的人。”西蒙写道。他在自传中调和了驱使科学家和驱使艺术家的冲动的不同（Simon，1991）。

二

1974 年，当赫伯特·西蒙告诉我这些故事时，我们已是要好的朋友。每天晚上下班回家，他都会经过我们位于匹兹堡诺森伯兰街的家（在我和乔离开那所房子之后，他的这种生活路径还在继续）。我刚把打字机的盖子盖上，可能就会看到他的黑色贝雷帽。有时也会在冬天看见他戴着冬季“朱乌拉”帽子 * 从前面的

* 原文为“chu’ulla”，在国内外的搜索引擎上都查不到任何解释，仅查到一篇个人博客提到 ×××chu’ulla，应当指该博主的帽子，放在此处作为帽子名应当也是合适的。——译者注

树篱边上驶过。我靠在门边，问他是否愿意停下来喝杯雪莉酒，他往往会答应。这些相遇几乎每周都会发生。

我们一边喝着雪莉酒，一边谈论人工智能和其他方面的内容。西蒙对什么都很感兴趣。在我为《会思考的机器》对他正式采访中，他都会不经意地说："哦，是的，我研究这个是因为我当时正在自学希腊语。"他还会说："这是因为我正在自学希伯来语。"或者："那时我已经拿到了德格鲁特的书，正在把它从荷兰语中翻译过来。"[阿德里安·德格鲁特（Adriann de Groot）研究国际象棋大师与普通棋手不同的下棋方式，这一研究帮助西蒙形成了自己的理论，即专家是如何成为专家的，这需要多长时间，他们的操作方式与非专家有何不同。后来，这些观点推动马尔科姆·格拉德韦尔（Malcolm Gladwell）创作了一本畅销书。]西蒙有优秀的语言学习能力，只要他打开一本用他想学的语言所写的书，他就会一直读下去，直到他学会这门语言为止。最终，他可以阅读 20 种不同语言的专业论文和五六种语言的文学作品。

也因为这样，在我们的闲聊中，我们喜欢谈论同源的词汇，谈论它们如何从一种语言演变成另一种语言。例如我们讨论语言是如何被组成的：主语前的动词、主语后的动词等。有时他也会很投入地作画，并在绘画中强迫自己停下，以免耽误他的研究；他经常带着一本素描本——这也让我们偶尔谈论起艺术。他还是个不错的业余钢琴家，我们有时也谈起音乐。在我们喝雪莉酒的时候，西蒙还不忘聊一聊他的同事们。他很有洞察力，很幽默。他不喜欢跟傻瓜待在一起，还教我如何躲开这些人。我们谈论一切：从当时人文学科的陈腐[3]到卡内基梅隆大学董事会的落后——西蒙还是董事会的一员。在一次聊了三个半小时他不得不离开时，我甚至有点不舍，并且有点后悔没有问他一些甚至有些无礼的问题：比你遇到的所有人都聪明得多是什么感觉？是一种包袱吗？有趣吗，还是并不在乎？但事实上我今天已经提出足够多的问题，就像：当许多更加吸引人的地方向他抛出橄榄枝的时候，他为什么要留在卡内基梅隆大学？

我想其他人肯定也想知道为什么，因为他在自传中也谈到了这个问题。他曾这样写到：他承认自己有很大的竞争力，但竞争必须是“既激烈又公平的”。他从不认为他必须在哈佛大学、斯坦福大学或麻省理工学院学习才能赢得学术比赛。相反，他希望自己“在没有明显社会支持的情况下获胜，无论这些支持是来自家庭还是大学。这样才能让别人清楚地看到，我是‘公平地’赢得胜利，而不仅仅是私下或公开利用优越的环境作为获胜的武器”(Simon，1991)。

至于我一直没有问的那个问题，即如此聪明的感觉如何，我只能猜或许是因为他一生都热衷于交际。这种孟德尔式的思想交换，只会赋予他更过人的智慧，而我们其他人却所获甚少。

三

为了正在编写的人工智能历史，我正在阅读这方面的技术论文，并强迫自己理解它们。有时，我读得很吃力，甚至迷惘到流泪。但这一经历，让我的人工智能不可知论的观点慢慢消失。

以下摘自我的日记。1974 年 11 月 3 日：

> 赫伯特宣称我不是一个真正的人本主义者，因为我愿意相信人类的价值观可以通过人类以外的形式来传播，比如计算机。从我对计算机写小说的想法感到不悦到转变，我已经走过了很长一段路。现在我认为，我十分欢迎一种新的智能形式与我们共同生活。它们可以取代我们吗？赫伯特对此提出了公投的想法：我们需要投票决定，是否应该允许计算机（他称之为“野兽”）取代我们。它们不太容易受到人类缺陷的影响，并且它们不仅能够很好地分享人类的价值观，甚至能比人类的血肉之躯更好地延续这些价值观。他很吃惊我居然没有断然否定他提出的公投的想法。

我当时并不知道，西蒙以前曾给别人讲过这个想法：他还因此差点被赶出耶鲁大学的晚宴。他可能会同意这样一种看法：即如果不承认人类的价值观是有弹性的，也不承认任何这样的“野兽”都可能有自己的价值观，想要探究会不会有什么事物比脆弱的人类更能延续人类的价值观是一种误导。

一天下午，我们谈到了民族的幽默感。“你是英国人，”他说，“也许你可以向我解释一下‘助理牧师的鸡蛋’好笑在哪里。我好像就是不明白它的笑点。”我从来没有听说过“助理牧师的鸡蛋”，他告诉我它源于1895年的《笨拙》(*Punch*)漫画杂志。一位年轻的助理牧师正在与他的主教共进早餐。配文是这样写的：“主教说：‘恐怕你吃的鸡蛋坏了，琼斯先生。’助理牧师说：‘哦，不，我的主教，我向您保证，起码它有一部分挺好的！’”

我吃了一惊。我无法解释为什么这个段子好笑。很久以后，我才意识到这个段子捕捉到了我的英国父母对我曾经的规劝的荒谬之处：他们总说“不要大惊小怪；把事情做到最好；总是要有礼貌；如果你不能说些好话，就什么都不要说，不管这句话是什么”。但那是后话了。赫伯特当时不解地摇了摇头，离开时没有获得任何答案。

1974年2月3日：

今晚，赫伯特·西蒙引用圣奥古斯丁（St. Augustine）的话说，思想是纯粹的形式。尽管这个想法听起来很有道理，但我必须琢磨一下。这是一场生动的讲座，大厅里座无虚席。这也是一场令人愉快的感性谈话：他说“我们的智慧使‘性’成为一种丰富的幻想”。他又说“如果你需要在你的大脑中想起一件事，比如回想起‘爱’的拉丁语，Amo，你是如何思考的呢?”“他是在向观众中的某个人发出信号吗?”乔喃喃自语说。他这么说是为了逗我开心，因为他知道我对赫伯特的感性和幽默颇有好感。

1976年4月13日：

回到家，我让赫伯特过来喝茶。这又是一次难忘的谈话，我们探讨了无数的话题。最特别的是，我问他当他做完一场演讲以后，会不会有一种失落感？他回答，即使过了这么多年，也绝对会有这种感觉。把你变得优秀的其实是你的身体在这种场合自动注入的肾上腺素，你的身体不会慢慢放松，只会一下坍掉。他补充道："你总会很感激其他人的一点点的赞美。"我赞同他的话，但是我依然很好奇，就连他也会如此……？

1976年5月11日：

我又在重温《追忆似水年华》(*Swann's Way*)。读书正如品尝美食，必须分次进行、适可而止。但是，啊！18年前我读到这本书，并被它深深吸引，为什么我从未想过自己写一本书？这是一本让作家们也奉为珍宝的书。赫伯特·西蒙对这本书深爱不已，他把这本书的所有卷册的法文原版都读了两遍。

对西蒙来说，普鲁斯特*表现了精巧的记忆艺术，这本书长久地萦绕在他的脑海之中。他在自传中说，阅读对他不仅仅是一种爱好，还是人生的主要职业之一。"我几乎是个杂食者——和吃饭一样，阅读也是如此。但我对文字的胃口比我对美食的胃口更加多样，所以我从不怕'吃'得过多。"(Simon，1991)

1976年9月22日：

我和一个学生进行了一番长谈，他读了我发表的文章，还给了我非常恭维的回答。但正如我对喝着午后雪莉酒的赫伯特所说，我们写作是为了爱。赫伯特说，是的，我从事科学研究也是为了爱。随后我们为自己的脆弱而欢呼雀跃——上帝保佑赫伯特，他是如此诚实。我们也都笑自己参与了这个可笑的写作游戏：我们写作不就是把"爱我吧，我就在这里"印刷在纸上吗，而批评家却说"我不爱你"，也印在纸上给大家看。我们可以笑着承认自己这么做的愚蠢。事实上，赫伯特正在考虑写他的回忆录，但他显得有些犹豫。"作家们可以写得很好，因

---

* 马塞尔·普鲁斯特（Marcel Proust），法国意识流作家，著有《追忆似水年华》等。——译者注

为他们是作家。就像小说家马克·哈里斯的自传很好，好得让我感到很泄气。”

我们的朋友，小说家马克·哈里斯刚刚出版了一本自传《有史以来最好的父亲》(*The Best Father Ever Invented*)。

四

一杯又一杯雪莉酒之后，“松鼠山圣贤会”终于诞生了。我向西蒙抱怨说，我的学生在讨论十分有趣的东西——生命的意义等，而在匹兹堡大学的英语系，我却在整日争吵文印预算、讨论浪漫主义诗歌课程应该是一个学期还是两个学期，还有其他各种乏味的事情。西蒙说，他和妻子多萝西娅在芝加哥大学时曾经营过一个小沙龙。在每周日晚上聚会的人们都明白，聚会不是为了闲聊，而是为了解决重要的问题。

“在这里你也可以做类似的事情，”他说，“但最好能提前选择一个讨论主题。”1976年的夏天，西蒙和我通过合作（在那些日子里通过书信联络）完善了这个想法：那时我们只有八个人，每次会提前确定一个主题；我们在晚餐后见面，所以不需要任何人匆匆忙忙地到处招待客人；如果第一次办得还不错，那以后每月都可以办。

在最初的几个月里，我私下称这个小组为“松鼠山圣贤会”，以我们居住的匹兹堡社区松鼠山命名。我很快就向我的圣贤伙伴们坦白了这个名字，而他们笑着采用了它。小组中有赫伯特·西蒙和他的妻子多萝西娅、艾伦·纽厄尔和他的妻子诺埃尔、小说家马克·哈里斯和他的记者妻子约瑟芬、我的丈夫乔和我。我们都不是容易害羞的人，所以谈话都十分积极有趣。

通常我们的讨论会在晚上10点结束，但我记得有两个话题让我们流连忘返，谈论到了深夜。其中第一个是arête，即希腊语中的“卓越”，到了结束也无定论。

1976 年 11 月 14 日：

昨晚是“松鼠山圣贤会”的第二次会议。我们的主题是“arête”——卓越。它是一个非常热门的问题——我们喋喋不休地讨论了三个半小时也没有休息。我们认为，“arête”既是私人认可也是公众认可的，你必须了解并认可自己才能拥有它（因此没有虚假的谦虚），并且你必须要求别人的认可。与同一物种中的他者相比，你必须是优秀的（因此，arête 是一种相对排名）。我们认为，arête 有对专业性的要求，虽然这可能不是希腊人的本意。有趣的是，艾伦・纽厄尔对于卓越有自己的理解，他对十项全能的冠军一点也不感兴趣，但他却喜欢其他单项冠军——除了撑竿跳运动员，“因为撑竿跳冠军只是有更好的技术而已”！乔、赫伯特和我都快笑哭了。这就是艾伦・纽厄尔吗？这就是整个职业生涯都建立在更好的技术上的那个人吗？正如乔所说，纽厄尔看起来丝毫没有联系到自己。我们于是断定，唯一比那些拥有 arête 却不知道的人更糟糕的，是那些没有 arête 却认为自己拥有的人。

说话的大多是男人（诺埃尔已经指出 arête 是一个多么有竞争力的、男性化的概念）。我们中的学者多到眼花缭乱——多萝西娅指出，圣保罗（St. Paul）在他的一封信中曾三次使用这个词，用了不同的词翻译它：胜利、美德或卓越、知识。艾伦注意到它的词根暗示着好战的勇气，还引用了《美诺篇》*。当时赫伯特反对，说这是中古希腊的思想，与 arête 的早期含义——好战的美德——不同。约瑟芬将 arête 与日本的 shibui** 概念相比较，认为 shibui 所固有的或暗示的勤俭和克制，与 arête 所暗示的炫耀或至少与缺乏谦逊是不同的。讨论还在继续。令我感到惊讶的是，每个人都如此认真地对待这一切，他们甚至还会回家做功课。当然，我也很高兴，这些讨论真的非常有趣。但结束时我又是如此的疲惫：与贤人共舞真是需要花费大量的精力。

---

* 柏拉图的著作《美诺篇》(*Meno*)，讲述了苏格拉底和美诺讨论人类的美德。——译者注

** 此处应指日语中的“渋い”，意指“涩味”或“素雅”。——译者注

第二个让我们聊到深夜的话题是批评。这个讨论在马克和约瑟芬·哈里斯的客厅里进行。事实上房间里几乎每个人都曾向世界输出了一些东西，然而批评家们则对这些东西大加批评、大快朵颐。

我们谈到了为爱工作：为未来的爱，为现在的满足；谈到了艺术和科学的区别（尽管艺术是为普通人服务的，科学是为专家服务的，但在某些地方两者是重叠的）；谈到了批评家之间水平的差异——批评家在艺术领域通常是非从业者，在科学领域则是准从业者；还谈到了批评家们不同的标准，相比于艺术领域，这些标准在科学领域更为统一。

接着，讨论开始变得私人化。我看着西蒙的脸：他的表情通常是警惕的，还会不断变化。最后他开口了："批评有两个定义。一个是批评家评价你的作品，以向那些本来不了解它的人解释或描述它。如果他们做出了评判，那也是暂时的判断；他们会对自己讨论的对象所包含的努力付出表示尊重。"（他就是这样说话的，语言准确，信息量大。）"然后是另一种批评，"他环视了一下房间，带着一种随时可能变成咆哮的笑容，"批评家只对推进自己的议程感兴趣，你的作品如果被他们批评也只是无辜的受害者。"啊，是的，我们都见识过这种批评。

过了一会儿，我对西蒙说："你为谁写作？"

"嗯，这很难说……"

"来吧，快说吧。"我调侃道。

"他们中有的已经去世了。"

"来吧，说实话，你到底为了谁？"我追问他。

他看了我一眼，带着半开玩笑半羞涩的表情，也许还有一点骄傲："好吧，亚里士多德是其中一个。"

就这样"松鼠山圣贤会"定期举办了大概有两年，直到乔和我离开匹兹堡。从某种意义上说，我们高兴地互相滋养，是活生生的跨学科榜样，是对"两种文化"这类提法的反驳。记得我曾描述过，在文化之都之外，思想的生活是多么地真挚。但这也是我，我自己对弥合两种文化的渴望，使我组织了这个圣贤会。在千禧年之交，我和乔在新墨西哥州的圣塔菲再次举办了一个沙龙，当时我们在那里有第二个家。聚会在圣诞节和新年之间持续了一个星期，目的是解决实质性的问题。这个沙龙自此每年举行一次，持续了超过 15 年。我们目前在纽约也参加一些非正式讨论小组，但这些小组有严肃的目的。我们的团体可以凝聚在一起，是因为我们中的许多人都渴望建立沟通的桥梁。

一个朋友曾经笑我说："你认真地做了一辈子傻事。"至少，我认为他只是在调侃。

五

赫伯特·西蒙是一个矛盾的人。一方面，他才华横溢、慷慨大方、富有远见，对世界有着深刻的认识；同时他又很害羞，不屑于闲聊，这使他和人颇有距离感。他热爱艺术——他对绘画的痴迷和包罗万象的多语言阅读——就像他热爱科学一样。他从未虚伪地谦虚过，用丘吉尔的话说，他没有什么可谦虚的。他对自己的智识足够自信，所以他敢说虽然他们家订了报纸，但他只会看漫画部分，只有他的夫人多萝西娅会看新闻（看报纸上的漫画是他和我共同的爱好，但我也看新闻）。他的穿着就像他是色盲一样——只有黑色和棕色，有时两种颜色还混在一起。除了每天上下班走几英里外，我相信他不曾有其他运动（他声称只有在他和多萝西娅不好意思请朋友开车送保姆回家时，他才克服了矛盾的心情买一辆汽车）。

但相反的一面潜藏着，并驱使着他。对于一个研究并尊重理性的人来说，赫伯特本人总是富有激情的（他以脾气大闻名。他在自传中承认了在外面他有过记忆深刻的调情经历，但是因为他太害怕被拒绝，也因为他对多萝西娅的忠诚，他并未在外有染）。当批评者号称人工智能的承诺已经失败的时候，他们所指的可能就是西蒙的一些观点：他在 1957 年曾提出的四个预测但并没有很快实现（他在《会思考的机器》中解释了原因，但并不完全令人信服）；他也在1965年断言，人类的任何工作都将在20年内由机器接手（事实上20年内没有发生，50年内也没有）。那是什么促使他做这种夸大的预测？

赫伯特有强烈的好胜心。他有一种令人费解的信念：只有从后赶超的赢才是真的赢。他的心理需求一定很苛刻，这种需求没有给他的孩子们留下什么空间，其中两个孩子最终被送去了寄宿学校。（这也只是我的推测。问题的根源在谁并不确定：也可能是多萝西娅的问题，或者是孩子们自己的。）他的辩论风格很成熟。看着他与反人工智能的人在正式辩论中纠缠，我会庆幸还好不是我在辩论。

像我这样的人，比如他的大多数学生，或是他的许多同事，都喜欢并敬佩他。曼纽拉·维洛佐（Manuela Veloso）多年来一直是卡内基梅隆大学赫伯特·西蒙计算机科学教授，也是世界知名的机器人专家。她还记得当自己还是一个年轻的教员时，正在为发表论文而努力。有一次一篇她认为很好的论文被期刊拒绝了，她感到特别沮丧。在与赫伯特共进午餐时，她向他倾诉："当然，这种事情从未发生在你身上。我是说，你已经拿到一个诺贝尔奖了，你拥有任何你想要的东西。"他摇了摇头："这种事当然会发生在我身上。但是，曼纽拉，你必须学会欣赏你自己，必须发自内心地欣赏。你知道你什么时候干得很好。不要因为缺乏认可而过于沮丧，也不要因为屡获褒奖而欣喜若狂。这就像是坐过山车。记住，永远要对自己保持信心。"维洛佐从未忘记这个极好的建议。

接触到他阴暗面的人就不会感受到他这样的热情了。除了亲切的朋友，他还有大量的夙敌。而且，我现在发现，他引发了许多人相当重的职业嫉妒。没有人能像他一样需要在这么多事情上表现得那么好。

我和多萝西娅·西蒙的情谊，从未超越某种冷淡的友善。现在回想起来，对多萝西娅来说，一想到她的丈夫每周都要和一个比她年轻得多的女人喝雪莉酒聊天，她一定开心不起来。但我和西蒙的那些谈话是如此天马行空，以至于当时我从未觉得有什么不妥。她是一个有天赋的人。当她与赫伯特相遇，并嫁给他时，她已经在芝加哥大学读研究生了。从当时的照片看，她是一个有着惊人美貌的年轻女子。当时，赫伯特希望她放弃自己的学业和职业生活来协助他，她基本上都做到了。直到他们的孩子长大，她才回到学校进行教育和学习方面的研究。西蒙夫妇甚至就这些主题共同发表了几篇论文。在“松鼠山圣贤会”上，她很有洞察力，博闻强识，并且口才很好。

她对我在20世纪70年代信奉的女权主义明显不感兴趣，也许是因为这一思潮否定了她所牺牲的一切。然而，在赫伯特的一次公开讲座后的一个晚上，我看到一位听众对她称赞她丈夫的讲座。她亲切地做出回应。但从她的眼中，从她的一举一动中，我看到了痛苦。我很想知道，她是否在惋惜这些称赞不是因为她的某些贡献而发出的。

注　释

[1] 在随后的几年里，两项诺贝尔经济学奖颁给了进一步推动行为经济学理念的研究人员：丹尼尔·卡内曼（2002年）和理查德·塞勒（Richard Thaler）（2017年）。其实也可以说，2018年的诺贝尔获奖者保罗·罗默（Paul Romer）和威廉·诺德豪斯（William Nordhaus）的工作也代表了行为经济学，尽管是这之间的联系是间接的。

[2] “苹果”的结构是任何电子游戏玩家都熟悉的，它也预见了“扩展到相邻的可能”的想法，这是理论生物学家斯图尔特·考夫曼（Stuart Kauffman）在《调查：自主代理及其共同创造的世界的本质》（*Investigations: The Nature of Autonomous Agents and the Worlds They Mutually Create*）中提出的。然而，考夫曼鄙视人工智能的概念，无论我如何努力教育他。

[3] 当时，法国后现代主义和其他毫无逻辑的废话开始占领一个已经筋疲力尽了的领域。物理学家默里·盖尔-曼（Murray Gell-Mann）向我发誓，在他保留的文档中有西蒙在总统科学顾问委员会［一个由著名科学家组成的机构，在它未能支持理查德·尼克松（Richard Nixon）总统偏爱的“超声速运输机”项目时被迅速解散］上给他递的一个纸条。根据盖尔-曼的说法，西蒙在纸条里写道：“帮助我把人文学科都清除掉。”

/第十一章/

艾伦·纽厄尔：聪明与纯粹

一

我从未见过比艾伦·纽厄尔在追求科学的道路上更纯粹的科学家。科学，并且只有科学，驱动着他不断前进。纽厄尔可能是我见过的最纯粹的科学家——他就是一位因为热爱科学本身而投身于科学研究的人。他喜欢工作，将自己的工作看得比什么都重要。他对那些不认同这种价值观的人有一种视若无睹的轻视。他在科学、知识和道德方面的形象仿佛是：如果你认为生活中有比工作更有趣的事物，你应该为自己的低级趣味感到羞愧。

至少这是他的公众形象。事实上，他博览群书（有几次我打断了他和诺埃尔在晚上互相大声朗读；记得有一次，他们读的是《指环王》）。他还喜欢橄榄球。星期一晚上橄榄球比赛的时候是没有任何人能联系到他的，如果是他最喜爱的钢人队*在比赛就更是如此。

纽厄尔在计算机领域的工作广泛而深入。在他生命的最后时光里，他宣明他这一生所致力的就是理解人类的思想。正如赫伯特·西蒙所说，他在一系列计算

---

* 匹兹堡钢人队（Pittsburgh Steelers）是一支位于美国宾夕法尼亚州匹兹堡市的美式橄榄球队。——译者注

机程序中做到了这一点，“（这些程序）展示了他们诠释的智能”。

纽厄尔和西蒙编写了第一个能够运行的人工智能程序，即第九章中描述的“逻辑理论家”。他们合作设计了名为 IPL–V 的早期列表处理语言。虽然约翰·麦卡锡设计的更优雅的 Lisp 语言取代了 IPL–V，但它仍旧是计算机表示和解决非数学问题的列表思路的范例。逻辑理论家和其后的一个程序“通用问题求解器”，套用了一些人类解决问题的捷径式方法，如“路径—目的”分析（“这是我的目标，那么实现它的最好方法是什么？”）、“反推链”（“如果我已经达成了目标，回过头来看，我需要经过哪些步骤才能达到？”），以及识别子目标，使程序进一步向主要目标前进。在当时，这两个程序的成功，足以证实我们至少自亚里士多德时代便存在的信念：推理是人类智慧的荣耀所在。

1972 年，纽厄尔和西蒙出版了《人类问题解法》（*Human Problem Solving*），这是认知心理学中一本极具影响力的巨作，它探讨了人类解决各种问题的方式——基于人类受试者在解决问题时大声说话而唤起的慢思维的心理学研究。例如，一位试图猜测一个数列的下一个数字的受试者可能会说：“不，我不会选择 4，因为它已经出现过很多次了，我觉得它不会再出现了。”

由于纽厄尔在思想——人类思想——的普遍理论方面做出了杰出工作，并且以计算机为媒介展现了自己的理论，他获得了许多奖项和荣誉，包括美国心理学会杰出科学贡献奖。他当选为美国国家科学院和国家工程院院士，还获得了荣誉学位。他在哈佛大学 1987 年度的威廉·詹姆斯讲座（William James Lectures）上进行演讲，获得了美国国家科学奖章，并与西蒙一起获得了图灵奖——这相当于计算机科学界的诺贝尔奖。但是，正如纽厄尔曾经笑着说，当奖项到来的时候，一切就真的结束了。而事实上，这一切显然还没有结束，甚至到现在也还没有结束。但当时他的这个说法让他自己都觉得很好笑。

尽管纽厄尔的伟大目标是了解人类的思想，但他还是做了一些其他方向上的研究。而这些研究也催生了重大的科学和技术成果。他与计算机设计领域的巨人戈登·贝尔（Gordon Bell）一起研究计算机体系结构，并且在 1971 年出版了一本有影响力的书。在20世纪70年代初，他作为ARPA语音识别项目的顾问发挥了重要作用。他与施乐PARC的科学家们一起研究人机交互的心理学，这催生了1973年施乐公司的产品“阿尔托机”（Alto）。这款产品拥有图形用户界面，用鼠标控制（灵感来源于道格拉斯·恩格尔巴特*），是后来许多个人计算机的计算环境构建（如Macintosh**）的先行者。纽厄尔还写了一系列的论文，出版了几本著作。

在20世纪70年代末至80年代，纽厄尔不仅完成了他对认知的统一理论的研究，而且由于他在超文本和计算机网络方面锲而不舍的工作，卡内基梅隆大学成为最早拥有有线网络的校园之一。[1] 他最后的著作是在他去世前尚未完成的一本书，关于名为“Soar”的人类认知统一通用模型。它可能是现如今很多主要人工智能程序的先祖，比如谷歌大脑、Nell和AlphaZero。

二

纽厄尔是个大个子，有着圆圆的脸蛋，脸上常常挂着随和的笑容。他陶瓷一般光亮的头顶似乎就是智慧的象征。白色的鬓角从他眼镜的支架下顽皮地露出来。他的手臂非常长，以至于他的衬衫都是定制的。我可以看到他在卡内基梅隆大学的大厅里摇摇晃晃地走着，偶尔停下来与研究生和同事交谈。他高中时曾是橄榄球运动员，曾经硬朗的身体也随着年龄的增长逐渐展现出柔软的曲线。在会议上，他知道如何倾听，也知道如何快速深入问题的核心。[他的两个特色短语成为我们家的口头禅。“这其实不算是完全荒谬！”（That’s not entirely ridiculous!）意味着这个问题值得考虑；“我们有结论了吗？”（Are we there?）意味着他认为结论已经达成，在他看来，问题解决得迅速而明智。] 他就像一个演奏深刻思想的

* 道格拉斯·C. 恩格尔巴特（Douglas C. Engelbart），美国发明家，鼠标的发明人。——译者注

** 简称Mac，苹果公司自1984年起开发的个人消费型计算机。——译者注

交响乐作曲家和指挥家，会带领你走一条全新的道路，用他想法中那些纯粹的勇气来打动你。

Soar 是纽厄尔最后一个宏大的想法，也可能是他最大胆的想法。他的目标是构建一个关于思想的详细全面的科学理论。这个理论将从最低的神经层面到最高的符号操作层面（包括高层面的理性和创造力）分层解释思想。与他一起研究 Soar 的博士生和博士后包括约翰 · E. 莱尔德（John E. Laird），现在已经是密歇根大学的教授，他也是一家致力于实现 Soar 商业化的公司的创始人；以及保罗 · 罗森布卢姆（Paul Rosenbloom），南加州大学的计算机科学教授，他与学生一起继续大力开发这个模型。在 2014 年举行的人工智能峰会活动中，人工智能领导人讨论了下一步应该做什么。来自西北大学的杰出人工智能研究员肯尼思 · 福伯斯（Kenneth Forbus）将 Soar 列为曾经推动人工智能研究的宏大思维的案例，并且说明应该继续发挥它的作用。[2]

纽厄尔费尽心力的工作指出 Soar 是一个科学模型，而不仅仅是一个类比。几十年来，计算机和大脑的比较已经很普遍了。早期的记者们喋喋不休地说，计算机就是一个“巨大的大脑”。但纽厄尔想超越这种类比，建立科学的模型。他警告说：“仅仅将计算机看作一个类比就好像让大脑远离思考与分析。”尽管人们必须始终承认类比的必要性和错误的不可避免性，但是一个科学的模型应该能直接去描述所研究的问题，而不是以类比的方式去描述这个问题。

1987 年，纽厄尔在他的八次哈佛大学威廉 · 詹姆斯讲座中描述了这项艰巨的任务。与虚幻的关于思想的哲学理论不同，纽厄尔和他的学生试图在可执行的计算机程序中举例说明 Soar 模型中每个层次的性质，并通过匹配和修改这些程序，以符合心理学家当时对人类认知的了解，以及相邻层次（上层或下层）的反应方式（Newell，1990）。统一性的心智理论仍然是有问题的，但我们现在知道，人类的大脑似乎是以类似于纽厄尔提出的多层模型的方式工作的。如今，神经科学和人工智能正在迅速地相互推动，有望实现更好、更准确的人类认知模型。很遗憾的是，纽厄尔没有机会亲眼看到这一切。

Soar 是一项史诗般的事业。纽厄尔大胆的思考和对未来宏伟的愿景也是他招揽同事的卖点。有一天，当我为《会思考的机器》采访他时，他推测说：一个能以某种物理方式体现思考的系统，这样一个物理符号系统的想法，对理解心智的意义就像自然选择对生物学一样，意义重大而深刻。他看到了我的兴奋之情："嗯，你一定喜欢这个想法。"他如此断言，而非询问我。是的，我很喜欢，就像他知道我会喜欢那样。

然而纽厄尔意识到，通过计算机来分析思想，就是在一个比血肉之躯更坚固的媒介中合成智慧。在 20 世纪 70 年代中期，他曾提及当时一个常见的说法［现在这个看法也很常见，因为我在埃里克·施密特（Eric Schmidt）和贾里德·科恩（Jared Cohen）2013 年出版的《新数字时代》（*The New Digital Age*）一书中也看到了这样一句话］：在未来，机器和人类将做各自最擅长的事情，各司其职。"但那其实是胡说八道，"纽厄尔说——他其实是一个不怎么说粗话的人，"机器将变得越来越聪明，而人类最终将会没有多少事情可做。"

三

纽厄尔家族在旧金山湾区有着深厚的根基。在与旧金山隔海相望的核桃溪，有一条以纽厄尔父亲的一个表弟命名的纽厄尔大道。这位表弟在该地区拥有一个大果园，艾伦在那里度过了许多童年时光。纽厄尔的父亲罗伯特是斯坦福大学医学院著名的放射学教授。当时斯坦福大学医学院还在旧金山，艾伦就在那里长大。

"他在很多方面都是一个极致的人，"纽厄尔这样描述自己的父亲，"他在塞拉山脉上建造了一座木屋。他会钓鱼、淘金，做很多事。同时，他是一个完完全全的知识分子……是一位极端的理想主义者。他曾经写诗。他认为友谊是如此重要，以至于他有意识地培养友谊。他定期约见朋友，他居然认为这很重要。"纽厄尔说这最后一句话时，用的是惊叹又有一丝讽刺的口吻。

“我强烈的道德感是从我父亲那里来的。”纽厄尔有些矛盾地说道，好像这些道德感是他用快乐作为代价得到的，给他带来了不寻常的负担。他的话就像一块燃烧的烙铁、一把锋利的双刃剑向我投掷过来，像是在说：你敢接招吗？你能达到我设定的不可能达到的标准吗？他发出这个挑战可能是无意识的，但我还是感觉到了。

四

1992 年艾伦·纽厄尔去世以后，赫伯特·西蒙为美国国家工程院写了一篇深情而详细的回忆纽厄尔的文章，并提到纽厄尔在旧金山的洛厄尔中学遇到了诺埃尔·麦肯纳（Noël Mckenna）。在他 16 岁时，纽厄尔和诺埃尔相爱了。纽厄尔 20 岁时，他们步入婚姻的殿堂。“这段婚姻表明，艾伦和诺埃尔即使在那么早的时候也是优秀的决策者，因为他们在 45 年的婚姻生活中是亲密无间、相互支持的一对。”（Simon，1997）

然而，这个故事事实上并没有那么简单。诺埃尔常年卧病在床。当我劝说她从病床上起来与我共进午餐时，她险些又一次被慢性偏头痛击倒。在那时，我听到的的确是与之前不太相同的故事。

首先，名门望族的纽厄尔一家对诺埃尔·麦肯纳将成为他们家族的年轻继承者的妻子感到震惊。在纽厄尔的父母看来，她是一个来自一无所有家庭的无名姑娘。在大萧条开始前不久，诺埃尔还在襁褓中时，她的母亲就去世了，而她的父亲抛弃了这个家，所以她被推给艰苦讨生活的寡妇姨妈抚养，被姨妈认为是另一张不请自来要喂养的嘴。纽厄尔家族曾竭尽全力反对这桩婚姻。深陷爱情里的艾伦·纽厄尔则十分坚持，一定要迎娶她。当我第一次见她时，诺埃尔空灵美丽，有着完美的颧骨、忧郁的棕色大眼睛，过早变灰白的头发被漂亮地挽成一个低结。她身材娇小，有一双精致的手，声音柔和但不失少女情怀。我在健身房里见过她一次，对她大声赞叹，她身上毫无赘肉。“可爱的诺埃尔，”我在日记中写道，“她就像一株精致的蕨类植物，美丽而脆弱。然而在许多方面我几乎不了解她。她很感性吗？她有脾气吗？”

诺埃尔一直被自我怀疑困扰着。在她的狄更斯式的童年，她被视为只是另一张需要喂养的嘴。她的姨妈经常威胁要把她扔到街上去，在那里她将一无所有。她明白这些吗？她明白。她逃到了艾伦的怀里，拥抱他的爱，这是她所知道的第一个可靠的庇护所。她一生都爱着艾伦，而艾伦也确实深爱着她——用他的一生。但他对科学的爱也许同样多，也许她有时认为，他甚至更爱科学一点。艾伦的爱对诺埃尔·纽厄尔来说是一个庇护所，但有时也是一所监狱。他们唯一的孩子现在已经长大，离开了家。她独自一人在巨大的房子里，陪着一个注意力始终集中在电传和电话上的伴侣。

诺埃尔和我时常见面，谈论我们正在读的书，或者一起看电影。我们都是在旧金山湾区长大的，我们的会面随时可能会演变成一场倾诉：我们都因为丈夫的工作而被困在一个灰色、丑陋、充斥着啤酒味的镇上。我们都渴望离开 20 世纪 70 年代的匹兹堡，回到湾区家乡。我们都担心如果我们坚持要离开，会对我们的丈夫产生何等影响。“艾伦会失去他的缪斯女神吗？”诺埃尔想知道。然而，离开是不可想象的；当然，留下也是。

1973 年 5 月下旬，当乔和我在匹兹堡住了大约两年的时候，我的日记里描写了与诺埃尔的一次午餐。她无力地抗议说，她已经“与她的生活和平相处了”，但又补充说，她担心艾伦死后，她将一无所有，甚至没有一个属于她自己的屋顶——或者正如她幽默地说道：“我想我应该很高兴，能有一个屋顶盖住我的嘴。”当时，他们都是 40 多岁，而纽厄尔除了长期的背部问题，身体是非常健壮的。对于他们而言，经济上的担心是多余的。纽厄尔一家住在松鼠山马尔伯勒街一栋宏伟的老房子里。他们最近才搬到那里，因为他们以前的房子在结构上无法容纳艾伦私人图书馆里的 5 000 本书。所以，诺埃尔如今的担心都来自她童年如恶魔般的阴影。诺埃尔正在接受大量的心理治疗以医治偏头痛。在那些日子里，偏头痛被认为只是一种心身疾病，但心理治疗的同时也在挖出她童年的所有痛苦经历。

那次午餐会上，我想到了一个可能让她开心起来的主意。她为什么没有想到带着录音机去问所有研究人工智能的人最近都在做什么？但最终，我还是没有勇气向她提出这个建议。她是如此沮丧和绝望，以至于我和她在一起的时候只是倾听，对她表示同情。多年以后，我才认识到诺埃尔是以多么巨大的勇气度过她的一生。

她和艾伦深爱着对方——这一点是很明显的。但是，没有人的爱是完全深刻而没有困难的。我自己与纽厄尔也有一些麻烦。我觉得我喜欢他胜过他喜欢我。我理解他向我抛出的那个道德挑战，那把双刃剑。事实就是这样。

五

我的丈夫乔在计算机科学领域越来越突出，他发表了重要的研究，开始重塑卡内基梅隆大学计算机科学系的昔日荣光。（后来，纽厄尔告诉他，剩下的几个资深教授同意给乔一年的时间：如果乔不能扭转局面，他们将选择离职。）他不仅扭转了局面，还让它走上了一条通往辉煌未来的坚定道路。因此当全国各地都在组建计算机科学系，并在寻找领导和建立这些系的人时，乔在这个时候脱颖而出。经常有人想把他从卡内基梅隆大学挖走，但没有什么能真正诱惑他，直到他收到了加州大学圣迭戈分校的召唤。

加州。那里有温暖和蓝色的天空。我的心猛然一跳。我不止一次在早晨醒来，凝视着匹兹堡的沉闷，不由地想到，我的父母费尽心机把我从英国的利物浦弄出来，并不是为了让我在宾夕法尼亚州的匹兹堡落脚。但是艾伦·纽厄尔以一种只有他能表达的大师级的蔑视，宣称任何去加利福尼亚州的人——他称之为莲花岛——都是“只对晒太阳感兴趣”。尽管他和蔼可亲（他确实非常和蔼可亲），但他有一种清教徒的倾向。他的那种几乎是自以为是的态度，使得没有人会想要得罪他。

乔陷入了深深的纠结中。他也喜欢西海岸，喜欢除了研究、行政和教学之外还有更多元的生活。在卡内基梅隆大学的每个人一周都工作七天，这不仅是因为他们沉浸在工作中，而且在匹兹堡漫长的冬天里，除了工作，人们还能有什么其他选择呢？他不喜欢20世纪70年代的匹兹堡。他也从来不会想花时间了解这个城市。但他深爱着他的部门和他的工作，而且他做得非常出色。在我们离开匹兹堡20多年后，在计算机科学系成立25周年之际，当时的院长助理凯瑟琳·科佩塔斯（Catherine Copetas）在乔的演讲前介绍说，乔“在这里设立了许多传统。艾伦·佩利（Alan Perlis）、艾伦·纽厄尔和赫伯特·西蒙创立了这个系，但是乔把这个地方变成了一个团体的奇迹”[3]。他对他的同事们无比尊敬、爱戴和忠诚：他内心的很大一部分将永远留在卡内基梅隆。

乔不仅夹在他可能想过的两种生活之间，还夹在两个有着强烈意愿的人之间：一个是非常想离开匹兹堡的妻子，另一个是他的导师，也是深受敬佩的朋友，艾伦·纽厄尔。艾伦给乔提供了宝贵的管理上的建议，并为乔对心智研究做出深度奉献树立了光辉的榜样。

可能从一开始，纽厄尔就对我有戒心。我不打算成为一个普通的教授妻子，我讨厌这个称谓。我有自己的教职，这在20世纪70年代初是不寻常的。我已经出版了两本书，正在写第三本。我越来越多地参与第二波女权主义：我在匹兹堡大学教授一门妇女研究课程，并且还是全国妇女政治核心小组阿勒格尼县分部的成员。我是个大麻烦。

事实上，我并不是大麻烦。历史才是。我们都处在一个两性关系的划时代时刻：任何男人曾经可以轻松拥有的权利现在受到了质疑——有人说是受到了攻击——当时我似乎很清楚历史会走向何方。纽厄尔肯定觉得我对诺埃尔这样一个脆弱的女人是个坏影响，甚至是颠覆性的影响。

那年春末，因为无法离开他的计算机科学系，乔拒绝了圣迭戈的邀请。我感到非常难过。但我们最终还是心平气和地留在了匹兹堡，至少暂时是这样。我们买了一栋房子，我开始写可能将被命名为《会思考的机器》的书。纽厄尔松了一口气，觉得我还不错。我是一个认真的采访者，打算写一部好的人工智能历史，纽厄尔很欣赏这个想法。随着“松鼠山圣贤会”的进行，他似乎越来越喜欢我了，因此我也松了一口气。

六

当艾伦·纽厄尔于1976年9月在卡内基梅隆大学被授予U. A. 和海伦·惠特克（U. A. and Helen Whitaker）讲席教授职位时，我们举行了一场盛大的庆祝晚宴。艾伦在这里做了题为“童话”（Fairy Tales）的演讲，这次的演讲成为计算机文献中的一个经典。

他说，童话故事是我们作为儿童时学习应对世界的方式。我们应该经受考验，克服困难。但现在我们都像孩子一样，面临着一个未知的未来。“我认为计算机是被施了魔法的技术。更甚的是，它是能够使用魔法的技术。”（Newell，1992）计算是一种如何将知识应用于行动以实现目标的技术。它为智能行为提供了基础，其算法是冻结的操作，在需要时可以解冻。这些物理系统不断小型化，变得更小、更快、更可靠、能源需求更少，这意味着一切都同时在朝正确的方向发展。因此，计算提供了在我们世界的所有角落纳入智能行为的可能性。“有了它，我们可以建立一块魔法般的土地。”他继续说如何做到这件事，但同时也警告说在童话故事中，主人公必须经受考验，克服危险。我们必须在智慧和成熟中成长，我们必须赢得我们冒险的回报。

多年来，每当社会上出现质疑计算科学的声音，其严重程度足以让我们动摇，让我们怀疑自己做的一切是否值得，让我们想要退缩。但是我会提醒自己：我们必须赢得我们冒险的回报。

那次演讲的第二天，乔和我打电话给纽厄尔，告诉他演讲是多么精彩。“我在客人名单上没有看到你们的名字，所以我不确定你们会不会在那里，”纽厄尔说，“但后来我看到了你们，而且非常清楚你们作为观众中的专业人士，不仅听了我说的话，而且会审视我的话是否言之有物。”

纽厄尔的讲话不仅仅是言之有物，而是精彩绝伦。它所传达的乐观但谨慎的信息深深吸引了我。这一信息将故事最深层的目的与科学（以及随之而来的技术）的承诺交织在一起。而且这个科技正好是我正逐渐爱上的。

七

当我们在 1977 年夏天到达波士顿的国际人工智能联合会议时，纽厄尔和我已经成为朋友。我们在一起吃了一次长长的晚餐，他在饭桌上提出了一个有趣的、令我回味的主题。他问：“你相信两种文化这种说法吗？”

我点了点头，我对它了解得太多了。

“我不相信，”他说，“我认为这世界上大概有 75 种文化，它们都不能理性地相互交谈。”距离我听“童话”还不到一年的时间，我必须抗议，这难道不是那 75 种文化相互交流的一种方式吗？但他不肯让步。

那年夏天我们都待在加利福尼亚州，纽厄尔在施乐 PARC 做人机互动的顾问，他和诺埃尔在帕洛阿尔托。而我和乔在伯克利，乔作为理查德·卡普（Richard Karp）的访客在加州大学的计算机科学系工作。我们住在几年前买的伯克利的公寓里，所以至少一年中有一部分时间，我可以住在心爱的湾区，离我的家人近一点。那次波士顿结束会议后纽厄尔和我一起飞回旧金山，他就像是山鲁佐德*，在六个多小时的飞行中，每时每刻都在逗我开心。我们谈到了衰老（“我很乐意放下重担。”他愉快地说），谈到了宗教，并且再次谈到了科学与人文的关

* 山鲁佐德（Scheherazade），阿拉伯民间故事集《天方夜谭》（又名《一千零一夜》）中宰相的女儿。她用讲述故事的方法吸引国王，每夜讲到最精彩处，恰好天明。着迷的国王渴望听完故事，便不忍杀她，允许她继续讲。——译者注

系。他花了一些时间思考这些问题。纽厄尔复述了他很喜欢的弗兰克·斯托克顿（Frank Stockton）的老故事——《美女，还是老虎?》*（*The Lady，or the Tiger?*）（Stockton，1895）。

一个出身卑微的年轻人和公主相爱了，但国王发现了他们的爱情，要求年轻人必须在竞技场上接受审判的考验：他必须在两扇相同的木门中做出选择。一扇门后是一个美丽的女人，他可以和她结婚，过上幸福的生活。另一扇门后是一只饥饿的猛虎，他必死无疑。公主设法发现了门后面的秘密并发誓会悄悄告诉她的爱人。然而，她最后发现门后面的那个女人从容貌和魅力来说都丝毫不输给自己。在审判的时刻，她巧妙地给她的爱人发了信号。故事以这样一个问题结束：她给她的爱人暗示了哪扇门？[4]

纽厄尔认为，这个故事概括了这样一个观点：鉴于现实世界的复杂性，没有办法准确预测任何复杂过程的确定结果。计算机"只做你让它做的事"，但我们无法确切知道那会是什么。

我们既有高度严肃的谈话，也有随意的闲聊。他还给我上了一堂关于承诺的课（不，是布道）："我对那些离婚的人非常生气，而且通常非常敌视他们。他跟他的75个朋友混，她跟她的4个朋友混，然后他们就分开了……"

我们之间的一切都很平静，都很光明。1978年1月25日，我的日记这样写道："艾伦给我写了一条网络通信消息（net message）（我们早期的电子邮件术语之一），邀请我去他们家玩Zog。"几天后，我和纽厄尔夫妇坐在一起玩Zog，这是一个早期的超文本系统，由纽厄尔和他的学生开发，作为访问在卡内基梅隆大学开发的心理学和人工智能程序的一种方式。Zog很有趣，我想它会成为一种极好的作家写作工具。但我认识的作家都买不起硬件，更不用说软件了。（真相：Zog是在"卡尔·文森"号**上安装使用了，用于访问其管理数据库。）后来，

---

* 美国小说家弗兰克·斯托克顿的名篇，是小说史上第一个有着"开放式结局"的故事。——译者注

** "卡尔·文森"号（Carl Vinson）航空母舰是一艘美国海军尼米兹级核动力航空母舰，是十艘同级舰中的三号舰。——译者注

正如纽厄尔在“童话”的演讲中所说，这项技术在各方面都越来越便宜、越来越好——即使是贫穷的作家现在也有这样的东西，几乎是免费的：万维网、维基百科，更不用说用于存储大量散文的廉价专用程序。

1980年，作为美国人工智能协会的创始主席[5]，纽厄尔向新成立的协会发表了名为“知识层次”（The Knowledge Level）的演讲（Newell，1981）。作为他的威廉·詹姆斯讲座的前奏，该讲座提出了后来被研究证明了的大脑所表现出来的多个认知层次。现在有一种复杂的机器学习技术也采用了这种认知层次结构，即所谓的深度学习。纽厄尔定义了认知的最高层次：“理性主体可以在一个抽象的层面上被描述和分析，这个层面由他们所拥有的知识而不是他们运行的程序来定义。”这就是知识层次。

这个最高的层次是系统对其在其中运行的世界的了解，可以被系统用来达到其目标，包括其识别和搜索缺失知识的能力。人类倾向于找到并储存这些搜索结果供将来使用，但有些机器的运行速度很快，只需在需要知识的时候搜索问题空间，而不需要把搜到的知识存储下来。从较低层次来的知识将会被系统在更高的一个层次整合（Newell，1981）。虽然这主要是纽厄尔的推测，但是目前脑科学家的工作也指向了相同的结论。

五年后，纽厄尔于1987年在哈佛大学发表他的威廉·詹姆斯讲座时，他的理论的许多细节仍然无法填补或验证。（他承认他对自己没有做实验以验证他的理论感到尴尬，这是他一直发誓要做的事。）此外在1987年很难设想认知的最高的层次，即知识层次，能够像现在的谷歌大脑、Nell或其他程序那样访问全球范围内的大量数据。尽管如此，他对人脑如何进行多层次和不同步的思考的概念似乎是基本正确的。这让我感到只有计算机科学家才会有这样的洞察力。

纽厄尔将“知识层次”理论具体化的项目Soar，以及他的威廉·詹姆斯讲座，展示了如何使用相对较少的架构元素来产生新的能力，而不一定要为每个新能力建立新的模块。约翰·E. 莱尔德和其他人将进一步推动Soar，寻求认知科学中的牛顿定律，即一些个通用的机制是如何在复杂的世界中产生丰富的智能行为的。[6]

我在第二章中提到的圣索菲亚大教堂是另一个寻找智能的一般规律的例子。

这个关于智能的最后伟大尝试——Soar，有如此雄心勃勃的目标，但纽厄尔的过早去世使他无法看到它的全面发展。（在他卧床的最后日子里，他对我和乔说，他的致命癌症可能源于他在海军服役的日子。在那里，他从几英里远的地方目睹了艾尼威托克岛的原子弹试验。）尽管研究人员继续在 Soar 和类似的模型上工作，但关于人类认知行为的全套模型还没有到位。首先，它们需要人类最大的智慧来填充它们并完善细节。

碰巧的是，就在纽厄尔发表威廉·詹姆斯演讲的时候，多伦多大学杰出的研究员杰弗里·辛顿（Geoffrey Hinton）正在探索人工智能的一个部分。这个部分一直处于休眠状态，当马文·明斯基和西摩·佩珀特似乎已经探讨了关于它的所有内容时，有人甚至认为这个部分已经死亡。这就是神经网络。明斯基和佩珀特的模型在很大程度上是大脑的简化版本，只有一个输入层和一个输出层。1986年，辛顿展示了反向传播的技术，它可以训练一个深度神经网络——一个有两层或三层以上的神经网络。在辛顿和他的两位同事证明使用反向传播的深度神经网络极大地改善了图像识别的旧技术之前，神经网络需要更强的计算能力。这导致了深度学习的诞生，以及它像蒲公英一样广泛传播的应用，包括准确无误的人脸识别、会说话的虚拟助理。所以，2018 年图灵奖授予辛顿（谷歌副总裁和工程研究员，矢量研究所首席科学顾问，多伦多大学教授）、杨立昆（Facebook 副总裁兼首席人工智能科学家，纽约大学教授）和约书亚·本希奥（Yoshua Bengio）（蒙特利尔大学教授，魁北克省人工智能研究所和数据价值化研究所科学主任）并非偶然。

计算机表现出一套完整的人类认知行为的那一天可能正在到来。2016 年 1 月，麻省理工学院和哈佛大学主办了一个为期一天的研讨会，名为“智能的科学技术：横跨瓦萨街的桥梁”（The Science and Engineering of Intelligence：A Bridge across Vassar Street）。瓦萨街将麻省理工学院的计算机科学和人工智能研究与布罗德研究所和剑桥的其他神经科学研究中心分开。该研讨会的目的是展示人工智能和神经科学是如何相互影响和启发的，以及我们是如何快速了解它们的。[7]

质疑者仍然存在，爱德华·费根鲍姆就是其中之一。他认为一个宏大的心智理论在几年内都不会产生，也许永远不会，因为人类的智慧是以一种偶然的、生物学上的机会主义方式增长的。他坚信，机器中的智能将自下而上产生，而不是自上而下，并且会是渐进式产生的。

神经科学家们则更为乐观。但他们的任务很艰巨，而且他们可能是错的。加州大学伯克利分校的计算机科学教授斯图尔特·拉塞尔是教科书《人工智能：一种现代方法》(*Artificial Intelligence*：*A Modern Approach*）的作者之一。他最近说，虽然我们知道如何让计算机做许多人类能做的事情，但我们还没有把它们全部放在一个可行的宏大计划中——他补充道，这也许是一件好事。他似乎在暗示，如果那么做了会有不好的结局。2017 年，似乎是为了以另一种方式说明问题，他在一次演讲中提出了一个小型、廉价的“杀手级”无人机的工作实例。它“可以消灭半个城市的人口”，而且这种无人机“不可能被防御”。“不可能”是一个富有力量的词。但因此就应该放弃对通用人工智能的追求吗？我不认为艾伦·纽厄尔会同意。纽厄尔坚信，科学研究需要由宏大的工作计划指引——一个人的科研议程需要由一个总结性的问题驱动。驱动纽厄尔研究的总结性问题是了解人类的思想。

注 释

[1] 20 世纪 80 年代后期，由纽厄尔主持探索这一问题的委员会身处恶劣的环境中。以他的典型风格，他希望委员会的会议完全公开，并记录在他和他学生发明的超链接 Zog 网络上，以便以后通过多种方式搜索。即使在卡内基梅隆大学，人们也会问计算机是否只是个噱头。更糟糕的是，人们会问，它只会把书呆子吸引到卡内基梅隆大学吗？作为一所最近才在宿

舍里安装电话的学校，能否维持对这些研究的支持？事实证明，一切顺利：集中计算和文件检索的安德鲁系统是云计算的首批实例之一。

[2] 三年后，加州大学伯克利分校的工程师和计算机科学家小组发布了一份报告——《伯克利对人工智能系统挑战的看法》，其中讨论了未来人工智能系统必须纳入的跨学科共享。Stoica，I.，Song，D.，Popa，R. A.，Patterson，D.，Mahoney，M.W.，Katz，R. H.，Joseph，A.D.，... Abeel，P.（2017，October 16）. A Berkeley View of Systems Challenges for AI.（Technical Report No. UCB/EECS-2017-159）. Retrieved from http://www2.eecs.berkeley.edu/Pubs/TechRpts/2017/EECS-2017-159.html.

[3] 2015 年 10 月，在卡内基梅隆大学计算机科学系 50 周年庆典上，卡内基梅隆大学教务长宣布设立约瑟夫 · F. 特劳布（Joseph F. Traub）计算机科学主席教授席位，以纪念乔在该系创立初期的领导工作。这距离乔离开卡内基梅隆大学前往哥伦比亚大学已经过了近 35 年。我坐在观众席中，在乔溘然离世仅两个月后仍然感到震惊和无比脆弱。有关乔的回忆涌上心头，让我泪流满面，感激涕零。

[4] 纽厄尔在作为人工智能促进协会第一任主席的演讲（Newell，1981）中引用了《美女，还是老虎？》。

[5] 今天，该组织被命名为“人工智能促进协会”(AAAI)。

[6] 1987 年哈佛大学的威廉 · 詹姆斯讲座中，纽厄尔将他提出的（当时只是部分）计算机模型与当时已知的人类认知进行了比较——从最低的设备层次（细胞）开始，到最高的知识层次（具有目标、行动和身体，在知识媒介中自主运行的智能体——它从经验和外部世界中提取有用的信息，利用所有可利用的层次来展示智能行为）。是的，从设备层次的电子和磁场到符号层次的符号表达（其间还有其他几个层次），人类和机器拥有两个在物理上不同的层次组。但在功能上，二者是相同的。“它们的系统特性变化了，从连续处理变为离散处理，从并行操作变为串行操作，等等。”(Newell，1990）各组层级也在异步运行，一些运行速度很快，另一些运行速度较慢。他大胆地提出了 Soar 作为统一的认知理论。值得注意的是，纽厄尔继续说，计算机系统的层极构成反映了物理世界的本质。“它们不只是一种仅存在于旁观者眼中的观点。这个现实，来自计算机系统级别是真正的专业化，而不仅仅是可以统一应用的抽象理论。”(Newell，1990)

[7] 在第一章中，DeepMind 的德米斯 · 哈萨比斯认为，他们的程序 AlphaGo 是一个通用程序，而不是专门的人工智能，这意味着统一的认知理论。

/第十二章/

麻省理工学院的人工智能精英们

一

1975 年 3 月，我开始为我提议的人工智能史对马萨诸塞州剑桥附近的先驱者进行一系列采访。我最先采访的是马文·明斯基。他与约翰·麦卡锡、艾伦·纽厄尔和赫伯特·西蒙一起，是四位人工智能之父。明斯基很热情，而且愿意花时间交流。那时，明斯基已经获得了图灵奖，并将继续获得更多的荣誉，其中包括 1990 年的日本奖*、1991 年的国际人工智能联合会议卓越研究奖，以及 2001 年富兰克林研究所的本杰明·富兰克林奖章。他还为斯坦利·库布里克（Stanley Kubrick）的开创性电影《2001：太空漫游》（*2001*：*A Space Odyssey*）的制作提供了非常有建设性的咨询意见。

没有人会否认明斯基是地球上最聪明的人之一，但很少有人会提到的是他还特别有宽容大度的奉献精神。这可能就是为什么他的学生名单是一份令人印象深刻的科学家名册，他们中的每一位都对人工智能和其他计算领域做出了闪耀的贡献。“我不认为自己是个老师，”明斯基曾对我说，“我更像一个园丁。我让植物肆

* “日本奖”（Japan Prize）由日本科学与技术基金会负责管理，于 1985 年开始颁发，旨在奖励那些通过科技发明创造的杰出成就为人类和平与繁荣事业做出贡献的个人。——译者注

意生长，我只是施与它们养分，并为花园除草。”他的意思是他鼓励创造力并温和地（或也许不那么温和地）引导他的学生沿着能让他们的创造力开花的道路前进。

另一个例子也能看出明斯基的奉献精神。我们正在谈论一位早期的人工智能工作者，他有过一次巨大的成功，但是却没有再继续做下去。“啊，”他静静地说，“我们不知道人们生活中的什么情况可能使他们陷入困境，不一定是智力的缺陷。但这样的事情就是会发生的。”这提醒我，不要这么快就去评判别人。

二

马文·明斯基出生于纽约市，在菲尔德斯顿文化伦理学院和布朗克斯科学高中上学。他来自一个有地位的纽约家庭。20 世纪 80 年代中期，当他告诉年迈的母亲他即将在西蒙和舒斯特公司出版《心智社会》(*The Society of Mind*）时，她若有所思地喃喃道：“喜欢过西蒙，但从未喜欢过舒斯特。”

我在《会思考的机器》中记述了年轻的明斯基作为哈佛大学的一名本科生，是如何通过参加各种主题讲座前后的茶歇来满足他对这些主题更深度了解的好奇心的。(他也满足了自己年轻的胃口，把曲奇饼吃得一干二净。）他明白大多数害羞的本科生不知道的事：一般来说，人们是很乐意与任何人，甚至是本科生，谈论自己的研究的——只要听众对此表现出礼貌和兴趣。虽然他名义上是在做数学研究（他曾在普林斯顿大学与麦卡锡和纽厄尔在同时期上过研究生阶段的数学课，但他们当时都不太认识对方），但他对所有围绕智能的问题都感兴趣。他深受麻省理工学院的沃伦·麦卡洛克的影响，后者对神经元进行了早期研究，而明斯基的博士论文则是关于大脑中某些神经功能的数学模型。1955 年夏天，他访问了贝尔实验室。在那里，在克劳德·香农（信息论之父）的祝福和帮助下，他和麦卡锡萌生了次年夏天在达特茅斯召开会议的想法，并邀请猜想这些被称为“计算机”的新机器能够思考的人们参加。

在达特茅斯会议之后，明斯基仍在构思如何实现人工智能，并写下了后来被称为“迈向人工智能”（Steps Toward Artificial Intelligence）的许多版本中的第一版。他很欣赏纽厄尔和西蒙的工作，但他认为自己对他们的工作不再感兴趣，因为纽厄尔和西蒙正在构建的是人类智能模型。相反，他想以任何可能的方式实现机器智能。

明斯基与西摩·佩珀特一起写了一本很有影响力的书——《感知器》（*Perceptrons*）（“我们留给研究生的问题太难了。”他笑着说——尽管后来当计算机的计算能力达到了要求时，这本书被视为深度学习的先导）。他仍继续培养他的研究生们，他们的成就像是一种信号。他还发明了新的理论方法来实现机器智能。除了《感知器》（后来增补了两次），他还在1969年写了一本关于框架的书，提供了一种计算结构，用于展示对象和事件的事实，换句话说就是知识表征——这大大影响了人工智能的程序设计。

同时，明斯基还发明了一些重要的仪器，例如激光扫描显微镜的前身，以及早期的图形显示器。他最著名的仪器之一是与西摩·佩珀特一起开发的Logo龟。这是一种执行正在学习Logo的儿童们的指令的机器人——Logo是佩珀特创造的一种简单而强大的编程语言。在20世纪70年代中期，我花了几个小时观察波士顿地区8—9岁的孩子们在电脑键盘前的表现。当他们指挥乌龟在地板上四处移动时，孩子们的脸上洋溢着兴奋的笑容。

但渐渐地，明斯基又开始研究人类智力，因为那是他最初的动力。即使在20世纪70年代，他也笑着对我说，卡内基梅隆大学和麻省理工学院似乎只是走了不同的路。事实上，他们都对理解和模拟人类智能感兴趣，就像工程师们喜欢说的那样：因为这是最好的概念证明题。他后来所写的《心智社会》和《情感机器》（*The Emotion Machine*）正是证明了这一点。它们也证明了马文·明斯基作为人类智能或机器智能理论家的重大贡献。

然而只有理论是不够的，正如纽厄尔和西蒙这样的计算机科学家会抱怨的。你需要实验证据来证明或反驳它，来完善或扩展它。这是两个思想流派之间友好但持久的分歧。

三

我在麻省理工学院和明斯基录制了许多采访[1]，我也在日记中提到了在他布鲁克林的家对他的几次访问。

1977年2月7日：

我在马文家待了大半天，如果不是我快冻成冰块了，我们还能交谈更多。这幢房子值得一提：这是一栋大房子，有许多房间，各个房间排列整齐，堆放着纪念品和其他的一堆东西，例如，一个巨型簧风琴（在我看来就像是管风琴）、一个点唱机、几个娃娃、皮纳塔*、奇怪的椅子和沙发。在家庭活动室里有大量的音响设备；一架钢琴；游戏；唱片；一个贴在墙上的人的手臂，重要的骨骼被涂成红色、白色或蓝色；一架悬挂在天花板横梁上的秋千；各种镜子，包括一面探照灯镜子、两片来自望远镜的镜片，以及几面凹面镜，它们相互组合，看起来像一个大炒锅。它们的作用是将坐在最低的镜子上的一只小金属青蛙反射到上面的镜子上的一个洞里，从而让你觉得有一只坚固的金属青蛙悬浮在内部。如果你伸手触碰的话，根本摸不到任何东西。

在这里，在我们谈了一会儿人工智能之后，马文告诉了我他的一个新爱好，那就是作曲。在所有种类的音乐中，我怎么也想不到马文·明斯基会创作这个，但他就是喜欢创作这种音乐。对，是美丽、流畅的巴赫式赋格。我被他的曲子迷住了，并告诉他，旋律很好听，很抒情，氛围营造很好，还有对位**。如果他告诉我是巴赫本人创作的，我一定会相信的。然后他演奏了一些类似普罗科菲耶夫***的音乐，最后是一些儿童音乐。在我看来，所有这些音乐都非常好。我很惊讶我一

* 墨西哥节日用具，用纸、陶或者布做成的玩偶。——译者注

** 对位法，在音乐创作中使两条或者更多条相互独立的旋律同时发声并且彼此融洽的技术。——译者注

*** 谢尔盖·谢尔盖耶维奇·普罗科菲耶夫（Sergei Sergeyevich Prokofiev），苏联著名作曲家、钢琴家。——译者注

下子就喜欢上了它们。它们有一种自然的优雅，就像有人直接与我交谈一样。我们谈到了作曲，他告诉我他只是把他在头脑中听到的音乐写了下来——音与音之间的关系不（一定）是数学化的，这种关系是事后才发现的。

在一个简短的午餐过程中，我们又谈了一些其他的话题。然后，马文的妻子格洛丽亚·鲁迪施（Gloria Rudisch）"带着一个让马文去修理的机器人"回到家里。格洛丽亚是儿科医生，也是布鲁克林市的一名卫生官员。她身材矮小，却很壮实，黑色的头发梳得整整齐齐，娇小的身体几乎被她提着的手提箱压倒了。当她把手提箱打开时，一只手和一只穿着运动鞋的脚掉了出来。她从箱子里拽出了一个非常逼真、身穿蓝色慢跑服的女人，逼真到将她从手提箱拿出组装起来时，你想要用仪表测量你是否可以通过心肺复苏"恢复了她的心跳"或者"恢复了她的呼吸"。我很难描述马文和格洛丽亚为了她讲课时将用到这个人体模型而疯狂准备并摆弄这个人体模型的画面。这个栩栩如生的假人僵硬地躺在沙发上，我和狗都被吓呆了。格洛丽亚最后提着箱子迅速地离开了家，而马文把假人夹在腋下带到了车上。这一幕在我的脑子里是不可能很快就消失的。

马文对他的作曲非常认真，甚至考虑是否应该因此而彻底改变他的生活。如果我不是快要冻僵了，我还能坚持聊很久。我不知道明斯基家把温度调低的原因是他们是好公民，或是认为这对我们的健康有好处，还是他们就与众不同。即使在"精致的老家伙们"的半热带高温的住所里待了一个小时（乔和我住在波士顿的哈佛俱乐部。房子的管理员用"精致的老家伙们"来形容住在这里的老年人，这也解释了为什么这里的暖气温度调得这么高），我仍然没有解冻。但我也确实感谢老家伙们可怕的热气循环，它几乎让一切都融化了。

几天后，明斯基夫妇邀请我和乔与一大群人一起吃饭。那是 1977 年 2 月 10 日：

今晚在明斯基家吃饭，格洛丽亚和西摩·佩珀特主厨。我和西摩的朋友雪莉·特克尔（Sherry Turkle）聊了很久（后来她成为西摩的妻子，同时雪莉还是著名的计算机人类行为研究者），她正在做一项社会学研究，研究为什么计算机科学家要做他们现在做的事情。她刚刚完成了一项关于法国精神分析学家的研究，她称之为“法国弗洛伊德”[2]。同桌的还有菲利克斯（Felix）——马文在文法学校时就结交的朋友；阿尔伯特·迈耶（Albert Mayer）——一位麻省理工学院的教授，担任我们这一周的社交秘书；还有马文的儿子亨利（Henry），大概14岁，他向我抱怨在学校里不得不读简·奥斯汀（Jane Austin）的书，而他更愿意读库尔特·冯内古特*的。“这两位作家在做同样的事情，”我说，“他们的书都是对社会的讽刺。”我不确定他是否相信我的话。

四

对于明斯基和他的学生来说，机器人学引发了一些基本问题。一台笨重的摄像机和一个作为手臂的笨重装置连接在一起，再连接到一台电脑上，这是如何产生智能行为的呢？这个手臂是如何理解它要去拿起积木并把它们从一个地方移到另一个地方的？这代表了关于智能的核心问题之一：智能行为是如何从简易组织或任何种类的简易部件**中产生的？（近半个世纪后，我们才开始得到这些问题的答案——大脑和肢体之间精心设计的一套互换信号。）

20世纪70年代初，明斯基和佩珀特开始撰写后来在1988年出版的《心智社会》。当时他们有一套有些推测性质但具有说服力的，并且最终有很大影响的理论。他们提出所有的心智——不管是自然的还是人工的——都是由小的非智能成分组成的。然而在协同作用下，有时使用验证过的算法，有时使用经验法则，它们产生了我们所说的智能。现在这是一个常见的假设，是对涌现现象的早期探

---

* 库尔特·冯内古特（Kurt Vonnegut），美国作家，美国黑色幽默文学的代表人物之一。——译者注

** 原文为“dumb tissue”和“dumb components”。——译者注

索，但这本书在脑科学家、心理学家和哲学家中引起了巨大的轰动，他们当时正努力打磨着比人类智能的大统一理论更优雅的东西。

在《心智社会》出版近20年后，明斯基开始研究我们所说的情感。他能解释情绪在智力中的作用吗？鉴于西方文化一直在理性和激情之间做出的区分，情感在智力中是否发挥了任何作用？他开始相信，这种从古典希腊人开始断言的区分是错误的。

在2006年出版的《情感机器》一书中，明斯基提出，情感在智能中发挥着重要作用。在《心智社会》中，他认为心智主体是共同协作向实现目标而努力的。现在他把"主体"的概念改为"资源"，因为"主体"这个词误导了读者，让他们错误地以为大脑中存在一个类似于人的东西——或者说是一个微小版型的人——可以独立运作或与其他代理人合作，就像人们在现实世界中的做法一样。恰恰相反，他说，大脑中的大多数资源都是专门用于某种工作的。这些大脑资源相互之间并没有直接的交流。

在《情感机器》中，他认为我们长期以来对激情和理性的区分是基于对这两个术语的误解。激情和理智各自可能至少是一百种不同的东西，是数以万计的遗传基因行为的后果，它们的表达是原始的和不受控制的，直到我们变得成熟并学会控制它们。这些资源中的许多是无法被仔细审查的，因为随着我们的成熟，我们已经在它们上面覆盖了其他的过程。

为了方便起见，或者不想过多解释，我们使用明斯基所说的"手提箱词汇"，如爱、饥饿、愤怒、痛苦和快乐，仿佛它们有精确的含义。相反，他认为当我们试图描述大脑内部的大型过程网络时，每个手提箱单词都被塞进了许多不同的东西。例如，意识涉及20多个这样的过程。"我们的每一个主要的'情绪状态'都是通过打开某些资源，同时关闭某些其他资源——以这种方式改变我们大脑的一些行为方式而产生的。"(Minsky，2006)

一般来说，情绪是一种思维方式，可以增强我们的应对能力。这一点至关重要。如果一个程序只用一种方法工作，当这一种方法失败时，它就会死机。"人类思维的足智多谋来自拥有多种处理事情的方法——尽管有时这也会使我们身上发生坏事。”（Minsky，2006）甚至我们的自我意识也是无常的：我们有多种自我模型，并且我们知道，在需要的时候，我们就可以在不同的自我模型之间随意切换（Simon，1991）。

虽然《情感机器》对情感在智能中的作用提出了不同的理解[3]，但它是从明斯基一生在人工智能领域的研究中所学到的东西中发展出来的。《心智社会》和《情感机器》都清晰地阐述了当前大脑和人工智能研究中的思想，或者至少是小有名气的思想。这其中，他也引用了心理学、动物行为学、认知科学和遗传学（我们的行为有很大一部分是由基因赋予的）的研究成果。

一些人工智能研究者承认明斯基可能是对的，但如何写出将这些想法具体化的计算机程序，将科学与单纯的猜想分开？

部分答案来自明斯基在麻省理工学院的同事罗莎琳德·皮卡德（Rosalind Picard），她创造了“情感计算”这个术语。她也认为推理和情感是不可分割的，而且情感是真正的机器智能必需的部分。皮卡德和她的研究生拉纳·埃尔·卡利乌比（Rana el Kaliouby）开始一起测试读取人脸情绪的软件。他们成立了一家名为Affectiva的公司来销售这些系统。但公司的绝大多数客户是想要完善产品和广告的市场研究人员，而非其他，如自闭症的临床研究人员等。皮卡德认为这与她最初的医学目标相距太远，因而选择退出，但卡利乌比留在了Affectiva公司。现在该公司为其国际客户读取人类情绪的业务正在蓬勃发展。为了训练软件，Affectiva从很少的几个角色开始，现在已经拥有了大量的数据。这些数据完善了程序的能力，使其在阅读情绪方面甚至比大多数人还敏感。

同时，皮卡德在多个方面探索大脑—心灵—身体的联系。她帮助开发了一款实用的手腕装置，可以读取大脑和身体的电信号，让癫痫患者在20分钟前就能预测到疾病发作。“我们想给大众一些帮助，让他们更好地生活，而不是只为身居要职的人提供只有他们才能获得的人工智能。”她现在正研究健康的人群，看看他们是如何保持健康的。“在人工智能的世界里，我们中的一些人正在退后一步去思考我们能为人类健康做什么。什么会导致人类真正的繁荣和福祉？我们是在促成那种将财富和权力交给极少数人的人工智能，还是正在启用能够广泛帮助普通人的人工智能？”（Wapner，2019）

明斯基写道，许多人已经接受了人脑是一个电化学器官的说法，但他们仍然认为，一个生命体如何能从物质（无论是突触还是电子）中产生，这一切永远都是一个谜。“这曾经是一个流行的信念，但今天人们普遍认识到，复杂机器的行为只取决于它的部件如何相互作用，而不取决于它们是由什么‘东西’组成的（除了速度和强度的问题）。换句话说，最重要的是每个部分对它所连接的其他部分的反应方式。”（Minsky，2006）

在机器或人的大脑中，研究已经证明资源是分层的进程网络（这也是艾伦·纽厄尔的Soar模型的中心思想），许多最低级的系统甚至不能被更高级的系统所利用。例如，你的意识无法触及你的稳定呼吸和直立的机制，尽管呼吸和直立是人存在的基础。绘制这些过程在人类大脑中的位置是当今脑科学的伟大目标之一。

明斯基（Minsky，2006）指出：“探索、解释和学习一定是儿童最顽强的驱动力之一——在儿童的生命中，再也没有什么东西能促使他们如此努力。”

明斯基提出了一组仍有待充分验证的假说。在他写《情感机器》时，神经科学家已经开始了这种探索，而且探索还在继续进行。即使是现在，也没有人知道明斯基的想法在总体上或具体上是否正确。我们知道情感是细微的，包含各种转瞬即逝的、有时是相互矛盾的方面。机器可以读懂人类的情绪并做出反应，无论是评估观众对电视上飞行员的反应，还是引导自闭症患者穿过困扰他们的情感世界，或者协助一位虚拟的护士评估病人（Stone & Lavine，2014）。[4]

情绪是一种已经融入智能的基本资源，而不仅仅是被忽视、压制或克服的资源，这一点很有吸引力。个人的成熟包括学习如何控制这些强大的基本资源。牛津大学哲学家和认知科学家尼克·博斯特罗姆（Bostrom，2016）提出，这种成熟也必须发生在人工智能身上，也许事实就是如此。

五

2013 年秋天，我有幸旁听了麻省理工学院和哈佛大学的脑、思维和机器中心的首次周会，如今这个会议一直在延续。我聆听了这些领域的科学家们关于他们各自工作的简要描述。一天下午，周会的内容从一位科学家描述人类如何理解场景开始。接下来的另一位科学家描述了人类如何识别场景（与理解场景略有不同）。第三位科学家介绍了大脑成像技术的实验结果，即科学家向实验对象展示一幅图像，然后对脑电波进行解码。第四位科学家提供了一种通过讲故事来教机器常识的方法。

在所有的演讲结束时，每位科学家都补充说：如果我的模型、问题或答案对你有用，请使用它们。如果你认为我可以帮助你，请联系我，无论如何都要联系。

在这些科学家们各显身手的下午，各学科的科学家试图帮助对方理解什么是智能。现在，这种交流正在全国乃至全世界范围内进行。挑战巨大，研究工具勉强可以胜任，不过它们肯定会继续改进。明斯基从一开始就没有退缩。多年前他曾对我说："看看物理学家研究物理学有多长时间了。我们怎么会认为大脑和思想就没有那么复杂呢？"E.O. 威尔逊（E.O. Wilson）果断地说："人脑是宇宙中已知的最复杂的系统，无论是在有机的世界还是在无机的世界里。"（Wilson，2014）

科学家尚未理解大脑的能源效率这一复杂问题。哈佛大学脑科学中心的分子和细胞生物学及计算机科学教授戴维·考克斯（David Cox）指出，人脑具有数十个 petaflop 的运算能力，但只消耗 20 瓦的电力。（petaflop 是衡量超级计算速度的一个标准，1 peta，或称 1 flop，等于每秒 4 亿次浮点运算。）目前的超级计算机已经达到了数十 petaflop，但它们对电力的需求是巨大的——仅仅是散热就已经是很大的挑战了。

大脑可以解决我们不知道如何用计算机编程来解决的问题，不管这些计算机能有多大的能量。不过，这并不意味着我们永远不会明白它的机制。当然，我们现在还不明白。我询问过麻省理工学院脑、思维和机器中心的负责人托马索·波焦，哪一组研究人员——神经科学家、认知心理学家或计算机科学家——有可能最先发现或开发出智能的机制。他笑着回答说："这是一场竞赛。"

六

在20世纪70年代对剑桥大学的一次早期访问中，我采访了达特茅斯会议的最初与会者之一雷·所罗门诺夫（Ray Solomonoff）。雷的扇形胡子已经发白，头顶上的头发也掉了很多。在他的眼镜后面，那双雄辩的眼睛似乎很有灵性。他崇尚自由，虽然他还在做思想的数学模型，但他不依附于任何机构。我们谈话后，他和他的女朋友提出带我去哈佛的院子里采集沙拉菜来吃。

达特茅斯会议之后，所罗门诺夫的工作在数十年间逐渐失去影响；但在2005年前后，他的工作在一个被称为"通用人工智能"的子领域中得到了复兴，研究人员在那里寻求到了在任何环境中学习和行动的通用方法。在人工智能领域，这种消逝再复兴的事情已经发生了好几次（回顾纽厄尔和西蒙的"通用问题求解器"就可见一斑）：原本绝妙的想法，在当时的技术条件下不可能实现，如今却突然变得可能实现，甚至比当时做得更好、更有用。深度学习就是一个显著的例子。[5]

奥利弗·塞尔弗里奇（Oliver Selfridge）如今在麻省理工学院林肯实验室工作，但他曾在20世纪60年代早期担任麻省理工学院MAC [6] 项目的副主任，是另一个早期倡导人工智能综合方法的人物。塞尔弗里奇一直在研究模式识别和机器学习——他在50年代中期所做的演讲曾让兰德公司的艾伦·纽厄尔感到兴奋——塞尔弗里奇在1959年的论文《万魔殿》（*Pandemonium*）中给出了一些关于机器学习的建议，被认为是人工智能文献中的经典。塞尔弗里奇为能够感知和应对环境变化的自主软件创造了“智能代理”或“智能体”这一术语，这一想法在后来的日子里得到了更充分的发展（Feigenbaum & Feldman，1963）。20 世纪 70 年代中期，他也在寻求一种通用智能的方法。他说，模式识别已经被推到了自己的子领域，与主流人工智能无关，他对此感到失望。这一点也被慢慢扭转了，但这是几十年后的事情了。

为了写《会思考的机器》，我还拜访了深藏若虚的克劳德·香农。他因信息理论的工作而闻名，为数字革命提供了理论基础。[7] 他愿意主持达特茅斯会议，并且让约翰·麦卡锡和马文·明斯基也参与执行工作。70 多岁的香农是个很有风度的人，他五官精致，很有礼貌，说话温和，很乐意谈论早年在贝尔实验室和麻省理工学院的时光。他已经从麻省理工学院退休，不再骑着他的独轮车在学术大厅里来来去去，但他仍然充满了玩乐和智慧的活力。

香农当时住在萨默维尔的一座宏伟的维多利亚式老房子里，在这里，波士顿的天际线一览无遗。我们的采访结束后，他带我到了另一个房间，去看一个传说中的迷宫遗迹。那是 1950 年一只叫“忒修斯”（Theseus）的机械鼠跑过的地方，是一个非常早期的机器学习实验的一部分。在我采访香农多年后，我的丈夫乔看到他成为美国国家工程院的新入选人，感到十分震惊。香农已经获得了美国国家科学奖章和其他许多荣誉，他在几十年前就应该是工程院院士了。遗憾的是，他最终患上了阿尔茨海默病，并于 2001 年在马萨诸塞州的一家疗养院去世。他的遗孀说，他在人生的最后时刻已经全然忘却了自己一辈子写下的所有奇迹。

注 释

[1] 我为《会思考的机器》进行的所有采访都可以在卡内基梅隆大学的档案中找到。

[2] 多棒的标题！当我在日记中重新发现这个名字的时候，我问雪莉·特克尔为什么后来改为平淡无奇的“精神分析政治学”。“出版商的原因，”她回答，“他们认为它可能会被误解，或者与另一本书混淆。我还很年轻，什么都不知道。”是呀，我们不都是这样吗？

[3] 半个多世纪后，在加州理工学院神经科学家和机器人学专家的合作下，这个问题的答案才出现。他们设计了一个机械臂、一个假肢，配备一个脑机接口，可以读取并响应一个因旧枪伤而无法移动手臂的病人的意图。科学团队表明，一组详细的信息从大脑（在这个病人的案例中是植入了敏感电极）抵达附肢，然后再返回到一个丰富的反馈系统。Andersen，Richard，“The Intention Machine.” *Scientific American*，April 2019. 加州大学旧金山分校和加州大学伯克利分校正在联合建设一个类似的系统，将通过大脑的信息以声音语言的方式表达出来。Carey，Benedict. “Scientists Create Speech from Brain Signals.” *The New York Times*，April 24，2019. 许多心理学文献，尤其是通俗读物，都将情绪与智力区别开来，有时甚至认为情绪就是另外一种智力。这种观点饱受争议，与明斯基对情绪在智力中的综合作用看法不同。2014 年 3 月的《全球健康与医学进展》（Global Advances in Health and Medicine）中有一篇长篇论文——“情绪：自我调节意识”（Emotion，The Self-Regulatery Sense），作者为 K. 派尔（K. Peil）。他认为，广义上讲，情绪在任何生物体中都发挥着基本的自我调节作用。在 2015 年 4 月的《科学美国人》（*Scientific American*）杂志上，罗伊·F. 鲍迈斯特（Roy F. Baumeister）在文章“征服自己，征服世界”（Conquer Yourself，Conquer the World）中讨论了自我控制在人类行为中的复杂作用。有关仇恨的具体焦点问题，请参阅安娜·费尔斯（Anna Fels）于 2017 年 4 月 14 日在《纽约时报》发表的文章《仇恨点》（*The Point of Hate*）。脑科学家普遍认为情绪在个人决策中起着关键作用，但目前的模型表明大脑中的网络竞争至高无上，情绪往往胜过推理，因为情绪是一种快速、经济的决策方式，有助于解除日常认知负担。

[4]《科学》（*Science*）杂志特刊《机器人的社会生活》（*The Social Life of Robots*）中刊载了许多文章，涵盖了诸多有关机器人的讨论，包括与人共事的机器人、神经形态机器人、机器人传感器的挑战、让机器人了解世界大局、类人机器人外观的心理影响、机器人间的关系，以及法律和生物研究中的机器人。是的，我发现情绪阅读机器人令人毛骨悚然。但这只是个人反应，可能与人工智能未来的研究密切相关。我学到了一件事，那就是快思考的反应需要有更多慢思考才能做出合理的判断。例如，情绪阅读机器人可能会成为一种教学工具，教人类如何更好地理解周围人的情绪并做出更好的反应。

[5] 令人遗憾的是，计算机科学总体上是非历史性的。一个热心的研究人员会很乐意重新发明轮子，然后才会花时间搜索文献，看看是否有其他人尝试过他的想法。当时卡内基梅隆大学著名的机器人专家曼努埃拉·维洛佐（Manuela Veloso）承认了这一点，大发雷霆地说：“这种做法真是太浪费了！”威廉·A. 伍尔夫（William A. Wulf）曾担任美国国家工程院院长 11 年，他本人也是一名计算机科学家，但他说这种对历史的过度敏感反映了资金分配和论文被评价发表的方式；只有新的东西才重要，不管它是否真的是新的。与有着悠久的文化传统、以引用先例为重的数学不同，计算机科学一般没有这种压力。拉吉·雷迪可能想取笑我，他对我不屑一顾地说：“哦，重新发明比尝试追踪一些原创的想法更容易。”想要识别新瓶装旧酒，需要人有敏锐感知能力，有深和广的知识面、深耕业界所以熟知业界历史，例如《人工智能探索》（*The Quest for Artificial Intelligence*；剑桥大学出版社 2010 年版）的撰写者尼尔斯·尼尔森（Nils Nilsson）。然而，玛丽·肖（Mary Shaw）教授告诉我，在

卡内基梅隆大学，软件工程博士生的入门课程从阅读每个软件工程师都应该熟知的二十多篇经典论文开始，并且课程的每个单元都从一些基础论文引入，然后讲这些想法是如何演变的。这些早期的论文约占课程阅读量的 1/3。“我们就你谈到的这个问题而感到沮丧，所以几年前我们在课程修订中引入了这样的安排。”（这段话来自私人交流。）

[6] 这个首字母缩略词代表了许多短语，包括数学和计算（Mathematics and Computation）、人与计算机（Man and Computers）等。

[7] 香农 1984 年在英国布莱顿举行的一次会议上告诉我和乔，他曾试图让人们称他从事的是通信理论而不是信息理论，但这个名字已经锁定了。香农对我们开玩笑说：“让我们发起一场运动来重命名它。”当然，他也知道现在这是多么不可能。乔很快就找到了香农的一篇早期论文，是香农自己使用了“信息论”这个术语，开创了先河。

/ 第十三章 /

爱德华·费根鲍姆：巴舍特友谊

一

爱德华·费根鲍姆是第二代人工智能研究人员中的杰出成员，也是赫伯特·西蒙的学术之子。他没有顺着先辈们的方向研究人工智能，反而背道而行。我为他工作时，曾对他如同特里斯坦和弦一般截然不同又影响深远的工作视若无睹。因为我不知道之前到底发生了什么，所以我不知道他的离经叛道是多么决绝。

第二代人工智能研究者与他们的前辈不同，他们对精确模拟人类智能的工作方式不感兴趣。相反，他们对设计方法来帮助人类完成事情更感兴趣——你会从费根鲍姆和下一章讲述的拉吉·雷迪身上看到这一点。

费根鲍姆于 1936 年 1 月 20 日出生在新泽西州的威霍肯，当时正值大萧条时期。在他还是个小男孩的时候，他的父亲就去世了，而他的母亲改嫁给弗雷德·拉赫曼（Fred Rachman）——一家烘焙食品公司的会计。这个男孩和他的继父关系密切，他的继父每个月都会如约带他穿过哈德孙河，到纽约市去看海登天文馆的表演。（费根鲍姆回忆说："在那些日子里，他们每个月都会有新的表演。"）然后，他们还会到美国自然历史博物馆逛一逛。这些参观使他开始向往成为一名科学家。

弗雷德·拉赫曼经常把工作带回家，还会带回一个机械的（很快就是机电的）计算器来完成这些工作。这个男孩喜欢这些马钱特牌（Marchant）和弗里登牌（Fridens）计算器，并学会了熟练地操作它们。“我的毛衣上没有字母，一点也不酷。但我可以带着这些计算器坐公交车去学校，向所有的朋友展示它的用处。”[1]

从威霍肯高中毕业后，费根鲍姆获得了卡内基理工学院（现在的卡内基梅隆大学）的奖学金，学习电气工程。他的生活费很紧张，他经常需要在校外打工来养活自己。其中一份工作是在匹兹堡松鼠山的一所卢巴维特尔（Lubavitcher）小学教科学。“我不能提性，不能提进化论，不能提一大堆拉比*禁止的东西，”他曾经笑着说，“在那种情况下，教科学是一种挑战。”

作为一名电气工程专业的大二学生，费根鲍姆总觉得“少了点什么”。他找到了一门研究生课程，叫作“思想与社会变革”，由行为科学家詹姆斯·马奇（James March）开设。马奇让费根鲍姆参加这门课程，在那里他了解了约翰·冯·诺伊曼和奥斯卡·摩根斯顿（Oskar Morgenstern）的《博弈论和经济行为》（*Theory of Games and Economic Behavior*）。费根鲍姆很喜欢这本书。很快，他学习了行为建模，对于一个本科生来说，这甚至更有吸引力。那年夏天，马奇给了费根鲍姆一份社会心理学实验的工作，这也使他与马奇一起发表了第一篇关于小团体决策的论文。马奇还把费根鲍姆介绍给了与他一起撰写一本关于组织的书的资深同事——赫伯特·西蒙。西蒙对这个年轻人很感兴趣，并帮助他在第二年获得了暑期学生奖学金。费根鲍姆随后报名参加了西蒙开的课——社会科学中的数学模型。正是在这门课上，西蒙宣布：“在圣诞假期期间，艾伦·纽厄尔和我发明了一台会思考的机器。”

费根鲍姆后来称这是一次重生的经历。他把 IBM 701 手册带回家，研读到天

---

* 拉比是犹太人中的一个特别阶层，是老师也是智者的象征，指接受过正规犹太教育的学者。——译者注

亮，并深深地迷上了计算机。在研究生院，他的博士论文是在西蒙的指导下完成的关于人类记忆的某些方面的计算模型，这是西蒙最关注的问题。“这些是数据，”西蒙说，并向他展示了心理学文献中通过实验精心积累的内容，“让我们把这些弄明白。”

费根鲍姆后来回忆说：“从来没有人提到过大脑，这完全是一个心智的模型，是人类使用最低层次的符号做信息处理。”（McCorduck，1979）

心理学家已经收集了很多关于人们如何记忆一系列无意义音节的数据。费根鲍姆是否可以写一个计算机程序用与人类一样的方式去记忆和遗忘，从而解释这种行为？他做到了。他意识到，在记忆一系列无意义的音节时，人们并没有记住所有的音节。相反，他们记忆的是代表音节的标记，这些标记会唤起整个记忆。他将这一点和其他记忆与遗忘模式纳入了一个名为 Epam 的开创性程序中——Epam 是初级感知者和记忆者的缩写（Elementary Perceiver and Memorizer），同时也是由于当时西蒙正在研究底比斯人的将军和政治家伊巴密浓达（Epaminondas）。西蒙最终将与他的心理学同事进一步开展这项工作，但那时，费根鲍姆正在追求更有趣的东西。

费根鲍姆在获得博士学位到获得第一个学术职位期间，花了一年时间访问了位于英国泰丁顿的国家物理实验室，之后又来到加州大学伯克利分校。在那里，他和他在卡内基理工学院的朋友朱利安·费尔德曼一起教授组织理论和人工智能，我第一次和他相遇。当他和费尔德曼看到学生们是多么渴望了解人工智能这一领域及其日益增长的重要性时，他们明白需要一本教科书，于是《计算机与思维》诞生了，这是这个领域的第一本教材。

我们的友谊也是如此。把我们的友谊写进书里，就要考虑到我们一生中的互相尊重和爱戴。用蒙田 * 的话说，我们的友谊前所未有、自成一格。1960 年，爱德华·费根鲍姆在一个年轻的伯克利分校学生身上发现了一些非同寻常的东西

---

* 米歇尔·蒙田（Michel Montaigne），法国人文主义作家。——译者注

（或者对我这个年轻的学生来说是这样的）。他和朱利安·费尔德曼邀请我参加《计算机与思维》的工作，这正是我对这一领域的启蒙。我因其他兴趣而离开人工智能领域时，还经常回到爱德华身边，从他那里听取人工智能方面的新进展。这种友谊经久不衰，其深度远远超出了工作上的合作。对于这一点，我一直心存感激。

多年以后，我才发现爱德华·费根鲍姆多么敬爱女性。他的第一次婚姻有两个心爱的女儿。他第二次婚姻的对象是一名日裔女子仁井彭妮（Penny Nii）。彭妮最后成为他的科研同事，还给他带来了两位心爱的继女。他一直被强势而富有想象力的女性所吸引，还会确保他身边的不同女性——不论是在他的家庭中，还是在他的研究小组中——都能有蓬勃的发展。所有这些女性都在事业上取得了巨大的成功。对我来说，他是老师、导师、大哥，更是我挚爱的朋友。

因此，费根鲍姆和我从一开始就相处得很顺利，很愉快。在撰写《计算机与思维》的日子里，有一次，费尔德曼走进我和费根鲍姆正在聊天的小办公室，听了一会儿我们的谈话，然后摇了摇头。哦哟，你们像鸭子一样叽叽喳喳的！

我耸了耸肩。是的，费根鲍姆和我喜欢谈论阳光下的一切。费尔德曼点了点头。他说，我们是巴舍特友谊。听了这句话，我去查了查意第绪语词典：巴舍特，意为灵魂伴侣，命中注定的友谊。确实如此。

二

在《计算机与思维》交付给出版商后，我便开始了别的工作。五年后，当费根鲍姆从伯克利分校搬到斯坦福大学时，他给我打了个电话让我来当他的助理，这也是我后来人生发生了改变的原因。

我不断学习，仔细观察，总是提问题——而他，永远都是耐心回答，详细解释。但我不知道的是，当时他正忙于管理斯坦福计算中心，并且还在旧金山湾和甚至比金门大桥还遥远的地方花时间认真地玩他的帆船，他渴望得到的东西与人工智能相比有更大的野心。在他看来，没有什么比归纳法更重要了。

费根鲍姆说："归纳是我们几乎每时每刻都在做的事情——我们甚至几乎一直都在这么做。"我们不断地对事件进行猜测并形成假设。脑科学家认为，从信息处理的层面上来看，归纳法是人类独有的特长。但在20世纪60年代，费根鲍姆只是在想理解归纳法如何在科学思维中运作。这是对人工智能的重大挑战，是相比人们如何记忆无意义的音节而言更有雄心并且更重要的工作。这个领域已经准备好解决如此复杂的问题了吗？他自己准备好了吗？

一个偶然的机会，费根鲍姆遇到了斯坦福大学的诺贝尔遗传学奖得主乔舒亚·莱德伯格，并告诉这位遗传学家他正在研究什么问题。"我有合适的东西给你，"莱德伯格说，"我们正在实验室里做这件事。"解释氨基酸的质谱需要训练有素的专家。莱德伯格正在领导一个火星探测器的项目，以确定火星上是否存在生命。但他知道他不可能派人类专家在这颗红色的星球上操作质谱仪。

1965年，费根鲍姆和莱德伯格聚集了一支优秀的团队，包括哲学家布鲁斯·布坎南（Bruce Buchanan）和后来加入的卡尔·杰拉西（Carl Djerassi，避孕药之父之一），以及一些出色的研究生。这群研究生之后将在人工智能领域做出自己的成绩。该团队开始研究科学家如何解释质谱仪的输出。为了识别一种化合物，有机化学家如何在几种可能的路径中，决定哪一种更有可能成功？他们意识到，这样的决策关键在于知识——这位有机化学家所知道的化学知识是什么。他们的研究最后也催生了Dendral程序（是dendritic algorithm的合并拼写，一种形状类似于树，拥有蔓延的树根和树枝的算法），其基本假设和技术将完全改变人工智能研究的方向。

正如理查德·瓦格纳（Richard Wagner）著名的特里斯坦和弦改变了后来的所有音乐创作，Dendral改变了后来的所有人工智能。在Dendral之前，人工智能程序最重要的特征是其推理能力。是的，最早的程序知道一些东西（国际象棋的规则、逻辑的规则），但重点一直放在推理上：完善和阐述程序向其目标前进的方式。伟大的亚里士多德不是认为人类是会推理的动物吗？这不是几乎所有曾经思考过思维的哲学家证实过的观点吗？这个毋庸置疑的假设导致艾伦·纽厄尔和赫伯特·西蒙设计了“通用问题求解器”程序，该程序试图用通用方法解决问题(但大多是失败的)。

两千多年所积累的哲学是错误的。知识，而非推理，才是核心。为此，你几乎可以听到来自古希腊露天集市中阴影里的抗议声。

虽然 Dendral 的推理能力，也就是后来被称为“推理引擎”的东西很强大，但 Dendral 真正的力量和成功来自它对有机化学的详细了解。这些知识使该程序能够进行规划，在可能的假设里加上限定条件，并对它们进行测试。作为一个独立的程序，Dendral 对有机化学家来说至关重要。它的启发式方法是基于具体化学的知识和判断的，对我们人类来说就是经验和直觉。麻省理工学院的乔尔·摩西（Joel Moses）后来对我说：“想象一下：你在完全不了解大脑的情况下用推理的方式完成一台脑外科手术是一件多么疯狂的事情。”

费根鲍姆后来称之为“知识原则”。他断言，特定的知识是机器和人类智能的主要来源。有了正确的知识，即使是一个简单的推理方法也足够用了。知识可以被提炼、编辑和概括，以解决新的问题，而解释和使用知识的代码——推理、推理引擎——保持不变。这就是在过去几年里，人工智能明显变得更聪明的原因之一。互联网上可供沃森、谷歌大脑或语言理解程序（或几十家初创公司）使用的知识量已大幅增长。大数据和在多个处理层面实施的更好的算法极大地提高了机器处理知识的性能。即使是依赖算法的机器学习领域，也承认在一个领域内的知识对智能行为至关重要。

布坎南说，Dendral 是第一个试图实现科学推理自动化的程序。它是第一个依靠教科书知识和科学领域的人类专家知识的程序。它也是第一个以明确和模块化的方式表示这些知识的程序。费根鲍姆补充说：“我们正在学习如何以一种漂亮、清晰、高层次的符号方式表示知识——你可以真正看到知识是什么。”(这个想法在未来的数字人文学科中是很重要的。)

这些知识是否为人所知并不重要：当费根鲍姆坐下来写 Epam 时，记忆和遗忘无意义音节的模式也已被充分记录下来。这些经验性的实验证明了，该程序成功地模仿了人类在一个小领域的学习和遗忘。如今，他和他的同事们开始着手对光谱解释过程进行建模，使计算机程序能够匹配或超过人类专家的能力。布坎南是团队中训练有素的哲学家，他的兴趣在于科学发现和假设的形成，他渴望 Dendral 能够更进一步地自己产生新知，而不仅仅是帮助人类做出新的发现。在那接下来的几十年里，这可能会发生，但到那时，其他科学家已经接过了这个做出一种能自己做出科学发现的程序的挑战，我们将在后文看到这些。

团队发现，你越是训练这个系统，它就能表现得越好。由于它体现了人类专家的专业知识，这种程序被称为专家系统。在很短的时间内，Dendral 之后出现了 Mycin——一个帮助医生识别传染病和推荐用于治疗的抗生素的程序。如果被问及，Mycin 还能解释其推理过程。后来出现的另一个程序 Molgen，可以生成并解释分子结构。

如果说 Dendral 和后来的 Mycin 的表现超过了人类专家，那么 Molgen 则面临着不同的挑战。人们对分子结构的生成和解释了解不多，而且这些有限的知识都储存在世界各地的人类专家的头脑中。为了存储和利用这些分布在世界各地的知识，Molgen 程序运行在 ARPA 网络（今天互联网的前身）上唯一一台非 ARPA 资助的机器上。用户可以从全国各地——大学生物系、制药公司——拨号进入斯坦福大学的序列操作程序，并添加自己的知识。不久之后，大约有 300 个用户通过 ARPA 网络进入这个程序。[2] 但是，直到 20 年以后，计算机图形和网络才能够自动大批量生成分子结构。现在 Molgen 在世界范围内蓬勃发展。

构建专家系统的第一个主要步骤是采访人类专家并收集他们的专业知识。接下来必须把这些知识凝练成可执行的计算机代码。这两项工作都是由第一个知识工程师，也就是费根鲍姆的妻子仁井彭妮开创的。提取知识往往需要几个周期：专家们有时并不确切知道他们拥有什么知识，也不能清楚地表达它。当看到他们的专业知识在代码中列出，或者看到执行程序的结果时，他们可能会意识到自己忘记了一个重要的步骤，或是错误地描述了它的重要性，又或是发现了其他缺陷，而这些缺陷只有在程序运行后才变得明显。

但是，一旦知识被成功提取和编码，它就是解决现实世界问题的一种极其强大的方式。Dendral 成功的原因还在于它能用明确的方案解决一些相对狭窄但定义明确的问题。Mycin，即传染病检测程序，虽然在这类任务中经常胜过斯坦福大学的专家，但它还是过于领先于那个时代了。由于它不容易被集成到局域网中，它并没有为工作中的医生们提供什么帮助。

这些后来被称为基于知识的系统，将遵循它们诞生之初的使命，获得人类启动程序时写入的知识，以及机器自主收集和解释的知识，最终渗透到人工智能中，就像 21 世纪初机器学习和数据科学中发生的那样。

计算机技术的发展对人工智能在 20 世纪 60 年代末和 70 年代的成功有很大帮助。固态硬件、与计算机连接的电信、更好的分时计算、更复杂的软件，总的来说都使专家系统成为可能并且实用，最后被普遍使用。

三

我清楚地记得爱德华 · 费根鲍姆在 70 年代初访问卡内基梅隆大学时，向他的同事们介绍了他的专家系统研究。他对从事国际象棋和语音理解的研究人员宣称："伙计们，你们需要停止在玩具级别的问题上胡闹了。"这个宣言对他的两位伟大导师纽厄尔和西蒙，以及拉吉 · 雷迪来说，简直就是巨大的挑衅。毕竟，这三位一直在努力使计算机理解人类连续的语言，这怎么会是玩具级别的问题呢？然而，费根鲍姆好像并没有把这些家伙的鼻子都气歪。

费根鲍姆确信，人工智能的规模本身需要扩大。当时只有少数人在从事人工智能的工作，而且没有资料性书籍。因此《人工智能手册》（*The Handbook of Artificial Intelligence*）诞生了，这是一本关于当时人工智能领域所有已知内容的百科全书。该书对领域的发展非常重要，其版税收入被用于斯坦福大学的启发式编程项目，以支持更多的研究生。在这本书将这些原则公之于众之后，世界各地的研究人员，特别是日本人，将抓住机会并发展它们。

四

在我1967年离开斯坦福后，爱德华·费根鲍姆和我仍然是好朋友，我们会互相打电话（在那些日子里，个人电子邮件还没出现）或在两岸互相拜访。我们之间的友谊舒适和谐，因为我们每个人都在努力工作，特别是在20世纪60年代末到70年代初，我们研究如何重塑从我们的文化中继承下来的男人和女人、丈夫和妻子的角色。我们怎样才能过上既充实又能顾及我们所爱的人的生活？

这条路并不平坦，也并不显见。在我和乔刚搬到匹兹堡不久，爱德华见了我一面，后来他告诉我他一直在担心我。他可以看出，我已经对乔在卡内基梅隆大学长时间扑在工作上感到不满，而且我似乎没有自己的生活。那年冬天，我独自探索了匹兹堡和宾夕法尼亚州西部。我谁都不认识，流落在一个如此陌生的地方。我可以允许自己有多大程度的自主权？我开始写一本关于电视新闻的小说。我可以因为要坐在电视演播室里看正在制作的新闻节目而不回家准备晚餐吗？传统上说，我丈夫可以在他选择的任何时间内自由地做他的工作，而我必须被动地配合他的时间表来安排我的时间。这真是一件很难做到的事情。

1972年8月中旬，爱德华和我在斯坦福大学见面。我们很坦率地谈到了我们的友谊以及它对我们两人的重要性。我的日记记录了我们非常私人的交流。我告诉他，我爱他，因为他了解我经历的一切顺境和逆境，而且我总感觉他是站在我这边的。最重要的是，我说，他知道如何倾听。

爱德华抗议说：“我不是一个来者不拒的听众。我愿意倾听你，是因为我们的思维过程如此相似，而且我觉得，正因为此，我们存在特殊的共鸣。反过来，我愿意和你说话，因为我从不觉得你在评判我。你理解，你接受，就是这样。每次我们见面之前，我总是很害怕，害怕我们之间会有什么不愉快，害怕我无法向你传达我是……"

"我也是，"我打断了他的话，"因为时不时地我们会说不到一起去，然后我会陷入悲伤、空虚，坠入沮丧。"

在我的日记中，我如此写道：

一个神奇的下午，太阳像烫手的苏打水一样炙热，斯坦福大学蔚蓝的天空和嫩绿的树梢相映成趣。我不想让谈话结束。我们什么时候才能再见到对方？我们知道，如果我们经常见面，友谊就不会那么强烈；然而我们也知道，多年来我们确实每天都见面，我们的感情和尊重是坚定的。我从来没有像今天之后那样对他感到温暖和亲切。

当我想我可能会写一部人工智能的历史，但对我是否能解决该领域的科学复杂性有所怀疑时，爱德华坚定地支持我，支撑起我的自信心。加油，你可以的，他说。我们，你的朋友，会帮助你！他们确实这样做了，其中主要是他。写那本书的时候，是我最渴望离开匹兹堡的时候，所以爱德华开始为我安排工作。斯坦福大学计算机科学系可能会出版一份期刊，而我可以做执行编辑。专家系统的研究正在商业化，爱德华参与了两家初创公司。如果我来到硅谷，就将在这其中的一家公司获得高薪工作。我没有接受工作的理由是我坚信我应该把自己的名字写在书脊上，而不是留在角落的编辑栏或是只在商业推广上做贡献。

因此，我们只能依靠电话来交流。我们都喜欢音乐，我们经常交流我们听到的新音乐，想要把它们和对方分享。爱德华当时在斯坦福大学合唱团唱歌。几年后，他听说我也在唱歌（虽然唱的是美国歌曲集，围在曼哈顿中城的一架钢琴旁），取笑我：你怎么到现在才开始唱歌？爱德华和我喜欢一起读小说，即便隔着一片大陆也不能阻止我们交流心得。我记得我们一起读了《百年孤独》（*One*

Hundred Years of Solitude）。有机会的话，我们会把对方可能喜欢的书目发给对方。

我们的友谊是我生命中最好的事之一。

注 释

[1] 费根鲍姆会对弗雷德带他参观天文馆和借给他计算器予以回报。多年以后，在 20 世纪 60 年代中期，当继父弗雷德的工作因纽约市的工业萎缩而岌岌可危时，爱德华带着他的继父到斯坦福大学学习如何成为一名计算机操作员。这份操作员工作的内容包括切换磁带驱动器上的磁带，以及观察控制台上的灯光，这些灯光是指引操作员如何采取必要步骤的信号。

[2] 分子生物学家拉里·亨特（Larry Hunter）曾令人信服地指出，如果没有人工智能技术来验证知识、追踪推理线、保持本体（公认的知识）的直接和一致性，分子生物学根本无法实现。

/第十四章/

拉吉·雷迪和机器学习的曙光

一

20世纪60年代中期，当我在斯坦福大学人工智能实验室见到拉吉·雷迪时，他还是一名有一双大眼睛、骨瘦如柴、面容憔悴的研究生，但他很快就成为斯坦福大学第一批（仅两位）计算机科学博士毕业生之一，也是第二代人工智能研究人员之一。在1971年乔和我去卡内基梅隆大学的时候，雷迪已经是那里计算机科学系的教师了。即使还在与体重做斗争，可他开始看起来没有那么瘦弱了。他常常会露出平易近人的笑容，而今这副笑容为他更加丰满、帅气的牛奶咖啡色脸庞带来了活力，衬得他明亮的大眼睛和几缕小胡子更为英俊。很显然，他与妻子阿努的婚姻是幸福的。他们一起养育了两个小女儿。他们养育女儿的理念是希望她们在美国长大的同时不缺失印度的传统。每年他们都会在漫长的暑假期间带着女儿们回印度去。但几年后，雷迪叹着气对我说："我知道我不会为她们安排婚姻的。她们仍然是美国人，会嫁给她们自己选择的喜欢的人。"

在卡内基梅隆大学，雷迪正在领导构建一个能够理解人类连续语音的计算机程序。他们所面临的挑战是巨大的。例如在书面语里，单词之间会有空格，句子的末尾有句号，段落之间还有缩进来表示新段落，但人们在说话的时候是不会这么做的。此外，书面语没有办法完全表达口语中的语调、迟疑或背景噪音。“但我从来没有想过这其中有哪些事情是无法实现的，”他曾经带着灿烂的笑容说道，“我们有一种毫无合理依据的盲目乐观，这可能正是任何想进入这个领域的人所需要的特质。”

雷迪于 1937 年出生在一个印度农村——安得拉邦的卡托尔。几个世纪以来，这个小村庄几乎没有任何变化。雷迪的父亲会带着自己的每一个儿子去找占卜师占卜。当他带着雷迪出现在占卜师面前时，占卜师抬起警示的手指说道：“这个孩子，务必做出一切牺牲送他去学校。他将是那个了不起的人。”于是雷迪被送进学校，靠着用树枝在泥土上划来划去学会了字母。从那以后，他不断求学最终进入了工程学校，然后到澳大利亚的新南威尔士大学攻读硕士学位。在悉尼工作了一年左右后，他来到了斯坦福大学跟随约翰·麦卡锡学习。

雷迪本来打算研究用计算机解决大型数值计算问题，但很快人工智能吸引了他。在一门课的项目中，他向麦卡锡提出了创建一个语音理解程序的想法。麦卡锡认为这是个好主意，给雷迪提出了一些中肯的意见，之后便让雷迪自己一个人去琢磨了。雷迪说：“这并没有对我造成困扰。我很高兴能去做我想做的事情。其他想要与约翰合作的人会想要得到他更多的帮助。他们不理解我的快乐，因为约翰就不是一个会给学生太多干涉的人。”当时的那个班级项目开启了为期几十年的挑战性研究（McCorduck，1979）。

有一些程序可以识别明显独立的、清晰的口语词汇。但如何在连续的语音中识别单词呢？如何理解这些连续的话语的意思呢？以上这两个命题比之前的识别要困难得多。1973 年，由艾伦·纽厄尔主持的著名人工智能研究人员委员会为美国国防部高级研究计划局（DARPA）开展了语音理解的研究。研究小组承认这项研究十分困难，但它值得一试。他们注意到一个有趣的悖论——在自发的口语交流中，人们对话的速度似乎只受限于他们的思维速度；而在写作中情况正好相反，人们写作的速度跟不上他们的思维速度。语音是人与人之间最主要和普遍的交流方式。人们也想与计算机交谈，但是如何让计算机理解语音，将是一个难以破解的基本问题。

二

雷迪很快就明白了，语音理解的困难源于人工智能普遍存在的核心问题——在数量巨大的原始素材和匮乏的理解技术之间如何找到平衡。为了理解连续的语音，需要许多不同的、几乎不相关的知识种类（语义、句法、语用、词法、音位、语音等）。一个人需要调用多少知识才能理解一个表述？听者是如何决定哪些知识比其他知识更重要的？听者如何决定他是否最终理解了这个表述？归根到底，究竟什么是理解？

雷迪和他的团队通过构建一个系统来处理这些必要但不相关的知识片段，该系统允许独立的不同知识来源同时提供话语意义的假设。这就好像，来自不同知识源的每一个假设，都被临时涂抹在同一块黑板上，其他知识源可以看到并检查这些假设，同时也可以产生自己的假设。控制系统允许连接从最简单的到最复杂的不同知识单位。雷迪在电子邮件中跟我说："打个比方，来自俄罗斯、德国、法国和英国的四位工程师一起设计一架飞机，他们中的每个人都是飞机设计不同方面的专家。虽然他们说的不是同一种语言，但他们可以把自己的解决方案写在黑板上。即使他们不明白其他人的解决方案是如何得出的，也并不妨碍他们使用其他人的方案。"

理解到底是什么？雷迪和他的团队再次选择了行为科学的测量方法，使用六种不同的方式来识别理解是怎么产生的。有些理解直截了当，比如正确解答问题，转述一段话，或是从话语中得出推论。有些则不那么简单，比如将一段话用另一种语言翻译出来，或是预测对方接下来可能说的话。理解是在不同的层面上起作用的，正如我们一直猜测的那样，理解可以很深刻，也可以很浅薄。大家都想知道，理解得多深刻才有用呢？（我们很快会看到，其实并不需要很深刻。）

在未来的几年里，黑板模型将成为所有商业语音理解系统的基础。大部分人工智能采用了这个模型作为协调多知识来源的方式，进而得出对问题的合理答案。雷迪的程序 Hearsay 也是最早使用概率作为衡量可信标准的程序之一（例如，它可以确定听到的词或许是“fix”，而不是“kicks”）。现在，这种统计技术是现代人工智能最重要的基础。

1976 年 9 月的一个早晨，我旁听了早期的 Hearsay 演示。当时，赫伯特・西蒙坐在我旁边。我告诉他那年夏天我在洛斯阿拉莫斯参加了一次会议，遇到了年长的德国工程师——Z3 的建造者康拉德・楚泽。Z3 是世界上第一台功能齐全、由程序控制的机电计算机。楚泽是 1941 年在他父母位于柏林的公寓客厅里把它搭建完成的。楚泽突然意识到，他的机器既能处理数字也能处理符号：他曾经发明了一种名为“Plankalkül”的编程语言，他想象能够将它应用到下棋和其他智能应用上。同时，他还向我表达了对人工智能的一些担忧。他用浓重的德国口音说：“这就像是在玩火。”另一边，西蒙则对我讲述了他和夫人多萝西娅的夏日假期，聊起他们在法国南部吃喝玩乐的旅行。

Hearsay 的演示开始了，我们安静了下来。有人大声说出一个句子，让我们知道 Hearsay 听到了什么。我们期待它接下来如何反应。

Hearsay 第一次运行的时候突然崩溃了。我们笑了。这在任何计算机程序的前几次运行中都不罕见，过去如此，现在依旧如此。[这是反对罗纳德・里根（Ronald Reagan）总统的战略防御计划的主要常识性论据，该计划又被称为“星球大战”计划，主张程序第一次运行就必须完美。] 当“法师”们重新调试程序时，西蒙和我又聊了几句。我们很容易理解对方：我们会用手势来填补、阐述和遮盖意思，我们会使用不完整的句子，还会停下来笑一笑，就像平时一样。语言是人类最初的交流方式，早于文字。然而，要教计算机如何倾听和理解，却是非常困难的事情。

过了一会儿，演示继续进行。这一次终于成功了。我们听到的（和看到的）

一切，很快将催生一个新的系统——它是几代系统中的第一个，包括 Dragon、Harpy、Sphinx 一代和二代，每一个系统都是为了更快的搜索而重新设计的，还赢得了 DARPA 奖。例如，Harpy 是第一个以低于 10% 的误差理解类似实时连续语音的系统。如果 Harpy 不能完全确定它听到了什么，它还可以做出最佳的猜测。在这一点上它非常像人类。诚然，它的词汇量只有 1 000 多个，还局限于一个狭窄的领域，但 Harpy 是一个绝佳的开始。它还表明，知识是动态的，而不是静态的。

三

在《会思考的机器》中我写道：

代表知识的符号是具有功能属性的实体。符号可以被创造；它们产生信息；它们可以被重新排序、删除和替换。所有这些操作都可以在计算机程序中明确看到，它们似乎还能描述人类的信息处理。理解是这种程序性信息在某种情况下的应用（这种应用是有效的、适当的，有时甚至是出乎意料的），是对与旧情况的相似性和与新情况的差异性的识别，是在对系统小修小补和改变整个系统之间做出选择的能力。

Harpy 作为 Hearsay 的更新版，除基本功能外，最突出的就是它能鲜明地认识到场景对理解是多么重要。是的，哲学家们早就断言语境很重要，但哲学家们无休止地断言各种命题，他们除了断言之外似乎没有什么实证拿得出手。他们可能是正确的，这些断言甚至可能与我们的直觉是相吻合的。但断言并不是证明，直觉也不是。而 Harpy 就是证明。

虽然 Harpy 很重要，但匹兹堡当地的报纸对此也只是打了个哈欠，全国性的报纸则无动于衷。（没人指望电视台会关注这个。）但当 Harpy 获得美国国防部颁发的 DARPA 奖时，约翰·麦卡锡却认为这是一件非常值得被大肆宣传的事情。于是，他通知硅谷圣何塞的本地报纸《水星报》(*The Mercury News*）刊发了一篇激动人心的报道。在硅谷，人们非常能理解这件事情的意义。[1] 雷迪的研究生们将进一步推动这项工作，其中包括一个名叫李开复的年轻人。李开复最后设计了第一个适用于任何说话者的连续语音识别程序（他将在我们后面的故事中出现）。

当一个计算机程序在执行智能工作时，无论这项工作多么初级，我都会对此感到兴奋。什么是真正的理解？无论是在计算机中，还是在我们的头脑中，知识表示的重要性是什么？我带着无尽的乐趣咀嚼着这些问题。我安排了一次午餐会，与哲学家们共进午餐（据说匹兹堡大学在某个时候买下了整个耶鲁大学哲学系。匹兹堡大学当年在认识论和科学哲学研究上是很强的）。这就是发生在我那个时期的事，我也特别喜欢那些日子。

四

即使在这样一个人才济济的系，拉吉·雷迪也是脱颖而出的。当他看到第一台用鼠标控制的图形界面个人电脑（施乐 PARC 的 Alto）时，他知道，卡内基梅隆大学的计算机科学系必须为系里的每个人配备一台这样的机器，所以需求是 100 台左右。资助者听完后笑了。施乐 PARC 的负责人建议的是或许 10 台就够了？拉吉开始在卡内基梅隆大学为类似于 Alto 的设备筹集资金。著名的软件设计师丹尼尔·西维奥雷克（Daniel Siewiorek）回忆说（Troyer，2014）：

拉吉就像狂野的美国西部，任何可以想到的事情对他来说都是可能的。他可以随心所欲地去做任何事情。你听说过“半个拉吉”和“整个拉吉”吗？当拉吉说“丹，我想和你谈谈”时，他就是“半个拉吉”，于是你就会知道将发生很有趣的事。当你见到“整个拉吉”时，他会把手臂搭在你的肩膀上，你就将全身心投入到一个伟大的冒险中去。

我和乔离开匹兹堡后，雷迪在卡内基梅隆大学成立了机器人研究所（这栋大楼有一个非正式名称，叫“拉吉陵”*）。该研究所独立于计算机科学系，并独立接受资助。这在一些教师中引起了不安——卡内基梅隆大学的学生在计算机科学方面的高水平能否继续保持？是的，这个研究所迅速脱颖而出，并保持了它在行业中的突出地位，最终为匹兹堡带来了不少致力于技术产业化的企业，例如优步公司（Uber）。雷迪本人则对能响应 / 理解语音指令的机器人特别感兴趣。

其实，雷迪对很多东西都感兴趣。比如说，他喜欢机器人，特别是能运动、有视觉、会听说读写的机器人；他也对语言感兴趣，特别是一些特定的语言；同时，他也对人机互动、机器学习和软件研究感兴趣。他在美国国家和国际科学和技术政策方面投入了巨大精力。例如，他是美国总统比尔·克林顿（Bill Clinton）的信息技术咨询委员会的共同主席，还是巴黎世界信息和人类资源中心的首席科学家。他是三四个主要项目的关键人物，助力于把信息技术带到发展中国家。

在乔和我都离开匹兹堡以后，有时我还会回来看看。每次回来，雷迪夫妇总会邀请我去他们家吃饭。他们知道我喜欢印度菜，而我希望他们喜欢我的陪伴。现在他们住在谢迪赛德的一所大房子里，就在第五大道附近。房子里总是坐满了亲朋好友——表兄弟、侄子、朋友的儿子——雷迪把他们从印度带到美国，让他们拥有和他一样的学习机会。你永远不知道谁将会坐下来一起享用一顿丰盛的晚餐，但可以肯定的是，这一定是充满欢乐的晚餐。

晚餐结束后，我并没有意识到身上也顺带着印度香料的气息——姜黄、芫荽、小茴香、小豆蔻——进入我的房东洛伊丝（Lois）和戴维·福勒（David Fowler）的家。他们吃的是朴实无华的新英格兰菜肴。很久以后，当她和戴维被邀请去雷迪家吃饭，回家时也带着浓郁的香气后，洛伊丝才告诉我说：“我们一直想知道这是什么味道。现在我们知道了。”

---

* Raj Mahal，化用了印度古迹泰姬陵（Taj Mahal）的名称。——译者注

1981 年 5 月，一个安静的晚上，我又一次来到雷迪家的餐桌前。我们享用了他夫人阿努做的美味的印度菜，喝了一两瓶极好的教皇新堡葡萄酒（雷迪在巴黎的世界中心担任首席科学家的经历无疑也让他们家葡萄酒的种类丰富了起来）。孩子们都去做作业了，他的表弟、表妹和叔叔们也依次离开了。

我们三人坐在桌边，慢慢地喝着酒。雷迪夫妇喜欢家里灯火通明。我想，这也许是对昏暗的灯笼照耀下的童年时代做出的反抗。当时，我们都已经 40 多岁了，炽热的灯光无情地把我们脸上更深的皱纹、深色的眼窝和开始发白的头发照得清清楚楚。

我们坠入回忆，回想起 15 年前在斯坦福的日子。阿努邀请我和她一起去印度，还谈到我可以到她的村子里去看看有什么可以做的。我们笑着谈论女人的事情。几年后，当我在东京乘坐公共汽车去日光的神社和寺庙时，我周围都是印度游客。我看到那些戴着塑料发夹、穿着合成纱丽的女人，仿佛听到阿努在我耳边说："哦，帕梅*，那些人造纱丽真俗气，你绝对不会穿的。"于是，我便向她送去了一个跨越大陆的飞吻。

那天晚上，雷迪给我讲了他父亲和占卜师的故事。他对此无奈又悲伤地补充说那个占卜师犯了多么大的错误。"我的每个兄弟都在田里耕种。他们都和我一样聪明。但只有我得到了读书的机会，而他们却没有。"

这才是真正推动雷迪的动力，他的动力不仅仅来源于对征服下一个科学或技术问题的渴望，尽管他确实有很多这样的渴望。他的动力来自他自己的人生。与一些对前世的乡村生活抱有幻想的西方人（以及圣雄甘地）不同，那是没有被任何比纺车更复杂的技术所破坏的生活。而雷迪就在这样的村庄长大，他知道这样的村庄里的人们——不仅仅是印度，还有非洲、美洲和阿拉伯世界——都被困在一种腐朽而致命的无知之中。他们是猎物，是蛊惑者和任何肆意偷窃、欺骗或操纵他们的猎人的猎物；他们是疾病的猎物，他们本不应承受这些疾病；他们容易

---

* Pom，帕梅拉（Pamela）的昵称，但没有搜索到这个昵称的常见译名，此处自行译成"帕梅"。——译者注

受到扼杀人类精神的传统糟粕的影响，而且往往无法自拔。在这些村庄里，有无数个年轻的拉吉·雷迪，他们渴望得到全世界的知识——也许他们想要利用这些知识，但最重要的是，他们渴望品尝到知识的快乐。

因此，雷迪相信他为改进和传播信息技术所做的每一步都是神圣的。人工智能并不是要取代人类，把他们赶出工作岗位，使他们成为多余的人。它是要释放人类，不仅从字面意义上，把人类从伤身劳神的繁重工作中释放出来，还要从各种压迫中释放出来。

受到在泥土上写字的现实的驱使，以牺牲同样有天赋的哥哥们的学习机会为代价，雷迪不仅是一位杰出的科学家［他于1984年获得弗朗索瓦·密特朗（François Mitterrand）颁发的荣誉军团勋章，1994年与爱德华·费根鲍姆共同获得图灵奖，2001年获得印度总统颁发的帕德玛·布山奖（the Padma Bhushan Award），2004年获得大川奖（the Okawa Prize），2005年获得本田奖（the Honda Prize），2006年获得范尼瓦尔·布什奖（the Vannevar Bush Prize）。他获得了一系列荣誉学位，2014年成为美国国家发明家科学院院士］，他还成为国际计算机教育的积极分子。

1982年我去西非考察计算机教育项目时，随身带了雷迪给的一串电话号码。这串号码把我和“世界中心”(the Centre Mondial）的西非专家联系起来。“世界中心”是20世纪80年代初法国的一个项目，旨在将计算机技术带到它的前殖民地去。我在《万能的机器》(*The Universal Machine*）一书中写到了那段奇妙的经历。

当时，我还不知道，雷迪已经想方设法让我不仅受到欢迎，还得到很好的照顾。我的电话可以一直打到西非权力网络的顶端。当我回来感谢他时，他轻描淡写地笑了笑，耸了耸肩说：“我想确保你一切顺利。当地有些地方可能会很危险。”而我甚至都没有想过我可能会遇到什么风险。

雷迪协助创建了环球数字图书馆（the Universal Digital Library）。图书馆筹划时仅仅设计为可容纳100万册图书，但到2007年，它已经拥有150万册扫描图书，并且可以通过互联网免费阅读。雷迪希望地球上的每个人都能轻松地获得世界上的任何一本书。“甚至是色情制品吗？”我调侃道。“当然，”他回答道，“我们没有审查制度。我指的是每一本书，任何一本都可以。”

谷歌图书搜索（Google Book Search）、古腾堡计划（the Gutenberg Project）和互联网档案馆（the Internet Archive）的图书扫描项目最终取代了雷迪在这方面的努力，但雷迪对此很高兴——只要能上传书籍，使书籍可用、可读，他便十分欣慰了。他认为自己的项目证明了他的理念，他很高兴别人能开展这样的项目并实现它。

他不遗余力地为祖国印度做了大量有用的工作。他是拉吉夫·甘地知识技术大学的创始人，这所大学旨在满足有天赋的农村青年的教育需求；他在另外几所印度大学的董事会和管理委员会任职；同时，他也积极参加为最贫穷的人服务的小学网络项目。

五

同时，在美国国内，当卡内基梅隆大学的计算机科学系在各个维度的发展都已经超出系的职能范围时，计算机科学学院成立了（主要由艾伦·纽厄尔设计），而雷迪在1991—1999年期间担任院长。在那里，他还帮助建立了机器学习系。我想，这是对Hearsay的甜蜜的致敬。

2014年，雷迪向我讲述了早期的人工智能研究。他并不喜欢那些最初的偏见：

从图灵开始，智能实际上只是在一个有一定教育程度的社会里的人类行为。这是否意味着世界上数十亿不识字的人都没有智能？当然不是，任何能够发明文字和使用数字的社会都必须被称为智能。

他继续说，婴儿在出生时已经相当聪明——他们在子宫内很快获得了语言能力。在婴儿早期，运动皮层和视觉皮层之间就已经开始产生大量的连接。“简而言之，我们需要考虑构成智力的不同行为层次。在你的智力达到 3 岁的水平之前，你不可能拥有 4 岁的智力。”

他把他的最新项目称为“守护天使”技术，这是一种在正确时间内把正确的信息传递给正确的人的方法。智能代理或智能体可以代表它的“被监护人”去扫描大量的信息，学习被监护人未曾学过的知识，决定知识的重要性和相关性，判断什么知识可以保护被监护人，然后将这些告诉被监护人，通知它已经决定的一切。“守护天使”不是超自然的——它不能预测不可预测的事情。

最大的问题将是代理如何决定知识的重要性。你不想要它喋喋不休地告诉你无聊、平庸的事情。你只想知道可能发生什么样的坏事。在他的设想中，地球上的每个男人、女人和孩子都可以使用这种服务，使用廉价的可穿戴计算。“我们可以做到这一点。”他自信地说道。微软研究院也有一套类似的程序正在开发中，开发的理由很实在：“时机已经成熟。”[2]

雷迪在卡内基梅隆大学的同事洪宜安（Jason Hong）设想了一个名为“马斯洛”的守护天使变种［以思想家亚伯拉罕·马斯洛（Abraham Maslow）命名。马斯洛提出人类有一个需要满足的基本需求金字塔］。马斯洛程序是一套可提供个性化定制的代理，“它可以帮我们找到、设定艰难的目标，还可以让我们自己选择有用的方式来实现这一目标。我们可以把它看作一个终身教练、关心我们的叔叔或是忠诚支持我们的朋友，它是这三者的交集……医疗保健作为案例非常清楚地说明了人类在实现艰难目标方面需要很多帮助”(Hong，2015)。洪宜安又举了几个例子，来说明马斯洛如何帮助人类实现这些目标。如果我们决定要更加环保或者我们想要学习绘画可以吗？“马斯洛甚至可以以有趣有用的形式来帮助我们寻找新的重要目标……马斯洛可以结合心理学的深刻思想，激励我们并改变我们的行为，同时还能确保我们得到的帮助与我们的能力水平相称。”洪宜安还给出了认为马斯洛程序在 50 年内完全可行的理由。

2016年9月，雷迪在IBM认知论坛上发表了主旨演讲。他展示了智能助手最理想的特性，这是他很久以前与艾伦·纽厄尔一起拟定的：它会从经验中学习，做出以目标为导向的行为；会利用大量的知识；会容忍错误的、意外的、未知的输入；会使用抽象符号；会使用自然语言交流；能在人类的反应时间内（毫秒级）做出反应。在社交媒体上发布这一消息的杰出人工智能研究员肯尼思·福伯斯提醒我们，这些特性"告诉我们尽管取得了惊人的进展，但与我们现在所处的位置相比，我们仍然任重而道远"。

自雷迪的开创性尝试以来，自然语言处理已经取得了非常大的进展。你可以用自然语言与低成本的家用小工具交谈，例如Siri、Alexa、谷歌助理（Google Assistant）和Echo，它们正越来越受大家的欢迎。2018年在旧金山，两位获奖的大学辩手诺亚·奥瓦迪亚（Noa Ovadia）和丹·扎弗里尔（Dan Zafrir）就"我们是否应该对太空探索提供财政支持"这一话题与IBM名为"辩手项目"（Project Debator）的人工智能程序进行了辩论。接着他们还以"我们是否应该扩大远程医疗的使用"为题进行辩论。最终观众投票结果是平局，但认为"项目辩手"（旨在展示IBM的查阅能力，包括查阅大数据集、新闻文章，以及将信息转化为流畅口语的能力）传达的信息比它的人类对手更有说服力，不过在修辞方法上，它的说服力较差。IBM设想将"辩手项目"作为人类决策者的助手，在意见存在冲突的情况下为他们提供基于数据的论据（Solon，2018）。[3]

但就像雷迪半个世纪以前所想象的那样：我们现在已经可以对着机器说话，而机器也会用语言回应我们所说的话。

雷迪的研究生之一李开复，生于中国台湾，现居北京。李开复凭借创建首个识别人类连续语音的独立程序获得了博士学位，他于2018年出版了一本席卷全球的畅销书，书的内容是关于两个人工智能超级大国——美国和中国之间即将发生的对抗。

到目前为止，本书的重点是人工智能科学早期是如何开始的，以及早期人工智能科学家在科学蔑视的大风暴中如何取得了胜利。迟至1975年，当计算机科学领域为美国国家科学基金会准备进展报告时，委员会计划不提及任何关于人工智能的东西。只有当该领域最杰出的学者之一唐纳德·克努特（Donald Knuth）坚持要求将人工智能包括在内时，委员会才松口。与此同时，人工智能领域私下学术竞争也十分残酷。我知道。我听说了。

虽然人工智能的早期声誉不佳，但它自诞生之初便开始阐明人类智能的本质，还推动了科学家研究其他物种的智能。

我也开始参与到人工智能及其命运中，我们将在下一部分看到这些。

注　释

[1] 下一个感兴趣的期刊是《国家询问者》(*The National Inquirer*)，当时还是一份刊登荒唐、虚假和淫秽信息的都市小报。雷迪不想和他们交谈，但他们威胁说要到匹兹堡强行闯入。乔给他们打了电话，说作为系主任，他很乐意和他们谈谈。他们对什么感兴趣？新的孔-特劳布（Kung-Traub）算法的意义？并行算法和复杂度？

[2] 而对于语音理解方面的改进，最初设计 Siri（你在智能手机上的语音伙伴）的团队的主要成员已经转移到一家名为 Viv 的初创公司，他们设想了一个消费者友好型的个人助理，它与云中的全球大脑相连，当你与它交谈时，它将做出可靠而有深度的回答。黑客们咂了咂嘴。

[3] 之所以强调沃森的这一新方向，是因为虽然 IBM 已经投资了数十亿美元，将人工智能引入医疗保健，但成果还是令人失望。我们知道，人工智能迟早会影响医疗保健领域，但沃森或许并不一定会走在前列。

第三部分

文化冲突

你注定就是要不断地游走，

从一个地方到另一个地方去找到自己。

然而道路有它们自己的打算，

你无法改变道路通向何方。

你只能计划人生，

仅仅是计划而已。

——切斯特·约翰逊（Chester Johnson），

《徒步穿越阿肯色州》

（*Á Pied Through Arkansas*）

/ 第十五章 /

挣扎于两种文化的摩尼教之争

一

我在 20 世纪 70 年代中期开始写《会思考的机器》——当我还在采访科学家先锋的时候，我的经纪人就给了我一份出书计划。在纽约出版界，没有人知道人工智能是什么。当我把这个主题放在他们面前时，他们甚至看不出它的重要性。一位编辑在 1974 年这样回复我的提案："我们已经出版了一本关于计算机的书。"另一位则隐晦地拒绝了这个想法，说道："太糟糕了，这个提案出现得太晚了。"你真的不能怪他们。在那个时候，这整个想法是荒谬的——机器还能思考?

这些德尔菲（Delphic）式的话语让我的经纪人感到沮丧，也让我深感不安。这都是我想象出来的吗？当安德烈·叶尔绍夫遇见"医生"程序时，他在向没有判断力的探问计算机敞开心扉吗？"逻辑理论家"真的发现了比阿尔弗雷德·诺思·怀特海和伯特兰·罗素更好的定理证明吗？斯坦福大学和麻省理工学院的机器人手臂真的会在有机玻璃罩的保护下自由摆动？齐腰高的"阿尔贝里希"*，难道从来没有在斯坦福研究所的大厅里摇晃、响动和滚动吗？这个被称

* Alberich，德国神话中的矮子国国王，此处为比喻。——译者注

为“瘸子”(Shakey）的机器人，仿佛让我们回到了某个久远而粗犷的时代。那时，人类喜欢直截了当又粗暴地称呼对方——胖子（Fatso)、矮子（Shorty)、瘸子（Gimpy)、罗圈腿（Cruikshanks)。“瘸子”摇摇晃晃地走来走去，不会直接撞到墙壁或人，而当电量不足时它会自己跑到插座边充电。

在我的周围（卡内基梅隆大学、麻省理工学院、斯坦福大学和斯坦福研究所）的机器人都在忙着完成各种任务：下棋、打扑克（曾经它们并不完善，直到2017年两个不同的程序在德州扑克中击败了专业的人类冠军）。

在卡内基梅隆大学，“奶酪合作社”(Cheese Co-Op）程序每月接受当地巨鹰超市无法供给的奶酪订单。然后，该程序计算出需要在阿勒格尼河的奶酪批发市场购买多少不同种类的奶酪。这个程序还能进一步计算如何以最佳方式切割车轮奶酪和楔形奶酪，以满足每个家庭的订单。这个项目非常受欢迎，很快便应用到了校园里，每天有数百磅的奶酪被运送到校园里。(乔默默祈祷，希望资助机构没有发现这个特别的人工智能。拉吉·雷迪在2015年的一次研讨会上开玩笑说：“这应该算是最早的电子商务吧。”)

1975年3月，在向一群持怀疑态度的高中科学和数学教师描述了我与计算机为伍的生活之后，我意识到我已经从最初的不可知论走了多远。如今的我对人工智能坚信不疑。“我不再是对人工智能完全不感兴趣的人了。”我在日记中坦白道。

二

在20世纪70年代中期，我却超前地生活在30年后的普通世界里——四处都是计算机，电子邮件，有形和无形、有声和无声的人工智能。它们并不是完全的智能（这让那些仍然坚持智能二元论的局外人感到失望）。那个时候很少有人能共享这样的生活，所以难怪那些局外人对这些完全难以相信。即便这样，我跟大家宣称的是我写作的是科学书籍，而不是科幻小说。

也许因为我习惯了这样的世界，所以我不能写《Pop! Wow! Zowee!》* 那样风格的书。但我认为，即便没有华丽的描写，这一切事实的本身就已经非常炫目了。我希望坦率、诚恳地讲述这个故事，好吧，也许会避开乏味的学术细节。我没有看到在这个领域之外的人眼里，人工智能世界是多么得不可能。

我的经纪人和我最终分道扬镳了。最后，我找到了另一位更热心的同伴。但外界的否定依旧源源不断。在花费了近两年的努力去卖这本书后，我感到非常挫败。这时，乔提出他可以帮我扭转局面。如果当初我读到这些大部分是无知的甚至是无礼的回复的话，我想我早已丧失斗志。手稿写到一半时，我开始怀疑我是否应该费力完成它。这项工作很辛苦。没有人想要这本书，更没有人欣赏它。也许我在它身上浪费了很多年。两种文化再次发生冲突，就纽约出版界而言，我选错了阵营。他们几乎无法想象还有另一边是可以选择的。

下面这段摘自我 1976 年 11 月 28 日的日记：

我现在真的需要找个人好好谈谈，解释一下，或者弄清楚，为什么我感到如此压抑，如此失望，如此忧郁。我的低落一部分源于我的工作。我已经 36 岁了，但（我认为）我的事业不会再有太大的提升了，所有人都忽视了这些项目的重要性。我对人工智能已经厌倦了——这些项目花费的时间比我想象的要漫长得多——虽然我对它占用了我大量的时间感到不满，但我不敢去想假如我半途而废了会怎样。即使有了稳赚不赔的项目，出版商也只是像海市蜃楼一样出现在地平线上，当我接近时就会消失不见。因此我的职业生活看起来一塌糊涂，首先是我的个人生活被搞砸了，我的职业生涯没了希望，其次是我因为乔的工作原因而来到匹兹堡。说起来我并不因为跟随着乔而后悔，然而他自己却深深地怀疑自己把事业放在了个人需要的前面是不是一件对的事情。乔的这个顾虑也让我感到了不安。

* 可能指《Wowee Zowee》，美国独立摇滚乐队人行道乐队（Pavement）的第三张录音室专辑。——译者注

所以我觉得自己就像迷宫里的老鼠，除了老去，没有任何出口。然而，这种被动违反了我自26岁以来的十年里对自己的所有感觉，这十年几乎占据了我生命中的1/4。仅仅是写下这些感受就让我对自己感到愤怒。我急于掌控自己的生活，让它成为该有的样子。但有时我觉得自己就像贝克特*笔下的那些人物之一："我不能继续下去，我必须继续下去，我不能继续下去，我会继续下去。"

我希望人工智能事业——他们的和我的——都能够成功，尽管我对成功意味着什么以及它何时可能到来只有模糊的想法。如果这个领域曾经看起来很神秘，那么如今它已经不再神秘了。诚然，这个过程很困难。我采访并描写过的科学家们夜以继日地工作，以获得沧海一粟般的进展。从历史的开端，人类就想象着在人类的颅骨之外创造智能。后来，人类希望以科学的方式理解人类的思想。通过人工智能，他们试图做到这两点。

最后，在被拒绝了30多次之后［比《第二十二条军规》(*Catch-22*) 还多］，乔打了几个电话，让我的经纪人与《科学美国人》图书出版部门的W.H.弗里曼（W.H. Freeman）取得联系。那里的编辑彼得·伦茨（Peter Renz）对我的书很感兴趣。伦茨和我会谈了几次，他似乎很热情。

三

但从伦茨说他会给我提供一份合同，一直到合同到我的手中，这中间耗时四个月的样子。命运将我席卷进悲伤的海洋。在一次例行医疗检查中，一个曾诊断为良性的内部深层肿瘤在六个月内扩大了三倍。也许，它根本就不是良性的。我又咨询了其他专家的意见，而这些意见并不能让人感到安心。我需要动一场手术

---

* 塞缪尔·贝克特（Samuel Beckett），爱尔兰作家，主要创作戏剧、小说和诗歌，是荒诞派戏剧的重要代表人物，1969年获得诺贝尔文学奖。——译者注

才能确定这是否为恶性肿瘤。在 36 岁的年纪，我居然就必须这样直面死亡了。

如果你只能再活一年的时间，你会做些什么呢?

这是我们在年轻时玩过的游戏，但现在它不仅仅是游戏了。如今，我已经真正面对这个问题，并知道了该怎么做。我必须离开这个让我痛苦的地方，回到温暖、阳光、美好中去，回到我的家人身边。我必须停止牺牲自己的愿望去成全乔的职业愿望。

最后，肿瘤被证明是良性的，但这场危机也让我重新意识到我不应该失去自我。即使我在 1977 年 5 月 22 日与 W.H. 弗里曼的公司签订了合同，并仍在手术后的恢复期，我也把自己接下来要做的事情理清楚了：我要完成这本书，离开匹兹堡。这两者的先后顺序不重要，但是一定要实现。

我在匹兹堡最亲密的朋友——卡内基梅隆大学的英语教授洛伊丝·福勒；我在匹兹堡大学英语系的同事和朋友——小说家马克·哈里斯；我的朋友赫伯特·西蒙；我的丈夫乔……每个人都劝我再在匹兹堡大学多待一年，以完成终身教职的聘任审核程序。他们说，这将是我简历上的一笔财富。我的系主任已经鼓励我开始这个程序，而且没有人觉得会出问题——当时，匹兹堡大学英语系的终身教员仅仅由发表过一两篇文章，甚至根本没有发表过文章的学者组成。我正在为第三本书签订合同，我的学生评价也不错。“好吧，”我说，“那我再干一年。”

但是手术给我带来的压抑是我完全没有想到的。我的抑郁发展成了绝望。我很怀疑自己的选择，我知道我不能再这样下去了。我听从了我的朋友洛伊丝的建议，开始接受精神科医生夏洛特·巴布科克（Charlotte Babcock）的治疗，她也许至少可以在接下来这炼狱般的一年中给我提供帮助。

我没有停止写作。有了我认为像样的草稿时，我就把副本给纽厄尔、西蒙和马文·明斯基看，让他们帮忙检查技术细节。我曾从纽厄尔那里收到一份满满四页的批注，非常精辟，而我也用日记记载了下来。几天后，他又给了我更多的批注，对我在书中的角色进行了敏锐的评价。1977 年 9 月 28 日，我还收到了西蒙的两页批注。我在日记中写道：“他们都非常关心这本书的正确性，并给予了极大的支持。”

令西蒙不安的是，我是否正确理解了“逻辑理论家”的影响力，这是他和纽厄尔在达特茅斯会议上提出的信息处理模型，也是第一个符号化思维机器的例子。他并不认为我们真正理解了它。

1977 年 10 月 7 日：

和赫伯特激烈地争论这个信息处理模型在当时是否真的被视为是重要的。我们复习了明斯基早期版本的《迈向人工智能》(*Steps Toward Artificial Intelligence*)，答案似乎是否定的。赫伯特赌气般承认了这一点。但我要改写一下，表明达特茅斯会议确实预示了范式转变，即使这并没有被承认。

1977 年 10 月 8 日：

我花了一天时间来修改达特茅斯的章节，终于得到了与数据相符的假设。我在傍晚时分给他打了电话，向他核实了这个假设。在赫伯特看来，这个假设也是合理的。信息处理模型似乎只跟心理学家的研究领域相关，而大多数人工智能研究者并不觉得人工智能需要与自然智能相似。当我给赫伯特打电话时，他告诉我他花了一天时间查阅自己的档案，试图解决这个问题。另外，当我翻看他在空白处的批注时，我第一次看到他使用了一个粗俗词汇：废话（SHIT）！这个词被他写在洛特菲·扎德*说的一些话旁。对此，还有他在其他地方的很多批注，都让我忍俊不禁。这份被批注过的文稿将同录音带和转录文本一样，收入档案。

他是一个多么宝贵的朋友。

1977 年 10 月 10 日：

我坐下来准备用 ARPANET（早期的电子邮件）给马文发一封短笺时，发现

---

* 洛特菲·扎德（Lotfi Zadeh），美国国家工程院院士、俄罗斯自然科学院外籍院士，被誉为“模糊集之父”。——译者注

了艾伦对我的前两章的逐行批注，而这些批注似乎无穷无尽……我的心再次沉入谷底。然而这些批注与其说是争论，不如说是一些思考。而且他提醒我，要在适当的时候回馈读者的期待。我非常非常高兴能得到如此详细的充满爱的关注。

明斯基发来电子邮件说："这本书真是不错。"我不知道他是否真的有去阅读它，但之后，他对这份手稿也给出了详细的评论和反馈。

1977 年 11 月 4 日：

今天更有一种"完成"这本书的感觉，这是一种收尾的感觉，应该把它完结了。虽然最后一章没有太多实质性的内容，但我对它很满意。我试着捕捉这转瞬即逝的一切，这些是真正重大事件的序幕。

1977 年的圣诞节期间，我把完成的手稿交给了 W.H. 弗里曼，为终于完成而松了一口气。

四

但在 1978 年的那个春天，我申请终身教职的过程并不顺利。我们系仅以 2:1 的比例推荐了我，并对难以把我归类成哪一种作家而表示不满。我最早的两本书和我如今的新书所表明的是什么？我到底是小说家还是非虚构作家？对我表示质疑的人无法理解我作为作家的写作方向（好像我对未来的路都清楚，好像作家会有条不紊地遵循人生计划），而教师队伍中的作家则认为，我应该将写作本身当作我的方向。

对此我并不是没有责任。1976 年，我写了一篇挑衅性的文章，发表在《高等教育纪事报》（*The Chronicle of Higher Education*）上，名为（不是我起的，而是编辑起的）"与托勒密博士一起介绍人文学科"（An Introduction to the Humanities with

Dr. Ptolemy）。我在文章中认为，人文学科士气低落，它们对人类物种的推崇——人类沙文主义，刘易斯·托马斯（Lewis Thomas）和卡尔·萨根（Carl Sagan）都称之为沙文主义——就像托勒密体系对公海航行的指导一样，已经过时。

我提到了C.P. 斯诺（还记得“两种文化”吗？）和剑桥大学有影响力的英国评论家F.R. 利维斯（F.R. Leavis）之间一段很长的对话。利维斯曾写道，世界上的问题将由“人类解决……人类有充分的智慧，正是因此，他们拥有完整的人性……他们拥有最深刻的生命本能；因为人类所拥有的智慧，是一种根植于经验的力量，是对时代的新挑战做出创造性反应的超凡人性……”（Leavis，2013）。我把这段话大声读给了我的学生听，并问他们这是什么意思。他们笑了起来。我承认我和他们一起笑了。一个学生起哄说：“如果我们把这句话写在我们的论文中……”但利维斯是最伟大的人文主义者之一，他致力于为人文学科辩护。我写道：“人文学科士气低落，因为它们在目前的世界上不再适合我们。我们正在努力进行一场哥白尼式的革命，它将把人从宇宙的中心带走，把人类放在更合适的地方。”（McCorduck，1976）

这冒犯了我的人文学科同事，从他们对我终身教职不冷不热的投票结果就能看出来。

我的感觉如何？“就像我被小矮人轮奸了一样。”我在系里的邮件室对某人说，这句话在系里传开了。我在日记中写道：“就像我做了对的事，却被深深地冤枉了。”日记中还写道：

在某种程度上，这很可笑；在某种程度上，这又很可怕。我告诉玛丽（系主任），我最反感的是因冒险而受到惩罚；我已经非常努力并拓展了研究，而我的同事们却不这么认为。我回忆起了马克·哈里斯对我说的话：“别往心里去。还有其他的一些原因，跟你个人无关。”但是对此，我还能怎么想呢？

后来，一位男同事（出于礼貌，在此隐去他的姓名）说：

“你没有办法向他们证明，你没有办法为你自己辩护，但我相信你受到了歧视，因为你是一个对一些投票的男人来说非常有威胁性的女人。我从他们的肢体语言、从有时发表的奇怪的评论中发现了这一点。”我说我对此有过怀疑，但不愿意相信。我告诉了洛伊丝，她说小说家马克曾说他完全被这些评论和投票搞糊涂了。这可能真的就是原因。

更讽刺的是，我后来听说，这位替我打抱不平的男同事却曾煽风点火，引起了众人对我的指控。

更多的无稽之谈泄露出来。我的一些同事认为为我写信的赫伯特·西蒙只是我丈夫的一个“生意伙伴”。还有人大声宣扬说《会思考的机器》表明我已经“向机器出卖了自己”。

向机器出卖自己？20世纪50年代关于出卖的经典小说《穿灰色法兰绒西装的人》（*The Man in the Gray Flannel Suit*）的作者斯隆·威尔逊（Sloan Wilson）写道：“出卖自己就是做你不愿意做的事，但赚的钱却比你做你喜欢做的事要多得多。”（Halberstam，2012）

不，我怎么可能出卖自己？我所做的正是我喜欢的事情，而得到的却只有悲痛。两年来，经历了与出版商无数次同样的争论，我为什么还会对此感到惊讶？我，率直朴素。

来自院长的官方通知称，对于我的教职，大学倾向于等待，直到看到《会思考的机器》的效应以后再决定。在我看来，这是对智力贫乏的可悲的承认——这正是我在《与托勒密博士一起介绍人文学科》中抱怨的。

我永远不会知道是我的哪一点“更加地”冒犯别人：是我作为一个强势的女权主义者，还是我急于从过去一步跨进我所见到的未来。这其实并不重要。我的同事们已经解放了我。我深深地吸了口气。我再次看到自己与其他人文学者的距离有多远。匹兹堡大学英语系和卡内基梅隆大学计算机科学系之间的距离，就像两种文化之间可能存在的距离那样，遥远而难以逾越。

/第十六章/

转折点

一

正当我评终身教职的荒诞剧目上演的时候，我的姐姐桑德拉（Sandra）在1978年4月24日给我打电话，说我们的父亲被诊断出患有急性白血病。他只剩下几个月的生命了。我瞬间感到了巨大的悲痛，不只是来源于父亲的病情，也关乎我自己。我爱我的父亲，我无法想象没有他在这个世界上的生活。

我的两个亲密的兄弟姐妹——双胞胎桑德拉和约翰（John），都在抚养着年幼的孩子，住在离我们父母家不远的旧金山湾东部的康特拉科斯塔县。我父亲并不特别需要我，但我需要他。我想和他好好道别，感谢他如此有抱负和勇气，放弃利物浦的警察工作，勇敢地把妻子和三个不满6岁的孩子带到了美国，决心追求更好的生活。我想让他知道，我深深地爱着他，因为他的野性、无止境的好奇心、璞玉般的头脑和非凡的幽默感。即使在他临终的时候也能让我们笑起来，就像他生前充满活力的时候那样。我想感谢他把我变成了一个凶猛的女战士（虽然是他陈腐的父权专制主义无意中导致了这一点，不过他依然为我感到骄傲）。

我的丈夫乔到了学术休假的时候，于是我们在加州大学伯克利分校度过了1978—1979学年。乔在校园里教书，我则埋头回复《会思考的机器》的编辑评论。一位匿名评论家削弱了我的编辑对这本书的信心，使用和匿名人士同样的批评手法——说这本书全是个人的感想和观点。嗯，是的。这就是这本书的意义所在。这本书的副标题是“对人工智能的历史和前景的个人探索”(A Personal Inquiry into the History and Prospects of Artificial Intelligence)。

所以在这几个月里，我与我的编辑开始争论不休，这几乎跟我父亲的去世一样让我感到挫败。我不得不一次又一次地提醒自己，由于我的名字将出现在书脊上，因此我因疲惫或试图取悦别人而做出的每个愚蠢的妥协，最终都会反作用到我自己身上。

1978 年 7 月 25 日，《会思考的机器》终于出版了。

二

我决心留在西海岸。我在劳伦斯·利弗莫尔实验室（Lawrence Livermore Laboratories）的分包商那里找了一份技术作家的工作，为多年前结束的项目编辑安全手册。他们告诉我：“这只是为了记录。”我对此没有异议。我每天晚上都去看望父亲，这是他生命最后阶段甜蜜的黄昏。他非常喜欢我的丈夫乔，希望我能够为乔妥协。“你是不会希望我成为一个痛苦的老妇人的。”我小声抗议道。他没有强迫我，但他对这段婚姻的裂隙深感悲哀。我觉得我在妥协：我愿意住在伯克利或帕洛阿尔托（爱德华·费根鲍姆当时也在为我创造工作机会），而乔继续留在卡内基梅隆大学。这种异地的婚姻越来越普遍。但乔不愿意听这样的话。

我们之间的矛盾不知不觉传开了。乔在伯克利分校的一个同事问：“帕梅拉知道她要求乔放弃什么吗？”我知道他说出了大家的共识。只有我的心理治疗师夏洛特·巴布科克曾问过乔，他是否知道留在匹兹堡让我付出了多少代价。

那些婚姻的宣言都只是理想的童话。它们没有考虑到夫妻是由两个独立的活生生的人组成的。组成夫妻的两个个体之间对于幸福生活的渴望和希望很多时候是有分歧的。婚姻的宣言没有考虑到婚姻的重心会摇摆，对机会和责任的反应会从一方摇摆到另一方。这些宣言对爱、尊重、钦佩只字不提。我指的是父权主义宣言，它主宰了人类文化几千年（在许多地方仍然如此），它被撰写进宗教或无神论的法律里，深深嵌入风俗中，并被同化为个人意识，塑造了从科学到艺术到法律的一切。

女权主义宣言是对父权主义宣言的一种合理的反抗，但它也是理想童话般的，没有考虑到我刚才提到的所有这些人类特质。我开始担心，开始审视自己，我想知道我和我认识的那些女人有什么不同。她们一边对男性特权的不公优势大发牢骚，一边又向我低声忏悔这种愤怒。我向我的学生讲授女权主义，为他们展现女权主义，但却继续扎根于我认为无法忍受的城市，这是不是很虚伪？不是的。事实上我把我所做的一切献给了一个我爱的、尊重的、钦佩的男人，献给了我希望我们在一起时的幸福，直到我再也做不到了为止。

马克·哈里斯的妻子约瑟芬·哈里斯对我说："你即将迎来最有创造力的时期，对一个女人来说，就是自己的 40 岁。你将会走向一条令人惊讶的道路。去吧，走自己的路！记住，这些话来自一位希望你代替她做到这些事的女人，因为她自己无法做到这些。女性生理特性让你过早地做出选择。我结婚了，养育了三个孩子，他们就像三个挟持我命运的人质。后来，我才意识到我不应该结婚。我根本不需要婚姻。"

三

10 月，我从加州大学伯克利分校的休假中回到匹兹堡几天，回到我们的房子里收拾行李。那几天正好也是赫伯特·西蒙被公布获得诺贝尔奖的时候。

下面摘自我的日记。1978 年 10 月 16 日：

赫伯特今天获得了诺贝尔经济学奖！我从艾伦那里得到了这个消息，当时我正打电话向他和诺埃尔问好。我为赫伯特感到非常非常高兴。我记得，我们曾讨论过诺贝尔奖。发现自己被提名时，他感到各种各样的不安：他宁愿不知道，因为这让他开始去想很多他根本不想去想的可能性和挑战。

很荣幸，赫伯特·亚历山大·西蒙——诺贝尔奖最新获得者，在这一天抽空给我打电话，因为他听说我在城里。我们能见面吗？我无言以对。我甚至都不想给他打电话——只是在他家门口留了张纸条，说我很高兴他获得了这个奖项，我还告诉他这个奖很少能被这么恰如其分地授予应得的人。也许星期三我们可以见面。

1978年10月18日：

与赫伯特相处了大概半个小时。我们拥抱了一下，我觉得和他在一起是如此的快乐。他其实在获奖之前就有一种预感——例如类似于《华尔街日报》（*Wall Street Journal*）的一家瑞典报纸在几周前要求他作为主要候选人之一提供照片；他曾经的一个学生，当时是斯德哥尔摩一家报纸的财经记者，给他打电话说，他已经和一位诺贝尔奖委员会成员谈过了。这位成员当时说："我不能告诉你结果，但我想你会对结果感到非常高兴。"除了他曾经的老师获奖了之外，还有什么能让人高兴呢？因此他建议赫伯特第二天早上6点就起床。"早起不是什么问题，"赫伯特笑着说，"那晚我几乎睡不着。"

他是如此亲切有趣。我们悄悄谈到了这个奖项的影响："也许这能让我的锋芒减弱一些。"我问他这是什么意思，他说现在他可以不再担心还有谁得到了这个奖。我不禁笑了。他也很高兴，这将给那些想进入这一领域的年轻经济学（行为经济学）家们向上的推动力。[1] 他说："这些人都无法通过博士论文答辩。"他指的是现在管理卡内基梅隆大学经济系的弗里德曼主义者。我们一起幸灾乐祸地嘲笑着那群咬牙切齿的家伙——首先就是希尔顿·弗里德曼（Hilton Friedman）。西蒙敦促我回匹兹堡，说在那里，"好的作品才能诞生"。我说我怀念我们下午的雪莉酒。是的，他说，现在回家还要走很长的路……虽然我知道他向来仁慈，不会敦促我离开，但我知道他今天肯定有很多事情要处理。因此，即使不舍，我还是离开了。他似乎对要说再见也感到遗憾。我们最后又拥抱了一次。

后来我告诉诺埃尔·纽厄尔，西蒙曾敦促我回到匹兹堡好好工作。“当你终于有勇气脱离后，你为什么还要再这么做呢？”她痛苦地说道。

我回到了加利福尼亚州。几天后的1978年10月27日，我38岁生日那天，我们得到消息，约翰·麦卡锡的第二任妻子薇拉·沃森（Vera Watson）在攀登安纳布尔纳峰*时意外身亡。麦卡锡向媒体发表了声明：“她是一位喜欢尝试超越和成就的女人，是我鼓励她进行这次攀登的。”当时我自己也承受着深深的悲痛，所以我明白这是多么宽厚和有勇气的一句话。

一周后，当我那被压力压垮了的母亲去泡热水澡时，我和我的兄弟姐妹坐在我父母卧室的小板凳上，我们所有人都手拉着手。我们看着我们的父亲在1978年11月2日的晚上去世了。

那个11月是怪诞的。我父亲死后一周左右，一个女人在拉斐特水库被发现，她被人奸杀——那个地方就在我父母家附近一个休闲公园里。我父亲身体好的时候每天都在那里慢跑，我弟弟也喜欢在那里慢跑，我母亲和我经常在那里散步。又过了几天，琼斯镇惨案发生了。数以百计的旧金山人跟随一个邪教领袖来到南美洲的一块偏远地方，喝下他强加给他们的剧毒饮料大规模自杀，这使我们的语言又多了一个尖刻的短语“Drink the Kool-Aid”（盲目信任追随）。又过了几天，旧金山市长乔治·莫斯科内（George Moscone）和同性恋活动人士兼议员哈维·米尔克（Harvey Milk）被一个精神错乱的退役警察丹·怀特（Dan White）暗杀。他对米尔克的同性恋身份和莫斯科内的自由主义感到不满，后来他以臭名昭著的奶油夹心蛋糕（Twinkies）辩护脱罪——过量的垃圾食品扰乱了他的心理平衡。

---

* 安纳布尔纳峰，海拔8 091米，属于喜马拉雅山脉，位于尼泊尔中北部，是世界第十高峰。——译者注

这个世界疯了。个人和公众的悲剧混合在了一起。

四

幸运的是，1978 年 11 月只是一个低谷。1 月，乔告诉我他得到了哥伦比亚大学一个讲席教授职位，任务是筹建一个新的计算机科学系。纽约不是西部，但我愿意在 3 月和他一起去纽约，至少要看一下情况。我在纽约读研究生时很开心，毕竟那里是企业之都，自称是美国的出版之都，有些人甚至声称它是英语世界的出版之都。

早些时候，我为一本纪念册写过一篇文章，内容是关于匹兹堡的小说家格拉迪斯·施密特（Gladys Schmitt），她很受本地人喜爱。我只见过她几次，刚好在她去世的那天约好一起吃午饭。书后来寄到了我的手里，末尾是一篇我从来没有读过的她写的短篇小说。这让我对自己在匹兹堡的极端绝望有了突然而奇特的认识。

1979 年 1 月 14 日：

这篇小说简要描述了一个正在上学的孩子，它让人想起我们刚来美国时在东部的文法学校。一切都显得那么严酷，那么极端——寒冷、炎热和家里极其苦难的生活。

我们五个人挤在亲戚家里。九个月后，亲戚们终于不耐烦了。这是完全可以理解的。我们被迫搬走，搬到更友好的亲戚家中又借住了六个月。

然后我们到了加利福尼亚州，一切都突然改变了，就像《秘密花园》（*The Secret Garden*）中的场景：孩子们从黑白的花园步入彩色的花园，就像多萝西 * 从单调的堪萨斯州步入辉煌的奥兹。对我来说也是如此，我清楚地记得刚刚到达加利福尼亚州的那几个小时发生的一切。我当时 7 岁，一切恍如昨日，历历在目。

* 多萝西（Dorothy），《绿野仙踪》的女主角。——译者注

在6岁到7岁期间，面对严酷的沉默和极端的压力，我被迫忍受了所有绝望。关于施密特的书毫不意外地被命名为《我可以沉默》(*I Could Be Mute*)。不知何故，在季节的流逝中，环境的残酷中，在各种意义上，记忆总是被东部的季节性天气唤起。在匹兹堡，我记得在下着无尽大雨的周日下午，我深深地感觉到自己像一个被关在家里的孩子。这很难向其他人解释，但对我来说这是合乎情理的，而且我觉得这是事实。

老朋友洛特菲·扎德，模糊逻辑的发明者，一直是一位敏锐的摄影师。他为《会思考的机器》的封面拍摄了我的照片，这是出版之前的最后一步。乔说，那张照片上的我看起来多么像霍滕斯·卡利舍（Hortense Calisher)。

1979年3月2日：

一次精彩的演出，勃拉姆斯的《德意志安魂曲》——我一直很喜欢它——在斯坦福教堂举行。费根鲍姆当然也在演唱，但他先邀请我们在教员俱乐部共进晚餐，还有吉尔（Jill）和唐纳德·克努特、约翰·麦卡锡和卡罗尔·塔尔科特(Carol Talcott)，彭妮一如既往地非常漂亮。约翰轻松而平和，尽管他和我一样在演唱《安魂曲》第二乐章时遇到了麻烦。我把我的手放在他的手上，我只是想捏捏它，告诉他我理解他。但他在整个演出过程中都牵着我的手不放开，我很欣慰。

五

1979年8月27日，在我们到达纽约市的两天后，第一本《会思考的机器》到了我手中。

今天，当我和乔走进河畔450号的大厅时，门卫诺曼（Norman）正好拿着一本特别交付的《会思考的机器》装订版。从那时起，它就吸引了我。我拿起它阅读起来，为它欢呼。天啊，它就是一本极好的书，真的是这样。即使是与化学银行*打交道的沉闷也不能改变我的这个看法。我蹦蹦跳跳，精力充沛——甚至精神到能飞起来，纽约对我的影响太大了。为什么我会有这样的荣耀？因为路途并不平坦，不像南方的大海一样平静……我为自己感到非常的骄傲。

我最喜欢的私信来自艾伦·纽厄尔，他写了满满三页。我把它摘录到我的日记中了：

“你的书不仅仅是历史，而且是知识清单上的一项条目。它从一个大的角度看待人工智能，将其视为人类事业的一部分。我喜欢它，胜过任何其他书籍。但你不该忽视语言学和心理学：这扭曲了事实。”[2]

我评论道：

虽然艾伦主要是在称赞，我也一如既往地感谢他对细节的关注，但我也感到某种悲哀。《会思考的机器》不是艾伦提到的那样，它并不是一本全面的很学术的史书（我也没打算这样写），也不是能让我一举成名的畅销书。我担心我又两头落空了……这本书已经消失在可敬但不可读的阴霾中。

但是，我的编辑在 1980 年 2 月初打来电话说，菲利普·莫里森（Philip Morrison）在《科学美国人》杂志上对这本书“做了非常热情的评论”。“你知道这有多不寻常吗？”我的编辑问，“由于我们与该杂志的关系，菲利普不愿意评论弗里曼的书，但显然他非常喜欢《会思考的机器》。”

1980 年 2 月 15 日：

今天我坐在公园里，意识到我已经达成了一些伟大的人生目标。我写了一本书，而且刚刚看到我非常崇拜的人菲利普·莫里森在我身边人人都会读到的杂志

* 美国私营商业银行之一，是纽约化学公司的主要企业。——译者注

上公开称赞它。1980 年 3 月的《科学美国人》杂志称我写的书是盛宴一般的诙谐、知性、开放，拥有丰富的直接且坦率的论据，给予了大量明智的思考，这是一项辉煌、智慧、精细的研究。于是，我坐在公园里，慢慢品味着这种奢华的赞美、对所有辛勤工作和卑微又默默无闻的认可，这段经历多么令人欣慰。那是什么感觉？那是我有史以来最好的感觉！我满心欢喜！我都能飞起来了！让我们为名声和赞美而欢呼吧！太棒了！

40 年后，在 2018 年 4 月卡内基梅隆大学的一次庆祝活动中，我听说这本书深深启发并影响了人工智能领域的一代领导人，而这些人现在都是行业内的资深人士了。我咽了一下口水，好让自己忘掉我已经这么老了，忘掉这本书已经是那么久远的事了，然后高兴地笑了。

注 释

[1] 正如我提到的，行为经济学将在未来蓬勃发展。随着丹尼尔·卡内曼和理查德·塞勒相继获得诺贝尔经济学奖，新古典经济学中的理性人假设将会彻底消失。

[2] 这一失误或许可以解释当时在耶鲁大学从事机器语言学研究的罗杰·尚克（Roger Schank）为何会怀有一种无法解释的、无情的敌意。一天，我的股票经纪人邀请我去曼哈顿中城的大学俱乐部，参加一场针对股票分析师的尽职调查报告。正是尚克的创业启发了我。他大步走了进来，看到我，突然停下脚步，像往常一样彬彬有礼，然后喊道：“你他妈的在这里干什么？”后来他竟然打电话给我的经纪人，质问是谁允许我来这里的。我的经纪人清了清嗓子：“嗯，这位女士组合投资了数百万美元。”即使是股票经纪人的小说也有它的用处。

/ 第十七章 /

异见者

一

我还没起床，电话就响了。打来电话的是贝尔实验室的物理学诺贝尔奖获得者阿尔诺·彭齐亚斯（Arno Penzias）。多年前认识他的时候，我正在构思一本关于计算机图形学的书（这本书没有什么进展）。有一次，阿尔诺，以及使用贝尔实验室软件进行艺术创作的计算机动画先锋人物莉莉安·施瓦茨（Lillian Schwartz），和我共进午餐，我们度过了一段愉快的时光。后来我和阿尔诺又在社交场合见了几次面，我发现他心地善良也很讨人喜欢。但是那天早上他似乎不太高兴。他一口气对我说了30分钟，告诉我机器为什么永远不会思考，还说我居然把生命的大部分时间花在这样一个项目上，完全是被蛊惑、被误导了。（可能就是在这个场合，他告诉我，他认为赫伯特·西蒙很傲慢。）

我想试着解释几句，但健谈的阿尔诺并没有很快被说服。他的论点说不上是技术性的，或者根本就没有技术性细节，所以我被迫沉默，想着是不是他的宗教信仰造就了他的观点。他曾经告诉我，在他还是个孩子的时候，他坐上了开往波兰的火车，而这些火车正是将波兰裔犹太人大规模迁出德国的行动的一部分。火车因德国入侵波兰而被迫停了下来，使他幸运地逃过被送进奥斯威辛集中营的命运。从那时起，他就有一种强烈的感觉，认为上帝是因为某些与众不同的安排而拯救了他。因此，他是一个严守教规的保守犹太人。

最后，我开玩笑地恳求他不要再说了："阿尔诺，我知道你已经结婚了，所以我想你会理解我马上要说的话。要知道你刚刚吵醒我了，但我还没有去洗手间。"他放声大笑，终于放我走了。

二

1979年11月9日上午，电话又响了。"我是约瑟夫·魏岑鲍姆（Joe Weizenbaum），我正在柏林。"在40分钟的电话里，他给我新出版的《会思考的机器》挑了一大堆毛病。这是错的，那是错的，我错误地引用了他的话，我误解了他……除了这些小问题，最大的问题是，我把自己说成是人工智能的中立派，甚至还说我自己根本不会涉足其中。他说这根本不对：他认为我是人工智能的支持派，而我也在报纸上承认了这一点。

我回答说，一开始我是中立派，但后来发现自己对这样大胆而宏伟的人类项目感到非常激动。他却对此表示反对，理由是我在书里感谢了三位朋友：纽厄尔、西蒙和明斯基——他们阅读了我的最终手稿，而这透露了我支持哪一边。我回答说，他们只在技术内容上为书做了贡献。我没提的是，他们三位其实对我的书还有各种其他抱怨。我不会去写一本每个人都想要的书。

最后，我们终于找到了问题的关键所在。究竟是谁告诉我说魏岑鲍姆非常欣赏一件人工智能作品，以至于他愿意尽己所能支持人工智能的发展？是谁说的？因为这是别人私下里对我说的，所以我在这儿不会说出那个人的名字。但他的话证实了我的一个猜测：魏岑鲍姆从事不了科学研究，并因此只能对人工智能进行道德上的说教。由于我目睹了魏岑鲍姆对人工智能态度的演变，我在《会思考的机器》一书中写道，他在自己专业领域上的消沉与他成为领域内的伦理批评家之间可能存在关联。这很合理，他的同事们都很相信这个说法。我告诉他，我很遗憾披露了这个信息，但我相信这个传言是真的。难道不是吗？他沉默了。

我可能没有在我的书中提到过这个令人惋惜的小故事。但是，魏岑鲍姆的书《计算机能力与人类理性》（*Computer Power and Human Reason*，1976）受到了显著的关注，特别是来自“第一文化”的人，他们终于开始对计算机感到不安。看！这位来自“第二文化”的人都已经站出来说了：恶魔般的机器可能会做很不好的事情。

然而，在我看来，《计算机能力与人类理性》的论证很差，甚至可以说是“印象派”的，充满了浮夸，像是晚期浪漫主义，简直就是谬论。这本书用了大量的篇幅，甚至是几章的篇幅，批判那些构思会思考的机器的人，认为这些人狭隘而可悲。

到底是哪些精神和文化上的侏儒，令魏岑鲍姆不断哀叹和抨击？是喜欢音乐、绘画、语言和文学的多面手赫伯特·西蒙吗？是热切地跨越一个又一个领域，做出卓越贡献，但始终热情地致力于了解人类思想的艾伦·纽厄尔吗？是与领先的科幻小说家成为朋友，博览群书，比大多数脑科学专家更深入思考大脑，现在还在创作严肃音乐的马文·明斯基？是探索反文化，拥有坚定冒险的政治立场，构思颇具挑衅性的政治未来，用隐喻说明为什么技术是人类的救赎，而不是人类的威胁的约翰·麦卡锡？是为了照亮发展中世界最贫穷村庄的拉吉·雷迪？是无畏的水手、狂热的合唱家、绝对的文学爱好者，多年后将领导关于书籍未来的社会大讨论的爱德华·费根鲍姆？魏岑鲍姆没有权利把他心中虚构的刻板印象当作这些人真实的肖像。

我尤其反感他认为人工智能可能带来另一次大屠杀的轻率论点。我反驳说，从前，最压抑的社会是由圆珠笔和枪杆子控制的。如今，企业和政府贪婪地使用人工智能技术来大规模、密切地，甚至可能是违宪地追踪我们的行踪，可以说魏岑鲍姆肯定是有预见性的。但是，我现在要说，这是人类的失败，人工智能让这样的局面成为可能，但这不是人工智能的错。任何有意义的科学技术都不会毫无争议地来到我们身边。人类必须（而且我们正在开始）承担这方面的责任。几乎每个人都同意，不论是农业革命、工业革命还是科学革命，每个革命都有其成本，但人类获得的收益远超这些成本。对于信息革命和人工智能，我也相信这一点。

三

我没有意识到的是，魏岑鲍姆的书是人工智能早期狄俄尼索斯式爆发的案例，如此激烈的爆发是为了阻止整个行业的发展，同时安抚人类内心深处想要永远处于首位的需求。哲学家、数学家、科学家、社会评论家、文学评论家，甚至是公共知识分子都在参与这场狂欢。如此漏洞百出的新浪漫主义推理让我感到厌恶，但《计算机能力与人类推理》却有很多受众，它赢得了计算机科学家社会责任奖，并使约瑟夫·魏岑鲍姆开始终身从事关于即将到来的世界末日的无趣讲座。这本书的论点让读者，以及后来魏岑鲍姆的听众感到正义和安慰，而不去深入研究事实。

经过进一步的交谈，我对魏岑鲍姆说，我们有两种不同的世界观。我不明白为什么不能为这两种观点提出合理的论证——我认为生活正在慢慢变好，或者他认为生活正在变坏。当然，你可以自己选择你的观点。

最后，我电话里问他在新罕布什尔州名为柏林的这个磨坊小镇做什么。鉴于当时海外电话费用惊人，我从未想过如他告诉我的那样，他是从德国西柏林打来的。（我们谈了 40 分钟对我来说毫无意义的东西，他却为此支付每分钟 3 美元的电话费。）我们开始讨论作为一位前德国犹太人居住在新德国的矛盾心理。我告诉他，我丈夫是在 1939 年，即“水晶之夜”* 后的两个月，才从德国逃出来的。对

---

* 指 1938 年 11 月 9 日至 10 日凌晨，希特勒青年团、盖世太保和党卫军袭击德国和奥地利的犹太人的事件。“水晶之夜”事件标志着纳粹对犹太人有组织的屠杀的开始。——译者注

我们来说大屠杀历历在目，我的公婆失去了他们所有的直系亲属。我出生在对我的宗教信仰漠不关心的轰炸中，只要我死了，或至少被吓坏了就好。

对我来说，这次谈话友好地结束了。在世界是在改善还是退化的这个问题上，我们承认彼此之间的分歧。但是，约瑟夫·魏岑鲍姆却在准备一场复仇。

四

我不确定休伯特·德雷富斯（Hubert Dreyfus）的书《计算机不能做什么》（*What Computers Can't Do*，1972）[1] 是不是这群自视甚高的家伙认为人就是世界上最高的智慧掌控者的第一本书。在我自己的书中，我给他们贴上了患有“邪恶女王综合征”的标签：魔镜呀魔镜，谁是他们中最聪明的人？德雷富斯对人工智能辩论没做出什么有意义的智力贡献。但我在写《会思考的机器》时，他正公开反对人工智能，几乎是15年前，从1962年起他就在这条路上挥舞着他的斧头。所以我觉得有义务采访他。

1976年5月26日，我们在伯克利校园的一个小组讨论中见面。这次小组讨论由洛特菲·扎德组织，因为他向我保证我会玩得很开心，我才克服了对参与这种活动的强烈抗拒。为了做好准备，我整理了关于19世纪许多医生和哲学家的笔记，他们华而不实地断言女性永远不能思考，也不允许她们尝试思考（这严重地毁掉了许多人的生活）。在我的开场白中，我将其与如今认为机器永远无法思考的哲学家做了一个小小的比较。我这么做是为了让听众们笑，而听众们果然都笑了。

这让德雷富斯极其愤怒。他的脸涨得通红，在椅子上跳来跳去，就像一个疯狂木偶师手中的木偶。我在日记中写道，他的辩论漏洞百出，他否认自己做过的陈述，也否认其他人没有做过的陈述。（“我从来没说过女性不能思考！”谁说你说过这句话？）我数不清他有多少次以“我不是这么说的，我说的是……”作为起始。如果我接受了他的挑衅，我知道我是赢不了的。这些都是语言修辞家的伎俩，而他作为加州大学伯克利分校的哲学教授，在语言修辞上的能力绝对登峰造极。

语言修辞是科学中的隐形武器，不论它表面上在辩论中有多令人信服。实际上在辩论中，结论，而不是语言修辞，才是最重要的。在这一点上，我就已经离开了人文主义思想。人文主义者一定不会同意我这种看法。但事后，所有小组成员都亲切地共进晚餐，他也同意为我刚出版的书接受采访。

把反人工智能的立场变成繁忙的家庭作坊也许会让我感到困惑与不解——但德雷富斯从 1962 年起就开始这么做了，他在国际象棋中被计算机打败的故事和其他古老的人工智能故事都记录在《会思考的机器》中。但是他坚持了这么久，这个领域也一定让他着迷。也许他对人工智能深不可测的愤怒部分来源于他对人工智能没有取得更好的成功而感到失望。我天真地想，只有这一点才能解释他为何如此热衷于反对并无视人工智能的任何成功。

我一边做着笔记，一边驱使自己阅读德雷富斯的《计算机不能做什么》。这本书在当时已经有点过时了，因为计算机现在正在做一些之前它们绝对不能做到的事情。我不确定我是否读懂了他的书，我也不确定这一切在他的脑子里是否清晰。使用连字符的短语，比如“being-in-a-situation”* （可能是源于德语），总是让我气得忍不住拿起我的玩具枪想要扫射一番。

在我 1976 年 7 月 21 日采访完德雷富斯后，我发现他还是很讨人喜欢的：“但这肯定不代表我允许他可以肆意践踏我。”我在日记中继续写道：

他是一个非常紧张的人——后来我们穿过校园去看电影，他边走边说，有规律、有节奏地、每隔 20 秒左右就抓一下自己的胸部。当我问他为什么对所有人工智能如此生气时，他很惊讶。他从来没有想过这样问自己！经过五年的分析！他推测，可能是因为它们身上有他最不喜欢自己的特性——过度的理性。我可没注意到有什么过度的地方。我所注意到的是，我已经认真对待了他的反对意见，

---

* 此处与上页“自视甚高的家伙”（feel-superior-dear-human）相呼应。——译者注

我理解这些反对意见，并对此提出了一些问题。使我惊讶的是，他回答不了这些问题："是的，这没什么说服力。""不，我对此没有答案。"

我对他的回答感到放心，因为我可以很好地应对一个与我自己的知识领域相去甚远的领域。德雷富斯要给班上放映一部电影，我也去看了。那天晚上，我在日记中写道：

今天放的电影居然是卡尔·德莱叶（Carl Dreier）的《复仇之日》*。电影太过精彩，以至于我差点赶不及准时去见想租我们伯克利公寓的人。电影讲述了一个关于邪恶力量的惊人研究。但邪恶在哪里？在女性的性行为中吗？还是在男人面对女性性行为时的软弱？它让我产生了许多疑问。

在《会思考的机器》中，我恭敬地对待德雷富斯，但我也说了很多实话，使他看起来很愚蠢。在这本书出版25周年之际，我给他发送了一封电子邮件，再次请求允许引用他书中的句子。他坚持要我给他打电话。在电话中他告诉我，我之前显然没有得到他的引用许可。此外，现在他已经退休了，他一直在和他的朋友们讨论这个问题，并认真考虑起诉我诽谤他的人格。

"那本书已经出版25年了。"我说道，并开始大笑起来。"尽管如此！"他喊道，愤慨通过电话传进我的耳朵。他气得话都说不全了。"我等着你的律师跟我联系。"我说完，趁自己被他骂到抽搐之前挂断了电话。所以新版印刷时没有再引用那些话。

德雷富斯并没有善罢甘休。当我在旧金山的一个晨间热线节目中宣传新版书时，他第一个打来电话。他高兴地告诉我和广播听众，最近的DARPA自动驾驶汽车比赛以全线崩溃告终：在142英里的赛道上，最好的车只行驶了7.4英里。这证明机器永远不可能……等等。我在广播中耐心地解释说，科学往往是渐进

* 《复仇之日》（*Day of Wrath*）上映于1943年，讲述了老牧师的年轻妻子安妮爱上牧师的儿子，在牧师死后，她被指控为女巫，被镇民要求绑起来烧死的故事。——译者注

的，也许明年最好的汽车会行驶 10 英里，然后是 15 英里，如此类推。事实上在第二年，即 2005 年，就有几辆汽车跑完了全程，由塞巴斯蒂安·特龙（Sebastian Thrun）的自动驾驶汽车领头。如今，几乎所有的汽车公司都有自动驾驶原型车[迪拜甚至宣布了借助中国制造的车辆实现“无须司机和道路的无人机出租车”计划（Goldman，2017）]。全世界的立法者都在思考自动驾驶车辆的交通规则。但德雷富斯不会打电话过来向我道歉。他永远也不可能说出“我错了”这样的话。

加利福尼亚大学的校友杂志《加利福尼亚》（*California*）在 2013 年的冬季刊中，刊登了一篇关于德雷富斯与人工智能做斗争的简短侧记，并引用了他在 2007 年的一段话：“我猜我赢了，并且一切都结束了——他们已经放弃了。”

这么多年来，我一直对德雷富斯做的许多事情存疑，但也许他只是想表示幽默?

2017 年 4 月 22 日，德雷富斯在伯克利去世。

五

20 世纪 80 年代中期，我在纽约市的国际笔会（International PEN）会议上见到了当时的纽约公共图书馆馆长瓦尔坦·格雷戈里安*。我向这位长相出众、白发苍苍、胡须整齐的人介绍了自己，他深邃的黑眸中包含着亚美尼亚人散居侨民的所有悲哀。“我知道你是谁，”他苦笑着说，“我下周将在图书馆为休伯特·德雷富斯举办一次聚会。我已经阅读了所有相关文献。我强烈建议你给我的办公室打个电话，告诉我们你的地址，这样我们就可以给你发一份邀请函。”

我惊呆了。为什么要给休伯特·德雷富斯举办聚会?“因为我是个浪漫主义者，而且我喜欢休伯特的想法，机器永远无法代替人类。”瓦尔坦·格雷戈里安

* 瓦尔坦·格雷戈里安（Vartan Gregorian），亚美尼亚裔美国学者、教育家、历史学家，1997—2021 年间担任卡内基公司（Carnegie Corporation）总裁。——译者注

回复说。所以这就是他眼中我的观点吗？我认为机器可以取代人类？我被他简化为一个简单的定义，与我所想所写的毫无关系？要知道，我甚至不认为一个人是可以被另一个人取代的。马克·哈里斯的箴言在这时涌上我的心头："一个作家不应该只为在当地政府工作而参加竞选。"我最终并没有给格雷戈里安打这个电话。

1981 年，约翰·塞尔在哥伦比亚大学的毕业典礼上做演讲，提出了"中文房间"(Chinese Room Argument) 的论述。一台电脑（或是哲学家本人）被封闭在一个房间里，房间里有数张纸条，上面写着汉字。他在对中文没有丝毫"理解"的情况下，必须将中文翻译成英文。他所做的只是将一种语言的符号与另一种语言的符号相匹配。他是翻译了一些东西，但他如果不能"理解"自己在干什么，那么这种行为在任何意义上都称不上智能。

讲座之后，我们一起沿着学院路（College Walk）漫步。我告诉他，我很失望像"中文房间"这样实质性的挑战没有早一点存在。可塞尔只是在《会思考的机器》出版后一年才开始思考人工智能问题。

塔夫茨大学的哲学家丹尼尔·丹尼特（Daniel Dennett）和印第安纳大学的计算机科学家道格·霍夫斯塔特（Doug Hofstadter）在他们的书《心我论》(*The Mind's I*，1981）中，对"中文房间"进行了第一次合理的批判。你可以在丹内特《直觉泵和其他思考工具》(*Intuition Pumps and Other Tools for Thinking*，2013）中愉快地阅读过去几十年论证和反驳的历史。

总而言之，毕竟一台孤立的计算机或者人类哲学家是不能一对一地将汉字翻译成英文单词的。语言翻译的基础是现实世界的知识积累，就像大部分语言处理一样。然而，由于互联网上的大量数据，机器现在可以获得相当多现实世界的知识，正如系统"沃森"在 2011 年《危险边缘》中战胜最强人类选手时所显示的那样。沃森的胜利不仅需要现实世界的知识，还需要捕捉双关语、笑话和其他微妙语言特性的能力。[2] 沃森真的"理解"它在做什么吗？或者说，尽管它相当出彩，但这台机器只是一个"弱人工智能"的例子（塞尔觉得"强""弱"无所谓）？[3]"中文房间"是建立在古老但有误导性的哲学传统之上的，即对于智能行为来说，推理远比知识更重要。

让“中文房间”论调更没有说服力的是，2012 年 10 月，时任微软研究院院长的里克·拉希德（Rich Rashid）在中国做了一场讲座，展示了将他的英语口语转录为英文文本的软件，错误率约为 7%。然后，该系统将其翻译成中文文本（错误率“还不算太高”，拉希德在 2015 年末这样告诉我），接着模拟拉希德自己的声音用普通话说出这些话。（你可以在 YouTube 上搜索“A real Chinese Room”观看。）[4] 它并不完美，但正如拉希德后来对我说的那样，由于互联网上有那么多的例子可以学习，它现在已经变得更好了，而且每天都在进步。[5]

（我再一次问）我们所说的“理解”是什么意思？塞尔认为，只有人类才能真正理解，因为他们表现出“强”而不是弱的智能。据此，塞尔说所谓的“强”“人工”智能是一个自相矛盾的概念。只有人类才能拥有强大的，或者说真正的智能，因为只有人类才能“理解”。不管“理解”什么。哲学家丹尼尔·丹尼特曾狡黠地笑着说，这一定是因为我们脑袋里有神奇的组织。（人脑能够以 20 瓦的能量进行几十个 petaflop 的处理，简直是优秀至极。）

就在我写这本书的时候，机器已经完全解决了“中文房间”和类似的文本假设问题，并且在面部识别方面大显身手。机器在理解人类的情绪方面的能力比大多数人都好，而在分子识别和生成（用于分子生物学）以及图像识别和生成方面也能做得比任何人都好。[6] 他们正开始阅读人类大脑的信息，并将其转化为身体上的行动。这给出了困扰早期人工智能研究人员的问题的答案：智能行为是如何从不能说话的物体或部件中产生的？机器能够采用深度或多级学习，进行许多有用的应用。但它们仍然是机器，没有那种“神奇的组织”。

六

20 世纪 80 年代初，我的丈夫约瑟夫·特劳布也在“煽动”人们。作为新的计算机科学系的创始者，他被邀请向哥伦比亚学院的校友发表演讲，并在一个拥挤的大厅里就计算机科学是否为一门人文学科的话题发表了讲话。他的观点和说法震撼了——也许是侮辱了德高望重的人文学科教授以及他们的学生。毫不奇怪，他们认为计算机科学只是编码入门，而计算机本身只不过是大而笨的机器（正如 IBM 的广告不断向他们保证的那样）。你可以理解他们为什么不相信计算机科学是一门人文学科。常春藤联盟在计算机科学方面起步较晚，而哥伦比亚大学是所有学校中的最后一个。

纽约市可能是自由世界的文化之都，但从计算能力上讲，我把乔从地球上可能存在先进文明的三个地方中带出来，并把他带到荒凉的大草原上一个没有窗户的草皮屋里。为了改造那间草皮屋，乔面临着一项艰巨的任务。为此我感到十分抱歉。他从未责备过我为了我的梦想把他带离了他自己领域里闪耀着光芒的胜地。

时间飞逝。2014 年 2 月，哥伦比亚大学的《记录》(*The Record*) 杂志庆祝了该校数字故事实验室的诞生。该实验室将统计学家、英语教授、电影制片人和社会科学家聚集在一起，“以意想不到的，有时甚至是从未想象过的方式讲述故事”（“Humanities cross,” 2014）。同一期的《记录》还介绍了哥伦比亚大学图书馆下属的人文和历史部的数字奖学金协调员亚历克斯·吉尔（Alex Gil)。他帮助哥伦比亚大学的教师在人文学科的学术和教学中使用数字技术（Shapiro，2014)。

那一期《记录》还介绍了英语和比较文学助理教授丹尼斯·特南。他的研究方向是数字人文，我在第四章中提到过他，当时他向一群哈佛大学的学者发表演讲，提出智能可能存在于系统中，就像人的脑袋一样——而他没有立即被轰出研讨室。特南告诉《记录》，他正在写一本关于算法创造力（想想十四行诗的形式）的书，并致力于通过计算的视角和计算作为一种文化经验来理解文化（Glasberg，2014)。[7] 正如我们以后会看到的，几乎所有主要的美国大学和欧洲的许多大学现在都有类似的中心和类似的学者，相关的专业组织和期刊也在蓬勃发展。

七

计算机科学家们也并不总会欣赏计算机是多么富有智慧。在我的丈夫乔的演讲之后差不多过了35年，我们才读到哈佛大学计算机科学系的莱斯利·瓦利安特在《大概是正确的》(*Probably Approximately Correct*）一书中所写的文字：

与一般人的看法相反，计算机科学一直是更关乎人类而不是机器。计算机能做的许多事情，如搜索网络、纠正我们的拼写、解决数学方程、下棋或把一种语言翻译成另一种语言，这一切都是模仿人类拥有的能力，并有一定的兴趣去行使这些能力。计算在人类兴趣领域的各种应用是上个世纪完全出乎意料的发现。没有任何迹象表明100年前有人预见了这一点。这是真正非常棒的现象。(Valiant，2014)

正如这些例子所显示的，异见者分为几类。许多极其不相关领域的科学家被触动（或是感到威胁?）足以说明为什么他们认为人工智能是无法实现的。对阿尔诺·彭齐亚斯和其他人而言，那些可能与他们的信念相矛盾的实证性证据甚至是不值得研究的。大多数哲学家也没有对实证性证据做出回应：他们心里知道他们没有能力做这件事，所以他们运用比喻来参与论战。就瓦尔坦·格雷戈里安而言，他对人工智能有诸多误解（比如，他认为我觉得机器可以取代人类）。在他的浪漫主义冲动的驱使下，他对人工智能进行快思考，囫囵吞枣。像约瑟夫·魏岑鲍姆这样的人相信人工智能是会实现的，但他认为人工智能可能做的任何好事都无法弥补其潜在的邪恶。

1999年7月，我和丈夫乔去牛津大学参加一个关于数学基础的国际会议。由于对这个主题一无所知，我打算做一个无忧无虑的牛津游客，欣赏校园的绿植和哥特式尖顶。但令我惊讶的是，这个异常深奥的会议有一个关于“计算、复杂性理论和人工智能”的小组。

我和乔一起在全体会议的观众席上想，为什么小组中没有人工智能的专家。两位杰出的数学家坐在台上：理查德·布伦特（Richard Brent）是一位著名的复杂性理论家，他代替弄错了日期的托尼·霍尔（Tony Hoare）参加会议；斯蒂芬·斯梅尔（Stephen Smale）——菲尔兹奖获得者；还有其他一些奇妙而神秘的数学领域的专家。和他们一起的还有一位物理学家——罗杰·彭罗斯（Roger Penrose）。然而，彭罗斯最近出版了第二本书，阐述为什么由于量子物理学的原因，人工智能是无望的。

我读过彭罗斯的第一本攻击人工智能的书，或者说是硬着头皮读过。关于量子物理的部分就我所知来看似乎是正确的，但关于人工智能的部分却无知得令人震惊。我想，也许他对小组要讨论的其他主题，即计算和复杂性理论，有所了解。

下面这段摘自我的日记。1999 年 7 月 27 日：

通常的物理白痴认为他可以介入并解决任何领域的问题，但是，唉，专业知识是重要的，而罗杰·彭罗斯对这些都一无所知。正如理查德·布伦特后来私下说的那样，彭罗斯对这三个主题的了解好像都是从艾伦·图灵开始，又从艾伦·图灵结束。理查德还怀疑彭罗斯对人工智能的反感有宗教原因，但这个我们无从得知。总的来说，彭罗斯是一个比休伯特·德雷富斯略微有趣的对手，但他并不会更令人信服。事实上，他更不可信。因为他不断地在建议开始一些“现在还不能做，但未来可以的实验……”或“我确信……可以做”或“未来可能进行的实验……”等。所有这些都是为了证明 / 反驳他所谓的“我的立场”，结果措辞可笑、论据混乱。他非常强调“意识”对智能的重要性，我认为他的意思是“自我意识”。他对智能史如此无知，以至于没有意识到他所说的“意识”是一种文化结构，至今在人类世界的大部分地区都没有出现（所以按他的逻辑，这些人都不“智能”）。意识是在文艺复兴时期的欧洲才首次出现。唉，真是讨厌。

所以这他妈都是些什么玩意儿？我想站起来告诉听众，（我参加过很多会议）我从来没有参加过像现在这样的人工智能会议：其中的小组会议是关于“偏微分方程是事实还是虚构?”或“为什么这些人不明白雷诺数(Reynolds numbers)对湍流的纳维尔–斯托克斯计算(Navier-Stokes Calculations)没有帮助?”。整个会议都充满了无稽之谈，这又是嫉妒人工智能的人类在“教条”的伪装下狺狺狂吠。会议室里挤满了人。我想到了我一直以来坚持的观点，即修辞在科学中是无关紧要的；我又想到了莱特希尔报告(Lighthill Report)，这份报告或多或少地扼杀了英国的人工智能资金(因此也扼杀了人工智能研究)，可能还要为如今的惨淡状况承担部分责任。英国曾经是人工智能的发源地，而今却早就不玩了。英国人为此付出了多大的代价啊！我并不是特别责怪詹姆斯爵士，他只是这把工具的设计者，但有许多人用行动铸造了它，还有更多的人拒绝站起来并依旧挥舞着这把工具，沆瀣一气。

我的丈夫乔对彭罗斯关于复杂性——计算复杂性——的错误陈述进行了抨击，因为这个人显然对人工智能一无所知。但我认为这是在浪费口舌。无知者无畏，这个人不愿意接受批评，甚至不愿意学习。这就是他所谓的“智能”。

小组讨论的结果和之前的观点一样，人工智能就像是一条长在错误的树上的藤，出现得非常不合时宜。对此，我只能一笑而过。

作为一名曾经的英国公民，我现在能够很高兴地宣布，伦敦的DeepMind公司正做着人工智能的前沿研究。在20年前，这是绝对不可能发生的。

注 释

[1] 斯图尔特·拉塞尔和彼得·诺维格(Peter Norvig)在他们不朽的教科书《人工智能：一种现代方法》(2010)第三版中写道，更准确的标题应该是“没有学习的一阶逻辑规则系统不能做什么”(What First-Order Logical Rule-Based Systems Without Learning Can’t Do)。不过，

他们也诙谐地补充说，这个标题可能不会产生同样的影响。

[2] 2013 年 1 月，有报道称沃森正沉迷于“城市词典”(Urban Dictionary)，这是个包罗万象、更新及时的在线俚语词典，受众主要是十几岁的男孩和像我这样的老年生活语言鉴赏家。沃森团队的一名开发人员认为，沃森的对话应该更加随意而时髦。但当沃森用“废话”回答问题时，团队成员决定将“城市词典”从沃森的记忆中清除。我还没有查证这个故事。我只能希望它是真的。

[3] 在《人工智能探索》中，尼尔斯·尼尔森（Nilsson，2010）敏锐地观察到，当赫伯特·西蒙的孩子们使用“逻辑理论家”证明一个定理时，孩子们的理解是不完全正确的，然而定理却确实被证明了。哲学家们可能会强调智能在做事时会有“目的性”，但如果你要把“目的性”赋予每一个细胞，那就会变得非常复杂。

[4] 见 https://youtu.be/Nu-nlQqFCKg。

[5] 拉希德在纪念卡内基梅隆大学计算机科学系成立 50 周年的研讨会上告诉我这件事。他还告诉研讨会的听众，在那次讲座上，一些中国听众听到这样的重大事件后，激动地哭了出来。谷歌的单词错误率从 2013 年的 23% 下降到了 2015 年的 8%。类似的改进在图像识别和从一种自然语言到另一种自然语言的机器翻译中也很明显。见 Dietterich，Thomas G.（2017，Fall）. Steps Toward Robust Artificial Intelligence. *AI Magazine*，38（3），pp.3—24. doi：https://doi.org/10.1609/aimag.v38i3.2756。目前的一个挑战是如何理解混合几种语言的口语。当美国总统唐纳德·特朗普（Donald Trump）在 2017 年访问中国并发表公开演讲时，使用的翻译是一个名为科大讯飞（iFlytek）的中国国产程序，这表明中国正在快速攀登人工智能的成就阶梯。

[6] 图像识别和生成是一把锋利的双刃剑：对许多应用来说非常有用，但它又非常善于生成假图像，很快你就无法相信自己的眼睛。就在同一周，《纽约客》(2018 年 11 月 12 日）上刊登了乔舒亚·罗思曼（Joshua Rothman）发表的一篇关于这个话题的长文“残像”(Afterimage)，指控白宫使用了一段篡改过的视频来证明吊销一名咄咄逼人的记者的记者证是合理的。他们通过加速视频将其篡改，没有用到人工智能，但这种做法却令人不寒而栗。

[7] 丹尼斯·特南 2017 年关于算法创造力的书是《纯文本：计算的诗学》(*Plain Text*：*The Poetics of Computation*，斯坦福大学出版社）。请原谅这种不伦不类的胜利主义。30 年来，乔在哥伦比亚大学讲座的听众中有一位院长，认为我是他敌人的朋友。每当我们在晨边高地遇到对方时，他都是一脸最酸楚、最愤怒的表情。当他在 2014 年读到哥伦比亚大学校长李·博林杰（Lee Bollinger）在该校校友杂志《哥伦比亚》(*Columbia*）2014 年春季刊的采访时，他一定感到了一丝苦楚。博林杰在采访里说，“十年前，我们的工程学院处于大学的边缘，教员们感到不受重视。现在，他们已经处于校园智识生活的中心。”博林杰又赶紧补充说，商业、新闻和公共卫生学院也很重要。所以我想，计算机科学学院的教师不会因为博林杰的这一表扬立刻变得忘乎所以。“但数据科学肯定是我们这个时代的主导力量，它对许多领域产生了变革性影响。”(“The Evolving University，” 2014，31）

第四部分

世界发现了人工智能

仿佛
那条河
是一面地板，我们
把桌椅
放在河流的上面，在那儿用餐
聊天，漫谈
河水滔滔
一眼便能望见——
那样平静的景象
如同餐厅墙壁上的油画
被悄悄地更换——
沿岸的风景在不断改变。我们
知道，我们
知道，这就是
尼亚加拉河，但
很难忆起
它的意义。

——凯·瑞安（Kay Ryan），《尼亚加拉河》（*The Niagara River*）*

* 凯·瑞安，美国诗人，2008—2010 年间曾担任美国桂冠诗人，2011 年获普利策诗歌奖。凯·瑞安的作品尚未引进国内正式出版；此诗无中译版，由译者翻译。——译者注

/ 第十八章 /

日本唤醒了世界对人工智能的认识

一

1982 年春天，有一次我和爱德华·费根鲍姆电话聊天的时候，感叹我开始写一本关于计算机图形学的新书，然而因为出版社的承销商濒临破产，他们要撤销出版这本书的计划。

爱德华说，你知道吗，日本人正在做一些非常有趣的事情，他们正在为下一代人工智能投入大量资源，他们真的可能会领先一步。

爱德华给我发了一些文件，描述了日本人计划做的事情。他是对的，这是个大新闻。日本第五代小组已经决定，现在是积极投入人工智能领域的时候了。他们设计了一台划时代的计算机来开发人工智能，现在还得到了强大的日本通商产业省 *（Ministry of International Trade and Industry，MITI）的支持。我为我新的经纪人写了一份提案后，便去犹他州滑雪度假了。

日本第五代小组的尝试将成为一次伟大的探险，唤醒世界对人工智能的注意。即使是"第一文化"的人也终于愿意对人工智能侧目，并对此反应不一。

这个时刻对人工智能来说是好事，它正得到越来越多公众的关注。这个时

---

* 现名日本经济产业省，主要负责提高民间经济活力，发展对外经济关系以及经济与产业顺利发展，同时保持矿物资源和能源供应的稳定和效率。——译者注

期，有关日本的任何事情都是好事，因为在20世纪80年代初，许多出版物声称日本人在制造和贸易方面比美国人强。爱德华和我打算告诉世界，他们的计算机可能也更聪明。

日本人将他们的下一代系统建立在费根鲍姆最近发现并用经验证明的知识原理上：智能行为产生于具体而深刻的知识，而不仅仅是推理能力，正如我在第十三章中所讨论的那样。

当我正在滑雪场时，我的新经纪人约翰·布罗克曼打来了电话，告诉我这个方案已经发给了16家出版商，3月31日版权将进行拍卖。“你在滑雪吗？”他问。“不，”我说，“我在屋子里读《荒凉山庄》（*Bleak House*）*。”“好，注意安全。”我向他道谢，继续吃我的早餐，并尝试找到一些灵感。

当我回到纽约时，我看到几个计划参加拍卖的出版商都曾拒绝《会思考的机器》。我笑了。时代已经变了。艾迪生-韦斯利公司（Addison-Wesley）赢得了拍卖，他们热情地敦促我们继续努力。那个春天和初夏，我疯狂地工作。在我那小小的电动打字机上［我用《第五代》（*The Fifth Generation*）预付的版税购买了我的第一台电脑］，我敲出了第一稿。爱德华和我以一种适合我们俩的方式进行合作：他有一些伟大的想法（以及许多关于日本、日本计算机行业和教育系统的第一手知识），而我则有一大堆问题、笨拙的大脑和其他乱七八糟的东西；他有炯炯有神的眼睛，我有怀疑的态度；他有对宏大课题和复杂联系的感知能力，我有对这一行业的从业者的热爱，并且愿意写这一本书。7月底，我第一次访问了日本。那是一个我将永远热爱的国家。

二

在东京，我与爱德华和他在日本出生的妻子仁井彭妮会合，她在斯坦福大学

---

* 英国作家查尔斯·狄更斯（Charles Dickens）最长的作品之一，以错综复杂的情节揭露了英国法律制度和司法机构的黑暗。——译者注

获得了计算机科学硕士学位，既是爱德华的智力伙伴，也是他的生活伴侣。她是一名知识工程师，是当时开发任何专家系统的团队的重要成员之一。知识工程师从人类专家的头脑中提取知识，并将其重塑为一个可执行的计算机程序，这个程序就是专家系统。这项任务现在已经在大型数据集上实现了自动化。（爱德华声称赫伯特·西蒙是第一个知识工程师，他从阿德里安·德格鲁特关于国际象棋大师的书中提取了所有的国际象棋专业知识，并将其重铸为一个国际象棋程序。）

日本项目的总部名为新一代计算机技术研究所（Institute for New Generation Computer Technology，ICOT），位于一座普通的高层建筑中，可以眺望远处令人神清气爽的富士山景色。日本政府召集了八家领先的日本电子公司参与该项目，每家公司都会提供研究人员。当然并非所有公司都自愿参加。同时，项目负责人渕一博（Kazuhiro Fuchi）不允许那些公司把二流的研究人员送来，他对谁在 ICOT 工作有最终决定权。渕一博一点也不像日本人，身上散发出一种意志的力量，构成强大的气场。他在他那间装修得很好的办公室里接待了爱德华、彭妮和我，窗外正是白雪皑皑的富士山。后来我从他的一位研究人员黑川俊（Toshi Kurokawa）那里知道（他和他的妻子洋子早些时候曾将《会思考的机器》翻译成日文），渕通常在一个简陋的小隔间里工作，因为在那里他可以监督他的“军队”。虽然渕有强大的意志力，这些年轻科学家有热情和天赋，还有 MITI 的支持，但整个项目在我看来却是非常不堪一击的。

在接下来的几天里，爱德华、彭妮和我访问了项目的参与公司。在日立公司，我们听说他们起初并不想加入这个疯狂的计划，只是 MITI“让他们这么做”，无论做的是什么。他们认为自己就像是“IBM 的追随者”，只有 IBM 认为人工智能值得做时，他们才会心甘情愿地去做。另一个极端是日本电气公司*，他们决心尽一切努力使第五代成功。

在日本，爱德华和彭妮就像是半神降临，而我则是他们身后的仆人。这也难

---

* 日本电气股份有限公司（NEC）是日本的一家跨国信息技术公司，总部位于日本东京港区。NEC 为商业企业、通信服务以及政府提供信息技术和网络产品。——译者注

怪，专家系统及其在现实世界中的应用，正在席卷日本和美国（以及其他地方）的人工智能，所以费根鲍姆和仁井的来访仿佛是“居住在天界的生物”的降临。

我们访问的每家公司都有爱德华他们的徒弟。作为这种狂热奉献的回报，爱德华和彭妮对他们有无限的耐心。在每次讲座、每次演示之后，他们都会仔细询问，给予指导，并给予大量的鼓励。专家系统的大致想法并不难掌握，你可以在许多不同专业层次上攻克问题，最后总会出结果。因此，有天赋的人可以做创新的工作，天赋不足的人则仍有机会做出贡献。

然而这种方法只有“神灵”来到身边，定期进行布道、鼓励和鼓掌时才有效。“是的，”爱德华在一个深夜疲惫地说道，“有时我觉得自己就像《2001：太空漫游》中的那块石碑*，时不时地下来看看大家的情况。我看到他们还没有到达目的地，但我告诉他们要继续努力，之后我便离开了，直到下一次再来。”

有一次，我们从一家偏远公司回到东京。在长途汽车上，爱德华告诉我，要使人们看到实际知识的价值，使思维机器获得成功，需要很多传教士一般的工作。“我从赫伯特·西蒙那里得到了提示，”他说，“只要赫伯特有机会，他就会写一篇论文，或做一次演讲，普及他的想法，并把它们变成特定听众可以理解的语言，告诉他们为什么它对他们有意义。当时这是——现在也是——一项累人的工作，但却是产生影响的唯一途径。”

三

《第五代》写起来让人快乐。爱德华和彭妮对日本有很多了解，而我则是在学习。在18个月内，我在当地的一个沙拉三明治摊位上把完成的手稿带给了我的经纪人约翰·布罗克曼——约翰从来不喜欢花哨的文学午餐会，他把两份手稿

* 电影《2001：太空漫游》中出现在月球背面的重要物品，代表了宇宙中高等生命的存在，是高等生命制作出的工具，帮助生命逐步进化。——译者注

装在几个 Zabar's 超市 [*] 购物袋里带走了。

手稿编辑过程的来来回回比平时更令人心烦意乱，因为指定给我们的编辑决心扼杀手稿中一切可能的生命迹象。V.S. 普里切特很久以前就告诉我，我应该为自己能在英国出版自己的第一本书感到幸运。英国编辑欢迎作家特立独行的声音，他们只会确保散文是合理清晰的。美国的编辑则是“令人发指地难搞”。

整个过程的波折荒谬，仿佛是一部电视剧或一台歌剧。出版商买下了我们的名字和想法，但想按他们自己的想法写书。编辑根本没有天赋，他只会令我们苦恼。(我温柔地问这个人：“编辑的天堂是不是一个没有麻烦作者而稿件会出现的地方?”）他坚持的修改之处非常差劲。在加勒比海度假的爱德华给我发来了电子邮件：“这个事情给我的感觉就像我拖着一条死狗一样：我完全读不下去，却又无法摆脱掉它。”事情变得如此糟糕，最终我和爱德华不得不告诉主编，我们要撤回这本书，当然我们也会退还丰厚的预付款。

这显然引起了编辑部的注意。那个让我苦恼的编辑最终被解雇了（“反正我也要走了”），而我则试图从创伤中恢复。虽然我终于可以再次用曾经的勇气写作了，但我很快意识到复活只是昙花一现。即使书最终出版了，也因为在印刷的封面上出现了一个很大的失误，我们坚持要求出版商召回书并加以修正。最终，这本书的正版和未经授权的盗版以各种语言出现在世界各地。这本书应该卖得很好。

四

从长远来看，第五代的结果并不像日本人一开始希望的那样。一些人认为这一项目过于超前（其多层次编程的出现早于深度学习）。还有人说，由于现成组件的发展，日本人提议建造的特殊用途机器已经过时，或者选择的编程语言太过烦琐了。

---

* 位于纽约市曼哈顿上西区的大型超市。——译者注

麻省理工学院的爱德华·费根鲍姆和霍华德·施罗贝（Feigenbaum & Shrobe，1993）在对第五代的唯一英文评估中，详细阐述了该项目的技术成就和失败。也就是说，该项目对推动基于知识的系统和人工智能的发展没有什么作用。它的自然语言目标和其他人机交互目标被放弃了，它对实用应用的展望也没有实现。相对于线性机器，第五代项目对并行推理机器的研究和开发，几乎是独一无二的，对需要大量信号处理的人工智能部分（视觉、语音、机器人）非常有用。然而，缺乏并行性并不是人工智能的最大挑战；缺乏处理大规模知识库的方法是一个更大的问题。（这一点将得到改变，十年之内这个问题就将得到解决。）

但 ICOT 的成就表明，日本可以在计算机架构方面进行创新；在峰值性能下，其专用机器达到了项目最初设定的目标。最重要的是，该项目为人工智能、基于知识的系统和创新的计算机架构创造了一个有吸引力的光环。日本科学家报告说："由于 ICOT 的存在，一些最好的年轻研究人员已经进入这些领域。"日本的机器人专家现在是该领域的世界领导者。

然而，2011 年，在致命的日本东北部海啸之后，当福岛第一核电站发生堆芯熔化时，日本的机器人本应在现场。遗憾的是，指导和资助研究的政府机构认为，像三里岛 * 或切尔诺贝利那样规模的灾难不可能在日本发生；因此，政府决策者认为没有必要资助对能够承受高辐射的机器人的研究。这是一个悲惨的误判，并最终造成了可怕的后果。

在不计算人力成本的情况下（如果可以的话），福岛第一核电站的拆除工程巨大，预计需要 40 年才能完成，耗资 150 亿美元。核电站熔毁三年后，拆除工作才开始。日本部署了可以进入残骸的机器人。由于放射性干扰了无线传输，机器人必须由电缆控制，但电缆很容易被缠住。接下来的计划是使用能够切割障碍物和捡拾碎片的机器人，然后是清洁工机器人使用高压水枪和干冰来清洁墙壁和

* 三里岛事故，发生于 1979 年 3 月 28 日，美国史上最严重的核事故。——译者注

地板表面（Strickland，2014）。

乏燃料棒必须被移除，放射性液体被控制，最后，三个受损的堆芯被移除。仅仅这项工作就可能需要20年时间。在大多数情况下，人类控制着我所描述的机器人，并且改进后的自主机器人可能会更成功——但没有什么能加快放射性堆芯的半衰期。2017年，日本建造和部署了一种小型（鞋盒大小）抗辐射机器人Manbo，以寻找熔化的燃料棒。Manbo像一个空中无人机一样，使用微小的螺旋桨在用于冷却反应堆的放射性水中航行，最终找到并拍摄了那三个堆芯已在灾难中熔化的反应堆（Fackler，2017）。

震惊于传统机器人在灾难发生时的失败，美国国防部高级研究计划局在2013—2015年期间进行了一场盛大的机器人竞赛，旨在生产防辐射的自主机器人，用来进入像福岛这样的灾难现场：进入废墟，移动残骸，关闭阀门，爬上梯子，将消防水管连接到消防栓，以及在人类环境中执行其他困难的任务。这场比赛使世界各地的机器人专家度过了无数不眠之夜，以可乐、比萨和速食面为生，努力争取胜利。2013年12月，谷歌旗下的SCHAFT公司的机器人专家轻松赢得了中期挑战赛。但在2015年6月，韩国科学技术院（KAIST）的一个团队用仿真机器人DRC-HUBO赢得了这场盛大的比赛（以及200万美元的奖金）。在44分28秒内，该机器人完美地完成了比赛的所有八项任务（Guizzo & Ackerman，2015）。

正如我们所知，灾难可能发生在任何地方。

五

日本人在20世纪80年代初热衷于提升人工智能的一个原因（虽然不是主要原因）是他们严峻的人口事实：日本社会正快速老龄化，而这一大群老人必须得到照顾。或许是因为这个原因，当然也是因为我认为《第五代》的技术性细节太多，需要一些轻松的东西，我在书里介绍了养老机器人（Geriatric Robot）的开发。

我写道，养老机器人的伟大之处在于，它不只为你打扫卫生，给你喂食，或带着你在外面散步，呼吸新鲜空气。它的伟大之处在于它能倾听。它说，再和我聊聊你的孩子有多好，或是多么不好。它说，再和我聊聊 1973 年的那场伟大政变 *。它一次又一次耐心地、真诚地聆听。它这么做不是为了继承你的遗产，也不是因为它找不到其他工作。照顾你就是它的工作。它不会分心或感到无聊。它不会批评你。它是一个细心的照顾者，在你的家人或护工对照顾你感到厌烦之后，它还会继续存在。“我们人类是做不到的，”我补充说，“这就是人工智能的魅力。”（Feigenbaum & McCorduck，1983）

在过去的几年里，我经常受邀给大学生做讲座。我需要用一些贴近这个年龄段的人的事物来说明人工智能，最好能让他们笑起来。我亲爱的朋友，70 多岁的小说家霍滕斯·卡利舍，认为养老机器人很有意思，应该有更广泛的受众。如果霍滕斯在她这个年纪都不觉得这样的机器人有什么不妥，那么我想其他人也不会介意。在书中，我用各种修辞来表示养老机器人的例证只是一个有意思的玩笑。

爱德华当时看了一眼书里这段关于养老机器人的文字说，也许这么写不是很妥帖，最好删掉，但我坚持认为我确实只是在开玩笑。编辑最后把它删掉了。但由于那位编辑曾试图扼杀手稿中的每一个生命迹象，所以我把这些内容又恢复了。无论是否有趣，考虑到日本计划用人工智能来履行照顾老人的责任，这段内容应该是很合适的。

养老机器人是这本书中的一小部分——与日本人提出的其他更重要的挑战相比不算什么。这些挑战很快就由费根鲍姆在美国国会听证会上作证。但我对养老机器人做出的评论，向“第一文化”的人证明了，在存在巨链中，包括我在内的人工智能研究者们和没有感情的牲畜差不多。

这样的水平仅仅比植物高级一点而已。

---

* 此处应指 1973 年 9 月 11 日发生的智利政变。这是一场推翻当时智利总统萨尔瓦多·阿连德的军事政变。秘密档案文件显示，美国曾支持该政变。——译者注

/第十九章/

时间残骸中的散兵游勇

一

在《第五代》出版一两个月后，麦克·德图佐斯（Mike Dertouzos）——当时麻省理工学院计算机科学实验室的主任，来哥伦比亚参加一些活动。他出生于希腊，是一个极其认真而又热情洋溢的人。在 The Terrace 餐馆吃午饭时，我们坐在一起，可以从晨边高地眺望晨边公园、哈林区的屋顶和东河。“你要当心，”德图佐斯一反常态地严肃说道，“魏岑鲍姆显然已经认真读过了《第五代》。他正在大厅里摩拳擦掌地到处宣扬这本书会让你们输得很惨。”

约瑟夫·魏岑鲍姆最初在 20 世纪 60 年代中期，就精神病院使用肯尼思·科尔比的“医生”程序与科尔比闹得不可开交。当时精神病人如果幸运的话，也许一个月可以有机会看一次医生。科尔比试图通过“医生”程序的应用给这些病人带去一些来自自动化程序的治疗以缓解病情。然而魏岑鲍姆坚持认为任何机器都不能干涉精神分析过程。即使这意味着病人没有得到任何治疗，魏岑鲍姆认为那也就只能这样了。这最终导致他不断公开攻击整个人工智能领域。

当时的哲学家们认为人工智能永远不会成功。相比之下，魏岑鲍姆认为恰恰相反，人工智能是肯定能成功的。他早期在治疗师项目“伊丽莎”（Eliza）中的工作以及他与麻省理工学院的关系使得他的这一观点在公众中得到了重视。他强烈认为一定要阻止人工智能的发展，因为它是通往巨大灾难的快速通道。为了表明自己的观点，他往往会把人工智能和大屠杀放在一起做比较。

1976 年，他将这些论点汇总到他的书《计算机能力与人类理性》中的第 17 章。这是一本很有影响力的书，特别受不少对计算机这一概念感到不安的人的欢迎，更不用说那些对机器智能感到不安的人。因此，在过去几年里，他作为人工智能和计算领域的自称有“良心”科学家而声名鹊起。

在晨边高地的午餐会上，德图佐斯说：“过去，魏岑鲍姆对自己滔滔不绝的言论只相信 10% 左右。但现在，他完全皈依了自己的‘信仰’。他还公开朗读了“樱桃园里的知识分子”（Intellectuals in the Cherry Orchard）这一章中的几段，并评论说这一切是多么令人震惊。”

“樱桃园里的知识分子”是《第五代》中的一个章节。这个章节通过契诃夫的朗涅夫斯卡雅夫人 * 这一主人公悲惨地忘记了她对未来的责任的故事，阐述了对当今一些知识分子的看法。但实际上，在这个章节里，我只是在重述 C.P. 斯诺多年前在他的“两种文化”讲座中的一个观点。以下是那个章节中的段落。

> 总之，如果知识分子不密切依赖这种新工具，那么在不久的将来就不会在知识方面有所创新。凡是顽固地对这项技术漠不关心的知识分子，他们将会发现自己呆在一个古怪的“智力馆”中一筹莫展，虽然心情不好又毫不相干，却又不得不呆在那儿，靠那些理解这场革命真实含义的人的施舍，才能跟这场革命开辟的新世界打交道。**（Feigenbaum & McCorduck，1983）

“自从来到麻省理工学院，魏岑鲍姆过得很艰难，”德图佐斯继续说，“你也知道的，他没有博士学位。这就意味着他在能力上必须要远胜他人。遗憾的是，

---

* 契诃夫戏剧《樱桃园》中的主人公。——译者注

** 此段译文选自《第五代：人工智能与日本计算机对世界的挑战》，［美］爱德华 · A. 费吉鲍姆、帕梅拉 · 麦考黛克著，汪致远、童振华、江绵恒、江敏译，白英彩校，格致出版社 2020 年版。

他并没有更加优秀，他的研究没有任何进展。他知道自己的成绩不理想，他一定非常痛苦。但是，我还是希望他没有选择用诋毁人工智能的方式来弥补自己的不足。”

“也许吧，”我说，“他这么做也是因为二战和大屠杀。他满脑子都是对灾难的恐惧。有趣的是，这也许是因为他自己并没有经历过二战和屠杀。”他在从德国柏林打来的长途电话中是这样告诉我的。于是我继续推测：“那么，这就是问题的根源吗？因为他没有亲自经历过一些事情，所以他会深陷于此吗？”

德图佐斯和我交流我们自己在二战中的经历。在德国占领希腊期间，他还是个孩子。德图佐斯从婴儿时期就知道，他的父亲是一名游击队员。在那场野蛮的侵略战争中，他必须小心谨慎。如果他稍有不慎把家里发生的事说了出去的话，他的父亲、叔叔们和他自己都会被杀掉。我出生在英国，正值每个晚上都有闪电战的年代。每天晚上，整个世界，炸弹都在向正义和非正义的人投射。我和德图佐斯都经历过二战，或多或少地把这段经历刻意地遗忘了。

我们耸了耸肩。谁知道是什么在驱使约瑟夫·魏岑鲍姆？他最近出现在电视上，自相矛盾地说，机器永远不会思考，因为它们在空旷的房子里不会感到寒冷和孤独。30 年前，有人向艾伦·图灵抗议，认为不可能存在有思维的机器！它们不可能喜欢草莓和奶油！尽管马文·明斯基辩护说，情感是智力的一个组成部分，但仅仅因为害怕待在小黑屋里，或是爱吃草莓和奶油，就会让你被麻省理工学院录取吗？[1]

二

我被警告了。我也提醒了爱德华·费根鲍姆，我们等着接下来可能会发生的事。果然，《纽约书评》(*The New York Review of Books*) 很快就发表了魏岑鲍姆 (Weizenbaum，1983) 一篇长达五页的对《第五代》的评论。在开头一段，我们就被拿来跟墨索里尼、希特勒和皮诺切特做比较，唯一令我感到安慰的是，至少皮诺切特还活着。“我们只是写了一本书，”我对着手中的报纸大声说道，“我们没有监禁、折磨或杀害任何人，没有推翻任何政府。你的编辑居然允许你这么写我们？”

总而言之，这是一篇无论是对魏岑鲍姆还是对我们的读者，都没有产生任何正面效应的评论。但我猜这个作者写完这篇评论以后想必是感觉如释重负了。

魏岑鲍姆可能与日本人有一些技术上的争执——其实我们也有自己的争执，并且说过这个问题。但魏岑鲍姆最大的愤怒应该是冲着我来的，因为在《第五代》中提出人工智能要着手做实事是我的建议，例如开发养老机器人。我的这个建议对于魏岑鲍姆来说的确是很震惊的。他在《纽约书评》的版面上疾呼只有人才有资格照顾人。这和他 20 年前的警告如出一辙：当时他说，只有精神科医生才能对病人进行心理治疗，就算让受折磨的灵魂得不到任何治疗也无所谓。

“我当时不应该让你把关于养老机器人的东西留在书里。”爱德华说，但随即又笑了起来。不久，在曼哈顿一个朋友的读书会上，一个陌生人和我聊起了这篇评论。当我兴高采烈地告诉他这篇评论提到的就是我的书时，他立刻对我退避三舍，好像我的脸布满了会传染的瘟疫似的。

我好想知道魏岑鲍姆到底有没有照顾过老人，或者他认为总有人——比如说某个女人——应该照顾老人。不管怎么说，人口统计学表明，照顾老弱病残的人看起来就像 20 世纪 50 年代的电话接线员：如果社会继续发展，一半的人口都将困在照顾老人的工作里。幸运的是，贝尔系统（the Bell System）发明了自动电话交换机，而这也让我们从电话接线员的职业中解放出来。

因此，虽然我是想把养老机器人的事作为轻松的小故事讲给大家听，但事实上，这个类比“电话接线员”的问题已经迫在眉睫。作为一个人口大国，作为一个庞大的经济体，美国根本无法为老年人和慢性病患者提供一对一的人文关怀。正如亨利·詹姆斯所说，我们都是“时间残骸中的散兵游勇”，或者说我们将是这样。美国疾病控制中心的数据显示，在 2018 年，6 100 万美国人有某种形式的残障，大约65%的残障劳动力处于失业状态。到2030年，老年人口将占据总人口的20%，每两个劳动年龄的成年人中就有一个需要回家照顾老人。训练有素的老年病学专业人员将严重短缺。日本人对此直截了当：我们为什么要躲在这种虔诚的虚伪背后？

爱德华和我给《纽约书评》发了一个简短的回复。文章已经刊印了，就只能这样了。不过，事实并非如此。

三

不久，我收到了一份邀请，邀请我前往日本参加关于给老年人提供帮助的机器人的会议。对此我婉拒了。随后，德国《明星周刊》(*Der Stern*) 打来电话，他们问我谁在做这方面的软件？谁在做硬件呢？我对《明星周刊》的那位听起来非常严厉的女士说，这只是开了一个小玩笑。没有人在做这件事，但如果她真的想跟进，可以给东京那边的研究员打电话。

必要性是发明之母。20多年后，护工机器人“珀尔”(Nursebot Pearl) 出现了。这是当时在卡内基梅隆大学的年轻德国机器人专家塞巴斯蒂安·特龙的创意。特龙从未听说过养老机器人，但他深爱着他的祖母，并且确信只要有外界的一点助力，她应该能够在自己的家里安然度过最后的岁月。他有能力帮助她和世界上所有的祖母，安详如愿地在自己熟悉的家中走完一生。

匹兹堡、克利夫兰和其他地方的几个养老院和老人中心都实验性地部署了护工机器人“珀尔”。她大概有4英尺高，用轮子“行走”，就像一个可以自己活动的助行器。她还有一张甜美而富有表现力的女性面孔。“珀尔”会提醒她的老年客户吃药，打开电视看他们喜欢的节目。人们握住“珀尔”的手柄的时候可以将生命体征即时传送给观察病患异常情况的人。但“珀尔”很快就落后于时代了。

2005年左右，卡内基梅隆大学一位国际知名的硬件专家丹尼尔·P. 西维奥雷克和他的妻子一起，目睹双方父母度过了悲惨艰难的暮年。“我们可以做得更好。”他对自己说。卡内基梅隆大学从美国国家科学基金会获得了一笔极不寻常的十年拨款，在校园内建立了生活质量技术中心，推动一项宏大的技术研究。这不仅是为老年人服务，也是为任何人，任何有残障的成人或儿童服务。

幸亏可以与大公司合作，也得益于卡内基梅隆大学鼓励此类企业的有力政策，该中心的一些产品已走向商业化。这其中包括家用辅助机器人［其中一个叫“赫伯”（Herb)，是一个外观平淡无奇但很有用的家用个人辅助机器人］和能感知人类情绪并对其做出反应的机器人。西维奥雷克还告诉我，一些可以通过包括认知和记忆援助在内的虚拟训练来缓解各种疾病的机器人也已经问世。从盲人到阿尔茨海默病患者，再到普通的老年人，计算机视觉的研究成果增强了每个人的视觉感知能力——例如，夜视能力的增强为夜间安全驾驶保驾护航。智能轮椅有助于防止乘员翻倒；人工智能研究者还将携手自动驾驶汽车设计师共同合作，重新设计汽车内饰。

同样重要的是对护理人员的支持。例如，一个相对廉价亲民的机器人，带有灵敏的传感器，可以在床上抬起和翻转病人，能够拯救人类护理员的背部。设计的重点是低成本：以智能手机和平板电脑的应用程序为驱动，而不是用昂贵的专门小工具去驱动整个程序。

在南加州大学，计算机科学、神经科学和儿科教授马娅·J. 马塔里奇（Maja J. Matarić）的团队一直在研究利用人类对语言、面部表情、手势、动作和其他仿生学行为的反应来给人提供帮助的机器人。也就是说，这些机器人监测、鼓励并维持客户的各种活动。它们的目的是改善学习、训练、表现，维持任何有风险的人的健康，无论这一风险来源于年龄、自闭症、中风还是脑损伤。即使是健康的老年人，也能在机器人健身教练的指导下，以一种尽可能愉快和个性化的方式健身。

2013 年秋天，马塔里奇在哈佛大学做了一场引人入胜的演讲，我参加了这次演讲。她告诉听众，与屏幕上的指令或对话相比，人类对机器人等这些“拟人化”存在的反应更深刻。只要机器人所表现的行为是我们熟悉的，我们跟它之间的互动是可信的（不一定需要是真实的），而且这个机器人是自动的（而不是需要被操控的木偶），我们貌似天生就会认为这样的一个东西是有自主权的。奇怪的是，需要帮助的人对不太完美的机器人的反应比他们对完美机器人的反应要好。在马塔里奇的一个视频中，当一个外形看起来跟人只有一点点相似的人形机器人对人类客户说“那个我做不到”时，客户也松了一口气，说：“我也不行。”

马塔里奇展示了中风患者在各种机器人的带领下进行锻炼的视频。特别是在中风康复的治疗中，如何给病人动力进行恢复是治疗所面临的最大问题。在这个过程里，恢复和使用受创的肢体对病人和治疗师来说都是困难、让人沮丧又枯燥的过程。然而即使是十年前由滚动的机械碎片组成的原始机器人，也能与人类客户建立一种联系。后来，更复杂的机器人通过各种传感器，知道客户何时会因挫折而放弃。他们会迅速地肯定客户的付出，并提议客户是时候休息一下了。

马塔里奇强调了人类声音的强大作用，这是人工智能领域的一个问题，人工智能还没有发展到人类和机器人可以像人类之间那样互相交谈的程度。准确的语音理解还是不够的。机器人还需要识别大约 70 种非语言行为，其中有些行为如空间关系学般微妙（比如说，谁站在哪里，有多近?），或者角色的动态分配（现在你来主导对话，或是现在我来主导）。

“恐怖谷效应”是欧内斯特·延奇（Ernst Jentsch）1906 年首次描述，并由弗洛伊德（Freud）加以阐述，由机器人专家森昌弘（Masahiro Mori）命名并在 1970 年准确定义的。对于只与人类有那么一点模糊相似的事物，我们的反应大部分都会是正面的。但是，当这个事物与人类达到“几乎相似”的程度时，人类的舒适度会急剧下降，我们的正面反应便会突然转变为极其反感。随后，当机器人的外观和行为越过另一条线，更加接近人类的行为时，我们就会从恐怖谷的反感中上升，并再次做出正面的反应。引起恐怖谷效应的不仅仅是机器人，还有被毁容的烧伤患者、一些整形手术患者、神经系统受损患者，甚至是三维动画。而且，这一效应出现在多个维度上。马塔里奇说，一个阿尔茨海默病患者在她的机器人开始像弗兰克·辛纳屈（Frank Sinatra）那样唱歌时变得非常不安。“那不是弗兰克！”她蛮横地说。

四

马塔里奇的机器人让我印象深刻的是，它们不需要太多的智能就能在患者康复中发挥作用，对自闭症儿童也是如此。不过，马塔里奇也谨慎地表示，并非所有自闭症儿童都对机器人有反应。但对于那些有反应的人来说，机器人是安全的；而机器人身上的瑕疵能让这些人感觉到与自己的相似性。与自闭症儿童互动的半智能机器人可以带领孩子们进行社交、沟通、话轮转换、游戏发起，甚至让孩子露出第一个社交性的微笑。

迄今为止，经济因素抑制了各种机构大规模使用机器人，我们还不能在每个老年人的家里配置一个机器人。但就在我写这本书的时候，欧盟面临着与日本类似的人口结构，他们已经开发了一系列智能服装、智能环境和私人机器人，所有这些都是为了让老人在自己家里生活得更久一些。欧盟计划进行试点研究，并希望规模经济能把智能环境和机器人的价格缩减到相对能承受的范围内。加拿大，当然还有日本，都在研究这种系统和机器人。在整个美国，从斯坦福大学到麻省理工学院的研究中心，都在研究技术如何能在这些方面做贡献。全国各地的初创企业希望重塑家庭护理，帮助老年人适应当前社交方式的新变化。

在我的设想中，这样的变化对我们大多数人来说是渐进式的——将小型化的现成组件一个个巧妙地结合起来，最后提供智能程序。未来的老人照护机器人可以是能够穿着的服装或特殊用途的假肢，它与我们的笔记本电脑、智能手机和基线板相连。据我所知，这种机器人还可能会被植入体内。“就像是应用程序、小工具和电子狗，”研究未来医疗保健的专家乔·弗劳尔（Joe Flower）说。我敢打赌，对老年人的护理也是如此。家里的机器人可以做一些无聊的事情。加州大学伯克利分校正在开发 Brett 机器人，命名源自“消除繁琐任务的伯克利机器人”(Berkeley robot for the elimination of tedious tasks)。它将通过观察你或是浏览 YouTube 来学习，最终可能学会叠衣服，或是做其他任何人类需要用身体去完成的事情。

当我写本书时，我已经 70 多岁了，尽管人类助手的愿望仍然是理想化的，但我已经看到我的一些朋友与人类护工目前的缺点做斗争——虽然一些护工很好、很敬业，但有些人没有受过良好的训练，他们所属的机构付给他们略高于最低工资的薪水，却对我的朋友们收取比最低工资高至少一倍以上的费用。在服务期间，他们经常在讲电话或者一直要看电视。在我看来，老年照护机器人，无论其形式如何，它的出现都将是及时的。我已经在排队等候了。

五

约瑟夫·魏岑鲍姆和我的斗争仍未结束。1984 年，我受邀在奥地利林茨举行的电子艺术节夏季年会上发表演讲。舟车劳顿之后，我如释重负地倒在床上，瞬间陷入了深深的睡眠。两小时后，电话响了。是魏岑鲍姆，他也在参加这个会议，并且想和我谈谈。我们商定在一小时后一起吃林泽饼干、喝咖啡。

如今，魏岑鲍姆已经成为演讲界的知名人物。他警告说，愚蠢地使用（似乎是任何方式的使用）计算机将不可避免地导致另一场大屠杀。他经常宣称，出于道德和伦理原因，人们必须被说服到完全放弃计算机的使用。

在过去的几年里，他的头发越来越长、越来越白，眉毛愈加浓密，小胡子日渐显眼，眼袋也日益膨胀。也许是因为他在柏林待了很长时间，而且经常说德语，他英语中的德国口音甚至更加日耳曼化了。他是现代末日预言家的典范。

我坐在他对面，吃着林泽饼干等待他进入正题。他不厌其烦地闲聊：我的旅行怎么样？我又等了一会儿。我开始感觉到他想言和，但他无法为他在《纽约书评》上对《第五代》的恶意攻击道歉，甚至无法解释。言和又从何谈起呢？他聊起了悲惨的大屠杀，如果我们当时不小心，将如何如何……

“约瑟夫，你是什么时候离开德国的？”

他的声音夹带着忧伤：“1936 年 1 月。”

于是我重复了那句话，那是很久以前，在《会思考的机器》出版后，他从柏林给我打的电话中我说的话。我告诉他，在《第五代》出版后，我们在麻省理工学院再次见面时，我曾强烈反对他在《纽约书评》的文章中淡化大屠杀的概念。现在，我第三次告诉他，我丈夫是如何在 1939 年 1 月逃生的——那是在“水晶之夜”的两个月后，在魏岑鲍姆离开德国三年后。我丈夫的每个骨肉至亲都死了，只有他的外祖母在法国的古尔斯集中营中幸存下来，但她的心智却遭受了严重的损伤。我把我的二战经历告诉了魏岑鲍姆。这一切是怎么回事呢？这个人拥有什么样的道德水平，以至于他可以如此居高临下地评判相信人工智能有前途的人？这一次，他听进了我的话。

我面前的那张脸一瞬间皱成了一团。他曾经依靠所谓的道德优势取胜，并将其发挥到极致。在他的想象中，他把我塑造成了一个没有思想、吃玉米长大的傻子。他将自己的悲哀视如珍宝，认为自己独特、优越，像我这样的人无法企及。现在他终于明白了。

我等待着他的回应。

“好吧，”他最后说，停顿了一下，“好吧。”更多的沉默：“嗯……嗯……嗯……”

我的临别赠言是善意的，因为在我面前，我看到了他的心理状态全线崩溃，这是很痛苦的一幕。

在大概一天后的会议上，魏岑鲍姆发表了他一贯的讲话，提醒我们所有人，德国军队使用计算机，因此……我身边一位年轻的德国艺术家嘀咕道：“德国军队使用刀叉，因此我们就不要使用刀叉了。”魏岑鲍姆已经把自己塑造成了讽刺漫画里才会出现的人物。

约瑟夫·魏岑鲍姆最终永久定居德国，寻求可能治愈他心灵创伤的灵药。是流亡的经历击垮了他吗？但是从哪里的流亡经历呢？从德国流亡，在第三帝国时期吗？那时他只是被流放的数百万人中的一员（并幸运地逃脱了谋杀）。从人工智能中流亡吗？在那个领域他曾勇敢地尝试过，但失败了。从麻省理工学院流亡吗？那里已经成立了一个计算和人类价值研究所，但没有邀请他加入其中。也许他指的流放之地是他想象中的天堂：它从未存在过，也不会存在。但这只是猜测。他于2008年在德国去世了。

如今，无论魏岑鲍姆当时持有什么样的信念，认为计算机无法做出精细的甚至是人性化的判断，都不再是真的了，虽然在20世纪60年代，当他设计银行系统时，当时的状况可能是如此。在新的千年里，人类还是面临很多无法通过来自其他人的帮助就能解决的问题。然而，人类急需这些问题得到帮助和解决。于是，人们慢慢地、一步一步地向智能机器寻求协作。人工智能引发的巨大伦理问题正在得到认真的关注，我将在后面的章节中讨论这个问题。

注　释

[1] 明斯基和其他许多人都认为，情感是智能的一部分，且是智能的必要条件，但不是充分条件。

/ 第二十章 /

与 IBM 共舞

一

《第五代》中说到我和爱德华·费根鲍姆对 IBM（当时美国最重要的计算机公司）态度强硬，是因为它长期以来公开地强烈反对人工智能。我听说，最流行的说法是［我最早是从阿瑟·塞缪尔（Arthur Samuel）那里听到的，他是 IBM 的员工，在 20 世纪 60 年代开发了第一个跳棋程序］老沃森（T. J. Watson，Sr.）担心关于智能计算机的流言蜚语会吓跑客户。

1983 年 4 月，《第五代》出版后在曼哈顿的一次鸡尾酒聚会上，我丈夫介绍我认识了 IBM 负责科学研究的高级副总裁拉尔夫·戈莫里（Ralph Gomory），然后就退到一旁看我们的热闹。戈莫里和我礼貌地寒暄了几句，随后他也非常礼貌地表示，尽管 IBM 在几年前才看到符号推理程序的巨大潜力，但这不代表 IBM 反对人工智能。况且，他们在机器人、语音识别（他说他们这方面的研究几乎达到了我们所谓的“理解”的水平）等方面做了“出色的工作”。IBM 认为来自日本的挑战涉及了很广阔的范围，包括设备、包装以及软件，还有符号推理程序。用戈莫里的话说，这是一场生死斗争。他劝我去约克镇高地亲眼看看，那里有 IBM 的主要研究实验室，我爽快地答应了这个邀请。[1]

我对戈莫里说我很乐意从他那里获得新的消息，并将它们写入我的《第五代》平装版里。但我对IBM企业文化的看法其实由来已久。我没有提到几周前在华盛顿从一位立法助理那里听到的消息：他告诉我IBM公司已经同意给政府提供一批新一代计算机，而条件则是它们不被称为“人工智能机器”。我也没有提到（因为我忘了提），IBM最近两年刊载在新闻杂志和《泰晤士报》上的整版广告，他们向不安的公众保证，计算机只是永远不会思考的笨重机器。

当我低头盯着我的酒杯，感到有些懊恼的时候，IBM位于约克镇高地的沃森实验室的一位研究人员，艾伦·霍夫曼（Alan Hoffman），径直冲到我们面前。他没有理睬我，而是不假思索地对我丈夫说：“专家系统到底有什么用？在我看来，它们还没有做任何事情。它们有什么成就？”乔让他问我。“哦，你是搞人工智能的？我没看到专家系统有什么进展，它们也没什么重要成就。”霍夫曼转向我说道。这些问题非常难以回答，我喃喃自语。让IBM说服他吧，我想，毕竟他是IBM的人。他的无理取闹显示了IBM科学家之间深层次的矛盾心理，这并不令人惊讶。即使是目标明确的日本人也没有完全达成共识。

一年后，1984年的春天，IBM研究部门的一位系统副总裁——出于礼貌，在此不便透露姓名——在哥伦比亚大学发表了一个重要演讲，乔和我为他举办了一场派对。我在日记中写道：他的心情很复杂。他很高兴地参加派对，但事情的结果却让我很生气。事情是这样的，我们在墙上悬挂了一幅哈罗德·科恩（Harold Cohen）用计算机生成的艺术作品，而这位副总裁却不喜欢它，并对这幅画恶语相向。这位副总裁是一位著名的艺术品收藏家，并不是对艺术一窍不通之人。

评价之后，他天真地问：“你应该不会以为我在针对你吧？”没有，我回答说，表面上露出礼貌性的微笑，心里却在窃笑。他继续说：“把我的话转告给科恩。”出于礼貌，我撒谎说：“哦，我会的。”他一次又一次地对我和日本人的事情捕风捉影，对我们周围的人说：“帕梅拉认为日本人会拿走一切。”“帕梅拉认为，日本式的合作比竞争要好……”我只能笑着回答：“一切事物都有其流行期。”然而，他似乎很荣幸能参加这场派对，因此他有一点煎熬。虽然我知道这段描写会很伤人，但我很抱歉，因为我在书中没有掺杂任何个人意图。

我更喜欢拉尔夫·戈莫里低调的对抗方式，他邀请我参观位于约克镇高地的研究实验室，这种对抗消解了误会，还为我们之间的关系提供了一些具体的补救措施。如果我错了，日后我还可以在《第五代》的平装版中做些订正，而我也确实这么做了。但对于这位副总裁，我只能无奈地耸耸肩。

在“攻击艺术”派对的一个月后，哥伦比亚大学将在毕业典礼上授予 IBM 董事会主席弗兰克·卡里（Frank Cary）荣誉学位。我的丈夫乔作为计算机科学系主任需要陪同他，而我则要陪同卡里夫人。由于《第五代》的平装本即将出版，且我们在书里批评了 IBM，我们认为最好把乔和我的简历都发给他们夫妇二人，这样弗兰克·卡里就不会以为卡里夫人是由某个天真无知的教工妻子陪同。我一度想象卡里被我们的立场吓坏了，他会拒绝接受荣誉学位，除非哥伦比亚大学能找到一个更老实顺服的人（或不那么侮辱 IBM 的人）来接待他们。事实上，他非常和蔼可亲；他知道我们在书中提到了 IBM，但并不感到委屈（这与戈莫里形成了有趣的对比，戈莫里想直接处理问题；而另一位副总裁则是脾气暴躁、拐弯抹角）。在上午的接待会上，我和乔都非常喜欢与卡里交谈，以至于我们担心会打扰他的行程。

在毕业典礼上，首位在《纽约时报》专栏版上拥有自己专栏的女性——弗洛拉·刘易斯（Flora Lewis），做了一场精彩的演讲。我对这场演讲在卡里身上所激发出的强烈感情感到惊讶，他随后顺理成章地抱怨道：“我花了多年时间，从零开始一砖一瓦地建立起一个组织，而这些人中的一个突然出现，不经意地就破坏了我的成果……我可以理解他们有他们的偏见，但他们有这样的力量……”我突然想，他指的也许是我，而不是刘易斯。“啊，”我想，“虽然我们的判断不能始终正确，但我们中的一些人都是认真对待我们自己的所思所想的，对您所说的这种破坏性力量很敏感。”但正如刘易斯所说，我们不能总是写人们希望我们写的东西。

二

当天晚些时候，我开始觉得卡里人其实还不错，于是便与他讨论了关于现代艺术博物馆的问题，这个问题涉及IBM和我的朋友莉莲·施瓦茨（Lilian Schwartz）——著名计算机艺术和动画的先驱。现代艺术博物馆委托她为博物馆新翼开幕设计一张海报，主题可能会是计算机艺术。博物馆承认，直到1984年，计算机作为艺术的媒介才可能是“合法”的。IBM公司为这项工作提供了资助，并允许施瓦茨使用他们先进的图形系统，特别是他们的大型彩色打印机。

这个项目一直难以进行。几个月来，策展人拒绝了施瓦茨的一切艺术构思。一开始，他们说这张海报“看起来不像计算机艺术”——图像边缘没有锯齿。他们说的是早期计算机艺术典型图像周围常见的阶梯状边界。她解释说，如今出色的编程和技术已经可以做到抗锯齿。他们又抱怨说海报的像素点太小了，肉眼看不出来。她又解释说，随着编程技术和印刷技术的发展，点阵外观也正在消失。

当施瓦茨打算对名画进行数字化和变形时（她的一个临时想法是用上帝视角展示博物馆的内部），策展人惊恐地认为她这是在扭曲神圣的艺术。他们最终允许她对纽约市的一个场景进行数字化变形——但正如施瓦茨立刻指出的那样，用一把直尺和一罐喷漆就能画出同样的效果。我悲哀地想，我们错失了发展计算机艺术的良机!

我更喜欢施瓦茨没有提交给策展人的作品。例如，她用多个艺术家的创作元素向艺术作品“致敬”，巧妙地改变它们现有的设计。一个名为《大现代艺术博物馆》(*Big MoMA*）的6英尺图像致敬了加斯东·拉雪兹*的《站着的女人》(*Standing Woman*)。它是一个经常出现在现代艺术博物馆花园里的大胆的女性雕塑作品。施瓦茨把现代艺术博物馆的许多伟大作品巧妙地放置在“大现代艺术

* 加斯东·拉雪兹（Gaston Lachaise，1882—1935年），法裔美国雕塑家。——译者注

博物馆”的轮廓上。贾斯帕·约翰斯 * 的《目标》(*Target*) 出现在她的膝盖上，安迪·沃霍尔 ** 的《玛丽莲·梦露》(*Marilyn*) 在她的胯下，萨尔瓦多·达利 *** 的软塌塌的鸡蛋在她的乳房上，亨利·摩尔 **** 的《家庭》(*Family*) 在她的子宫里。[2]

但来自 IBM 的某个人挡住了她的创作之路。他就是伯努瓦·曼德尔布罗(Benoît Mandelbrot)，杰出的数学家和“分形学 ***** 之父”。虽然当时他的名声已经很响亮了，但他却执着地认为，任何接近 IBM 高端图形系统的人，都可能是为了窃取他的分形图 ******。

“卢卡斯电影公司的那些人很崇拜他，这难道还不够吗?”我问施瓦茨。施瓦茨摇了摇头。曼德尔布罗对卢卡斯电影公司伟大的分形图部署者之一——洛伦·卡彭特 (Loren Carpenter) 大发雷霆，因为曼德尔布罗认为卡彭特在卢卡斯的分形图工作是偷窃，是不讲信用的行为。我抗议说这是无稽之谈：我曾听说卡彭特对曼德尔布罗赞不绝口。

此外，曼德尔布罗很快就要离开 IBM 去哈佛大学了。施瓦茨怀疑，为了说服 IBM 允许他带走各种机器，特别是先进的高分辨率打印机，他不会允许经常有人使用图形系统，从而证明现在没有人在使用它们，以后也不会有人想要用它们。

不论是真是假，施瓦茨在 IBM 的先进图形机上储存了许多材料，但她没法打印出来，也没有任何其他途径获取。她在 IBM 的合作者是曼德尔布罗的门徒，每

---

* 贾斯珀·约翰斯 (Jasper Johns，1930—)，美国画家，使用啤酒罐、画笔等实物作画，还创作了大量石版画、铜版画、凹凸版画和丝漏版画。——译者注

** 安迪·沃霍尔 (Andy Warhol，1928—1987 年)，20 世纪艺术界最有名的人物之一，是波普艺术的倡导者和领袖。——译者注

*** 萨尔瓦多·达利 (Salvador Dalí，1904—1989 年)，西班牙加泰罗尼亚著名的画家，因其超现实主义作品而闻名。——译者注

**** 亨利·斯宾赛·摩尔 (Henry Spencer Moore，1898—1986 年)，英国雕塑家，20 世纪世界最著名的雕塑大师之一。——译者注

***** 分形学，即分形几何学，是一门以不规则几何形态为研究对象的几何学，其研究对象为非负实数维数。——译者注

****** 分形图，即分形，具有以非整数维形式充填空间的形态特征。通常被定义为“一个粗糙或零碎的几何形状，可以分成数个部分，且每一部分都（至少近似地）是整体缩小后的形状”，即具有自相似的性质。——译者注

次她试图使用机器的编辑器时，她的合作者都会变得很疯狂。她想知道，他是否继承了曼德尔布罗的偏执，认为她在试图从曼德尔布罗那里偷东西。

每次与策展人（他们对施瓦茨的海报项目有自己的疑虑）在 IBM 的会议开始时，曼德尔布罗和他的助手都会把议题限定在他们的图形机器上，并将之与分形图绑在一起。曼德尔布罗决心要获得建制权威艺术机构对他的分形图的认可和赞赏，他用他的波兰、法国、英国混合口音解释各种技术细节，内容远远超出房间里其他人的理解能力。这些与会议的目的完全无关，会议是要检查施瓦茨的工作进展。曼德尔布罗讲完后，策展人常常已经筋疲力尽，无所适从，而施瓦茨则不得不在他们糊里糊涂的情况下与他们打交道。她告诉我，这种情况一次又一次发生。无论她在馆长来参观的那天多早来到 IBM，曼德尔布罗和他的助手都已经在屏幕上运行分形图了。她不知道该怎么做。她让我想起了我自己：拥有这个项目对她的职业生涯是如此重要，以至于她时刻准备好迁就他人。结果却是她被两面夹击。施瓦茨会打电话给我发泄。电话的最后，我们总是互相询问对方：这种事会发生在男人身上吗?

在哥伦比亚大学毕业典礼的下午，关于施瓦茨海报项目的情况我给卡里提供了尽可能简短的描述。卡里位高权重，不可能知道 IBM 正在赞助一个 MoMA 的海报项目。但幸运的是，他不仅是 IBM 的董事长，也是现代艺术博物馆的董事。在听完我的讲述后，他点了点头，记下了一些姓名和电话。不久，施瓦茨很感激地打电话告诉我，海报创作相关的问题在两天内就解决了。

三

总之，拉尔夫 · 戈莫里是对的。虽然多年来的传言称 IBM 并不看好人工智能，但其实他们对人工智能非常重视。IBM 在 20 世纪 90 年代末和 21 世纪的成功举世瞩目，具有决定性的意义的——“深蓝”击败了世界人类国际象棋冠军加里·卡斯帕罗夫，沃森在《危险边缘》中取得了胜利！2014年初，IBM宣布将向机器智能投资10亿美元；同年10月，沃森研究小组搬到了纽约市的东村。沃森已经开始着手解决医学、科学研究、大小型企业的管理和销售指导方面的实际问题，甚至成为伪装成玩具的教学设备。

例如，在与梅奥诊所、克利夫兰诊所、斯隆·凯特琳医院、贝勒医学院和哥伦比亚大学医学中心等医疗中心的合作中，沃森仔细研究了病人数据，以引导癌症获得更好的治疗结果。例如调查基因对疾病的影响，或是研究如何更快地将病人匹配到适当的临床试验。沃森一直在识别与癌症有关的蛋白质，以前，每年能找到一种蛋白质，但如今，沃森每年能找到七种。这些就为化疗提出了新的目标。“沃森已经真正成为帮助临床医生做出治疗决定的同事。”IBM沃森生态系统总监劳里·萨夫特（Lauri Saft）说（Morais，2015）。通过IBM所谓的认知计算，沃森正在学习像人类一样思考。IBM沃森解决方案的首席技术官罗伯·海伊（Rob High）写道：

这些机器不会成为我们的对手。相反，它们会用自己真正擅长的技能来增强我们的知识和创造力，包括计算、记忆、快速阅读，以及在大量数据中寻找有洞察力的模式的能力。计算机将成为我们无处不在的智能助手。由于云计算，各种被称为认知顾问的软件程序将随时随地听候我们的召唤……认知机器将使专业知识走向民众。（High，2013）

无论如何，专业知识一定要走向民众。

在2015年纽约市的翠贝卡电影节上，沃森展示了它能提供什么帮助。IBM的劳里·萨夫特告诉观众：

电影、艺术家、叙事、创新创意者——这些沃森处理得最好。词汇、语言、情感和思想，对吧？沃森以此为生……这是人与机器的合作，而不是人与机器的对决。作为人类，有些事情我们做得非常好，但也有一些事情，系统做得非常好。（Morais，2015）

沃森可以成为我们的同事，帮助编剧构思故事、情节和角色。萨夫特接受《纽约客》贝齐·莫赖斯（Betsy Morais）采访时说："沃森会不断地说，'这个怎么样？我们可以这样做'，它永远会给你提供想法。"沃森不会取代史蒂文·斯皮尔伯格（Steven Spielberg）："把人和机器组合在一起，会发挥更强大的力量。"但是，对萨夫特来说，沃森早就已经和他融为一体了。

在第十四章中，我描述了IBM的"辩手项目"，它的目标是成为另一种形式的个人助理。在成为实验室研究伙伴、临床同事、财务顾问和艺术领域的合作者的同时，沃森还出版了"他"的第一本烹饪书《沃森大厨的认知性烹饪》（*Cognitive Cooking with Chef Watson*）。如果你能忍受25步的食谱，这些调料会让你晚餐的客人惊叹不已。

分析师们抱怨说，沃森项目正在亏损，反正沃森也没那么好。科学的潮汐起伏不定。但我认为沃森是一个惊人的转变。从前，老沃森担心"智能计算机"这一概念会吓跑客户。现在，专家系统是为我们每一个人服务的。从老祖宗Dendral开始，我们已经走过了漫长的道路。

注　释

[1] 在同一个聚会上，我了解到（虽然不是从拉尔夫·戈莫里本人那里），戈莫里十年前曾发表过一次演讲，宣称人工智能是未来的趋势，所以他是认真的。沃森系统符合他的预测，显示了他的先知先觉。

[2] "大现代艺术博物馆"共有六件作品。一幅在艺术家手中；两幅在现代艺术博物馆的两位策展人手中；还有一幅是我的，我最近把它送给了卡内基梅隆大学。另外两幅在哪里？艺术家对作品保存很随意，谁也不知道它们去了哪里。

/第二十一章/

昙花一现

一

早在20世纪80年代初，我为《第五代》做的一些实地研究就令我大开眼界，但这是后话了。这本书在日本和美国成为畅销书，算上正版授权和盗版翻印，在全世界销售了约50万册。爱德华·费根鲍姆和我享受着名声大噪、轰动一时的体验。是的，沿着麦迪逊大道行走，我能在书店的橱窗里看到自己的书。翻译作品比比皆是，电话铃声不断，我们和出版商最后都很高兴。

美国国会举行了听证会：日本的“第五代”是否对国家安全构成威胁？美国国家科学基金会或DARPA是否应该在计算机研究方面投入更多的资金？一些尖锐的研究人员批评称，费根鲍姆和我写这本书只是为了增加他的研究预算。在这种牵强附会的情况下，我只是一个心甘情愿付出的不起眼工具。但在其他方面，我也会变得不起眼。

我被邀请接受采访，发表演讲，有人崇拜我，有人攻击我。对我来说，比较奇怪的是《VOGUE》杂志的电话。他们看到我在公共电视台的《麦克尼尔-莱勒新闻时间》(*MacNeil-Lehrer NewsHour*)中接受过采访，于是他们也想进行采访。因为他们提到了在这么一个相对严肃的电视新闻节目中看到过我，所以我以为他们的采访也会比较严肃。

但是没有。他们问我，我对服饰的看法是什么？（我喜欢好看的服装，我十分关心个人形象，见过我的人都知道。）我认为怎样算是良好的一天？（独自工作的日子。）我和丈夫相处的时间多吗？（当然。下一个问题。）你说工作是第一位的？我的天啊！你丈夫在你们结婚前就知道你把工作放第一位？天哪！最后，他们问我，如果我可以抛弃一切，逃到天堂，天堂会是什么样子？我说，我已经在纽约市的天堂了，并不想在新罕布什尔州开一家民宿或在门多西诺开一家精品店。

几个月后，我在机场拿起一本《VOGUE》杂志，看到我被放在一篇题为"顶级生活：女性谈论成功、时间、爱情"（Life at the Top：Women Talk about Success，Time，Love）的文章中。我被逗乐了，尤其是当我听起来像个十足的书呆子时。不过，我的采访放在了艾丽丝·沃特斯* 和拜伦·贾尼斯夫人** 的采访之间，我受宠若惊。

二

我很痛心地说，一本畅销书也暴露了记者们最糟糕的一面。这不是我第一次经历这种事了。1980 年 6 月 30 日《新闻周刊》(*Newsweek*) 的封面故事是《会思考的机器》。这期杂志在《会思考的机器》出版后几周才出现，却没有提到我和我的书。可能是巧合吧。

《第五代》出版时，《新闻周刊》也将其作为封面故事，拍摄了我的合作者费根鲍姆的照片，提到了这本书，但从未提到我也是这本书的合作者。我在日记中写道："也许当我第三次看到类似的报道时，我没准能看到我的名字。"更为恶劣

---

* 艾丽丝·沃特斯（Alice Waters），演员，1980 年参演电影《赫尔佐格吃他的鞋》，2003 年参演电视剧《马赫脱口秀》，2005 年参演电视剧《反传统者》。——译者注

** 拜伦·贾尼斯（Byron Janis）的妻子。拜伦·贾尼斯是美国著名钢琴家。——译者注

的是《时代》(*Time*) 杂志。在写关于日本在人工智能方向的工作时，记者重述了我们书中最好的一些部分，写得好像是他自己发现了这些内容一样。所有引文都是从我们的书中摘取的，但把这些引文完全归功于费根鲍姆，他没有提到这本书，更没有提到我。对此，我写了一份抗议书给文章的作者——礼貌的、略带幽默的，说如果作家们不尊重彼此的专家身份，那还有谁会尊重呢？这起抄袭案不只是小事。

那个记者立即给我打电话，深表歉意。他说自己确实做得不对，知道自己不应该这样做。令他更感到羞愧的是，我的抗议书写得很有耐心，而不是直接责骂。“你在我办公室接受采访时那么安静，我以为你和这本书没有什么关系。”他说。对此，我几乎无言以对。他认为我是费根鲍姆在纽约的情人吗？不，他心里只有多年的社会化的刻板准则——对待男人要更加恭敬。我把这个故事告诉了我姐姐，她说：“我希望你已经学到了一个你永远不会忘记的教训。”我在日记中写了这件事，然后继续猜测。

1983 年 6 月 28 日：

这提出了一个有趣的问题：作家是如何被看待或对待的，尤其是如何被其他作家看待或对待的？我想起了那个记者，他挑剔了我 15 分钟，然后问我知不知道有哪位“专家”能回答他的问题。从某种意义上说，这反映了美国的反智主义，也就是说，我们尊重实干家，好的坏的都会尊重，但不尊重那些思考问题并理性分析解决问题的人。但为什么记者的表现如此差呢？有趣的是，我所写的人工智能领域里，大家并没有这种态度。对他们来说，我是一个专业人员——仅仅来自一个不同的职业。他们欣赏我的技艺，在我失误时责备我。我对名望不感兴趣，但我对缺乏公众认可感到难过，这一点略有不同。我把这归结为新闻界人士的好奇心。说起来，大概一天前有个相似的人打电话给我问问题。他显然没有读过我的文章（也没有读过这个领域其他人的文章）。人们怎么能像这样浪费你的时间呢？

1984 年 5 月 21 日：

乔从他以前的研究生戴维·李（David Lee）那里听说，戴维在约克镇高地遇到了一个刚从斯坦福来的 IBM 研究员。这位年轻的前斯坦福学生说："为什么帕梅拉·麦考黛克本可以在书上只署自己的名字，最后却选择和爱德华·费根鲍姆共同署名？斯坦福大学的每个人都知道《会思考的机器》。每个人都知道费根鲍姆不仅没有写《第五代》，甚至都不了解书中的内容。她为什么不自己单独署名？"

IBM 的研究员继续说着更多恶作剧的研究生民间传说，每个故事都越来越离谱，与事实越来越远。

但我已经忍受了太多。很多人认为我"只是代笔，而不是合著者"，甚至书的原始出版商。那种"我们只想采访专家"而不是你的论调常常让我哭笑不得。

三

我和费根鲍姆不时地受邀来到日本，庆祝日本计算机时代的到来。

东京，1984 年 11 月 8 日：

那是一次晚宴。我去接爱德华，而他赤着脚坐在椅子上。他说："我不能再继续了。我太累了，我没法继续下去了。"我说："打起精神来，你会成功的。再过两个小时，你就可以去睡觉了。"我们走进接待队伍，傅高义（Ezra Vogel）加入了我们。(傅高义是哈佛大学著名的日本和中国问题专家。)

我们三人正在愉快地聊天，这时，两位身穿和服的女士走到男人们面前，鞠了一躬，说"spesha guest"*，然后把他们俩带走了，留下我站在那里，我的惆怅溢于言表。黑川先生都看在眼里，他拿着"spesha guest"的菊花纹牌子冲到了我身

* 此处应当是模仿日本人的"special guest"（贵宾）的发音。——译者注

边，递给了我。我确实也是“spesha guest”，但她们很不习惯女人也需要这样的接待礼仪，所以她们忽略了我。这是一个优雅的法式宴会，我受邀讲了几句话。我谈论了这个时刻，这个对日本甚至对人类都很重要的时刻。如果我知道我是仅有的两个发言人之一，我应该会多说一点，但我只是言简意赅地说了几句话，因为我以为我是许多发言人中的一个。之后，我们来来回回说了很多，傅高义、爱德华和我回到我的房间，爱德华像“不死鸟”一样复活了，滔滔不绝地说了起来，直到傅高义因为时差疲劳而从椅子上摔了下来，而我也语无伦次。当我去扶他时，他几乎没有力气穿上鞋袜。

1984 年 11 月 11 日：

爱德华带我参观了秋叶原，在那里我看到了一些闻所未闻的电子产品。他演示了一种叫卡拉 OK 机的东西，站在店里，为我唱《I Did it My Way》，只是他不认识太多歌词。我不知道那时我希望谁能看见我们，但确实希望能有我们都认识的人恰巧从我们身边走过。

1983 年 4 月，就在《第五代》出版之后，我受邀参加华盛顿的一次会议，帮助策划由美国新闻署（USIA）制作的一部电影。这部电影即将在日本筑波举行的世界博览会美国馆放映。日本在人工智能上的戏剧性飞跃，对美国人来说，是令人震惊的。这一举动得到了美国人工智能的回应，许多人工智能研究人员聚集在一起，其中的大多数人我都认识。

我在空气中嗅到一种奇怪的虔诚。美国新闻署为美国商人编写了一本小册子，其中着重强调了竞争的重要性。但是，我身边的人工智能熟人却在一本正经地谈论合作。我暗自发笑，想知道在他们的机构中存在多少“合作”？他们把 DARPA 的经费分给了饥寒交迫的英语系吗？

会议在晚餐时继续进行。过了一会儿，当时还在耶鲁大学任职的罗杰·尚克对费根鲍姆进行尖酸刻薄的攻击，这并不奇怪。但匹兹堡大学的哈里·波普尔

（Harry Pople）居然也开始攻击费根鲍姆，主要内容是他过度推销专家系统，提高了人们的期望，但这种期望是永远不可能实现的。

最后，我觉得我最好代表我的朋友兼合著者说几句话。尚克很惊讶，甚至还有点尴尬。这对坐在我旁边的戴维·赫兹（David Hertz）来说是个安慰，他说他想知道我什么时候会开口。我一直保持沉默，因为我觉得这么做很有趣，也因为我不愿意在晚餐时发生冲突，或许还因为这个场面太有趣了，也是因为我想看看他们会吵到什么程度。

我首先说，费根鲍姆有权提出他对专家系统的任何主张，此外，他最不吝言辞赞美的专家系统是哈里·波普尔的系统。无论费根鲍姆走到哪里，他都会赞扬波普尔。波普尔看起来有点羞愧（但我想，他还没有表露出他应有的羞愧），吐出了一连串无意义的辩护。

然后我转向尚克。“你也在推销一些东西？你是在推销欺诈性产品吗？”他大喊道：“当然不是！”

我接着说，在我们写书的时候，费根鲍姆实际上一直很谦虚谨慎，他不想把话讲得太满。“啊，”波普尔说，“也许公众认识的他和你私下认识的他有区别。”还有什么比出版书籍更公开？我不知道波普尔定义的公和私是什么，于是我改变了话题。之后，我碰巧与拉吉·雷迪交谈，向他倾诉了这一切。他说：“这就是职业嫉妒，仅此而已。”他证实了我自己的感受。

对爱德华的冷嘲热讽以各种形式出现。托尼·罗尔斯通（Tony Ralston）是纽约州立大学水牛城分校的计算机科学家，也是一本名为《算盘》（*Abacus*）的短命杂志的编辑。他写信问我是否愿意为费根鲍姆做一个简介。我拒绝了，因为我与爱德华的友谊如此亲密持久，我无法客观地描写他。我补充说，直到我写老年回忆录时，才会描写他。我在日记中写道：“但是，他们会请一个黑客来写，而此人将无法公正地了解爱德华的伟大，只会听从嫉妒他的小人对他的评价。”

为了引我上钩，罗尔斯通给我寄来了一篇评论，是由一些无名小卒写的，他自以为是地评论了计算机科学巨匠高德纳的作品，他的《计算机程序设计艺术》

（*The Art of Computer Programming*）是该领域最重要的学术成就之一。多卷书被恭敬地称为“Knuth”：人们常说“在‘Knuth’里找找看解决方法。”虽然这篇评论主要是赞美，但高德纳的成就与评论者的成就之间的差异大到令人啼笑皆非。这使得即使是对高德纳的赞美也听起来很冒失。更让我恼火的是，罗尔斯顿还说我“应该知道”这个月的《算盘》杂志对《第五代》评论苛刻。我为什么要知道？难道我不应该写这本书吗？

四

专家系统实际上是有问题的。早先人工智能几乎都是致力于游戏、数学、解谜，以及一些对人类解决问题方式的适度模拟，而爱德华·费根鲍姆和他的同事们颠覆了人工智能的研究。他们坚持将现实世界的知识放入这样的系统中，这样它就能像现实世界中的智能人类专家一样做出决定。就这样，费根鲍姆逐渐脱离了他曾接受学术训练的、建立在认知心理学和人类记忆建模基础上的人工智能类型，转而研究后来被归类为知识密集型的理性智能主体。他对模仿人类的认知行为不感兴趣；他是想制造一个能在现实世界中表现得和人类专家相比一样好，甚至更好的系统。他已经取得了一些超凡的成功，对自己的创意感到非常兴奋。

专家系统很难建立，也同样难以维护和发展。聪明的年轻研究生们很擅长把已有的人工智能技术复制推广到另一个新的应用领域，却不知道如何推动这个领域的整体向前发展，如何超越其相对脆弱的早期范式。机械的复制推广易于获得回报，也最容易实现。

但当我听到费根鲍姆的同事指责他浪费精力和资源时，我感到很困惑。如果有一条更好的路在其他地方，他们为什么不走呢？或者是引导他们的研究生去走这条路？为什么他们不说服资助机构，让人工智能有一个不同的、更好的未来？为什么指责企业接受这个只是表面上看起来对企业有用的技术？为什么责怪费根鲍姆，而自己却没有承担起推动该领域发展的责任？

五

最终，日本的第五代并没有达到它最初设定的宏伟目标。第十八章提供了一些可能的原因。但第五代的主要成就是不容忽视的：它在该领域培养了一代年轻科学家。因此，日本的人工智能研究继续快速发展。遗憾的是，西方和日本的研究之间出现了巨大的鸿沟。爱德华·费根鲍姆认为最大的鸿沟是语言障碍。西方人没能学习日语，而日本科学家对学习英语的兴趣越来越小。也许双方都不认为自己能从对方那里学到很多东西。这真的很遗憾，我希望人们能填补这个鸿沟。

时间飞逝。我写了另一本书《万能的机器》，并在酝酿一本讲述人们如何适应生活巨变的新书。费根鲍姆参与了这本书的酝酿，建议我们再次合作。这一次，他想让妻子仁井彭妮加入，因为这本书写的是商业中的专家系统，而她对这些系统的了解不亚于任何人。那时，我和乔已经搬到了普林斯顿，买了一栋通风的老房子，两层楼都急需新窗户。我们面临着数万美元的支出，而买了房子以后，我们的财务状况就已经很紧张了。这本新书为我提供了一个机会，我想借此看看我能否写出一本好的商业书籍，当然也借此机会补贴家用，装上新窗户，使普林斯顿的房子在冬天也能居住。最重要的是，我觉得《第五代》十分有趣，我觉得这个想法没有任何问题。

专家系统在大学和公司中蓬勃发展。现在，数以百计的专家系统能够很好地体现科学、商业、医学和许多其他领域的专家知识。每个系统的知识都是明确的，它们还会提供沟通、交流和改进的方法。但数量暴增的缺点是人工智能的过早商业化（脆弱的系统难以维护），而且，正如一些人所认为的，相关研究更多的是“横向”推动而不是向前推动。每一小点专业知识都被塞进一个专家系统中，并作为硕士论文发表。

我和费根鲍姆、仁井彭妮一起开始了这本书的工作，在使用专家系统的企业进行了一轮马拉松式的采访。其中一次采访是在斯伦贝谢公司位于休斯敦的办公室进行的，这是一家油田服务公司。

1987 年 3 月 12 日：

我们采访了位于休斯敦的斯伦贝谢公司。感谢上帝，斯伦贝谢公司是由法国人经营的，所以这顿午餐是我们在得克萨斯州的第一顿体面的饭。午餐虽然简单，但味道很好。午餐对我来说也是收集信息的过程。我听休斯敦人（甚至像我曾经听日本人一样）从“大师”爱德华那里取经。是的，“大师”非常聪明，所以他们对他的敬畏是正确的。这种本土智慧和数十年经验的结合是无价的。我认为爱德华在各种意义上都是站在事物的顶端。现在，为什么我对专家系统不再兴奋了呢？部分原因是它们没有我习惯的那些宏伟的构想。部分原因是我作为作家，试图让故事显得不同，而专家系统基本上都是一样的。但这是一个讲故事的人的老问题。

最终，在我们写的那本《专家公司的崛起》(*The Rise of the Expert Company*)中，我们埋藏了一个微妙的预言。杜邦公司的高级化学家埃德·马勒（Ed Mahler）对专家系统很感兴趣，他成立了一个小组，在杜邦公司的各个部门引进专家系统。但马勒认为，你不需要花里胡哨的程序、机器和知识工程师来编写代码。你只需要教一个化学家（或其他科学家）如何抽离自己的知识，给他一台笔记本电脑，就可以让他成为自己的知识工程师。这种想法和做法颠覆了许多商业计划，这些计划原本建议为人工智能制造专门的机器，或者培训跨学科的知识工程师，让它/他们成为像商业顾问一样的人，从人类的头脑中唤起知识，最终将其投进计算机程序。此后，机器将开发自己的专业知识，从环境中学习，可以在专家监督下完成，也可以独立完成。这些激发起或者说支撑起专家系统的根源性的想法将成为一个更大的程序类型的基础，这个类型被称为知识密集型理性系统。这种系统中的知识可以来自巨大的数据集（包括人的行为的集合，如你的脸书（Facebook）忠诚度、你对数字广告的反应，以及你和智能手机的对话），或直接来自人类的头脑。

爱德华和我一如既往地保持沟通，但我开始淡出人工智能领域。这个领域似乎已经从革命性的科学变成了正常的科学，就像托马斯·库恩（Thomas Kuhn）在《科学革命的结构》(*The Structure of Scientific Revolution*）中所说的那样。对我来说，它不再那么有趣了。变化会再次到来，但在那之前，我找到了其他可以探索的东西。

/ 第二十二章 /

闯入人文领域的地盘

一

我放弃了给赫伯特·西蒙写传记的想法，把预付款退给了出版商。我就是因为和他关系太好了，所以除了“圣徒言行录”这样吹捧性的传记，什么也写不出来，而他值得拥有更好的传记。我并没有闲着：在20世纪80年代初，突然出现了几十种向永不满足的普通读者介绍科学的杂志，它们纷纷向我约稿。我当时在哥伦比亚大学教授科学写作，同时也为女性杂志 *Cosmopolitan* 和《红皮书》（*Redbook*）工作。这些杂志知道自己想要什么，也提供专业的编辑指导，我们都很开心，我也赚了钱。但是，除了《连线》之外，跟做新闻的人打交道的体验基本都并不太好。

我又写了一本书——《万能的机器》，是关于计算机的世界性影响的系列文章。虽然我的经纪人和编辑都认为这本书很好，但它落入了一个自称是人道主义者的人手中，他讨厌计算机（也讨厌我），这个人在《纽约时报》上对这本书做了评论，并对它进行了猛烈的抨击。这篇书评是为数不多的让我没有因这种无知而发笑的评论之一。文章确实阐述了一些深刻的观点。然而，这位评论家的专业领域仅仅局限于“第一文化”，他故意对已经发生的事情装作一无所知，对未来的事情也不闻不问。

1984 年 9 月 13 日：

应哥伦比亚大学英语系主任的邀请共进午餐。在他看来，计算机有可能是有用的，但他的同事们却对计算机持敌视态度。他们的理由甚至包括“计算机将会是又一个过气的时尚”，这让我目瞪口呆，沉默不语。他真正想谈的是，他觉得系里的博士们因为不懂文字处理而处于相对不利的地位。我可以提出什么建议吗？[1]

大约在这个时候，我和诺贝尔奖得主物理学家伊西多·拉比（I. I. Rabi）在同一个晚宴上用餐。他俯身，和善地笑着说：“你可以从人文学科中学到很多东西。”他顿了顿：“但不是从人文学者那里。”我经常陪拉比从河滨路上山，走到哥伦比亚大学校园（他有一条经过精心设计的路线，以避开沿第 116 街吹来的冬风）。我曾问他，当他在 20 世纪 30 年代从德国带回所有这些关于量子物理学的新奇想法时，当时的物理学家的反应如何？他们花了多长时间来接受这些新东西？他爽朗地笑了：“从来没有！”

二

在《第五代》中，我讲过一个数字分析师贝雷斯福德·帕莱特（Beresford Parlett）向我讲述的故事，这个故事值得再重复一遍：

1953 年 7 月初，牛津大学夏季学期刚刚结束，那是罕见的炎热的一天。两艘方头平底船无精打采地划过切威尔河，船上坐满了兴致勃勃的年轻人，他们正准备去参加贝雷斯福德·帕莱特的 21 岁生日野餐会。后来成为加州大学伯克利分校计算机科学教授的帕莱特，是个喜欢结交美国朋友的英国人，而他的小船正好载着学院的美籍罗德学者，这些人主要攻读经济学和数学。其中，就有阿兰·恩索文（Alain Enthoven），他后来成为国防部负责系统分析的助理部长，再后来成为斯坦福大学的经济学教授。恩索文沉思般地盯着他们前面那艘平底船，船里面坐着学院最聪明的年轻人（一般人都会这么觉得）。他们都是“读书达人”——他们学习希腊和拉丁文古典文学。“看，”目光锁定在前方那艘平底船的恩索文说，“这就是英格兰的悲剧。”（Feigenbaum & McCorduck，1983）

我当时提到这个故事，是因为它体现了英国在人工智能方面努力的传奇故事。但我忽略了它的基本意义。不管是有意还是无意，在 19 世纪初，大学已经成为英国阶级制度的幻象——顶层是文学，下面是音乐和绘画、历史和哲学研究等，一直到像科学和工程这样可鄙的实用学科。做这些实用学科研究的人，被认为不比智能零售机好多少。

这是英国教育维护阶级制度的一种方式。我的父亲曾经是个聪明的孩子，就像 1926 年大多数工人阶级的孩子一样，他 14 岁就离开了学校。几年后，当大萧条降临欧洲时，他参加了大学奖学金的考试，并在竞争中获得第一名，这让他深感欣慰。当局向他表示热烈祝贺，但随后告诉他，奖学金当然必须给某某勋爵的儿子，只有这个人才可以真正使用奖学金。

半个世纪后，当我提出人工智能——它的名字让人们感到紧张——可能与思想有关。他们狭隘地认为人工智能只是关于机器和工程的。尽管“第一文化”的“诸神”继续统治瓦尔哈拉 *，但他们不愿意考虑数字世界，这种做法正把他们的城堡推向熊熊烈火。

1985 年 4 月中旬，我的经纪人派我去和不同的编辑谈论关于写书的想法。其中一位占据了瓦尔哈拉最崇高的宝座之一，他和我聊了一会儿，向我保证他是信

---

* 瓦尔哈拉（Valhalla 或 Walhalla），北欧神话中的天堂之地，亦译作英灵殿，是位于神国阿斯加德境内的一座宏伟殿堂，由阿萨神族之王奥丁统治。传说中的英雄和国王也会来到瓦尔哈拉。——译者注

息革命主题的不可知论者（尽管他对他的公司把数百万美元花在教学项目而不是教科书上感到遗憾）。他顺理成章地问我，事情真的在发生改变吗？为什么感觉专家系统只能取代假专家？我以成本效益为论点回答说：当时，只有在需要取代一个昂贵的专家时，才会有企业建立专家系统——聘请专家实在是太昂贵了。“但实际上，”我在日记中写道，“这只是一个老论点，‘如果它是智能，它就不能被程序自动化’。”

人工智能与“第一文化”的文化冲突很严重。当我跟他讨论时，这位编辑骄傲地给我看约瑟夫·魏岑鲍姆为他的其中一个作者提供的一份推介，我顿了一下，心想竟然真的有人把这份推介当回事。然而，由于这位编辑的名字和在出版界的杰出地位震住了我，当我试图解释自己的情况时，却突然语塞了。事后，我明白，这也是因为我的思维模式已经转变。不过，对他来说却没有。说这些都是没有用的。

虽然我被这位编辑在“第一文化”中的名声吓倒，但我也能看出他是多么华而不实（他喜欢长篇大论，而且声音很轻，在空调声中我几乎听不见，故意让我几乎要趴在桌子上才能听见他的话），我们对计算机的智力感到兴奋，而他却对此十分冷漠。他完全符合 C. P. 斯诺对“第一文化”最初的描述：他是一个“知识分子”，把任何他不感兴趣的东西都排除在这个类别之外。文化只意味着他所说的意思。一种返祖式的敬畏之情从我的青年时代开始便征服了我，我年轻时残留下的心智尊重“第一文化”并希望被其接受。我的内心分成了好几个部分，一部分嘲笑自己，一部分想知道为什么我渴望被其接受。

这位大编辑就像一个曾经重要的小国的文化部长，他还没有得到权力转移的消息。没人知道他对我是怎么想的，我一边喘着粗气，一边不停说话，我因为跨越边界的讨论而完全崩溃了。他可能会想：这又是一个连英语陈述句都说不出来的技术员。而我则在想：我再一次质疑了语言的价值，这对作家来说是异端。魏岑鲍姆是他们一个值得骄傲的代言人吗？世界文学中充斥着虔诚的伪君子，从达尔杜佛（Tartuffe）到亚瑟·丁梅斯代尔牧师（Reverend Arthur Dimmesdale），再到乌利亚·希普（Uriah Heep）*：如果你连路上的一个活人都察觉不到，那么成为文学大维齐尔（Grand Vizier）** 的意义何在？就像艾伦·金斯伯格（Allen Ginsburg）在《嚎叫》(*Howl*）中写的，“阴险而睿智的编辑们的芥子气”***。

事后我丈夫安慰我说：是的，你必须等待这一代人死去。下一代人会知道目前的吵吵闹闹有多无谓可笑。

我就是西西弗斯。但正如加缪用长篇讨论的那样，西西弗斯是幸福的。我也是。****

在接下来的30年里，关于学习人文学科的意义这一话题，激烈（或者说祈求般）的争论接踵而至。首先，人们总是说，人文学科教人批判性思维。有没有人曾经考虑过，学习成为科学家或工程师是否需要敏锐的批判性思维？那么，清晰的表达呢？没有：那是作文课学到的，通常由助教、兼职教师和专门的辅导员来完成。阅读小说和诗歌可以训练你的同情心？貌似是这样。人文学科丰富了你的生活？当然，很大程度上丰富了。但是，世界已经改变了：学生们需要知道他们在毕业时会不会获得高薪的工作，来偿还他们读书欠下的惊人的债务。对于这一点，人文学科似乎并不被看好。

---

* 达尔杜佛，《伪君子》中的男主人公。《伪君子》是法国喜剧作家莫里哀创作的戏剧作品。亚瑟·丁梅斯代尔牧师，《红字》中的角色。《红字》是美国浪漫主义作家霍桑创作的长篇小说。乌利亚·希普，《大卫·科波菲尔》中的人物，《大卫·科波菲尔》是英国小说家查尔斯·狄更斯创作的长篇小说。——译者注

** 大维齐尔是奥斯曼帝国苏丹以下最高级的大臣，相当于宰相的职务，拥有绝对的代理权。——译者注

*** 出自艾伦·金斯伯格的诗歌《嚎叫》。——译者注

**** 语出阿尔贝·加缪《西西弗的神话》。这本书是提出加缪明确哲学思想的作品，以两千多年前希腊神话中西西弗的故事为背景，深入浅出地体现哲学思考，最终形成加缪哲学思想的认识论。——译者注

三

1985 年 12 月 21 日：

以我对当代美国文学的了解，一个人即使阅读了大量文学作品，也可能不会意识到除了电话和内燃机之外，还有其他技术影响着现代生活。这两样东西都有一百年或更久的历史，文学圈子不会想要详细写写与之相关的故事。诺曼・梅勒（Norman Mailer）写信邀请国际笔会成员参加即将举行的国际会议，他开玩笑说，没有人关注作家。但作家有什么值得关注的呢？作家的想象力吗？他们的想象力和宗教狂热者的想象力差不多，相信神的力量，狂妄自大，梦想着它拥有答案。荒谬的是，它甚至都不知道问题是什么。

接下来的一个月，我和乔在加利福尼亚州度过。我被邀请参加硅谷圣塔克拉拉大学的一个讨论小组，对主要发言人阿什利・蒙塔古（Ashley Montagu）的发言做出回应。他是著名的流行人类学家，虽然现在已经被遗忘了，但当时他以 20 本畅销书而成名，是深夜电视谈话节目的固定嘉宾。数百人被拒于大讲堂之外。

1986 年 1 月 11 日：

蒙塔古博士总是以一种自我陶醉的方式说话，他说早就不读别人的书了。听到这时，我心想，糟了，我最担心的事情要发生了。他巧妙地引用了霍布斯的话，说如果他读别人的作品，他就会像他们一样无知。我据此判断他是一个吃老本的人，我是对的。

他告诉我们当天的话题——计算机的影响——非常重要。我以为他要读他的演讲稿，但他没有读。演讲进行了 15 分钟后，他还在讲圣经故事“堕落”（他提到了该隐和亚伯）。长夜漫漫，感觉他一时半会儿讲不完。我被他的讲话技巧吸引——他引用了许多无关紧要的内容，主要是关于教授和其他职业的笑话、诗歌片段、小故事。我也被他的唤起观众纯粹的崇拜的能力所吸引，仿佛观众的批判能力全然消失了一样。我有一个相当两难的选择。在我对他的发言回应时，我可以说实话，从而与现场那700个崇拜者为敌，但明天早上醒来时我可以安然面对自己；我也可以选择不说话，做一个有教养的客人。最终，我选择赞美他的真理——尽管他说的大部分是陈词滥调。我只是对他提出的其他一些话题“提出了我没有答案的问题”。

例如，如果有证据表明，自农业革命以来，人们被技术剥夺了人性，也许，在一万年或更久之后，我们就需要重新定义人的含义。我继而补充说，（正如阿什利·蒙塔古博士所准确指出的，）既然工具是人类思想的体现，那么使用计算机只会让我们与我们人性的另一方面正面相遇，而不会让我们丧失人性。

我们的对谈触及了一些诸如此类的话题。我为计算机科学说了一些正面的话，阿什利·蒙塔古显然不理解我在说什么，但还是很随意地批评了我的观点。我说了更多，包括质疑幸福就等同于简单的、不使用高科技的生活。（阿什利·蒙塔古，会见一下拉吉·雷迪吧。）我始终挂着一副好女孩礼貌性的微笑不断称赞他的见解。蒙塔古的陈词滥调、半真半假的说辞和赤裸裸的捏造让现场的观众欢欣鼓舞。观众的反应使我震惊，让我轻蔑。我不想多说一句话。在华丽的修辞面前，货真价实的内容一文不值。坦率地说，我可以学学蒙塔古的做法。

1987年11月8日：

在芝加哥艺术学院。艺术学院的某个年轻女子主持着一个非常糟糕的讨论小组。她对计算机、艺术，还有没几个人能搞懂的物理学都有误解。她不时地重复道：“这是我对物理学的感受……”我旁边的艺术家哈罗德·科恩不满地哼哼。我则大笑。是的，亲爱的，请告诉我们你对物理学的感受。我就像是置身于19世纪玛格丽特·富勒*的天启式宣言中：“我接受宇宙！”以及托马斯·

---

* 玛格丽特·富勒（Margaret Fuller），美国作家、评论家、社会改革家、早期女权运动领袖。——译者注

卡莱尔*的回答:“天啊，她最好是这样。”

四

然而，我一直在问自己：对这个有望成为人类最伟大的智力成就之一的东西，我是否过于兴奋了，以至于对人文学者的深层、也许是无意识的恐惧毫不理解？难道我没有看到他们是多么惊慌，就像大地正在他们的脚下移动，或者烟雾正从瓦尔哈拉的地窖里往上飘？我难道不能缓和我的热情，给予他们同情和怜悯吗？

不，他们既不害怕，也不慌张。他们不需要我的同情心，如果我提供帮助，他们会拒绝。他们是贵族，对自己的信仰有崇高的自信心。

这就提出了另一个问题：人文学者到底有没有理解、吸收他们声称很尊重的文献？几个世纪以来，这些文献劝告人们在面对新事物时保持开放心态和谦逊态度、提醒人们在信仰的傲慢中保持谨慎、嘲讽自满于现状的狂热虔诚（正如蒙田所说，狂热虔诚者总展现一种反差——神圣的思想和龌龊的行为）？人文学者没有吸取教训吗？没有学会分辨真假吗？难道他们没有一刻想过他们不感兴趣、甚至反对的可能是重要的吗？

不过，另一些人文学者却很感兴趣。我描述了我们在哥伦比亚大学第一学期参加的一个节日聚会。

1979 年 12 月 24 日：

人文学科的教授们——法语、历史、哲学教授——展示了一流人士与二流人士是多么不同。(1)他们在自己的学科上的谈话很吸引人，能包容不同看法，观点容易理解；(2)他们渴望了解更多的知识，关于人工智能是否会对他们自己的

* 托马斯·卡莱尔（Thomas Carlyle），苏格兰哲学家、评论家、讽刺作家、历史学家、教师。——译者注

领域产生影响，他们十分感兴趣；很少有嘲讽，或者像匹兹堡大学英语系那样惯有的冷漠。或者，他们只是展现了我母亲所说的教养——无论你认为你的谈话有多么荒谬，你都要礼貌地加以掩饰。无论是何种原因，哥伦比亚大学的这些人文学者都比我惯常遇到的要高出几分。

1986 年 11 月 11 日：

这是在凯尼恩学院（Kenyon）的两天。我感到失望。我想：我终于被认可了，但是邀请我的是那些技术员啊。英语系——当时这个学校里最大的系——不知道该如何看待我。（最终他们没有发表任何看法：在介绍我们给他时，主任有点坐立不安。“哦，是的，我听说过你，呃，也许我们明天可以聚一聚?”这句话说得含糊不清，而且他也没有来听我的讲座，所以我恶狠狠地想，让他也见鬼去吧。）学生们的表现令人惊叹——敏锐而谦虚（尽管女同学们仍然保持沉默；我必须让她们更积极地参与进来）。这非常像我在肖托夸（Chautauqua）的经历（我前年夏天在那里做了一次演讲）。我对这种与世隔绝的庄重既钦佩又震惊。我的输出如烈酒般猛烈——艺术家们来听我的讲座，并为之陶醉。技术人员很感激我的讲座证实了他们的价值。当我晚上跟乔谈论这些时，他立刻明白了其中的原委，并再次说：是的，这些人是你的知音，但当讨论尘埃落定时，人们不太可能会记得你曾经努力的付出……我在读富尔班克（Furbank）的《福斯特》(*Forster*)。爱德华·摩根·福斯特（Edward Morgan Forster）在 20 多岁时就明白自己是“重要的”。我每天都在努力，让自己接受自己不重要的事实，但我还是希望我也很“重要”。

1988 年 9 月 6 日：

我接受邀请，在匹兹堡大学发表关于人工智能和人文学科的演讲。这位热情的组织者告诉我，他将马上“告诉每个人你要来了”。我笑了笑，没有告诉他，他最称赞的书《会思考的机器》使我没能在匹兹堡大学获得终身教职。啊，车轮总是在转动……

我记得，匹兹堡大学英语系没有一个人来参加那场讲座。

五

历史喜欢讽刺。20 世纪 80 年代人工智能研究急不可耐地扩张，进入长期以来由人文学科，特别是哲学所垄断的领域。比如，人工智能学者探寻心灵是什么？会不会像马文·明斯基提出的那样，在你的头脑中存在一个由竞争性的、相对独立的智能体组成的“社会”，每个人都在争夺主导地位？如果你在计算机系统中从表示问题转向表示知识，那么这些知识是如何表示的呢？是否有可能采用通用的表示方法，或者不同种类的知识需要不同的表示方法？如果你选择了一个通用的表示方法，你如何组织和连接几个领域的知识？在你选择了一个合适的表示方法之后，如何保持本体论，即商定的知识的一致性和有效性？在新知识的影响下，信仰甚至是真理如何被修正、验证和保持？

至少从亚里士多德开始的哲学家们，包括最近的查尔斯·S. 皮尔斯（Charles S. Peirce）和路德维希·维特根斯坦，都曾深度思索过这些难题，但收效甚微。人工智能正在悄悄地闯入哲学家们几个世纪以来所拥有的高贵古老宫殿。对人工智能来说，遗憾的是，那座宫殿里的大部分房间都是空着的。

几十年来，即使那些认为人工智能值得关注的少数哲学家们，也仅仅把人工智能当作一个很好玩的扑克游戏——这里有严肃的面孔、令人眼花缭乱的游戏规则、战略、虚张声势，以及需要随着游戏的变化而快速适应的能力。每隔一段时间，一位名叫丹尼尔·丹尼特的哲学家就会在这个游戏中停留一会儿，清空彩池，然后离去。[2] 其他选手几乎没有注意到。毕竟，重要的是为彼此，特别是为一些“极端派”观众（那些说“我知道机器永远不会思考，现在你证明了这一点”的人）提供精彩的表演和巧妙的说辞。[3] 关于人工智能，哲学家们常常只是发明了一些流行的比喻，但并没有证明什么。

他们的工作常常无足轻重。就像阿拉伯谚语所说：狗叫了又叫，大篷车仍然在前进。

人工智能需要解决一个哲学家们从未面对过的问题：它的研究人员需要写出切切实实能够运作的程序。20 世纪 80 年代的研究人员，为了将模糊的概念进一步精确，直到它们足以转化为可执行的计算机程序，专注于探究到底是什么构成了思考。这些计算程序能够提前规划并考虑资源（如时间和内存）的有限性。程序开始从解释中学习，并开始在需要一个或多个智能体的环境中运作，这些智能体往往是相互冲突的。[4] 在这十年间，应用本体论的基础性工作出现了，这是因为真理的维护突然成为一个必要的目标，它是保持信念及其依赖关系一致性的一种方式。系统巧妙地提高了推理的速度，并对推理系统的复杂性和可表达性之间的相互作用表现出更好的理解。人工智能体开始使用关于自己和其他智能体的心理推理。

所有这些听起来都是令人生畏的技术。它们确实如此。无论是当时还是后来，它们都没有成为大新闻，也没有激发出狄俄尼索斯式的激情。事实上，有时候，那些年被形容为“人工智能的凛冬”，主要是因为没有人能够想出如何使此类研究变成财富。但这项工作剖析了几个世纪以来被随意称为“智能”的东西，还剖析了它的所有同义词：思考、推理、考虑、计划、坚守、推断、顿悟、类比、想象、琢磨、分析。用马文·明斯基的话来说，智能是一个“手提箱式”的词，这个词需要小心翼翼地打开包装，慢慢揭示它所包含的一切。此外，只是揭示还不够。我们必须理解这个极其复杂的过程的每一部分，然后明确地详细描述，以便计算机能够执行它。

我已经说过，人工智能是在做正常的科学——库恩意义上的正常，这与革命性的科学不同。然而，它是充满活力和丰富多彩的。这一领域内的进展将带来进一步的挑战：随着数据集越来越大，计算越来越快、越来越深入（但时间和计算资源方面的成本越来越高），如何去自动引导那些永远不可能穷尽的搜索？如何能及时达到目标？这正是赫伯特·西蒙早先与古典经济学家关于不可能理想化的“理性人”的假设的分歧所在。西蒙认为“理性人”永远不可能探索所有的选择来达成理性的经济决策。搜索需要被引导，并在计算成本和时效性之间做出权衡。在繁忙的低级搜索之外，高级推理必须找到这些平衡，并实时做出权衡。这些对当时的人工智能研究人员来说是巨大的、令人振奋的挑战，现在也是如此。

早些时候，马文·明斯基曾悄悄地对我说，看看物理学家花了多长时间才走到今天。当然，智能也和物理学一样困难。诺贝尔物理学奖得主马丁·佩尔（Martin Perl）提醒我们：“物理学进步的时间尺度是一个世纪，而不是十年。对于基础物理知识进展速度的担忧，没有以十年为规模的解决方案。”（Overbye，2014）智力的研究应该也同样困难，但也同样令人振奋。

第一文化对这一切不屑一顾，充其量说是漠不关心，但通常是敌视这一切。

注　释

[1] 哈佛大学从来不是一个急于求变的机构。2012 年，该校发布了一份关于振兴哈佛大学人文学科的报告。该报告的主题是对计算机想象力的使用。当然，这发生在我和这位英语系主任共进午餐约 30 年后。在哈佛大学，人文学科的入学率急剧下降，这促使了这份报告的发布。

[2] 布鲁斯·布坎南是 Dendral 项目和其他开创性人工智能工作的负责人，他确实获得了哲学博士学位，但他很早就走向了黑暗面，以至于该领域之外的人几乎不认为他是一个哲学家。他曾经告诉我：“我想做一些重要的事情。”于是他就做了。

[3] 值得反复提及的是，丹尼尔·丹尼特和我在各自的研究中几乎总是会得出同样的结论。但他的考证工作常常更加细致繁重，一步一步引导我们思考，带领我们发现结论，而我在研究中则常常想走捷径。尤其参见他 2017 年出版的《从细菌到巴赫，再回到细菌：心智的演化》（W. W. Norton）。

[4] 一个早期的合作多智能体程序是“boids”，这是一个模拟成群结队的新兴行为的程序。它的创造者克雷格·伯顿（Craig Burton）最终因该程序在《蝙蝠侠归来》（*Batman Returns*）等电影中的应用而获得了美国电影艺术与科学学院特别奖。

第五部分

硅谷速写本

我已经意识到和我喜欢的人在一起就足够了，

晚上和其他人一起停下来就足够了，

被美好、好奇、能呼吸、欢笑的肉体包围就足够了，

从他们中间经过或触摸任何人，或将我的手臂轻轻地搂在他或她的脖子上片刻，

这到底是什么呢？

我不再要求其他任何快乐，我在其中游泳，就像在大海中一样。

——沃尔特·惠特曼（Walt Whitman），《我歌唱带电的肉体》（*I Sing the Body Electric*）

/ 第二十三章 /

硅谷速写本

一

无论是谁，都会觉得雅龙·拉尼耶（Jaron Lanier）是个引人注目的男人。他留着及肩的姜黄色的长发，样貌酷似阿尔布雷希特·丢勒*30岁时的自画像。我有一次开了个玩笑，从慕尼黑把印有那幅自画像的明信片寄给了拉尼耶。在纽约时，由于过于显眼的打扮，他有时甚至都打不到车。我和乔约他一起吃饭的时候，饭后往往都是由我来打车，以避免拒载——出租车司机不会拒接一位白人中年妇女。然后我会给拉尼耶一个大大的拥抱，为他打开出租车门，不顾司机惊讶的表情，带他上车。

在那头长长的辫子下，拉尼耶有一张俊美如天使般的脸庞。他习惯穿黑白主色调的服装，这更让他显得有点像天使。那张天使般的脸庞，折射出他内心深处善良、温柔、正派的灵魂。

雅龙·拉尼耶也是计算领域最有趣的科学家之一。他从不会遵循传统智慧的思考方式。你可以不同意他的观点，但与他争论会让你多多少少感到力不从心。

* 阿尔布雷希特·丢勒（Albrecht Dürer），德国画家、版画家、木版画设计家。——译者注

我们第一次见面是在 1985 年的夏天，当时拉尼耶是 VPL 公司的首席科学家，也是这家初创企业的创始人。他透露，VPL 这个缩写“有点但不完全”代表虚拟现实。拉尼耶的工作促使了虚拟现实（Virtual Reality，VR）一词的普及。该公司销售的系统可以以电子方式实现虚构的现实。

我戴上了带有护目镜的头盔设备来体验他们的产品。我的眼前浮现出了一幅电子景象，据拉尼耶说，这个场景是他刚刚在周末拼凑完成的，是田园景观中的希腊式神庙。我戴着特制手套，与虚拟的风景互动。我有点恐高，因此对这段场景记忆犹新。我害怕自己可能会从建筑边缘掉下去。有时候我需要爬楼梯，还需要用手套拍打或抓住在我面前飘浮的东西。我在心里暗示自己，这不是真的——眼前的风景如此粗糙，不可能是真的——但当我走到危险的边缘，或者不得不走下没有栏杆的楼梯时，我还是害怕了，心跳加速，有些退缩。

在旁观者看来，这个戴着护目镜和手套的人就是个小丑。这个小丑高高抬起腿，跨过想象中的障碍物，击打想象中的飘浮物体。但是戴上头盔和手套后，这一切都变得如此真实。不过，这项技术也是仅此而已：风景足以让你认为它是真实的，虽然你知道它不是。

未来，虚拟现实将在医学、军事训练、创伤后应激障碍治疗和娱乐中进行应用。最近我在纽约犹太博物馆参观了一次建筑展览，观众可以通过 VR 眼镜在想象的房间环境中看到建筑师的家具设计。

那次见面以后，我和拉尼耶一拍即合，成为挚友。我们兴高采烈地争论哲学，全然忘却了拉尼耶怒不可遏的商业伙伴——毕竟，当我们讨论时，真实而非虚拟的客户正不耐烦地在接待室等候。不过，他们本不必担心。好莱坞制片人亚历克斯·辛格（Alex Singer）当时就坐在我们身边，等着与拉尼耶洽谈事务。见面之前，我们就已经在我们所属的非正式商业网络认识了他。后来，辛格为 VPL 提供了大量业务。VPL 解散后还聘拉尼耶为顾问。

在 VPL 解散后［拉尼耶在他 2017 年的回忆录《新事物的黎明》（*Dawn of the New Everything*）中讲述了 VPL 的成立和复杂的结局］，拉尼耶离开了硅谷，来到纽约。在纽约时，我和乔得以进一步了解他。为了来纽约，拉尼耶付出了巨大的代价，经历了无数麻烦，最终只随身带了一些他收集的不寻常的乐器。这些乐器像优雅的雕塑一样装饰着他的翠贝卡 loft 公寓*。偶尔，我能有幸遇到他演奏乐器，那些乐器大多富有异国情调，我以前从未听过这些乐器的声音。他了解这些乐器的名字、历史，以及它们与世界各地类似乐器之间的联系。有一天，在大都会博物馆参观时，我在乐器藏品前伫立许久。有那么一刻，我非常渴望拉尼耶就在我的身旁，向我解释这些藏品，以至于当他那熟悉的飘逸长发和一袭白色衣着真的突然出现在我的眼前时，我甚至都不感到惊讶。但当时他是和他的一个朋友一起来的，他对我表达了歉意，说他实在是太忙了，不能陪我继续参观。

对拉尼耶来说，音乐与他拥有的任何技术技能一样重要。他经常邀请我们去 The Kitchen，这是一个实验性的纽约音乐场所，他经常在那里与菲利普·格拉斯（Philip Glass）和小野洋子等艺术家一起演出。托他的福，一天晚上，我有幸与年轻的肖恩·列侬**共进晚餐，他也是与拉尼耶一起表演的音乐家之一。

世界贸易大厦距离拉尼耶的 loft 公寓很近，在“9·11”恐怖袭击事件之后，他好几个星期都没能回家。当他终于能够回家时，他带走了所有的异国乐器，回到了加利福尼亚州，这真令我们感到遗憾。

与拉尼耶在一起的任何一个晚上都是一种享受，以前是这样，现在更是如此。交谈之间，我们的思想如同爆炸一般，其中甚至不乏绝妙的想法。在哥伦比亚大学访问期间，他正在帮助为心脏外科医生制作一种虚拟现实系统，目的是在不破坏胸骨的情况下进行手术。这个项目已经取得了真正的成功。

在圣菲的那个夏日，我和住在此地的拉尼耶约好，一同度过第二天的假期——所以，看到他沿着宫殿大道向我走来时，我并不是特别惊讶。我和一位来自俄克拉何马州塔尔萨的朋友，以及她非常传统的朋友在一起。久别重逢之后，我停下脚步，给了拉尼耶一个紧紧的拥抱，然后我们一同制订了第二天的计划。

---

* loft，指由旧工厂或旧仓库改造而成的、少有内墙隔断的高挑开敞空间。——译者注

** 肖恩·列侬（Sean Lennon），演员、音乐人，约翰·列侬和小野洋子的儿子。——译者注

当我和拉尼耶分开时，塔尔萨那位自鸣得意的女士说："好吧！多么奇怪的人啊！"她在整个午餐时间都在唠叨这件事，我已经受够了。"你丈夫应该刚刚做了心脏手术吧，"我厉声说，"可能正是那个长相怪异的人让你的丈夫手术成功的！"

第二天，拉尼耶、莉娜（Lena）（后来莉娜成了拉尼耶的妻子）、我和乔开车去看另一位作曲家（拉尼耶不仅会演奏天下所有的乐器，还会作曲）。这位作曲家住在圣菲以东偏远沙漠中的穹顶建筑中，这段旅程唤起了拉尼耶的回忆，因为他也曾经住在新墨西哥州南部沙漠中的一座穹顶建筑中。他在大约 13 岁时就设计了这座穹顶，依靠的是一本书。他认为这本书是合理的，但实际上这本书只是描述了一项"正在进行的实验"，并非可靠的建筑指南。

这一天，我们在土路上进行了一次漫长而颠簸的旅行。为了消磨时光，拉尼耶教我们如何放羊，这件事并不像你想象的那么容易。在他跳过高中从中学直接进入拉斯克鲁塞斯的新墨西哥州立大学后，他靠放牧山羊来支付大学学费。

像拉尼耶这样年轻的科学天才在新墨西哥州南部做什么？他的父母都是移民，他的母亲是集中营的幸存者，他的父亲是乌克兰大屠杀的逃亡者。拉尼耶的父母移民到了美国，他们在那里相遇并结为夫妻。尽管拉尼耶出生在纽约市，但不知怎的，全家找到了新的生计——他们跑到了新墨西哥州。他母亲，一个训练有素的舞者，不得不像一名股票交易员一样日间工作养家糊口。拉尼耶年仅 9 岁时，她死于一场车祸。在《新事物的黎明》一书中，拉尼耶感伤地描述了母亲死后一年间，他精神恍惚而悲伤的经历。父子俩在帐篷里过着游牧生活，后来搬进了那栋穹顶建筑。13 岁时，拉尼耶说服拉斯克鲁塞斯的新墨西哥州立大学，允许他参加科学和音乐课程。他成功引起了马文·明斯基等科学家的注意，后来正是明斯基在麻省理工学院欢迎他入学（Lanier，2017）。

拉尼耶始终坚信计算机和人类在任何重要方面都不可互换。我们善意地讨论了这个问题；在大多数方面，我同意。拉尼耶较早的著作《谁拥有未来？》（*Who Owns the Future?*）认为，任何掌握有关您的任何私人信息的公司或政府都应该向您付费，就像使用您的任何财产的人会补偿您一样。他甚至建议，这可能是为那些不可避免地因技术而失业的人提供至少最低收入的一种方式（Lanier，2013）。最近，他详细阐述了人工智能方面的知识产权使用付费：改进的算法通过学习人类成就来改进自己。难道取得成就的这些人不应该因为他们对智能算法的贡献而得到一些补偿吗（Brockman，2014）？

随着人工智能的公众声望不断提高，拉尼耶已经开始公开谈论人工智能本身。对于科技界一些担忧人工智能威胁的名人——例如，埃隆·马斯克（Elon Musk）、斯蒂芬·霍金（Stephen Hawking）和马丁·里斯（Martin Rees）——拉尼耶说，虽然他尊重这些科学家的科学成就，但是他认为他们在技术上蒙上了一层毫无现实意义的神秘色彩。但是，如果他们的焦虑是呼吁增加人类能动性——让我们避免新技术在使用中威胁到人类——那么这种忧虑是有意义的。“我认为问题不在于特定的技术，我觉得这些技术很吸引人，也很有用，我对此非常乐观，应该进行更多的探索和发展。但围绕这些技术的‘神话’具有破坏性。”

技术和神话之间的区别很重要。在拉尼耶看来，这些“神话”中最有趣的一个，是人工智能与宗教的混淆，这种混淆真是又神奇又神秘。人工智能既不是宗教也并不神秘：它的能力依赖于成千上万甚至数百万人类智能的工作，而企业使用这些智能却无须像雇用员工一样付工资。例如，翻译、录音音乐家和调查记者都是人工智能的“受害者群体”。现在人工智能变成了一种使用大数据的结构，但是，人工智能通过使用大数据……

> ……就不用付钱给大量的贡献者。……大数据系统很有用，这种系统的数量应该会越来越多。但如果这意味着越来越多的人没有因其实际贡献而获得报酬，那么就有问题了。（Brockman，2014）

与正式报酬（特许权使用费）不同，非正式报酬对实际必须支付租金的人来说毫无用处。我完全同意这一点，我希望人工智能伦理的新探索能够解决这个问题，并找到一个公平、公正和道德的解决方案。

拉尼耶认为，神话是一个换汤不换药的想法：

在我看来，围绕人工智能的神话是对一些关于宗教的传统观念的重新创造，只是将其应用于技术世界。所有关于人工智能的损害的想象，本质上与宗教过去给科学带来的残害相同。当我们跨过一个阈值，我们熟悉的一切都会改变。我们称之为人工智能，或者一种新的人格……如果成真，它很快就会获得一切力量，至高无上的力量，超越人类。这个特定阈值的概念——有人用"奇点""超级智能"等词汇来命名它——类似于神性。我不是指所有关于神性的观念，我只是说其中蕴含着的某种关于神性的迷信观念，认为有一个实体将统治世界。也许你可以向它祈祷，也许你可以影响它，但它管理着世界，你应该对它怀有极高的敬畏。这种特殊的想法在人类历史上一直是不正常的。如今它再次失调，扭曲了我们与技术的关系。（Brockman，2014）

和过去的许多宗教一样，这种关于人工智能的神话诓骗普通人从而为神职人员般的精英服务。最重要的是，它忽略了人类的能动性。我们可以在法律、经济和安全方面塑造一个有人工智能的未来。

正如我们将看到的，其他人也相信，我们能够实现，并正在努力实现这一目标。

近年来，拉尼耶和莉娜还有他们的小女儿莉莉贝尔（Lillybell）一起住在伯克利山的一栋房子里，还有他从他的收藏中挑选出来的一些乐器。他收藏的乐器堆满了山坡上的三层楼。他坚持写作，并往返于硅谷。这栋房子很有意思：我们最后一次长时间的交谈，是在他们的客厅，我坐在一张铺着红色丝绸的四柱中式床上，享用了美味的俄罗斯茶。我想，我和乔为他感到的遗憾远不止于此。在 VPL 解散 30 年后，脸书斥资 20 亿美元收购了一家新的虚拟现实初创公司 Oculus VR。[1]

二

我常常以洛特菲·扎德为例介绍教职终身制，他是最佳“论据”之一。他于1959年来到加州大学伯克利分校。由于他已经在哥伦比亚大学获得了电气工程的终身教职，所以他在伯克利分校也立即获得了终身教职。他曾是德黑兰一名才华横溢的年轻学生，那里是他的家。(然而，他出生在阿塞拜疆的巴库，他的父亲是个波斯人，是一家伊朗报纸的驻外记者。扎德一直对那个城市难以忘怀，生前他曾表示希望死后安葬在那里，最终这个遗愿实现了。）大学毕业后，他前往美国，在麻省理工学院获得硕士学位，在哥伦比亚大学获得博士学位。他在哥伦比亚大学任教了十年，直到他来到加州大学伯克利分校。

1965年，学术工作稳定的扎德发表了他的第一篇关于模糊集的学术论文。他提出了一个系统，可以让你说某样东西“几乎”在那儿、“不完全”在那儿或是“恰好”在那儿。他将模糊逻辑定义为“清晰、精确的计算机推理和人类推理之间的桥梁”。扎德说，这是一种近似推理，包括了大多数日常推理，例如在哪里停车或何时拨打电话。

此类问题无法精确分析，因为我们缺乏精确分析的信息。此外，他认为，标准逻辑系统的表达能力有限。高精度意味着高成本和低可操控性，就好像你必须将汽车停在正负千分之一英寸的范围内。相反，模糊逻辑利用了对不精确性的容忍度。他最后说，模糊逻辑很容易理解，因为它非常接近人类推理。

这个想法让数学家和计算机科学家饱受困惑。理论家们不知道如何理解这种奇怪的逻辑，就连人工智能阵营对他也感到困惑，甚至是不屑一顾。倘若扎德只是一名年轻的助理教授，仅凭他那聪明的头脑，他最终也不会有所成就，只能被迫从事不同的职业。有了终身任期，他就可以专心做他的研究。

我和乔第一次来伯克利度假时遇到了洛特菲·扎德，在我们购买了伯克利的公寓后，我们经常看到扎德一家。扎德体格瘦弱，瘦得连头骨都盖不住，颧骨突出，额头高而没有皱纹，棕色杏仁状的大眼睛警惕地注视着这个世界。他和他的妻子费伊（Fay）慷慨热情，屡次邀请我们参加晚宴和多语种新年前夜音乐派对。我非常喜欢费伊。在他们伯克利家中的楼梯上，挂着一幅引人注目的、近乎真人大小的费伊的油画肖像，画中她身着一袭粉红色拖地长裙晚礼服，但这画还是比她真人差远了。费伊有令人羡慕的语言天赋，她的朋友很多，这些女性朋友有说德语、法语、日语、波斯语以及任何费伊熟练掌握的语言的。她非常热情，非常务实。她还一直忙于担任扎德的私人秘书，因为伯克利的预算很紧张，而且来自世界各地的关于模糊概念的信件数量巨大——我们访问费伊时，我看到了她办公桌上成堆的信件。

一方面由于模糊逻辑非常成功，另一方面也由于他勤奋地"传教"(从伯克利到日本的两天往返旅行对他来说司空见惯)，扎德在世界各地（除了美国）都十分有名。在晚宴上，我们通常会遇到他的一两个外国弟子；他的追随者来自四面八方，其中日本人最多。我猜想模糊逻辑的吸引力和专家系统的吸引力是一样的，它提供了一系列机会：让聪明人和不聪明的人都可以解决一系列问题的机会。这是将想法传播到世界各地的方法，适合每个人。正如扎德本人所言，模糊逻辑接近人类逻辑，因此很容易理解。当我去日本，在火车上遇到模糊洗衣机、模糊电饭煲和模糊制动系统（因为我也不了解嵌入在高清电视机、相机对焦或索尼掌上电脑中的模糊逻辑）时，我向我的日本东道主提到了他。他们听到后对我是洛特菲·扎德的朋友印象深刻。

但美国的人工智能阵营仍然排斥他。在1978年波士顿国际人工智能联合会议的一次会议上，在酒店大堂，我站在一群受邀在当地一个教授家共进晚餐的人工智能人员中间。扎德路过，犹豫了片刻，见没人要请他，便急忙继续前行。我感到又羞愧又难受——但这不是我的聚会，我没法出面邀请他。这就像是在典型的学校生日聚会里，班里的一些孩子被明确地排除在外。

1983年的一天，扎德和我共进午餐。"啊，亲爱的，"他富有哲理地说，"这是一个'好消息或坏消息'的笑话。好消息是人工智能正在大显身手。坏消息是它的逻辑很模糊。”他在某种重要的意义上是对的，正是凭借这种看法，他名声大噪、饱受赞誉。

他的理论在其他领域中也有应用。1988年6月，我在伦敦巴比肯艺术中心看到了法国最新、最有前途的年轻艺术家的艺术展览。其中一个展览名为“信息·虚构·广告·模糊集”(*Information*：*Fiction*：*Publicité*：*Fuzzy-Set*)。艺术家让-弗朗索瓦·布伦（Jean-François）和多米尼克·帕斯夸利尼（Dominique Pasqualini）在高大的灯箱中安装了云彩和天空的彩色照片，暗示着模糊，暗示着任何其他东西。我把展览的小册子寄给扎德让他开心。

扎德本人就是一位热心的摄影师，所以没有客人能够在没有被他拍照的情况下离开这间房子。他墙上挂着名人肖像——摆着半凌空大跳姿势的鲁道夫·努列耶夫（Rudolf Nureyev），忧郁地思考自己的人生结局的亚历山大·克伦斯基（Alexander Kerensky）——我不介意每次和扎德在一起时都保持那个姿势（不管是什么姿势）。他去世以后，乔在他的办公室里放了一张扎德于20世纪70年代拍摄的照片，照片中，我躺在扎德家客厅的精美丝绸波斯地毯上，穿着亮蓝色的休闲裤和高领毛衣，正衬着地毯上猩红色的圆形图案。当我需要为《会思考的机器》提供作者的照片时，扎德在他的伯克利花园里拍了这张照片。

一次晚餐时，我从蒂亚·莫诺索夫（Tia Monosoff）那里听到了这个故事，她是80年代扎德的本科学生。她正在参加扎德模糊逻辑课程的期末考试，由于一些她已经不记得的原因，她完全崩溃了，无法完成考试。她走出考场，立即打电话给扎德，为自己的失误道歉并试图解释。他开始问她关于模糊逻辑的问题，她流利地回答了这些问题。“好吧，”几分钟后他说，“我会给你一个B。”她本来以为最好的结果是她会得到一个“考试未完成”(Incomplete）——甚至更糟——她对他的慷慨和明智深表感激。

1991年12月，我参加了扎德在帕萨迪纳的喷气推进实验室发表的演讲。参加讲座的人太多了，就连过道上都站满了人，我意识到他将成为一位传奇人物。在那次演讲中，扎德通过几张视图，展示了多年来关于模糊逻辑的所有可怕的事情。“帕梅拉·麦考黛克，”他向我点点头补充道，“已经写了足够多关于人工智能的文章，成为那个圈子里的一员，而且可能还听过更糟糕的话。”（其实我没有。甚至没有人肯费神去想一句侮辱的话。）他继续说，“模糊”在美国仍然是贬义词，但在日本却有很高的地位，以至于有“模糊巧克力”和“模糊厕纸”。

总之，扎德自嘲一笑，赢得了一群已经很喜欢他的观众的支持。“有趣的洛特菲，”那天晚上我在日记中写道，“笑到最后，笑得最好。”

扎德一向热情好客，但他和这个世界之间却有一道无法穿透的隔膜。我唯一一次接近他是在一个晚上，他打电话邀请我吃饭。我独自一人，所以很乐意去见他。他也是一个人。不过虽然我们两个聊得很轻松，他却什么也没吃。为什么不吃东西？我问。他轻描淡写地说：“我明天要动个小手术。”第二天我打电话给他，问问情况如何。我记得他很高兴——“电话中的洛特菲很酷，”我在日记中写道，“他对我如此普通的人类问候感到非常开心。”

到了20世纪90年代中期，模糊逻辑甚至向怀疑者证明了自己——扎德活到了胜利的时刻。他获得了艾伦·纽厄尔奖（Allen Newell Award），该奖项旨在表彰“在计算机科学领域或为连接计算机科学和其他学科做出的贡献”[2]。这个奖项几乎就是来自曾经把他排除在波士顿晚宴（以及其他所有事情）之外的那群人。他入选了电气和电子工程师协会人工智能名人堂，成为人工智能发展协会的会士（fellow）（以及许多其他杰出专业协会的会士），并获得了来自世界各地的24个荣誉学位。

几年前，我和乔带扎德一家去伯克利吃午饭。他们都90岁了，虽然他们并不显老，但费伊还是骂洛特菲是“小洛特菲”，而洛特菲还是和以前一样聪明，而且性格捉摸不定。后来，费伊于2017年初去世。洛特菲于2017年9月6日去世，享年96岁。

三

格温·贝尔（Gwen Bell）是一位具有创新精神和天赋的城市规划师，后来嫁给了计算机建筑师戈登·贝尔。她于1983年买下了数字设备公司（The Digital Equipment Corporation）简陋的企业博物馆，并将其改造成波士顿计算机博物馆，搬迁到波士顿博物馆码头。这座博物馆的馆藏最终将成为硅谷计算机历史博物馆的核心。一开始，格温为博物馆举办了一场颇受欢迎的筹款活动，这是一场名为“计算机碗”的趣味知识竞赛，她让东西部两支由计算机界知名人士组成的团队进行竞争，比赛在全国播放的电视节目《计算机编年史》（*Computer Chronicles*）中播出。时任微软首席执行官的比尔·盖茨（Bill Gates）作为西部队的一员（他最后获得了“最有价值选手”称号）在参加了早期的一集后，就被这个知识竞赛深深吸引。在接下来的将近十年的运行中，他成了这项竞赛的大师。

1991年，格温邀请我担任东部队的队长。“别去！”爱德华·费根鲍姆在电话里对我大喊，“如果你被羞辱了怎么办……”我没有想到这一点，这种事情完全有可能发生。馅饼砸脸游戏（pie in the face），或者是灌进水箱游戏（dunked into the tank）：嘿，这不过是一个筹款活动。

计算机博物馆为我选择了出色的队友：美国电话电报公司（AT&T）高性能系统副总裁詹姆斯·克拉克（James Clark）（他是非裔美国人，这在该领域不常见）；约翰·马尔科夫，后来为《纽约时报》报道计算机行业并撰写了相关书籍；IBM科技副总裁约翰·阿姆斯特朗（John Armstrong）；以及数字设备公司研究副总裁萨姆·富勒（Sam Fuller）（Nichols，1991）。

因为每个人都希望我们看起来很紧张，佩戴领带、穿着夹克，像个拘束的东部人，所以我建议我的队友们反其道而行之。没准他们会穿自己锻炼时的任何衣服？约翰·马尔科夫翻了个白眼：我不会穿着自行车短裤上电视的！

但我们都进入了状态。一位团队成员给了我们个惊喜，他穿了件黑色缎子的团队风衣，在风衣下面，我们穿着时髦的 T 恤和宽松的裤子。我们每个人都戴着棒球帽（反戴，当时这还很时尚）。约翰·阿姆斯特朗的帽子是他修剪草坪时戴的约翰·迪尔帽子。詹姆斯·克拉克戴着一个《壮志凌云》（*Top Gun*）的帽子。我让一个 10 岁的滑板少年和我一起去购物，在超市，我发现了一件超大的达菲鸭 T 恤和滑板裤。我还借了我西海岸侄子的滑板和帽子，帽子上面写着："如果你不能和大狗一起跑步，就留在门廊处。"如此装扮的我们踩着蜂鸣器的嚣叫声登台，观众们哄堂大笑。比起穿着商务装、面露惊讶的西部队，我们在心理上有了优势。

我看到比尔·盖茨更早到达了圣何塞会议中心，那里的电视正在转播竞赛。令我惊讶的是，他身边只有一个助手。我以为世界上最富有的人之一会被一群保镖和打杂的人包围，但事实并非如此。比尔·盖茨，讨人喜欢又放荡不羁。

专业主持人斯图尔特·切费特（Stewart Cheifet）掌控着比赛的节奏。比尔·盖茨提出了问题；蜂鸣器响起；东部队在"滑板少女队长"的带领下以 460:170 轻松获胜（Nichols，1991）。我和比尔·盖茨一样赢得了"最有价值选手"称号。也许正是我们愚蠢的服装让我们放松了，或者这本来就是属于我们的夜晚。当然，我们很幸运能够拥有广博的知识储备（涵盖了很多冷门知识）。后来，我看着镜中自己的打扮，惊讶于我看起来多么酷，甚至还带着几分傲气。事实上，正如爱德华·费根鲍姆所警告的那样，我决心不被人羞辱，所以我很紧张，努力集中注意力。

"她是计算机历史学家！"西部队的戴夫·里德尔（Dave Liddle）抗议，"不公平！他们当然会赢！"

四

1986 年 5 月，哈珀与罗出版社的编辑哈利雅特·鲁宾（Harriet Rubin）让我大吃一惊。她问我对合著有何看法？到那时为止，我只有一部合著作品——《第五代》，它非常有趣。此外，我周围都是喜欢合作的科学家，这不仅扩充了每个人的工作，也减少了孤独感。如果有合适的合著者，我当然十分欢迎。她告诉我，史蒂夫·乔布斯（Steve Jobs）聘请约翰·斯库利（John Sculley）管理苹果公司，斯库利随后解雇了乔布斯。斯库利正打算再写一本像李·艾柯卡（Lee Iacocca）的畅销书《艾柯卡自传》（*Iacocca：An Autobiography*）一样的书。

“啊，”我对编辑说，“他像是想找一个代笔。我不确定我是不是合适的人选。”不，他想要一个合作者，甚至“愿意分享功劳/署名”。编辑告诉我。对于这件事，我没有立刻说不，但我很犹豫。不过，我还是觉得不妨见一见他。这甚至可能是一个具有启发性的项目。“先是为电影写作，然后是为电影写作，”我在日记中写道。

我回顾了李·艾柯卡的回忆录。艾柯卡曾是福特汽车公司亨利·福特二世（Henry Ford Ⅱ）的指定继任者，但由于福特性格反复无常，时常感觉受到威胁，他突然解雇了他的“王储”。艾柯卡惊呆了，深受伤害，但采取了最好的报复措施：他去了几近破产的克莱斯勒，扭转了局面，克莱斯勒的销量开始超过福特（Iacocca & Novak，1984）。

关于艾柯卡有两个精彩的神话——第一个是他作为移民白手起家的故事（尽管他的父亲就是移民）；第二个是作为被老国王放逐的太子，他找到了另一个王国来统治，后来的成功甚至比老国王的更伟大。但是，斯库利与史蒂夫·乔布斯的冲突背后的神话，听起来更像是老国王杀死太子的故事：一个被偶像化的受害者被一个锱铢必较的守业人流放了，更确切地说是杀害了。这充其量是该隐和亚伯的故事。这个时候，斯库利还没有拯救苹果，乔布斯还没有找到一个可以超越苹果的王国。这将是一个巨大的写作挑战，但并不是不可能的，我想，如果我全神贯注的话。

每个人似乎都非常着急。他们想要在夏末得到一份手稿，而我接到任务已经是5月中旬了。另一位作家在写史蒂夫·乔布斯的故事，所以斯库利和我的书将是一个反击，最好是先发制人的打击。这么想来可能更有趣：至少这本书可能会给现实加点戏，而不仅仅是一本稀松平常的商人故事流水账。斯库利在寻找一个意志坚强的人，一个坚持把自己的名字写在书脊上的人。如果他只是想要一个记者或代笔作家，还有成千上万的顺从者可供选择。

简·安德森（Jane Anderson），一位年轻的英国女性，斯库利的私人公关人员，邀请我去旧金山吃午饭。就像玫瑰骑士（Rosenkavalier）一样，她非常坦率地表示他们想要与我合作，并问什么能打动我？我回答说，这不仅仅是另一本商人的书。我还引用了梅尔维尔（Melville）关于伟大的书、伟大的主题的名言。这似乎让她很高兴。我不是反商业化；我认为伟大的文学作品可以来自任何地方，并蕴含合适的智慧、复杂性和新鲜感。她说，斯库利非常内敛，非常注重隐私；最近他正开始从事设计工作——这让我很惊讶——他的业余爱好是科学和技术。她给了我更多背景信息，包括斯库利的一些想法、他的一些备忘录等。她还建议我打电话给艾伦·凯，听一听斯库利的故事。凯非常积极：斯库利是一个“热爱创意”的人。我很乐意和他一起工作。

但是安德森给我的备忘录毫无灵感，我仍然看不出有什么办法可以塑造神话，除了把斯库利塑造成一个全面、脆弱、矛盾的人，但我相信任何头脑正常的首席执行官都不会允许这样做。在职业生涯的早期，斯库利从设计转向了市场营销，因为他看到在美国公司，市场营销决定了大部分决策。然而，营销价值就像苏打水一样肤浅。这就是斯库利能够被吸引到苹果公司，回到有意义的价值观的原因吗?

当约翰·斯库利、简·安德森和我终于一起共进晚餐时，我还在考虑这件事。他也许很内向，但他不是无私无我的。他希望以第一人称讲述这本书（所以我本质上是代笔人，而非共同作者），并希望对每个字都有最终发言权。尽管凯曾说过斯库利喜欢创意，但我一直在等待他令人眼前一亮的想法，可最终并没有等到。也许他是为了写这本书才有所保留。于是我试探性地问，既然我们大多数人写作是为了名与利，而他在这两方面都有了，为什么还要写一本书呢?“因为我想拥有一本属于自己的书。”他说。这种天真让我微笑。

我大声讨论着艾柯卡著作中隐含的神话，而他对这本书很欣赏：白手起家的移民，老国王放逐了威胁到他的王储。然后我又讨论了斯库利故事中隐含的神话，闯入者驱逐了王储，但充其量是该隐和亚伯的故事，这让他大吃一惊。这种困难不是不能克服的，我告诉他。但这会很困难，需要一些想象力来解决问题。它不能只是夸大其词，否则人们会问，他已经有了一流的硅谷公关人员，为什么还要让我来写？

但我可以看出我已经失去了他的信任。精明的国王放逐太子？该隐和亚伯？谁愿意成为这些故事的一部分？

乔布斯一生的经历非常复杂——直到乔布斯去世以后，沃尔特·艾萨克森（Walter Issacson）的传记《史蒂夫·乔布斯传》（*Steve Jobs*）出版，我们才真正知道他的人生到底有多复杂。20 世纪 80 年代中期在苹果公司，斯库利和乔布斯之间出现了一种本不可能的局面，当时，苹果公司的董事会支持斯库利，而乔布斯不得不离开。尽管乔布斯的铁杆支持者认为，斯库利是在利用乔布斯已经推出的新产品获利，但在 80 年代后期，斯库利确实领导苹果公司度过了一段高利润的时期。在公司轮转之际，斯库利本人最终还是被苹果赶下台，乔布斯回归，将苹果打造成为一家盈利能力更强的公司，其产品在全球范围内受到推崇和效仿。斯库利离开后成为一位非常成功的企业家、投资者和商人。

我个人很喜欢斯库利。两年后我在布朗大学遇到他时，他正作为校友积极参与一幢新的计算机科学大楼的建设。我再次向他做了自我介绍，并表示希望我们能找到合作的项目。我刚开始写一本关于艺术和人工智能的书，他礼貌地说很期待读这本书。

与此同时，我在一次鸡尾酒会上遇到了“流亡王子”史蒂夫·乔布斯，庆祝 NeXT 的发布。他希望这台电脑真的会成为下一个大事件，一种重新夺回他王国的方式。令我尴尬的是，乔向乔布斯讲述了斯库利的故事。当他听到乔重复我的话，“艾柯卡是王子，在流放中，他打败了老国王，在斯库利和你之间，你是那个被驱逐的王子”，乔布斯突然严肃起来。乔带他来跟我确认。是的，我说，我向斯库利讲过这些话，认为这是任何一个愿意帮他写自传的作家都要面对的问题。但对乔布斯来说，我描述的是他实实在在经历过的不易的人生。他抓住我的手，紧张地问我："你真的对他这么说了？"我回答："当然。"乔布斯年轻的脸庞上浮现出许多复杂的情绪。他几乎要流泪了，但没有松开我的手。"谢谢你，"他感激地说，"谢谢你告诉我这些。"

五

我有时想知道人工智能先驱们会如何看待当今的硅谷。他们会很高兴人工智能如此突出、备受推崇追捧。或许会让他们感到惊讶的是，据《经济学人》报道，到 2018 年中，FAANG 公司集团（包括脸书、亚马逊、苹果、网飞和谷歌，都是人工智能公司）的价值超过了整个富时指数（FTSE 100 指数）。他们可能不会被如此专注于资本积累的文化所吸引。人工智能的四位创始人都过着俭朴的生活，住在他们刚成为副教授时购置的房子里，在那里他们抚养孩子长大，在那里他们度过余生。他们的驱动力是科学，而不是资本的获取。这四个人都有很强烈的社会正义感，虽然不完全相同。因此，机器学习会在多大程度上学习、从中得出结论并强化未经检验的社会偏见，会让他们感到困扰。硅谷与金融部门（所有商业部门最倒退的一个部门）的社会精神的一致性，也会让他们感到十分沮丧。他们本想从自己的构想中得到一个更好、更体面的东西。[3]

我和其他许多女性会对硅谷的性别歧视感到不耐烦，甚至愤怒。但是，改变的一刻即将到来。

与此同时，人工智能已经搬进了人文学科的空宅邸。它不仅仅是在打扫和清理东西，而是在做重大的改变，这种改变我们将在下一部分看到。

注 释

[1] 虚拟现实有望改变电子游戏行业。但正如科琳娜·约齐奥(Corinne Iozzio)在她为2014年10月《科学美国人》杂志撰写的文章"虚拟革命"(Virtually Revolutionary)中指出的那样,虚拟现实技术也被广泛用于创伤后应激障碍、焦虑、恐惧症和成瘾的心理治疗以及航空领域训练。后来的投机者会想象虚拟现实使人类与现实世界分离,人们都会开始信仰这种用耳机就能瞬间实现的"新时代佛教"。

[2] 引文来自艾伦·纽厄尔奖的ACM SIGAI网页,检索自http://sigai.acm.org/awards/allen_newell.html。

[3] 哦,还有机器学习应用的随意、无能、低效或自负的问题。弗吉尼亚·尤班克斯(Virginia Eubanks)的《自动化不平等》(*Automating Inequality*, St. Martin's Press, 2018)写的是一个关于僵化而脆弱的系统统治和惩罚美国穷人的恐怖故事。安德鲁·史密斯(Andrew Smith)为《卫报》(*The Guardian*)撰写的文章"弗兰肯算法:不可预测代码的致命后果"(Franken-algorithms: The Deadly Consequences of Unpredicted Code, 2018年8月30日)值得一读。亚斯明·安尔(Yasmin Anwar)的伯克利新闻文章"大数据声称知道的关于你的一切都可能是错误的"(Everything Big Data Claims to Know about You Could Be Wrong, 2018年6月18日),描述了在诸如医疗结果方面对大群体进行平均的愚蠢行为。克莱尔·加维(Clare Carvie)为《华盛顿邮报》(*The Washington Post*)撰写的故事"面部识别威胁我们的基本权利"(Facial Recognition Threatens Our Fundamental Rights, 2018年7月19日)不言自明。这种威胁已经在一些国家发挥作用,人脸识别的精确度为30亿分之一,它监控公民行为的能力达到了这样一个水平:个人因完全按照国家意愿行事而获得"征信分数",当公民做出不良行为时信用会降低。另一方面,托马斯·麦克马伦(Thomas McMullan)为Medium博客平台撰写的故事"用围巾和面部彩绘对抗AI监控"(Fighting AI Surveillance with Scarves and Face Paint, 2018年6月13日)表明,比较激进的一些人现在正在发明电子围巾和面部彩绘。在《华盛顿邮报》的报道"微软呼吁对面部识别进行监管"(Microsoft Calls for Regulation of Facial Recognition, 2018年7月13日)中,德鲁·哈韦尔(Drew Harwell)指出,微软已正式呼吁政府对面部识别软件进行监管,因为"对科技巨头来说,这项技术太重要了,也有潜在危险,因此不能让企业自己去监管自己"。

第六部分

艺术与文学

一个故事只向一个方向传播，

不管多频繁

它试图向北、向南、向东、向西、向后转。

——简·赫什菲尔德（Jane Hirshfield），

《托尔斯泰与蜘蛛》（*Tolstoy and the Spider*）

/ 第二十四章 /

艺术与人工智能

一

画家哈罗德·科恩的作品将他推向了20世纪最具冲突的争议的中心——多年后争议仍然存在，即真实性之战。这个争议你已经听过了。人们探讨“计算机真的在思考吗?”对科恩来说，问题变成了“使用计算机创作的艺术是真的艺术吗?”。随着时间的推移，围绕创造力、学习、艺术家的新角色以及计算机的适当角色这些问题，不同的看法将会如雨后春笋般出现。《亚伦代码》(*Aaron's Code*，1990）是一本关于科恩如何使用人工智能创造艺术的书，写这本书将会让我直面写《会思考的机器》时遇到的同样的问题。

科恩的作品主要在两个方面符合西方艺术的传统。首先，是自画像的悠久传统。它至少可以追溯到早期的文艺复兴时期，许多艺术家因创作深刻而讽刺的自画像出名。科恩作品的不同之处在于，他的自画像是动态的（即随着时间的推移而变化），他描绘的不是艺术家的相貌，而是他工作时的认知过程。有人可能会争辩说，虽然这些图像在很大程度上体现了程序如何捕获认知过程，但最重要的艺术作品是名为“亚伦”的程序，不一定是“亚伦”生成的图像——虽然这些图像是编码的有形证据，这些编码很大程度上捕捉了认知过程。

自画像让我们想象我们可以感受到艺术家的情绪状态，但不是他的认知状态。当代心理学悄悄纠正我们：认知和情感不能完全分开。无论如何，“亚伦”的实际代码肯定是一种强烈激情的产物：从代码的第一行开始，科恩与“亚伦”相处的时间比他与任何人相处的时间都多，这一点贯穿了他的余生。

一幅能在很大程度上以动态方式捕捉艺术家认知过程的自画像无疑是艺术阳光下的新生事物，这让科恩在西方艺术中又占据了重要地位。他是一位深刻的甚至是革命性创新的孕育者。

哲学家阿尔瓦·诺埃（Alva Noë，2015）认为我们的生活是由“组织”构成的。艺术是一种将我们的“组织”展现出来的实践，在这一过程中，艺术又重新组织了我们。[1] 如果真是如诺埃所描述的这样，科恩的作品也将以这种方式贴近伟大的艺术传统。

科恩的成就对于大多数艺术界人士来说似乎很难理解。自 1990 年《亚伦代码》出版以来，经过数字处理的图像走进大众视野，并在一定程度上已被社会认可。机器学习产生的艺术也引起了不小的轰动。2018 年 10 月，一幅机器学习生成的图像被印在了画布上，这幅名为“埃德蒙·德·贝拉米肖像”（*Edmond de Belamy from La Famillle de Belamy*）的图像由一家巴黎集团创作，在佳士得拍卖行以 432 500 美元的价格售出（Cohn，2018）。但对于大多数策展人和收藏家来说，科恩的成就还远大于这一金额体现的价值。

在 20 世纪 60 年代，作为一名普通的画家，科恩在家乡伦敦的声誉高涨。到 1966 年，他成为代表英国参加第 33 届威尼斯双年展的五位艺术家之一，他的作品可以在英格兰和欧洲大陆的重要画廊中看到。虽然科恩已经是那个时代伦敦艺术界的核心人物，但在 1968 年，他却开始焦躁不安，预见到某种重大变化即将来临。那年秋天，科恩带着三个年幼的孩子来到加利福尼亚州的圣迭戈（他的第一段婚姻已经结束，他保留了三个孩子的监护权）。他安顿下来，在刚刚成立十年的加州大学圣迭戈分校新成立的视觉艺术系进行绘画和教学。视觉艺术系位于圣迭戈以北的拉霍亚海岸，风景优美。

科恩是个中等身材的矮胖男人，留着浓密的拉比式黑胡子，灰白的头发扎成马尾辫。在他的眼镜后面，他那双深邃而睿智的眼睛仿佛是通向非同寻常的复杂灵魂的门户。他几乎可以在任何话题上侃侃而谈，言语间透漏出的伦敦梅菲尔（Mayfair）上流社区的气息给人留下深刻的印象（但他发脾气时，语音语调会滑向他童年所在的伦敦东区）。他对许多同行艺术家也很刻薄，甚至不屑一顾。不过，他曾对我说："如今我对艺术的重视程度越来越低，但我一旦重视某种艺术，会视如珍宝。"他重视的是塞尚，他也同样喜爱杜尚。

圣迭戈视觉艺术学院藏龙卧虎，其中一名职员名叫杰夫·拉斯金（Jef Raskin），他后来参与设计了苹果公司的第一台麦金塔电脑（Macintosh）。在科恩上任之初，拉斯金放下狠话：我甚至可以教会你如何编程。科恩接受了编程的学习，认为这可能和做填字游戏一样有趣，这是他在思考一幅画时打发时间的方式。

1968年，科恩在一场名为"机械奇缘"（Cybernetic Serendipity）的伦敦艺术展中第一次看到了计算机的运行。那是"计算机艺术"的鼎盛时期，任何可以用绘图仪进行数字化、处理和打印的东西最终都会出现在画廊的墙上。他想，要么计算机非常愚蠢，要么人们在用计算机做非常愚蠢的事情。

但是通过学习编程，他慢慢地（在他的回忆中，他是独立地）获得了与人工智能研究人员相同的看法：计算机是一个通用的符号操纵器，因此可以被视为在功能上等同于大脑。

二

科恩推测人工智能可能是一种检验他的一些艺术创作理论的手段。通过程序，他可以对理论进行建模，观察输出，然后修改程序（或理论），直到输出正确为止。什么是"正确"？他认为是能在图像和观众之间唤起（而不是传递）意义。艺术是意义的生成器，而不是意义的传播者。

通过名为“亚伦”(他自己的希伯来语名字）的程序，科恩开始将知识外化。在此之前，知识只存在于他的大脑中，通常他也没有意识到知识的存在。[2]“亚伦”了解并遵循在二维表面上创作艺术的一般规则。例如，程序知道如何表示“遮挡”(一个物体隐藏在另一个物体后面)；知道为什么在人眼看来，画面顶端那些较小的物体是隐藏在靠前的物体之后的。“亚伦”会判断从哪里开始绘图、绘制哪些形状、绘制多少个物体，会判断何时完成这幅作品。一旦开始绘图，人为干预就会被禁止。由于过程中的偶然因素，每幅画都与众不同；每张图都是原创的。

“亚伦”是自主运行的，不是说它可以控制笔的动作，而是说它可以发明这些动作。它生成图像，而不仅仅是转换它们。那么，对于科恩来说，计算机是艺术家的另一种工具，但与普通工具不同。

三

人类艺术创作是一系列基于艺术家对正在进行的作品的意识的决策。对该行为进行建模的程序需要类似的意识。但在当时，计算机没有眼睛来注视正在进行的工作。科恩以各种方式解决这个问题，他不是提出人类感知机制模型的心理学家，他是一个艺术家，他以艺术家的身份试图塑造一个艺术制作模型，并通过制作艺术的方式（还有其他方式吗?）来证明其合理性。正如亚历克斯·埃斯托里克（Alex Estorick，2017）所说，“‘亚伦’必须学会在黑暗中看见东西”。如果它没有眼睛可以看，科恩会给它眼睛的功能等价物，那是一种强大到可以想象出一幅画的想象力，不断地参考这幅画的整体，以便在上面做出下一个标记。

这类似于俄罗斯套娃，或者中式套盒：概念的层次结构产生了。最高层是作为人类的艺术家哈罗德·科恩，他构思了整个方案。位于下一个概念层的是他的计算机程序“亚伦”。“亚伦”对艺术制作有一定了解，有能力根据这些知识制作艺术品。最后，在层次结构的底部是图像本身（矛盾的是，它总是最明显的特征），每一张图像都是独一无二的，以前没有出现过，也永远不会重复。科恩已经跃升到“元艺术家”的层面，创造了一件会自己制作艺术的艺术作品——“亚伦”程序。这是一种前所未有的概念艺术：就创新勇气而言，科恩与他的精神祖先代达罗斯*不相上下。经过多年的改进，“亚伦”会增长到大约 14 000 行代码，还被改写为不同的编程语言。

在我早期接触人工智能的时候，我和科恩经常在人工智能会议上碰面，虽然科恩的技术知识远远超过我，但他是那里唯一的非技术人员，他乐于借鉴人工智能研究人员的知识，帮助他编写自己的艺术创作程序。到 20 世纪 80 年代初，“亚伦”已经开始创作具有公认审美价值的抽象绘画。毫无疑问，这位艺术家是“亚伦”，它从哈罗德·科恩那里学会了如何绘画，并且一直在绘画。

四

凭借其所有的艺术创作知识，“亚伦”可以说是一种“专家系统”，也是科恩所说的“专家使用的系统”，即通过科恩对艺术和计算机的了解，让计算机实例化的程序。该程序以可执行的计算机代码形式呈现，正在成为特定艺术家心灵艺术过程的独特表达。“亚伦”的运行是有条件的，它遵循一般规则，但即使知道这些规则，观察者也无法预测程序会做什么：它在绘制过程中使用复杂的决策树，因此，值得再次提起的是，没有两次绘画会是相同的。

1983 年，哈罗德·科恩受邀在布鲁克林博物馆举办一场展览，在那里展出了“亚伦”的绘画，观众可以实时观看程序制作绘画。当时，“亚伦”的作品是抽象

* 代达罗斯（Daedalus），古希腊神话人物，为克里特岛国王米诺斯建造了一座迷宫，后被国王关进迷宫，借助鸟类落下的羽毛制作翅膀逃脱。——译者注

的，具有角度、梳状物、封闭图形等基本元素。“亚伦”令人兴奋的部分原因是，它是一个计算机程序。随着个人计算机的普及，计算机程序才引起了公众的注意。这是在画画！大多数观众几乎无法理解“亚伦”所能做出的智能主张——或者是相信这些主张。

我和乔去看了布鲁克林的那场演出，那里挤满了好奇的观众。我们还买了几幅手绘图。当时，“亚伦”不会着色，科恩怀疑它永远不会着色。（大约 30 年后，他华丽地解决了这个问题。）我们邀请科恩来到家中共进晚餐。他对自己的成就发表了鼓舞人心的言论，看到《纽约时报》的艺术评论家格雷丝·格卢克（Grace Glueck）认真对待“亚伦”，并为布鲁克林的这场展览写了一篇敏锐的评论，他感到很高兴。

五

布鲁克林的展览结束三年后，我跟爱德华·费根鲍姆和仁井彭妮一起开始写一本关于专家系统的书时，科恩建议我接下来应该写一本关于他以及他的工作的书。

1986 年 9 月 30 日：

哈罗德今晚在我家吃晚饭。我同意写一本关于他的书，我自己都有点惊讶。但他的想法对我来说很吸引人，我只需要付出少量工作，就能学到伟大的艺术。

遗憾的是，当我开始研究科恩的书时，我和这位艺术家都处于艰难的境地。科恩的第二次婚姻破裂，让他深感苦恼。我和乔从纽约市搬到新泽西州的普林斯顿市，乔在那里加入了大学的计算机科学系，他的主要工作是运营一个由美国国家科学基金会赞助的超级计算机中心。

我在日记中承认在纽约度过了美好的六年，现在轮到乔做他想做的事了。但是，在普林斯顿，一切都很艰难——我的社交生活和职业生活都在纽约：我总是要坐一个半小时的火车回到这座城市。

1987年2月17日：

科恩的项目充斥着我的脑海。我认为科恩让我回到了我自己的主业。从某种意义上说，我是在他的研究的基础上来探析我的主业。他确实以一种真真切切的方式（从这种角度看，他的贡献很重要）将艺术带到了前所未有的高度。

1987年2月23日：

爱德华告诉我，雷·库日韦尔制作了一部电影，其中一段是关于哈罗德的，看起来很不错，但没有提到颜色是由哈罗德·科恩那天才之手弄的。爱德华在电影放映后公开说了这一点。库日韦尔的副手与哈罗德进行了认真的交谈，哈罗德后来告诉爱德华，当时的谈话内容相当于：我们怎么才能让费根鲍姆别透露这些事?

1987年2月28日：

重读《讲述生活》(*Telling Lives*)(这是一本传记作者关于传记艺术的作品选集)。我突然明白为什么我写不出赫伯特的传记。一开始，赫伯特就立下了一条规则：不要涉及私人生活。他让我不要提及他的家庭。我同意了，认为这可能是一本关于思想的书籍。但十年后，再次面对这个问题时，我突然意识到赫伯特不仅切断了我知道如何做得最好的东西，而且还切断了我生活中至关重要的一部分。这种限制使这项任务在任何真正意义上都变得不可能。奇怪的是，直到现在我才意识到这一点，之前我公开和私下都只责怪我自己。

1987年3月5日，我紧张地在约翰·布罗克曼的纽约市真实社（The Reality Club）上发表了关于科恩的作品的演讲。之后，我在日记中写道：

结果证明，真实社的演讲很有趣，尽管这次名为“科恩在做艺术吗?”(Is

Cohen Doing Art?）的演讲耽误了我自己的计划。令我惊讶的是，乔和弗里曼出现了。（约翰·布罗克曼今早在电话中说："除了麦考黛克，还有谁会有她自己的私人帮派？就是那个由乔·特劳布和弗里曼·戴森组成的帮派。"）一周前，我们在普林斯顿散步时遇到了弗里曼，并讨论了真实社的事。后来我对乔说，我希望他不要来，我也不希望你在那里。令人抓狂的是，乔还是来了。好吧，他们确实没有顾及我的感受，但我尽我所能去适应，并且发现自己非常享受这种感觉。今天早上约翰·布罗克曼打电话给我，说他们把我选为年度最佳演讲——毫无疑问，这是夸张的，但听到这些话我突然感到很幸福。看到伯努瓦·曼德尔布罗在那里，我傻眼了，但他其实表现得很好；休·唐斯*坐在我旁边，疯狂地写着笔记，不过可能不是为了他的电视节目。唐·斯特劳斯**告诉我，他为了我的演讲而抛弃了物理学家伊西多·拉比——呃，哦，我不知道该怎么说了。

1987年11月8日：

拉里·斯马在伊利诺伊大学做了精彩的演讲。他聘请了几位艺术家，其中包括唐娜·考克斯（Donna Cox），她将来自伊利诺伊超级计算机的大量信息转化为可视形式，真是太棒了。不过脾气暴躁的哈罗德对此不屑一顾。斯马的团队令人兴奋，他们的作品是艺术，更是重要的科学。哈罗德认为艺术不是为科学服务的，但艺术家们觉得，我认为，通过使用超级计算机，他们得到了丰厚的回报。他们愿意发展数字运算产生的图像，而且他们确实做到了。与此同时，计算机让科学家们看到了以前从未见过的东西，例如超新星的碰撞。这真是个好东西。

那年我和乔去伦敦过圣诞节，在泰特美术馆看到了科恩的一些作品。他在

* 休·唐斯（Hugh Downs），美国知名主持人。——译者注

** 唐·斯特劳斯（Don Straus），美国气候及环境研究专家。——译者注

1963年刚卖给他们的一幅画《事件之前》(*Before the Event*)，似乎正在做一件20多年后突然在纽约艺术界流行起来的事：在创作中引用/呈现科学中的观点和标志，并将它们加以改造；具体到《事件之前》这幅画，在我看来，这幅画的正中央描绘了复制的过程，是原始的交配，四周由DNA链似的图形环绕，但在乔看来，它们更像是状态空间图。带状图形在画作中的频繁使用，一直贯穿到后来的"亚伦"程序（这并不奇怪）。其颜色的大胆灿烂也毫无疑问非常科恩。

六

描写科恩的作品并不容易。在大学艺术课程之外，在博物馆和画廊的天真乐趣之外，我必须自学。我的工作已经够多了。但我也必须确切地了解科恩在做什么。当时，"亚伦"已经从抽象艺术转向了具象艺术，这是人类艺术家从未做过的。每幅画里都有人物、灌木、树木、花朵和岩石，但每幅画有多少人、有多少种物体，以及它们的位置，是"亚伦"一边绘制一边决定的。

科恩本人似乎喜怒无常，常常与人保持着距离，他婚姻破裂、年事已高，没有收获自己突破性成就应得的认可，因此他对许多事情都感到非常绝望。由于搬到普林斯顿，我不再是平静的自己了。1988年3月30日，我在日记中写道：

最糟糕的时刻是约翰·布罗克曼冲我大喊大叫，因为我在考虑写科恩的书。他的理由是：出版商只想卖可以立马售罄的书，科恩在纽约和艺术界都不为人所知，所以只有书呆子才会感兴趣，而书呆子不买艺术书籍。这对我的前途来说是一剂毒药，因为我将从一个为出版商赚钱的作家变成一个不赚钱的作家……约翰在我耳边大声吼出了我最害怕的事情。但我坚持自己的立场，反驳说科恩领先于他的时代，我曾经也处于那样一个位置；这是为了引起艺术界对科恩的关注（如果这很重要的话）；我的生活并不致力于为出版商赚钱。最重要的是，我迫切需要再次考虑我的想法。约翰并不庸俗，在面对建制派的怀疑甚至蔑视时，他已经在一定程度上推动了尖端思想的发展。他后来说，他只是在做一个经纪人的工作："尽可能地推动它，让它变得更宏大、更重要，这项工作会有意义的。"这回答了我的问题：是应该坚持己见、收效甚微，还是努力博得广泛关注？但我真的很沮丧疲惫。书写另一部《会思考的机器》的想法——特别是我还需要花大力气让编辑相信某个话题值得大写特写——让我感到沮丧疲惫。

科恩会不时在纽约地区穿梭。在普林斯顿高等研究院的树林里闲逛时，我们同意这本书应该包含思想史，应该涵盖尽可能广泛的内容。但我还是没有告诉他布罗克曼说了什么。

1988 年 5 月中旬，我和乔，以及艺术家莉莲·施瓦茨和她的医生丈夫杰克共进晚餐。我们开始思考为什么计算机艺术相对停滞不前。施瓦茨与我们看法一致。"是'软件包'造成的，"她最后说，"艺术家们可以轻松地接触到它们，但却无法精通这种媒介。所以大多数人认为他们应该继续做他们已经在做的事情，只是更快更容易，而他们惊讶地发现事实并非完全如此。此外，他们不会愿意做新的事情，他们只会'更快、更轻松'地走老路。"

大约一年后，当我在荷兰乌得勒支的一次电子艺术会议上见到莉莲·施瓦茨时，她补充道：对于人类来说，空白画布是个需要克服的大挑战，但计算机的开始方式却简单得多：点击菜单、使用鼠标、启动程序并提示选项。因此，不仅最初的挑战减少了，而且后续的过程也更容易些。

在这次会议上，哈罗德·科恩也发言说，用户友好性拉开了人类与这一工具的距离。他指责说，通过使用打包程序而不是编写自己的程序，艺术家们正在逃避使用他们自己的工具。后来哈罗德私下补充说，"我们这些老家伙"在计算机出现之前就已经知道如何进行艺术创作，但对于刚刚开始摸索的年轻人来说，在他们有机会了解艺术是什么之前，便利的机器已经淹没了他们。

也许正是如此。文字处理为作家提供了一些同样的便利，但我没有注意到写作的基本部分因此更容易了。我当然是“老家伙”之一：我曾经学会用笔和纸、打字机、复写纸、橡皮擦书写，在职业生涯中期才用电脑。

七

1988年6月，我和乔回到伦敦。在那里，我们遇到了哈罗德的一个儿子——蒂莫西·科恩（Timothy Cohen），他是一名手工珠宝制造商。我在我的日记中写道：

他一袭黑衣，一身英俊的拜伦式风格衣着，头脑敏锐，愿意以充满爱意的语气详细谈论他父亲的工作：从他父亲早期在加利福尼亚州的休闲生活开始，到将他父亲20世纪60年代早期的绘画与现在的作品联系起来的必要性。他认为能够上色的机器在经济上对哈罗德来说将是一场灾难，因为它将批量生产手工制作的东西，而艺术界不会支持这件事——富人将竭尽全力保护他们的投资。我同意，但如果你站在历史的正确一边，那么这一切都是保守派的最后抵抗。

蒂莫西·科恩将艺术视为“定位商品”，经济学家用这个词来形容有价值的物品，不是因为它们独一无二或无法模仿，而是因为其他人无法拥有它们。长期以来，艺术界一直关注定位商品。“亚伦”以狡猾的方式再次暴露了这一点。

我们谈到了技术改变了艺术的创作方式——油画使得在画布上绘画成为可能，这与其他历史力量携手并进，带来了人文主义。问题是计算会给艺术带来什么。我说我真的不知道。

我和乔去了巴黎。在那里，我和朋友们在漫长的巴黎晚宴上提出了这个话题。

是什么促使艺术家跳出常规，转而做新的、困难的、有时是革命性的作品？是的，我们的文化比较重视创新，但这并非普遍现象——你几乎无法想象一个非西方文化/社会用一种全新的面具使用方式举行青少年礼；再比如，中国人非常重视传统。还有经济问题："亚伦"会被盗版吗？蒂莫西担心"亚伦"产出的图像过多：人们想要的不仅仅是一张绘画，而是有签名的绘画。但这很容易被伪造——比如哈罗德多变的签名，或者"亚伦"特定的签名。那么收藏品可能是"早期'亚伦'""中期'亚伦'"等。假设哈罗德可以赋予"亚伦"比现在更多的智能，它是不是可以开始自主发展，甚至是在哈罗德去世以后？考虑到程序实际使用中的一些统计差异，每个版本的"亚伦"是否会有不同的发展？

哈罗德去世以后的"亚伦"会有自己的问题。我们不想要一台永恒的威尔第晚期歌剧作曲机，或者更多类似《奥泰罗》(*Otello*)的歌剧。如果我们想要歌剧，我们想要那些似乎与现在的问题和风格有关的歌剧。所以艺术体现了所谓人类真理（它们自己总是会发生变化）、时代精神和个体艺术家的表达之间的对话——这三者都是必要的。最后，很多都是偶然。如果你足够幸运，就像巴赫或多恩，你会遇到门德尔松或 T. S. 艾略特那样的人，他们挖掘你并支持你的工作。或者，你的作品或多或少地持续保持价值，就像贝多芬和伦勃朗那样。或者，你去世以后名声大噪，然后消失。什么都可能发生。

1988年7月25日：

周六晚上，我在凯瑟琳和彼得·施瓦茨家吃晚饭，他的商业伙伴杰伊·奥格尔维（Jay Ogilvie）带着多丽丝·萨奇（Doris Saatchi）一同享用晚餐。我们思考为什么自20世纪60年代以来计算机艺术在很大程度上没有发展。深入艺术界的多丽丝有几个猜想：没有任何理论发展出来……大部分市场（指艺术品买家）基本上都是新潮的，他们的品位不确定，就像19世纪匹兹堡的上层阶级复制了已知的建筑杰作一样，新买家想要画布上的传统绘画，最好是通过了"艺术顾问"认证的："一种由有中年危机的富人，特别是女性担任的职业。他们把画当布匹一样按尺寸售卖。”还有当代艺术家使用劣质材料的问题。为了展示这一点，多丽丝打开了安塞尔姆·基弗*的作品，画作箱子底部堆满了沙子，甚至吸引了家里爱玩沙子的猫。盘子从她收藏的朱利安·施纳贝尔**的作品上掉下来了。我问她，你怎么处理这些掉下来的盘子？她说，我把它们粘回去。

八

“亚伦”提出了关于原创性、真实性、智慧、艺术的意义及其评价的问题，但我开始认为它也属于西方艺术的另一个伟大传统，这是知识的表示——在这个例子中，代表了哈罗德·科恩对艺术创作的了解。但“亚伦”远不止于此。

伴随着令人兴奋的问题，困难也随之而来。科恩在我们长时间采访中对我说过的话（我称之为“哈罗德为自己创造的故事”）是有序、理性、公平、高尚的，但这些话也是精心准备过的（必然显得他是无罪的），最终引发的问题比解答的问题还要多。一次晚餐时，我质疑他的这种平稳性。他同意我的看法，感觉他正停留在同样的解答上。我说，他有极强的自我保护意识，甚至在回避。“你想完全隐身，但这样以来这本传记就会变成一篇无味的博士论文。”贝姬·科恩(Becky Cohen)，他分居的妻子，曾用过一个比喻：想法就像寄生虫，它们需要一个宿主。

经过我们之间几天的考验后，这位艺术家说他准备更加坦诚。他说，自己拥有英国人僵硬的上唇，不回答含蓄的问题，只回答明确的问题。“你一定要直截了当地问：与世隔绝是不是很糟糕？我会说是的，我记不清了，但确实很糟糕。我把自己与一切都切断了，一度以为我赌上了整个职业生涯，最后一败涂地。有

---

* 安塞尔姆·基弗（Anselm Kiefer），德国画家、雕塑家，德国新表现主义的代表人物之一。——译者注

** 朱利安·施纳贝尔（Julian Schnabel），美国艺术家及电影导演。——译者注

几年，似乎什么事情也没有发生：加州大学圣迭戈分校认为自己聘请了一位大画家，但他们得到的只是一个消失在计算机领域的人。”贝姬·科恩将其比作雅各布在沙漠中与天使摔跤，这是科恩的典型特征：非常私密，没有人真正了解他。但这持续了12年。

我到底想在这里做什么？哈罗德被我寄给他的草稿冒犯了，不明白为什么我不仅在他与“亚伦”的关系中看出了家长式作风，而且还发现他有强烈的厌女倾向，但我认为这已经融入了他的艺术作品中。（书完成后，贝姬·科恩写信给我：“是的，是的，但你怎么发现的？他就是这样排斥两个妻子和一个女儿！”）

1989年8月19日，我给科恩写了一封信，记录在我的日记里：

我的目标是把生活和艺术理解为一系列相互交织、相互滋养的模式。我的工作是找到那些模式（特别是当它们不明显时），并且去阐明它们，指出生活如何影响艺术，艺术如何影响生活。这项任务不需要责难，也不会有太多的表扬（虽然我时不时情不自禁地表扬他人）。它涉及描绘和解释。就写到这儿。

先是与科恩分居的妻子贝姬·科恩问我为什么不咨询其他专家，后来是哈罗德本人也问我这个问题。我在信中回复他们：

我只相信我自己的观察，随后对这些现象做出我自己的解释。为此，我整理了不少资料，非常努力地从你的角度去理解它，还研究了你我观点的差异。我小心翼翼地退后，站在远处在更大的文化背景下了解这一切，因为我们都是大文化的一部分。我对这种工作方式充满信心，因为我就是这样写《会思考的机器》的。普通的读者可能会认为我在《会思考的机器》中使用大量的采访来论证和反击。事实上，我根本没有做这种事。每个人都有他自己眼中的故事，有些故事比其他故事听上去更智能，但没有单独一个人的故事特别令人满意。所以我自己来讲故事。换句话说，我为《会思考的机器》所做的许多采访，和我为科恩这本书对科恩一个人所做的许多采访起到了相同的作用。最后，我必须相信自己的智慧。

随后我用笔又添了一句："并准备好迎接失败。"

这封信接着写道：

与此同时，我内心非常清楚地知道，我是在用自己的语言重新构建你的艺术和人生。这些东西有很强的个人印记，我只能尽我所能地诚实冷静地对待它们。冷静并不代表我能完全没有自己的偏袒，我无法想象我在一个自己并不欣赏的主题上花费两年或更长时间，所以说我是欣赏它的，我也很欣赏你。你知道的。我再说一遍，免得你忘了。人们性格相异，我没有把一生都花在一个我最终不想看见的话题上（尽管这样的传记作家是存在的，我很想了解他们的性格）。这本书并非纯情的情人节礼物——嗯，我的礼物是深刻地去爱，而不是盲目地去爱。

我很高兴终于把这一切都说出来了。

九

乔认为选择普林斯顿对他来说还是不明智的，并且哥伦比亚大学也欢迎他回去。我们开始对离我们最初住在河滨大道只有半个街区的破旧公寓进行清洁和改造。几个月来，乔住在哥伦比亚大学附近的一个旅馆里，在外面工作，而我则住在普林斯顿的房子里。我非常感谢在普林斯顿有我认识最久和最亲爱的朋友朱迪丝·戈罗格（Judith Gorog）。在她的孩子们的簇拥下，我度过了许多愉快的夜晚，我们共进晚餐，在深夜他们熟睡之后我才把他们送回到朱迪丝和她的匈牙利籍丈夫伊什特万（István）身边。他们俩都喜欢跟我聊天，让我没有持续数月陷入深深的孤独。

1988 年底，纽约的公寓竣工。在我们家中一面宏伟的墙壁上，将悬挂一幅我们买下的科恩的画作。科恩在去欧洲的行程中顺道给我展示了这幅画。除了这幅画以外，还有另外一幅挂在我的书房。这两幅画作的色彩极为惊人，即使对哈罗德·科恩本人来说也是如此。

《两个紧张的人》(*Two Men on Edge*)横贯墙壁，占据了整个房间。我们有一位邻居是画家。在我们搬进来不久后，她就常常来做客喝茶。她是一个令人喜欢的女人，安静地生活着，把她所有的热情都倾注在画中。在这张巨幅画作前，她喃喃自语说，她有些不安。她是不是提前形成了什么偏见？毕竟，这是“由机器”画出的画作。她最终表示，其实她“没什么特别的感觉”，这句话似乎表达了什么，但什么也没说。机器实在是太聪明了，或是太完美了？没什么好说的，所以“没什么特别的感觉”？我想起了我在芝加哥艺术学院听到的那位女性的话，当时，她告诉了我们她对物理学的“感觉”。

多年以来，很多访客曾满怀爱慕地欣赏这幅画，直到我们告诉他们这是由计算机制作的。你可以看见他们当场收回刚刚的话，重新考虑自己的看法。这不是由计算机完成的，而是“元艺术家”哈罗德·科恩间接创作。“亚伦”只负责实际的图像。那时，“亚伦”还不会上色，因此科恩用自己的天才之手画上了油彩。

十

撰写《亚伦代码》十分困难，售卖这本书更是难上加难。我不断地向不同编辑推荐这本书。他们喜欢这本书提出的问题，他们也对一个艺术圈子外的人写的艺术书籍感到不安。虽然书中的问题看起来十分形而上——什么是艺术？什么是思考？如果一台机器真的能创作艺术呢？——但他们拒绝了，就像《会思考的机器》的处境重来了一遍。后来阿瑟·I. 米勒（Arthur I. Miller）在他 2014 年出版的著作《碰撞的世界》(*Colliding Worlds*)中提出一种观点，但我始终不信服这一看法：1988 年的艺术机构就像是人文学科一样，是反科学的。

随后，《会思考的机器》的出版商 W. H. 弗里曼向我提了一个体面的报价，我松了一口气。

新书的手稿于 1990 年 7 月交付印刷，我在日记中写道：

作为成年人的我预料，那些讨厌哈罗德的人会将我视作替罪羊，对这本书口诛笔伐（很难想象有一篇评论说这是“一本讲废话的有趣的书”）；而那些对哈罗德的艺术持开放态度，甚至喜欢这种艺术的人，仍然将此视作艺术或艺术批评领域的入侵者。我赢不了，真的，只有写这本书的过程给我带来了快乐。随后，我们又继续下一个项目了。

这本书于 1990 年 9 月问世。至于批评者可能以多种方式抨击我，我本不必担心。这本书几乎没有什么影响力。赫伯特·西蒙给我发了一篇关于《亚伦代码》的评论，这篇评论经过深思熟虑，内容丰富详尽，而且将在遥远的未来出现在另一本书《计算机与哲学》(*Computers and Philosophy*) 中。《新科学家》(*New Scientist*) 杂志告诉我，他们会在 4 月份对这本书进行评论，不过后来就没有了消息。《艺术与古董》(*Art & Antiques*) 则请求我根据这本书为他们做一些事情。乔恩·卡罗尔 * 在《旧金山纪事报》(*San Francisco Chronicle*) 上一个有趣而富有洞察力的专栏连载多年，他在在线论坛 The WELL 上对我充满善意地赞赏了一番，而斯图尔特·布兰德（Stewart Brand）则将这篇文章转到了一次私人会议上，让我更有可能读到它。对此，我深表感激。

十一

《亚伦代码》的项目结束后，我思路枯竭、倍感悲伤，最重要的是，我对自己的直觉深感担忧。约翰·布罗克曼是对的吗？这本书的发行在个人、专业、情感、智力等各个层面上都感觉是毫无价值的。我想知道，我需要多久才能再次感

* 乔恩·卡罗尔（Jon Carroll），美国作家、作曲家、表演者、演员、音乐家。——译者注

觉良好。是的，我学过艺术，但大部分都是自学的。

1991 年秋末，我在加州大学圣迭戈分校的一场签售会上看到科恩，当时我和他一起追求了一些新的东西："亚伦"是一个复杂的适应系统吗？这个术语——其实是一整套术语和概念——是我当年 9 月和 10 月在圣塔菲研究所（一个致力于复杂性科学的独立智库）深度学习研究期间学到的。研究所的气氛特别好，当你对一个概念感到困惑，你会走出去寻找一扇敞开的门，门的后面有人——首先是斯图尔特·考夫曼（理论生物学家），还有克里斯·兰顿（Chris Langton，人工生命的创始人，即 A-Life）、布莱恩·阿瑟（Brian Arthur，经济学家）等，当然包括物理学家默里·盖尔曼（Murray Gell-Mann）——他们会放下手头的工作，耐心地向你解释你的问题，如果你仍然没有明白，或是想要继续讨论，他们会在午餐时与你深入探讨。

我开始明白，我在"亚伦"计划中的大部分问题，是难以为"亚伦"和它做过的行为创建一个术语表。但在研究所，这些术语和概念已经存在，它们是精确的、描述性的，并且在复杂性和非线性系统的科学中日常使用。复杂的自适应系统——我希望我早知道这个词——是以简单规则开始的系统，它拥有多个层次，会演变成更复杂的行为，但没有中央控制或领导者。这种系统在不同层之间和相同层的元素之间进行内部通信。这些系统通过学习或进化过程改变了它们的行为——适应，以提高它们成功的机会。兴致勃勃绘图的"亚伦"作为一名伟大的画家，在经济学、物理学、生物学（人类的大脑）、气象学和许多不同的领域都有无数"表亲"。

我和默里·盖尔曼共进午餐，他是诺贝尔物理学奖获得者，对复杂的自适应系统了如指掌。在乔的学术休假年，我们从圣塔菲研究所前往加州理工学院，度过了三个月，盖尔曼在那里任教。他听了我的话，点了点头，说，是的，"亚伦"确实是一个复杂的自适应系统，至少在执行绘图工作时是这样。但它在系统层面准确如何定性不太好说，盖尔曼告诫我："很多情况下这是个程度大小的问题。"

我呼了口气。我继续准备关于"亚伦"的演讲，因为它拥有复杂自适应系统的精神。盖尔曼告诉乔，复杂的自适应系统比夸克重要得多，夸克是他假设的比原子小的粒子，其存在直到很久以后才得到证实，他因此获得了诺贝尔奖。

1992 年元旦过后，我和乔离开了帕萨迪纳，搬到了德国慕尼黑，乔在那里获得了亚历山大·冯·洪堡基金会（Alexander von Humboldt Foundation）颁发的杰出高级科学家奖。那个休假年，先是圣塔菲，然后是帕萨迪纳，最后是慕尼黑，让我恢复了自我。

十二

20 世纪 90 年代后期，科恩破解了颜色问题——“亚伦”现在学会了自主选择颜色，色彩非常耀眼。“亚伦”将人类元艺术家不敢想象的颜色并排放置，结果却非常令人满意。科恩开始与意向性问题搏斗，回应了我们人类对艺术的要求，即它不仅表现出人性化的触感，而且可以在其意向性中找到其意义。继而，哈罗德·科恩开始调整“亚伦”创作的一幅新画，改变了一些形状，更多的是改变了颜色和纹理。他写道：“它不仅重新开启了我与程序的对话，还重新定义了该对话所依据的关系。”他在 2011 年详细阐述了这一点：“我与计算的关系史，经历了这样一个转变，即刚开始我认为计算机是对人的模拟，后来我发现计算机是一个独立的个体，它拥有本质上和我们人类完全不同的能力。”（Estorick，2017）

也许有一天，当世界上到处都是智能人工制品时，我们会到达科恩描述的那个世界。我们将开始我们的对话，仔细聆听它们的话语，聆听它们如何揭示它们的和我们的动机。哈罗德·科恩再次提前到达了一个我们其他人最终都会追随的地方。

2013 年秋季，当我走进麻省理工学院媒体实验室一间宽敞而宁静的实验室[3]时，也就是《亚伦代码》出版近 25 年后，我看到桌子上有一张画布，画上的脸被遮住了。因为麻省理工学院的大厅（以及大厅之间的室外空间）上有不少画作作为装饰，我以为这幅画也将要被挂在墙上。过了一会儿，金·史密斯（Kim Smith）吃完午饭回来，开始在墙上的另一块画布上工作。作为一名训练有素的艺术家，她与塞普·卡姆瓦（Sep Kamvar）合作。卡姆瓦接受过艺术家培训，同时也是麻省理工学院的计算机科学家，他编写了一个艺术制作程序。放在这里的作品是程序与人类的合作的产物——这个人类可以是艺术家，就像史密斯一样；也可以是博物馆的参观者，就像几年前在瑞典隆德的斯基瑟纳斯博物馆的卡姆瓦展览一样。这个艺术制作程序的使用说明既具有约束力又具有灵活性，因此由它完成的作品具有清晰的结构，同时也表达了参与者的个人审美偏好。“由于每一步都取决于之前的步骤，”博物馆的展览目录中写道，“结果将是一个动态的、协作的作品，由艺术家（程序）和博物馆参观者共同创作。”（Kamvar，2012—2013）

25 年后，人们已经准备好将计算机视为至少是艺术创作的合作伙伴，如果它本身不是艺术家的话。初创公司出售屏幕艺术。其中一家初创企业的创始人中村勇吾表示，一些艺术家预测屏幕将成为主导媒介，“就像几个世纪以来的画布一样”（Wortham，2014）。“亚伦”的作品首先在屏幕上展出，因此不需要适应习惯于屏幕而不是画布的新世界和新观众。

斯坦福大学研究员罗比·巴拉（Robbie Barrat）采用机器学习方法通过人工智能生成绘画。他将几千个风景图像示例输入他的机器学习软件中，直到它学会了如何创作风景画（Muskus，2018）。你可能认为巴拉的方法是一种高级复制。但是，由于该软件学习了数千张图像，因此它实际上是在合成，而不是复制。同样，人类艺术家在学习制作艺术时，会孜孜不倦地将自己沉浸在数以千计的画作中。[在 20 世纪 80 年代，我曾写过一篇未发表的文章“为什么艺术家去艺术博物馆而科学家不去科学博物馆？”（Why Do Artists Go to Art Museums But Scientists Don’t Go to Science Museums?）。]

哈罗德·科恩于 2016 年 4 月 27 日在他的工作室悄然去世，享年 87 岁。那时，他已经目睹了数字艺术课程在大多数主要大学和艺术学校的兴起。谷歌甚至建立了一个艺术家和机器的智能计划，这一项目促进了不少艺术项目，其中有洛杉矶爱乐乐团百年庆典的揭幕仪式上艺术家雷菲克·阿纳多尔（Refik Anadol）的人工智能（深度学习）艺术作品。这幅作品可以被描述为爱乐乐团历史文物的“拼贴画”，它所依据的数据是“数百万张照片、印刷品以及音频和视频记录，这些数据每一个都经过数字化、微处理和算法激活，以抽象形式在建筑物的动态金属表面播放”(Rose，2018)。

20 世纪 70 年代，哈罗德·科恩的“亚伦”首次提出了一些重大问题，而这些问题至今仍未得到全面的解答，如果它们是有解的话。

科恩的工作经历改变了我。在 20 世纪 90 年代中期，我参与了一种我称之为“群体故事”的游戏，讲述自己自由组织的故事，这些故事不会以同样的方式叙述两次。我尝试了超文本故事，但这个软件漏洞百出，一次又一次地使我的计算机崩溃。技术人员花了六个月的时间才找到原因。当迈克尔·乔伊斯（Michael Joyce）等其他作家还在坚持使用时，我已经停了下来，我对这个软件太失望了。但是这个软件背后的想法预示着电子游戏的到来。

注　释

[1] 诺埃进一步论证说：“技术是有组织的做事方式。但这种说法有一个惊人的结果，以前没有人注意到。技术承载着深刻的认知负担。技术使我们能够做没有它们就无法做的事情——飞行、在现代办公场所工作，但它们也使我们能够思考和理解没有它们就无法思考或理解的想法。”从这个意义上说，人工智能是一门技术，也是一门科学。

[2] 回想一下早期的专家系统，知识工程师从专家的头脑中唤起知识，并将其转化为可执行的计算机代码。

[3] 在过去的 50 年里，计算机组件的小型化极大地改变了计算机实验室的氛围。如今，实验室总是显得很平静——尽管知识学习的兴奋感绝非如此。

/第二十五章/

故事是人类智力的标志？

一

接下来发生了什么？故事的结局如何？我们真的很想知道。

亨利·詹姆斯曾经宣称，“故事”是艺术被宠坏的孩子（James，1909）。他的意思肯定是指人类多么容易屈服于故事，无论是听、读还是讲故事。我们通过故事交流——“我有没有给你说过？……”——并编造自我解释的内部叙述。我们通过将不相关的事件塑造成一系列可能完全错误的因果关系来创造故事。[杰出的计算机科学家和作家丹尼·希利斯（Danny Hillis）曾说过，因为因果关系只是我们大脑喜欢讲故事的产物，我们应该彻底放弃这种关系。] 故事是一种特殊的压缩代码。用几行字，我们就可以把握一个人物的一生，用几句话，我们就可以得到鼓舞、振奋或沮丧。

以色列历史学家尤瓦尔·诺厄·赫拉利（Yuvah Noah Harari，2015）更进一步阐述了故事的意义。他宣称，人类是唯一交易虚构故事的物种，这会有巨大的影响。它能使很多人一起合作，数量远远超过我们在个体和生物学层面上能认识的“150”*。“通过相信共同的神话，大量陌生人可以成功合作，”赫拉利说，并以

* 即著名的“邓巴数字”，由英国牛津大学的人类学家罗宾·邓巴（Robin Dunbar）在 20 世纪 90 年代提出。该定律根据猿猴的智力与社交网络推断出，人类智力将允许人类拥有稳定社交网络的人数是 148 人，四舍五入大约是 150 人。——译者注

宗教或民族主义为例，“宇宙中没有神，没有国家，没有金钱，没有人权，没有法律，没有超出人类共同想象的正义。”但是“讲述有效的故事并不容易。困难不在于讲故事，而在于说服其他人相信它”。

那个想象的现实，那个共同的故事，在世界上发挥着巨大的力量，赫拉利继续说道。此外，想象的现实、集体神话和共享的故事可以迅速变化，以适应新的环境。在法国大革命之前，人们相信国王的神圣权利，但“几乎在一夜之间”，赫拉利说，他们接受了人民主权的信仰。人类对文化进化的快车道持开放态度，在合作能力方面超过其他任何物种。通过修改我们分享的故事以适应不断变化的环境，人类可以在几十年内改变他们的信念和行为，而不是等待进化带来的缓慢变化。[1]

二

故事的基础是语言。文本代表文字，代表——好吧，不管它们代表什么——是我们最强大的代码之一，而故事是其最强大的形式之一，因为作为人类，讲故事是我们的显著特征之一。[2]

我去和麻省理工学院的帕特里克·温斯顿教授交谈，因为我自己对故事和更高层次的符号智能感兴趣。温斯顿是一个脸色红润、和蔼可亲、身材匀称的男人（并非总是如此——他的网站讲述了他强迫自己在100天内减掉60磅的故事）。温斯顿从大一开始就在麻省理工学院，热爱这里，投入大量时间从事学院事务，并热爱教学。他编写了《人工智能》（*Artificial Intelligence*）这本经典畅销教科书，并于1972年接替了他的前论文导师马文·明斯基，担任当时被称为麻省理工学院人工智能实验室（后来的计算机科学与人工智能实验室，CSAIL）的主任。温斯顿后来辞去了实验室负责人的职务，但仍旧教授课程、监督研究，直到他于2019年7月去世。

温斯顿的研究目标是对人类智能进行全面的计算分析，这是由两个问题驱动的。首先，哪些计算能力是人类独有的？其次，人类独有的能力如何支持我们与其他动物共享的计算能力并从中受益？

温斯顿和他的同事迪伦·霍姆斯（Dylan Holmes）写道：

对于人类的独特性问题，我们的回答是人类成为使用象征符号的物种，而使用象征符号的物种有可能成为理解故事的物种。而对支持和利益问题，我们的回答是，如果没有接触到现实世界的无数元素，我们的象征符号能力以及它所带来的故事理解能力就不可能进化。（Holmes & Winston，2018）

这种立场很不寻常——正如我所指出的，如今大多数人工智能关注的是与机器学习相关的统计机制，而这些机制对人类独有的智能方面知之甚少。霍姆斯和温斯顿对此进行了详细阐述：

我们相信，未来的人工智能将专注于理解人类独有的智能，这些智能从划时代的发现中涌现，如哥白尼关于宇宙的发现、达尔文对于进化的发现以及沃森和克里克对DNA的发现。这些认知机制将把旨在推理、计划、控制和合作的应用带到另一个层次。不久的将来，人工智能应用将震惊世界，因为它们会思考和解释自己，就像我们人类思考和解释一样。

依靠罗伯特·贝里克和诺姆·乔姆斯基（Robert Berwick & Noam Chomsky，2016）在语言学和比较解剖学方面的工作，温斯顿和霍姆斯首先强调合并操作，他们称之为"象征性的必要条件"。它能够在不干扰两个合并的表达的情况下将两个表达组合成更大的表达。例如，说英语的人将鸟理解为长着羽毛的会飞的动物，也理解鸵鸟是有羽毛的动物——鸟——不过它不会飞。此外，他们从诗人艾米丽·狄金森（Emily Dickinson）那里了解到"'希望'是长着羽毛的东西"，这让人们的想象力可以将希望想象成鸟一样，可能会飞（在某种意义上），而不会干扰他们所持有的关于鸟类的任何其他想法。合并为我们（而且只有我们）提供了一种内部语言，我们可以用它构建复杂的、高度嵌套的类、属性、关系、动作和事件的符号描述。“当我们说我们具有象征意义时，我们的意思是我们有一种能够合并的内在语言。”

连同人类与其他物种共享的能力，合并操作使讲述故事、理解故事、构成故事成为可能。所有的这一切都在很大程度上（也许是全部）促进了教育。合并操作还支持宗教、民族主义、货币体系、人权以及尤瓦尔·诺厄·赫拉利（Harari，2015）列出的我们相互讲述的虚构故事清单的其余部分的实现。

我们的故事——创造和吸收它们——使我们与其他灵长类动物不同。那些故事是更高层次的象征性智能的标志，但如果没有其他已有元素（我们与其他物种共有的元素），这种关键能力是不可能进化出来的。“我们开发了将我们的内心故事外化为外部交流语言的方法，并把以这些外部交流语言呈现给我们的故事内化。”（Holmes & Winston，2018）因此，温斯顿于2011年首次提出了“强故事假说”：“人类讲述、理解和重组故事的机制将我们的智力与其他灵长类动物的智力区分开来。”

尽管其他动物关于世界的某些方面可能具有内部表征，但它们似乎缺乏这些复杂的、高度嵌套的符号描述。关于学习美国手语的黑猩猩宁（Nim）的研究表明，虽然黑猩猩可以理解事物的名称并记住符号序列，但宁没有表现出任何复杂、高度嵌套的符号描述的合并启用的内部语言。[3] 儿童和黑猩猩之间的比较表明，幼小时期的人类非常自由地生成新的单词组合，但宁从未通过手语提供证据，表明它具有这种合并启用的内部组合能力。“不知何故，我们开发了一种方法，将我们的内部故事外化为外部交流语言，并把以这些外部交流语言呈现给我们的故事内化。作为群居动物，我们开始互相讲述故事。”（Holmes & Winston，2018）

这种能力是如何在人类身上产生的？正如温斯顿所说，这是——嗯，这是一个很久远的故事。直到大约80 000—100 000年前，人类和其他古人类（包括现代人类、已灭绝的人类物种和我们所有的直系祖先）都大致相同。美国自然历史博物馆的古人类学家伊恩·塔特索尔（Ian Tattersall）认为，在那个时期的某个时候，人类开始使用符号，并与我们其他的人类表亲分开了。塔特索尔推测，那个时代的快速气候变化迫使人类要么适应环境，要么走向死亡，而其中最成功的适应之一是在一个孤立的小范围中操纵符号的能力，在语音中，在图片中，也许还有其他方面。“所有人都知道，我们是唯一能够在精神上将我们周围的环境和我们的内部经验解构为抽象符号词汇的有机体，我们在脑海中玩弄这些符号以产生新的现实：我们可以想象可能是什么，也可以描述是什么。”塔特索尔写道（Tattersall，2014）。

温斯顿说：“塔特索尔对他所说的‘符号’的含义有点含糊。他是一位古人类学家。但我是一名计算机科学家，我确切地知道符号意味着什么。”[回想一下早期的艾伦·纽厄尔和赫伯特·西蒙说过的话：符号是功能实体。它们可以获取意义——名称、外延关于某个概念的信息，例如钢笔、兄弟情谊或品质。物理符号系统，无论是大脑还是计算机，可以适当地处理这些符号（McCorduck，1979）。] 温斯顿继续说道：“然后我听到诺姆·乔姆斯基谈到我们人类如何发展组合概念的能力，从而创造新概念，而不破坏原始概念。”

一个叫“起源”（Genesis）的故事理解程序诞生了。“起源”模型是通过研究和使用将最多 100 个句子的故事（用简单的英语表达的故事）翻译成内部故事所需的各种计算来构建的。温斯顿和他的同事们随后研究了如何使用内在故事来回答问题、描述概念内容、总结、比较和对比、做出带有文化偏见的反应、指导、假设推理、解决问题并找到有用的先例。除非需要，而且在生物学上似乎是合理的，否则任何东西都不会进入“起源”。

温斯顿和他的同事们一直致力于科学地做到这一点。他们避免了那些可以解释任何事情的通用模型（因此这些模型是不可证伪的）。相反，他们的模型范围很窄，因为这只是开始：其建造者说，“起源”类似于 1903 年的莱特兄弟飞机。

“起源”从莎士比亚《麦克白》（*Macbeth*）等戏剧摘要中学习，从《汉塞尔和格莱特》（*Hansel and Gretel*）等童话中学习，从 2007 年爱沙尼亚–俄罗斯网络战等当代冲突中学习。当“起源”阅读简单的故事时，它将原因与结果，方法和行动联系起来，对成员进行分类，并使用推理来详细说明所写的内容。它思索自己的阅读，寻找允许它进行抽象思维概念和概念模式。它因此可以推断出，例如，麦克白伤害了麦克达夫（Macduff），麦克达夫想要复仇。复仇，这个词没有出现在“起源”读过的摘要中。该系统可以做更多的事情：它可以模拟人格特征，预测困难。它能发现类似的故事并进行类比推理（使用分子生物学的算法！）。例如，“起源”发现阿以战争的爆发与越南战争的春节攻势*之间存在明显的相似之处。“这两个案例都出现了战争动员，攻击者都被预测会失败，攻击者都被判定知道自己会失败因此不会发生攻击，但攻击者还是出其不意地立即发动了攻击。回顾过去，两次战争都有的是政治动机而不是军事动机。”（Holmes & Winston，2018）

“不过，我想说的不止于此，”温斯顿告诉我，“要合并的最重要的概念是事件描述。我们将事件描述组合成更大的序列，然后我们按照记住的顺序前后移动。有了这种能力，我们就可以讲故事，理解故事，把旧故事组合成新故事。我认为，这回答了一部分‘我们到底有什么不同’这个问题。”

因此，人类发展出构建复杂内在故事的能力——贝里克和乔姆斯基假设，可能人类在解剖学上拥有完整的循环，而这一循环在其他动物中不完整——然后有能力将这些内在故事外化，并将呈现给我们的故事内化，“而且因为我们作为社会动物，外化和内化具有强大的放大作用”。换句话说，尤瓦尔·诺厄·赫拉利将其称为史无前例的合作能力，这归功于人们共享的故事。

温斯顿认为，讲故事使人类有可能构建我们自己（可能是构建我们的意识？）和我们外部世界的复杂模型。“如果我们要理解人类的思维，”他向我推测，“我们必须对故事处理（story-manipulation）和模型实现（model-enabling）能力本身进行建模。归根结底，这就是让我们与其他拥有大量做事和模拟能力的物种不同的原因，其他物种的故事处理能力（如果有的话）处于低得多的水平。”

温斯顿继续说，符号性允许人类拥有一种内在语言，来支持故事理解、从感知中获得常识以及与他人交流的能力。当然，我们也与其他动物分享很多东西，

---

* 1968 年 1 月底，北越发动了规模空前的春节攻势（Tet Offensive）。超过 8 万北越军队和越南共产党游击队对南越几乎所有的大小城市发起了进攻。——译者注

这还有待充分理解。

温斯顿非常赞赏那些杰出的、最后在工程上有所建树的尝试，例如罗德尼·布鲁克斯（Rodney Brooks）的机器人昆虫，更不用说布鲁克斯大获成功的 Roomba 扫地机器人。但是，他个人更感兴趣的是这些智能成就的“科学的方面”，即符号能力方面的发展。人工智能的创始人们也认为符号能力是智能的核心。温斯顿认为，提出“更好的、受生物学启发的问题”使我们前进。好的科学为好的工程或应用提供信息。

在“起源”中，温斯顿相信他已经背离了早期人工智能关于符号的观点，即符号仅意味着逻辑推理，其他无关紧要。“我认为推理只是一个遵循前期设定的步骤的过程。它只是故事理解的一种特殊的例子。”他对我说。

是的，最早的人工智能体现了逻辑推理，但考虑到纽厄尔和西蒙对讲故事的推崇和实践（想想他讲过的“苹果”和“童话”），他们从不相信自己基于推理的程序就是智能的全部。他们每个人都这么明确地说。（正如我们在本书前面看到的，西蒙称逻辑推理是“头脑中发生的事情中，一个很小但相当重要的子集”。）早期的人工智能是基于 20 世纪 50 年代中期认知心理学家的认知，也就是通过有声思维协议这种测试方法，再加上当时的原始计算技术，收集关于受试者试图解决问题时所思考的推理过程的数据。有一天，你可能会阅读人类甚至老鼠的脑电波，更不用说展示大脑的电化学行为了，这在当时是遥不可及的。

纽厄尔和西蒙曾明确表示，思考的内容远远超出了他们所能模拟的范围，我认为，他们会同意温斯顿的这一观点，即讲故事是人类智能无可争议的标志。

温斯顿和他的同事与神经科学家和心理学家合作，进一步推动这些想法。温斯顿作为一名研究人员加入了大脑、思维和机器中心。这是一个由计算机科学家、神经科学家和心理学家组成的麻省理工学院–哈佛跨学科小组，定期开会交流关于认知的想法和发现。

例如，“起源”的目标并不是像 IBM 的“沃森”那样推进问答技术的发展。“起源”的创造者打算设计和建立一个对人类故事理解的合理和科学的解释，展示一个故事理解系统如何不仅能够回答问题，而且能够描述概念内容，总结、比较和对比，做出带有文化偏见的反应、指导、假设推理、解决问题并找到有用的先例。(这让我想起了最初的“逻辑理论家”，它不是为了成为一个杀手级的逻辑学家，而是为了模拟人类如何在逻辑上证明定理。)

温斯顿宣称，“起源”的简单基础支持许多能力。例如：“起源”可以回答“为什么”和“何时”的问题，模拟人格特征，记录概念的发生，预测困难，并且可以用可控的立场和文化偏见重新解释故事。以爱沙尼亚–俄罗斯网络战为例，从爱沙尼亚的角度出发，这个程序将此网络战理解为俄方对爱方的挑衅，从俄罗斯的角度出发，它把此网络战理解为俄方给爱方的一个教训。另一个例子包括“起源”的说服能力。

温斯顿认为故事理解是人类智能的基础。对其进行详细的理解和建模是构建人工智能的重要一步。目前，“起源”仅围绕适合它的故事来阅读和演示所有这些功能。该模型无法理解人们为人类编写的故事。批评者抱怨“起源”应该学习，而不是被教导，尽管大多数人必须在“起源”面临的许多问题上接受指导——来自他们的父母、学校、经验的指导。

我的生活是由故事塑造的。我一生中最亲密、最持久的交易，就是将外在的故事转化为内在的故事，将内在的故事转化为外在的故事。我妈妈给我读了伊妮德·布莱顿（Enid Blyton）的书，所以我一瞬间成为布莱顿笔下勇敢的孩子之一。但是当我的兄弟姐妹（双胞胎）出生时，我便只能独自一人面对这个世界。那时，我可以自己阅读，拿起我母亲未删减的《格林童话》，将书中残酷甚至死亡的恐怖故事转化为我内心的故事。这些故事教会我很多关于现实生活的知识，远远超出我们移民美国后我在美国遇到的“删减版儿童读物”。很久以后，有一段时间我成为多萝西娅·布鲁克 * 和伊莎贝尔·阿切尔 **。我开始将自己的内在故事转化为外在

---

* 多萝西娅·布鲁克（Dorothea Brooke），英国作家乔治·艾略特的作品《米德尔马奇》角色。——译者注

** 伊莎贝尔·阿切尔（Isabel Archer），美国作家亨利·詹姆斯的作品《贵妇画像》角色。——译者注

故事，正如我在本书中所做的那样。

所以我观察到温斯顿和霍姆斯提出的故事理解步骤是精准而明确的：知识获取、概念形成、与“起源”知道的其他故事进行类比、推理和总结的能力、从给定的文化观点说服读者等。还有很多工作要做，但“起源”只是一只雏鹰，只是初稿。

三

理解故事有多种形式。奥伦·埃齐奥尼（Oren Etzioni）于2013年成为西雅图新艾伦人工智能研究所的第一任负责人，该研究所被称为AI2［由保罗·艾伦（Paul Alen）创立，大部分但并非全部由他资助］，他也长期致力于文本理解工作。“为什么要研究文本？”我问。我知道他的许多同事正在研究其他类型的感知——例如机器学习——作为通往智能机器的途径。“和威利·萨顿（Willie Sutton）去银行的原因一样。”埃齐奥尼笑道。“银行是金钱的所在。而文本是知识所在——遍布世界各地。”

AI2的方法被称为开放信息提取。这不仅仅是寻找事实，还是理解事实——在文本中找到知识和意义。

AI2的努力包括一系列能够通过四年级、八年级和十二年级科学、语言艺术和社会研究测试的项目。项目必须满足明确的标准。例如，在四年级算术中，要梳理出应用题的本质不仅需要思考问题的能力，还需要现实世界的知识——寿命、是什么动物等。埃奇奥尼说，当我们在这方面取得成功时，我们将真正拥有一件人造物了。当然，我们可以在此基础上进行建设。[4]

AI2的第二个目标是共同利益：一种更好的科学搜索引擎，称为“语义学者”，它可以从语义上“理解”并进行搜索，而不是在上下文中使用关键字，例如谷歌学术（Google Scholar）。[5] 在这个领域，将如何衡量成功？通过用户的行为方式：他们会问的问题、使用系统的频率，以及用户是否以及多久返回。

2017 年，AI2 宣布了一个新项目：赋予计算机常识。“马赛克”项目［Project Mosaic，最初称为“亚历山大”项目（Project Alexandria），是为了向伟大的古代图书馆致敬］建立在研究所一直致力的早期项目的基础上，包括机器阅读和推理（Aristo）、自然语言理解（Euclid）和计算机视觉（Prior），以创建新的统一和广泛的常识知识源。“马赛克”还将利用“众包”进行工作。

AI2 研究人员与艾伦大脑研究所密切合作，因为其长期目标是发现和定义智能。“这是一个大问题。这需要很长时间。”埃奇奥尼说。同时，AI2 不仅将致力于这些特定的短期目标，还将赞助杰出的研究人员奖项，向渴望超越人工智能渐进式方法并从更广泛、更全面的角度思考的个人提供津贴。

所有主要的计算机公司——IBM、谷歌、微软、苹果、脸书等——都在进行这种为了了解和理解而大量使用文本的行为（方法和最终目标有所不同）。每一次尝试都采取不同的方法。卡内基梅隆大学的 Nell（Never Ending Language Learner，永无止境的语言学习者）计划是一个机器学习项目，它从数亿个网站中发现的文本“读取”或提取事实，并为其分配不同程度的置信度。它试图提高自己的能力，以便明天可以更好地学习，更准确地提取更多事实。你可以访问 Nell 的网站（http://rtw.ml.cmu.edu/rtw/）并查看它从中提取事实的类别以及你是否同意。西北大学的另一个程序可以将数值数据（例如体育比分或损益表）转换为故事：关于你孩子的少年棒球联赛的体育故事，或是帮助特许经营经理了解为什么城市另一头的分店更出色的故事。

四

关于机器学习，我提到了一个很大程度上不言而喻的假设，或许也可以说是希望：随着机器积累了与人类低等能力相对应的能力，高等能力将不可避免地或神奇地出现。我们把这种更高层次的能力称为符号智能，而这种“涌现”似乎就是人类所经历的，那么为什么不会发生在机器身上呢？原因很多，可能跟硬件条件无关——不过它们可能需要更好的软件。谷歌的“巨脑”似乎拥有与人脑一样多的连接，但还需要数兆瓦的功率，而我们在某些方面仍然更聪明，只需要 20 瓦的功率。（尽管“更聪明”的含义是有问题的。）大约 80 000—100 000 年前，一个人类群体中出现了抽象语言和思维类型，这成功地说明了我们人类表亲已经拥有了相对简单的交流方式。正如我所指出的，伊恩·塔特索尔（Tattersall，2014）推测一个孤立的小群体产生并维持了象征能力，并且由于它们数量少且孤立，基因得以蓬勃发展。

莱斯利·瓦利安特曾说过人类程序员不可能完成机器最终必须自主完成的工作，以实现智能（可能是这样），而埃里克·鲍姆假定了世界中的底层结构，它可以被检测到并适合压缩表示。也许存在这样的结构。如果是这样，几千年来，寻找它一直是科学的伟大追求。走着瞧吧。

2015 年，卡内基梅隆大学计算机科学学院教授凯瑟琳·M. 卡莉（Kathleen M. Carley）在一次研讨会上提出了“社交计算机会有梦想吗?”。她分享了她的坚定信念，即机器学习虽然有趣且功能强大，但如果没有以社会认知情感方式进行推理的能力，即社会认知，它就无法实现类人智能。这些是人类从“社会集体”和“个人情感”的角度来推理和回应世界的一套程序和行为。对于社会认知来说，部分是生理层面的，部分是学习层面的，它要求行为者处于丰富的社会文化环境中，与多层次的行为者以及多层次和相互竞争的目标、历史和文化进行真正的互动。她说，赋予计算机以完整的社会认知是很复杂的，而且在未来 50 年内不太可能发生。但具有部分社会认知的计算机很可能会在此之前出现，这对人类本身具有普遍的积极优势（Carley，2015）。也许他们也会拥有温斯顿认为真正类人智能所需的那种分布式智能，不是在大脑的某个中央部分，而是使用或重新使用编码过的视觉、语言和运动系统，催生它们的内部和外部叙述能力。

如果电子游戏是新的叙事方式，那么电子游戏设计师也有将社会认知融入游戏的雄心壮志（Stuart，2018）。首先，他们想要移除操作界面——也就是说，去掉旋钮和操纵杆，并允许参与者通过语音命令来玩游戏。动画和动作捕捉的发展，将会比文字更好地呈现角色行为的细微差别。僵化的叙事惯例将被人工智能驱动的反应系统取代，智能游戏引擎会开发出卓越的代入感，使其能够决定玩家遇到另一个角色的最佳时机。由于故事将是开放式的，每天都会增加新的可能性，因此电子游戏设计师必须学习如何讲述经过数月或数年演变的故事。也许最雄心勃勃的是，最优秀的叙事设计师希望开发与全球文化相呼应的故事。玛格丽特·斯托尔（Margaret Stohl）是一位成功的设计师，她提到孤独如何折磨着这么多人，并补充道："人们并不认为电子游戏是一种情感上的进步，但随着游戏中的在线社区蓬勃发展，就有了新事物出现的机会。"

虽然是否可以实现通用智能，或者机器学习的白热化研究是否可以导致符号智能的自发出现，还有待观察，但迟早，我相信我们的机器将拥有人类水平的通用智能，只是它们的力量会比我们的更快、更广、更深。

当然，就像人工智能的各个方面一样，桥下潜伏着一个巨魔*。OpenAI 是硅谷的一个非营利研究小组，它创建了 GPT2，这是一个非常擅长撰写新闻故事和小说的文本生成器，该组织决定暂时不发布它（尽管这正是 OpenAI 的意义所在），因为恶意使用的可能性太大了。只需输入开头的几行或几个段落，系统就会开始叙述并继续讲述一个十分可信的故事（如果是新闻故事，则会有一些虚构的引述，这些引述来自与故事主题相关的主要人物），让读者判断这个故事是真是假几乎是不可能的。GPT2 已经在非常大的数据集上进行了训练，并且可以进一步调整参数。OpenAI 的研究人员正在测试该系统，以找出它可以做什么和不能做什么，尤其是恶意的操作（Hern，2019）。与此同时，故事——无论是诗歌、小说、五季电视剧还是高级电子游戏——以文字、图像和音乐的组合出现在我们面前，每一种都是一段代码，每一种都是一项压缩技术。（数学也是如此。音乐符号也

* 出自北欧神话。巨怪害怕阳光而住在桥下，以劫掠过桥人为生。——译者注

是如此。计算机编程也是如此。）一个新的领域开始以这样的方式看待文字和文本（以及音乐和图像）。令人欣慰的是，这一新领域是两种文化的结合，被称为数字人文学科，这让我的生命得以圆满结束。

注 释

[1] 马克斯·泰格马克会用不同的方式表达它。在他的《生命 3.0》(2017) 一书中，他指出，与其他动物不同，人类能够重写自己内部的软件。

[2] 早期人工智能研究人员认识到了这一点。20 世纪 70 年代，当时在耶鲁大学的罗杰·尚克开发了生成故事的程序，他允许我在自己的本科写作课上展示这些程序。我的学生认为它的故事过于卡通化、简单化，而我没有说计算机的成果与这些学生的成果其实是半斤八两。

[3] 几年前，温斯顿和我会面时，他说："三天前，我听到了一些非常重要的事情。麻省理工学院的一个同事已经能够对大鼠下丘脑进行探测。当老鼠沿着升高的轨道奔跑时，它的脑电波显示出与轨道中的曲线相对应的序列。当它到达轨道的尽头（以及它的食物目标）时，即使它现在正站着不动吃东西，它的脑电波还显示它正在大脑中再次穿过轨道。此外，有时它会在轨道上停下来，在大脑中产生了与其去过的地方和预期要去的地方相对应的模式。有时它甚至梦见在轨道上奔跑。""因此，这种想象一系列事件的能力在哺乳动物链中很普遍。"我说。温斯顿点点头。"而且我们知道老鼠非常聪明。"温斯顿进一步提出，智能在我们的输入 / 输出渠道里，而不是在这一渠道之外，这是麻省理工学院至少 20 年来普遍持有的观点。这意味着智能不存在于大脑的某个中心部分，而在于编码视觉、语言和运动系统的使用和重用。在 2014 年 2 月召开的人工智能峰会上，美国、欧洲和亚洲的研究人员参加了会议，会上讨论人工智能的未来发展方向，达成了一个主要的共识：是时候实现集成系统了——将视觉、语言和运动系统合并为单个实体。自那以后，斯图尔特·拉塞尔一直持反对意见，他认为这可能会使机器变得过于聪明，不利于我们人类自己。

[4] AI2 的最新论文发布在研究所的网站（http://allenai.org）上，你可以登录查看最新进展。

[5] 访问"语义学者"网站，https://allenai.org/semantic-scholar/。

/ 第二十六章 /

数字人文：文化历史转型的伟大时刻

一

1960 年秋天，在参加 C. P. 斯诺在加州大学伯克利分校的“两种文化”讲座、首次认识人工智能的同时，我正在学习意大利文艺复兴时期的文学课程。当我去教授的办公室咨询时，教授说他对彼特拉克 * 的索引工作快要完成了。多年来，他致力于研究彼特拉克写下的每一个字，把这些文字写在 3 × 5 大小的小卡片上，乐此不疲地塞进书架、桌面，甚至是地板上的鞋盒里。

“真可惜你不用电脑。”我嗤之以鼻，这肯定有点破坏了他的兴致。但我刚刚皈依于技术，对他来说是个讨厌鬼。[1]

多年来，我说话越来越委婉。但正如我讲述的这个小插曲一样，我努力让人工智能和计算机得到人文学者的关注——包括我在大学教书时的同事、我做全职作家时纽约的编辑，以及当我成为国际笔会美国中心的活跃成员时，我身边的那些作家、图书馆员和其他文字工作者，还有言论自由组织——但这些工作大多是徒劳的。我说：“这个新领域未来可能会变得很重要。”极少情况下，他们会听进

* 弗兰切斯科 · 彼特拉克（Francesco Petrarca，1304—1374 年），意大利学者、诗人，文艺复兴第一个人文学者，被誉为“文艺复兴之父”。——译者注

去，但大多数情况下，他们会嗤之以鼻。他们充其量是想把我划入“科学写作”的小领域里。那些可能具有更大的意义的领域，包括计算机，还有人工智能，对他们来说似乎很荒谬。

计算机肯定看起来很荒谬，因为许多人文学者都宁愿与它保持距离。20 世纪 80 年代初期，作为一名新任国际笔会美国中心董事会成员，我在笔会办公室的鞋盒里找到了打字机和会员记录，是的，鞋盒里。在瓦尔坦 · 格雷戈里安知道我的名字之前，一次纽约市图书馆的筹款活动上，他把我拉到一旁，说他希望“在计算机接管图书馆之前”让我向图书馆捐款。

我花了十多年的努力才理解计算机，并不能指望人文学者能够快速接受。但我仍旧认为，他们根本没有考虑过这个新领域是否重要。

所以我偏离了严肃的人文学科。这并不意味着我不再阅读文学或历史、听音乐、去画廊或思考哲学问题。相反，像成千上万的其他人一样，我所做的一切都是为了从中获得人类深切的快乐。小说和诗歌、历史和传记、音乐、视觉艺术、如何过上美好生活：所有这些都代表了人类始终关注着一个直接而永无止境的存在层面。

生物学家爱德华 · O. 威尔逊（Edward O. Wilson，2014）提醒我们，我们对彼此的迷恋（可能是痴迷）是与生俱来的，是我们这个物种的一种适应性特征，它帮助我们取得了胜利。这是我们高度关注自我的进化论式的借口，我们在“信任、爱、仇恨、怀疑、钦佩、嫉妒和社交性”的名目下孜孜不倦地评估彼此。这是人文学者的传统任务，尽管人文学者更进一步，通过绘画、文学、音乐、宗教信仰和历史，深入研究我们的自我迷恋如何在艺术作品中表现出来。

围绕人文学科的问题嵌在其他问题中。我们是怎么来到这里的？是什么让我们在生物圈中独一无二？甚至在宇宙中也是独一无二？（如果真的是这样？）人类集体行为与个人行为有何不同？如何解释我们行为中的许多矛盾？我们为什么高尚？何为自毁？在不同于艺术的层面上，科学可以更准确地回答这些问题，采用综合方法给出最佳答案。

从一开始，神秘主义者就理解这些问题的重要性，因此创造了宗教神话。但正如我们在第二十三章中看到的那样，雅龙·拉尼耶认为我们已经将人工智能的科学技术与神话混淆了，使人工智能带有令人恐惧的神性，而不是将其重塑为人类历史上一次需要深思熟虑的抉择。很遗憾，他是对的。任何类型的神话不再完全满足如今的世俗和科学时代。取而代之的是，人类和机器智能现在出现在一个被称为“计算理性”的宏大计算框架中：一种包括大脑、机器和思想中的智能的融合范式。

在成年之际，那个沉迷于“两种文化”讲座的年轻女子——是的，那就是我——在她的余生中，将致力于调和她如此热爱的两种文化。我的直觉让我慢慢地猜测，然后确信，这种被称为计算机的符号操纵设备，尤其是计算机科学的分支——人工智能，将以重要的方式阐明人类智能的本质。是的，它是工程，它是科学，但它可能会揭示一些迄今为止我们回避的秘密。它可能做得更多。我只能猜测。我只能祈祷。

当时我还不知道，一件很重要的事情是，那个在20世纪中叶用“两种文化”的假说在英美文学中引起争议的讲师也有和我同样的向往。戴尔德丽·戴维（Deirdre David，2017）在她为小说家帕梅拉·汉斯福德·约翰逊（斯诺的妻子）撰写的传记中指出，斯诺和约翰逊的爱情和婚姻如何在很大程度上建立在写作故事的基础上。斯诺一直极度渴望他能够被人作为作家认真对待，而不是作为一名科学家。从事科学工作对他来说几乎是偶然的，但却为他提供了可以写小说的环境。他也想将两种文化结合起来。多年以来，他的谈话让我印象深刻，在不知不觉中，我对这种渴望做出了回应。

几十年来，计算机已经渗透到我们的生活中。人工智能缓慢地朝着类人行为迈进，在某些方面，它越来越成熟了，甚至做得比人类行为更好。自然语言处理得到改进，自动翻译也是如此，这些改进为语言学提供了重要的技术，以及描述音韵学、理解人类语言处理和模仿语言语义的新方法（Hirschberg & Manning，2015）。

人工智能已经学会了如何解读和响应人类的面部表情（因此有些程序甚至可

以预测人类的情绪)，并且正在学习如何在人类空间中安全、无害地进行交互。[2]作曲家以意想不到的方式将数字技术带入音乐；“贪婪”的电影行业，推动了数字可视化的进一步发展；因计算机而存在的艺术，正挂在我的墙上——要么是像“亚伦”那样原创的、以人工智能为基础的艺术，要么像莉莲·施瓦茨那样，由人类的感性转化而成的图像。年轻的艺术家们证明了，高端电子游戏将成为下一个伟大的故事媒介。正如我们所见，讲故事是人类智慧的重要标志之一。

但我不时地想到，数字技术可能也会触及文学学术或人文学科的其他领域。我应该去参加一些讲座，再阅读一些相关书籍。

现在，随着知识以惊人的速度从人类文本、图像和头颅内转移到软件中，人们终于注意到了这件事。几乎所有美国和欧洲的主要大学都建立了数字人文学科的正式课程，他们坚信这是文化历史转型的重要时刻。因为成本相对低廉，所以资金匮乏的学校也开设了相关课程。

数字人文是无孔不入的，它几乎不存在边界，在人类和计算机可以到达的任何地方，都能建立“定居点”。定量分析在人文学科中变得越来越重要，而文本作为人类文化的主要存储库受到了挑战。文本被融合甚至转化为图形、音乐、数字。但数字化的目的却熟悉而明确：尽可能深入地了解和理解人类的感受、认知和行为。回想一下莱斯利·瓦利安特的说法：“与普遍看法相反，计算机科学总是更多地关注人类而不是机器。”(Valiant，2014)

二

2015 年初似乎是回到加州大学伯克利分校的合适时间；半个多世纪前，在这所大学里，“两种文化”和人工智能同时令我着迷。与一些机构相比，当时伯克利在数字人文学科方面并不先进，但该校某团队有一个有前途的小项目，这个项目得到了梅隆基金会 200 万美元的资助。这个热情的团队向艺术与人文学院院长汇报，让这个项目在校园里萌芽。该项目的负责人克劳迪娅·冯·瓦卡诺告诉我他们的宣传策略：当一位人文学者改变工作方向时，他的同事们都会注意到，并且会在潜移默化中受到启发。

艺术与人文学院院长安东尼·卡斯卡尔迪（Anthony Cascardi）本人也是比较文学教授，他对人文学科涉足数字世界有着明确的理由。他告诉我，首先，计算机可以组织、分类、调查和导航大量信息，并可以访问现在无法访问的内容。（长久以来，科学和计算都有这样一个公理：多者异也，即量变引起质变。）随后，计算机可以与不同的媒体产生交叉领域，创造新的研究，这些研究反过来又创造新的内容。简而言之，世界的任何角落都需要人文学科的涉足。

伯克利学者、亚述学教授尼克·维尔杜斯（Niek Veldhuis）的成功经历和遇到的挑战是数字人文学科早期斗争的典型代表。有一种语言叫作苏美尔语，它是一种孤立的语言，似乎与其他已知语言无关。而阿卡德语则是闪米特人的语言，会与苏美尔语同时使用。通过研究楔形文字板上的标记，学者们正在根据上下文煞费苦心地破译苏美尔语的文字含义。将它们与已知的阿卡德语单词进行比较，也许可以解读这种语言。

几十年前，维尔杜斯开始编写苏美尔语词典。但 25 年间，他只成功制作了四卷手抄本，仅仅包含以 A 和少量以 B 开头的词语。即使按照学术标准，这种缓慢的速度也非常令人沮丧，因此维尔杜斯正在尝试用一种中间方法来代替：他扫描楔形文字泥板，并提取出单词与词汇表一起发布到网上，供其他学者检查和解释。这还不是字典，而只是编写字典的原材料的集合。

该项目实际上是由宾夕法尼亚大学的一位教授发起的，他曾教导过维尔杜斯，这位教授用平板扫描仪扫描了这些楔形文字板。维尔杜斯笑着向我回忆起他们曾经遇到的一个问题。一位技术专家说：如果你能以高清立体的方式观看这些泥板，转动它们，看到每一面，那就太酷了。所以这个项目开始了，但是由于成本高昂，他们并没有扫描多少图像，而且都需要付费查看。在新技术方面，功能性和价格显然需要权衡取舍。维尔杜斯沉思着，将来也许可以廉价地下载千兆字节的海量数据，但现在不行。

他还设计了一台投影仪，让他的学生可以在研讨室一起观看图像，探索苏美尔语单词。投影仪是一种教学工具，可帮助他们快速改进研究技术，在小组面前证明推理的合理性，并推测其他可能性。“我们通过时刻思考两个问题，来仔细推敲研究过程：如何验证我们的结论？我们使用了什么工具？新技术带来了新问题，”他补充道，“这太令人兴奋了！我们要抓住机会。”

最近，他和同事们开始绘制美索不达米亚的社区和社会模式，这是该领域相对较新的项目。他们分析一些早期泥板的数字化数据，这些泥板记述了继承契约、交易合约等方面的文字。通过这项工作，他们探索重建古代美索不达米亚的社会关系，生成社会关系图，揭示美索不达米亚的社会生活。

“我预计，”他沉思道，“技术会是一个大难题——但其实不是这样的，更困难的是文化差异。这是三维泥板技术的重点。我们需要什么样的技术？一位同事想要制作在线版本的《埃及亡灵书》(*The Egyptian Book of the Dead*)，包含其图像和专家对图像的评论。技术人员会告诉你这很容易，但问题是，哪种系统对她想要完成的任务最有效？她需要与技术专家多次沟通才能确定使用什么样的系统，完成她想做的所有事情。”[3] 不用在意系统如何变得过时和被替换的问题。

维尔杜斯认为，数字人文不仅是一种新兴技术，也是社会工程。更多的人文学者需要知道可以做什么并学习如何去做。维尔杜斯面临的巨大挑战之一是让同事们知道，他在网上发布的内容只是临时的，不像他在学术期刊上发表的论文那么确定。但是，通过这项工作，可以对假设进行检验、质疑和测试。在他的领域，这种方法非比寻常——学者通常只发表他们已经确定的内容。

在我离开他的办公室之前，维尔杜斯与我简单讨论了写作起源和实验历史。他说，有些有关写作的尝试奏效了，有些没有。[计算机科学家会说，这是“生成”(generate) 和“测试”(test)。]“但最终，在公元前4000年左右，尽管有明显的政治动荡，楔形文字还是占据了主导地位，部分原因是城市化、城市生活的复杂性、城市的专业化和增多的人口。但我们不确定那时的政治历史，因为当时没有历史记录。最开始出现的书面记录，本质上是财务记账：两只山羊和一只绵羊。楔形文字因其灵活性而盛行，很快，经过一个世纪的发展，便用于表达政治声明：某某人是这个国家的国王。”

他从抽屉里掏出真正的楔形文字泥板，热心地让我把它握在掌心——一块多米诺骨牌大小的小黏土碎片，来自我笔下所写文字的远古祖先，这真是令人激动不已。

热情洋溢的伊丽莎白·霍尼格（Elizabeth Honig）是一位艺术史副教授，也是一位在加州大学伯克利分校利用数字人文学科的学者，她专门研究小彼得之子、小扬之父扬·勃鲁盖尔*的作品。在霍尼格职业生涯的早期，她意识到这样一个现象：对于很多现存的作品，关于它们的知识分散在世界各地的许多人的头脑中。汇集这些知识将非常有用。在一位资深欧洲学者的鼓励下，她构建了一个非正式的维基网站，其他研究勃鲁盖尔的专家可以参与其中并进行咨询。梅隆基金会曾经为此项目拨款，以建立网站并将许多作品数字化。幸运的是，她的爱人是一名计算机科学家，他帮助霍尼格克服了建立网站的一些困难。很快，她又获得了另一笔课程开发补助金，可以给予为网站做出贡献的学生适当的课程学分。她也将此视为一种教学工具，可帮助学生培养艺术史学家的技能。

有一名学生的任务是识别出现在扬·勃鲁盖尔画作中的图案。勃鲁盖尔和自己的工作室经常使用成群的旅行者、风车或其他类似图像的重复图案，甚至相当于一种模板，来进行绘画。识别这些图案是鉴定其绘画或绘图的一种方法。学者们还发现，检测这些图案在其他经过验证的作品中如何变化也是很有用的。霍尼格希望有一天通过自动比较和对比作品，程序能够在分析画面后回答，这幅画是否借鉴了另一幅画的组成元素，并对其进行重新拼凑。

最终，扬·勃鲁盖尔网站不仅拥有原始维基网站包含的所有数据，还有一个底层数据库，让学者们可以追踪如今的鉴定结论是如何推理来的。网站将包含时

---

* 扬·勃鲁盖尔（Jan Brueghel），16世纪尼德兰画家。——译者注

间线和图谱，并成为一项公共事业。运营这个网站面临着非比寻常的挑战。霍尼格告诉我："有些经销商真是肆无忌惮。"因为至少有一个经销商入侵了该网站，张贴了其正在出售的假画，还添加了假的出处，冒用了勃鲁盖尔的名字。该网站现在要求任何添加到其中的内容都需要可以被任何学者追踪。

艺术史学家知道，作品中高分辨率黑白图像比彩色图像更适合分析——例如，笔触等细节更明显。当霍尼格研究英国私人收藏中勃鲁盖尔的一幅画作时，其古怪的笔法让她怀疑这幅画作的真实性。这让一位伦敦经销商感到紧张。他将这幅画卖给了上海的一位私人收藏家。霍尼格网站上的谷歌分析显示，买卖双方都在反复查阅该网站并进行咨询。该网站已经是画作鉴定过程的核心步骤。（最终这幅画鉴定为真。）

但与维尔杜斯一样，霍尼格的早期工作也面临着不少挑战。在我们见面时，完善网站还需要五年的工作量。尽管这个网站可能很有用，但在专业晋升方面，她没有获得任何学术荣誉，这通常取决于同行评审。因此，她需要写一本书来解释勃鲁盖尔的艺术，这本书与网站不同，它的内容需要基于已有的正确研究结果。

此外，她担心艺术网站将会很快夭折。谁来做这些工作？谁来维持网站的运行？他们能坚持多久？好消息是，年轻人喜欢在家上网，知道如何找到这个网站，这项技能与阅读专著不同。尽管面临诸多挑战，但她知道艺术史上最振奋人心的事情即将发生。例如，她创立了"博斯研究与保护项目"（Bosch Research and Conservation Project）[4]，该项目致力于研究保护荷兰幻想画家希罗尼穆斯·博斯（Hieronymus Bosch）的作品，并为艺术史学家服务，提供全新的思考方式。

像维尔杜斯一样，霍尼格的雄心在当下来说过于理想化。他们的项目需要基本的开源工具，加州大学伯克利分校艺术与人文学院院长安东尼·卡斯卡尔迪也赞同这一点。伯克利希望通过一个提供此类工具的校园项目来解决这个问题。我想起了编程语言的早期历史，当时领域内的每个人都编写了自己的专用语言。最终，更灵活有效的语言占据了主导地位。数字人文工具也将发生这种情况。但就目前而言，问题仍然存在。

在新音乐与技术中心（Center for New Music and Technology）外一棵桉树下，我会见了埃德蒙·坎皮恩（Edmund Campion），他是个和蔼可亲、热情洋溢的人，是作曲家兼音乐系成员。在那里，坎皮恩谈论起他在音乐创作中如何使用计算机。（那可是2月！在一棵温暖的桉树下！要知道，我刚刚离开完全冰封的曼哈顿。）坎皮恩说：

音乐有很多数据，新技术总能带动音乐的发展：莫扎特喜欢一种叫作单簧管的新乐器；贝多芬将长号引入了他的几首交响曲。因此，我不认为自己是数字作曲家，我只是一个作曲家。我正在做过去作曲家一直在做的事情，利用我的时代提供给我的一切。任何作曲家都需要思考，如果他拥有一个网站、一支管弦乐队、一种新乐器或一台计算机，他可以从中产生什么新花样？我们需要挖掘系统的创造潜力，思考如何充分利用这些工具，用一切可能的方式。

坎皮恩的不同寻常之处在于，他虽然是学院派出身，却相信自己真正的音乐教育来源于他在摇滚乐队和前卫爵士乐团为真实的观众演奏的经历。这使得他的音乐和他的方法与20世纪下半叶大部分古典音乐截然不同，对于这些古典音乐，他“几乎听不进去”。他遗憾地说，操作计算机的作曲家们却不这么想。关于他在法国国家音乐声学研究中心（IRCAM）的这段时间，他说：

最大的问题是传统写作式的作曲手法与现在雕刻式的电子音乐之间的对抗。当我们问“什么是音符？我们一点都不清楚”。一切尽在18—19世纪的作曲家们的掌握之中。但后来，勋伯格*再次拓宽了音乐的范畴。

但对新音乐的关注和种种实验，却忽略了听众的存在。[5] 坎皮恩坚信，音乐是一种社会联系：

---

* 阿诺德·勋伯格（Arnold Schoenberg，1874—1951年），美籍奥地利作曲家、音乐教育家和音乐理论家，西方现代主义音乐的代表人物。——译者注

你必须有听众——你必须是社会的一部分。我不是说音乐需要流行起来，但必须有一群听众对你的音乐做出回应。我认为，音乐就像是一个书架——有各式各样的书籍，每一本书籍都妙不可言。但音乐不可能在真空中发生，它需要社会联系。

此外，现在是协作的时代，计算机使之成为可能。“比方说，我可以与视频艺术家交换文件：这段音乐能不能搭配您的视频？能？不能？我该怎么调整呢？”他停了一会儿，然后继续说：

这让我想到了数字人文问题。我担心人文学科的缺失可能会导致巨大的遗忘。年轻人想要使用新技术，如果没有指导，没有前人的反馈，那是可怕的损失。作为一名文化代理人，我的角色是在过去和未来之间建立联系。我的学生在使用工具方面非常熟练；他们是和这些工具一起长大的，而我不是。

但他们并没有意识到，他们正偏离他们的前辈。如果我不向他们介绍过去，他们就不会知道过去是什么样的。但介绍过去非常困难，因为在过去的半个世纪里，技术发生了巨大的变化，以至于没有人能带着所有过去的东西到新的平台上。一切都过去了。

虽然坎皮恩在谈论音乐，但随着数字鸿沟的扩大，以及前数字化时代的学者与年轻人的脱节，类似的挑战将无处不在。这些是随着伟大结构的崛起，完全可以预见到的成长烦恼。正如我之前提到的圣索菲亚大教堂一样，这个伟大的结构我称之为计算理性，它包含、连接、联合和定义智能，无论技术在哪里出现，在大脑、思想或机器的任何地方。

在我初次拜访这些伯克利数字学者三年后，热情的艺术与人文学院院长安东尼·卡斯卡尔迪将我重新介绍给查尔斯·福尔哈伯（Charles Faulhaber)。(我们早些时候见过面，当时他是伯克利分校班克罗夫特图书馆的馆长，专门从事与美国相关的研究。)

福尔哈伯是西班牙文学名誉教授，退休后的他可以全身心投入他感兴趣的项目中。这一项目他已经参与了一段时间，名为“书之爱”(PhiloBiblon[6]，以描述完美图书馆的中世纪文本命名)，是一个包含西班牙语、葡萄牙语、加利西亚语和加泰罗尼亚语中世纪文本的在线生物书目数据库。它将为《古西班牙语词典》(*Diccionario del Español Antiguo*) 提供数据，这一词典在一次中断服务之后，由西班牙皇家学院恢复运行。这相当于《牛津英语词典》(*Oxford English Dictionary*) 的西班牙语版本，也就是说，它解释一个单词的演变历程：某个单词在文本中首次出现时的使用情况，以及随着时间推移的用法示例。“书之爱”还将为其他词典项目、评论版和其他基于文本的专注于中世纪西班牙、基于文本的项目提供服务。

任何学者都可以访问“书之爱”，但福尔哈伯告诉我，他的目标是将整个数据库从目前的 Windows 格式转移到万维网，以便它可以利用语义网络功能。目前，一次只能有一个人可以添加“书之爱”的数据库。“我们可以通过网络访问这些数据，但这个过程并不简洁明了。”福尔哈伯告诉我。他希望能将数据库放在任何授权用户、从世界任何地方都可以访问的服务器上，以便添加数据。“编辑委员会将审查所有更改，以确保它们符合我们的标准——这就是一个经典的众包应用程序。”

因此，西班牙、意大利、法国、英国或俄罗斯图书馆的学者可以通过对原始资料的实时检查来添加数据。这将消除维护和扩展数据的最大瓶颈。“没有什么可以替代对原始资料的直接检查，但语义网络将使寻找这些资料变得更加容易，”福尔哈伯说，“每天，世界各地的图书馆都在添加有关其馆藏的数据并将其数字化。现在，如何在网络上找到这些新素材，是一个注定备受关注的命题。”目前将这些数据添加到“书之爱”的唯一方法是手动剪切和粘贴。“我们已经这样做了 40 年，但语义网络使这个过程自动化成为可能。”

语义网络是一个自动收集文本的网络，通过它可以从文本中梳理出含义，从而跟踪给定单词在语言中的演变过程。如果没有人工智能，这将是不可能的。我正是想到了这一点，还想到了孤独的学者为制作彼特拉克作品的索引而进行的工作，我在心中对比了两种情况，从而写下了本章。

2017 年，伯克利校区工程和计算机科学领域的教职员工发布了一份技术报告，名为“伯克利对人工智能系统挑战的看法”(A Berkeley View of Systems Challenges for AI)(Stoica et al.，2017)。虽然这是为计算机科学和工程读者准备的报告，但一些重点也适用于数字人文学科，尤其是当他们开始使用人工智能时。一个跨学科的系统方法将是必要的，并且此类应用需要长期、终生，甚至永无止境的学习。报告指出，迈克尔·麦克洛斯基（Michael McCloskey）和尼尔·科恩（Neil Cohen）将这种终身学习定义为“通过……将已经学过的任务中的知识转移和利用到新任务中，同时最大限度地减少灾难性遗忘的影响”。然而，永无止境的学习是“在每次迭代中完成一组任务，该组任务不断增长，并且完成组中所有任务的性能在每一次迭代中不断提高”。其他挑战包括对抗性学习，当不法分子破坏应用程序的完整性时就会发生这种情况——例如，不道德的艺术品经销商将假冒商品添加到勃鲁盖尔网站。

应对这样的挑战可能超出了人文学者的个人能力，但这些学者需要能够提出棘手的问题，并坚信不同类型专家之间的合作必不可少。

注 释

[1] 1949 年，耶稣会学者罗伯托·布鲁萨（Roberto Brusa）与 IBM 合作，为他的“托马斯索引”（Index Thomisticus）项目创建了一种自动化方法。这是一种计算机生成的对圣托马斯·阿奎那（Thomas Aquinas）著作的索引。但他需要访问大型机，因此大量学者无法效仿他的工作。

[2] 尤其是茱莉·沙阿（Julie Shah）在麻省理工学院的工作。

[3] 丽塔·卢卡雷利（Rita Lucarelli）——加州大学伯克利分校近东研究系埃及学助理教授，研究古埃及的宗教、魔法和丧葬文化。她的“亡灵书”（Book of the Dead）数字项目正在进行中，重点是创建高度详细、带注释的陪葬品三维模型，以更好地理解《亡灵书》文本的重要性。

[4] 你可以在 http://boschproject.org 上查看博斯研究和保护项目。

[5] 约翰·亚当斯（John Adams）引人入胜的回忆录《哈利路亚路口：谱曲美国生活》（*Hallelujah Junction*：*Composing an American Life*，Farrar，Straus and Giroux，2008）深思熟虑地涵盖了这一冲突。亚当斯年轻时非常喜欢早期摇滚音乐和爵士乐，这些音乐都是为观众写的，为了引起轰动，他放弃了布列茨对音乐创作如寂静荒地般的死板要求，转而创作了大众喜闻乐见的音乐。他是电子产品的早期采用者，当他买不起合适的合成器时，他用废旧零件自己制造了一个合成器。

[6] 你可以在 http://bancroft.berkeley.edu/philobiblon/ 上找到“书之爱”。

/ 第二十七章 /

现在和永远的人文学科

一

人文学科积极主动地改造自己，热情地拥抱计算机。人文学者的拥抱——无论他们是否清楚地知道——包含了周以真（Jeannette Wing）十多年来被称为“计算思维”的原则。周以真是哥伦比亚大学数据科学研究所的阿瓦内西安主任（Avanessians Director），也是那里的计算机科学教授。她说，计算思维是一种普遍适用的态度和一套技能，每个人，不仅仅是计算机科学家，都渴望学习和使用（Wing，2006）。[1] 计算思维是卡内基梅隆大学艾伦·J. 佩利计算机科学教授玛丽·肖所呼吁的“持久的知识内容”的一部分，它使计算机科学成为一门超越当下技术的科学（Togyer，2014）。

计算思维建立在计算的力量和极限之上，无论是由人类还是由机器执行。这些方法和模型给了我们：

> ……解决问题和设计系统的勇气，这是我们任何人都无法单独解决的。计算思维直面机器智能之谜：人类能比计算机做得更好吗？计算机能比人类做得更好吗？（Wing，2006）

计算思维指的是解决问题、设计系统和理解人类行为。它包括一系列反映计算机科学领域广度的心理工具。所以我们可以问一个特定的问题：这个问题有多难解决？解决它的最佳方法是什么？这些是计算机科学家可以提供准确答案的问题。我们可以问，问题的近似解是否足够好？“计算思维正在将一个看似困难的问题，通过简化、嵌入、转换或模拟，重新表述为我们已知的问题，最终解决问题。”它使用递归思考、并行处理，将代码解释为数据，将数据解释为代码。它不仅可以判断程序的正确性和效率，还可以判断其美观性。它还可以判断系统设计的简洁性和优雅性。它能做很多事（Wing，2006）。

计算思维是关于概念化的，而不是关于编程的。它需要在多个抽象层次上进行思考，抽象和分解可以用于处理大型复杂任务或设计大型复杂系统。计算思维为问题选择适当的表示方式，或是对问题的相关方面进行建模，使其易于处理。“这是在存在不确定性的情况下进行计划、学习和安排。它就是搜索、搜索、再搜索……”周以真写道。

最重要的是，计算思维是基础。这不是一种死记硬背的技能。这是关于思想的工具，而不是什么人工制品。这是人类而非计算机的思考方式，它补充并结合了数学和工程思维，适用于任何地方的任何人，是一种在未来人类思想中司空见惯的智力冒险。

二

要计算数字人文学科项目目前的规模是无望的——它们每天都在涌现（有时也同样迅速消失）。通过谷歌搜索，你可以进入这个广阔的领域。它包括欧洲和土著人民相遇的动态地图、探索维多利亚时代文学中19世纪音乐的多媒体项目、希腊和罗马戏剧表演档案等。斯坦福大学的一个项目考察了罗马世界，考虑了旅行模式及其对治理、艺术和文学的影响，并以图像方式呈现。位于莱比锡大学和塔夫茨大学的荷马多文本项目（Homer Multitext Project）[2]，展示了来自世界各地的荷马作品的多个文本，供“坐在书房里”的学者访问和比较。中世纪大教堂、史前村庄和被毁坏的艺术品的视觉重建比比皆是。还有一款用于检测文学作品中典故的应用程序已经面世。

其他一些数字人文项目，将之前收集的其他类型的数据转化为能够快速理解的图像，就像30年前，科学家们求助于艺术家，让他们从本来无法理解的超级计算机科学数据中制作出图像。数据转换只是未来数字人文学科的一小部分，但数字人文的发展必须从某个地方开始。但正如埃德蒙·坎皮恩所担心的那样，反对这一观点的人们会发现他们的工作可能会被技术革新淘汰。

规模是数字人文学科的另一个启示。如今，一两个学者可以研究数千本书中的概念或主题，而不像曾经那样只能阅读数十本书。2010年，斯坦福文学评论家弗兰克·莫莱蒂（Franco Moretti）开始敦促他的同事们尽量不要“近距离”阅读，而是在计算机的辅助下，一次性“远程”阅读数千篇文章。他的斯坦福文学实验室研究了19世纪小说中声音大小的相关细节（Katsma，2014）和世界银行报告中不断演变的语言（Moretti & Pestre，2015）。对世界银行的这项研究表明，60多年来，人们倾向于使用更加抽象和自我参照的语言，这导致世界银行首席经济学家保罗·罗默（Paul Romer）曾经要求，他们的出版物应当减少“和”这个词的使用——这导致这位经济学家的管理地位降低了（Schuessler，2017）。[3] 退休后，莫莱蒂去了洛桑，并正尝试在瑞士首屈一指的苏黎世联邦理工学院建立全新的数字人文课程。

伊利诺伊大学的泰德·安德伍德（Ted Underwood）、加州大学的戴维·巴曼（David Bamman）、伊利诺伊大学的萨布里纳·李（Sabrina Lee）使用机器学习算法来检查104 000部小说中的人物和作者。他们注意到了一些意想不到的趋势：1800—1970年间，女性在已出版小说作者中的比例从50%下降到25%，不过这一比例后来又上升了——到2000年，女性作者占比40%。书中的女性角色也出现了类似的下降。女性的描述也发生了变化（Eschner，2018）。

圣母大学的文学博士后丹·西尼金（Dan Sinykin，2018）为《华盛顿邮报》的“视角”（Perspective）栏目写了一篇文章，文章开头是这么写的：

我以传统方式获得了文学博士学位，大量且仔细地阅读。不过，到最后，我开始怀疑我所学书籍的出处。是什么让它们找到我的？是什么力量引导我阅读一本书而不是另一本书？为了找到答案，我跟踪了“钱”。1960 年，基本上每个美国出版商都是独立的，而不是由更大的实体所有。而到 2000 年，六家全球企业集团出版了 80% 的普通书籍。这种转变对文学产生了什么影响？

要理解这么大规模的一个问题，需要在数千本书中追踪其趋势和模式，这是超越个人大脑能力的壮举，但计算分析提供了一种方法。而西尼金仍在努力。[4]

最引人注目的是，这些数字人文研究中有许多是开放的。任何有兴趣或技能的人都可以参加。项目由学者领导，但通常是广泛参与的。这与我成长时期的人文学科大不相同，项目是由“祭司阶层”统治的。

麻省理工学院在宣布新计算机学院将于 2019 年秋季学期开学时表示，其目标是教育“双语者”，也就是让生物学、化学、政治、历史和语言学等领域的人也精通可应用于其领域的现代计算机技术。“我们对这些可能性感到兴奋，”麻省理工学院人文、艺术和社会科学学院院长梅丽莎·诺布尔斯（Melissa Nobles）说，“这就是人文学科的生存方式，不是逃避未来，而是拥抱未来。”（Lohr，2018）[5]

一些人文学科的学者对整个数字项目感到担忧，他们害怕失去自己的地位，或是被人排除在外；他们担心本应由专家做出的学术或美学判断会由计算机程序做出；他们担心人类与艺术之间的美感际遇会以某种方式消失。而我对人类与艺术之间的美感际遇感到乐观，但其余的还有待观察。

计算机究竟只是一种工具，还是在人文学科中具有更大的目标，尚无定论。安妮·伯迪克（Anne Burdick）和她的同事们在《数字人文》（*Digital Humanities*）中写道：

> 数字人文……致力于探讨在网络信息时代作为人类，参与流动的实践社区的意义，提出和回答一些研究问题，这些问题不能被简化为单一类型、单独媒介、唯一学科或机构……它是一种全球性的、跨历史的、跨媒体的知识和意义的创造方法。

《数字人文》本身就是一个模型，一个“合作制作的作品”，五位作者中的每一位都创作并编辑了最终产品，以电子方式来回交易手稿。《数字人文》的作者们认为，这适用于一般的数字人文学科：它们“明显具有协作性和生成性”(Burdick et al.，2012)。

因此，数字人文学科蓬勃发展。斯坦福大学的学者认为，他们至少从 20 世纪 80 年代末就开始涉足数字人文学科（尽管有时以不同的名称），包括文学、音乐、历史、人类学等。在哈佛大学，每学期在古老的桑德斯剧院开设的计算机入门课程——无论是专业还是非专业课程——都挤满了人。在哥伦比亚大学，一门名为“语境计算”(Computing in Context）的课程旨在向人文学科学生教授在他们自己的三个学科（英语、历史或经济学）背景下的编程和计算机科学逻辑。计算机科学家每周进行两次一般性讲座，英语、历史和经济学教授负责讨论部分。

一本名为《定义数字人文》(*Defining Digital Humanities*）的论文集十分引人入胜，其中引用了伦敦国王学院人文学院教授、皇家人类学研究所研究员威拉德·麦卡蒂（Willard McCarty）的一句话［他被亲切地称为数字人文学科领域的欧比旺·克诺比（Obi-Wan Kenobi）］。麦卡蒂说：“我庆祝计算机是我们最强大的投机工具之一，因为它让有能力的人迫使我们重新思考我们相信我们所了解的事物。”(Terras，Nyhan，& Vanhoutte，2013，p.5）

重新思考我们相信我们所了解的事物，这是当今人文学科面临的激动人心的挑战。

但这一切都是关于人文学科与计算机之间的相遇。人工智能更适合哪里？人工智能拥有强大的推理能力，可以从文本中阅读、得出结论，这是人工智能大显身手的地方。但这只是开始。

三

《定义数字人文》收录了文章“什么是人文计算，什么不是?”(What Is Humanities Computing and What Is Not ?)。这篇文章由现任弗吉尼亚大学图书馆馆长约翰·昂斯沃斯（John Unsworth）于十年前首次发表。在这篇文章中，昂斯沃斯思考了智能推理意味着什么，以及我们如何根据已知进行推理、做出推论，这些一直是人文学科的核心问题。

昂斯沃斯广泛引用了1993年一篇重要的人工智能论文——“什么是知识表示?”(What Is Knowledge Representation ?)。这篇文章由三位麻省理工学院计算机科学教授撰写：兰德尔·戴维斯（Randall Davis，爱德华·费根鲍姆之前的博士生）、霍华德·舒伯和彼得·索洛维茨。在引用这篇论文时，昂斯沃斯说，人工智能使人文学科的这些问题更加突出，因为人工智能必须更快速准确地处理这些相同的问题。

昂斯沃斯说，人文学科在很大程度上是关于知识的表示，现在是人文学者承认以下事实的时候了：“从某种意义上说，语义网是我们的未来，它将需要人类的记录正式地表示出来。那些表示——本体、模式、知识表示，随便你怎么称呼它们——应该由受过人文学科培训的人产生。”我的回答是，在传统的人文学科研究中，表示并没有被忽视，但它主要是关于确定流派和风格，或者命名运动趋势：寓言、小说、反讽、现代主义、后印象主义，都是一些通常模糊而有弹性的标识。

为什么这很重要？昂斯沃斯说，这是因为我们正在进入一个新世界。为了在这个新世界中航行，我们需要形式化的表示，它必须是可计算的，因为计算机给我们提供了进入这个新世界的途径。最后，那些正式的表示必须由了解地形的人亲自制作。是的，他承认，这些将成为地图，而且地图总是示意性和简化的，但这正是它们有用的原因。

本体论——存在或存在的本质——很少在哲学课堂之外讨论，但它在计算模型中显得非常重要，因为必须回答某些本体论问题：什么事物是存在的？我们可以将现有事物归为哪些类别？什么是普遍的，什么是特殊的？知识体系如何保持其一致性？人工智能已经出于自身目的，使这些问题变得尖锐，并且有助于向人文学科展示如何在计算模型中提出和回答这些问题。

在这篇文章第一次发表十年后，昂斯沃斯在他的论文中添加了一篇评论，称赞人工智能是一种人文模型：

> 使用计算机作为工具的“人文计算”不仅仅是一个术语，这一点很重要，它本身就是一种独特或独立的智力活动。或者，它本身并非完全独立：作为一种智力活动，它似乎需要在另一个研究领域（人工智能）得到验证。（Terras，Nyhan，& Vanhoutte，2013）

好吧，就是现在。

四

这些新的努力及其所代表的东西有很多值得庆祝的地方：这是一种跨领域的学术追求的重新组合。与所有重组一样，新事物将会出现：新工具、新观点、新知识。

例如，十多年来，哥伦比亚大学计算机科学家戴维·布莱（David Blei）开发了名为潜在狄利克雷分配（latent Dirichlet allocation，LDA）的统计工具，用于发现和利用大型文本档案中隐藏的主题结构。LDA 旨在把握一种直观的信念，即一堆文档会有多个主题，每个文档都可以在大型文档集合中被定位出来。与“类人方法”相反，LDA 假设文本可以被视为“一袋子的词汇”——给定文档中的词序无关紧要，集合中的文档顺序也不重要。总之，LDA 没有语义理解。

事实证明，LDA 在梳理大量文档（从调查数据到种群遗传学）中隐藏的主题方面非常有帮助。但最让布莱惊叹的是 LDA 在数字人文学科中的应用：历史学家、英语教授和民俗学者，他们想要找到“模式”——重复出现的主题，一种他们注意不到的“模式”(Krakovsky，2014)。例如，布莱说：

马特·康纳利（Matt Connelly），哥伦比亚的历史学家，研究外交史，他有一个数据集，其中包含 20 世纪 70 年代不同外交站之间发送的所有电报。他可以使用 LDA 来分析它，他说“我对此有所了解”，然后我与他开始讨论，根据他对数据的了解构建主题模型。找到这些数据所展示的隐藏结构是一个被称为推理的计算问题——给定观察结果，计算隐藏变量的条件分布的问题。（Krakovsky，2014）

一些人文学者将 LDA 作为众多阅读视角中的另一个，通过它来发现仔细阅读无法发现的模式。此外，它还可以轻松揭示数千甚至数百万文档中的主题，这是一项超越任何单一人类头脑或人类头脑团队的工作。

推理是 20 世纪 80 年代早期专家系统的艰巨任务，但这些系统是人工辛苦编写的。如今，更复杂和精细的算法、无限快的处理速度、更大的内存以及数量级更大的可用数据已经改变了游戏规则，这是量变引起质变的一个例子。像历史学家康纳利这样的人类专家，当然仍可以帮助优化搜索空间，就像专家曾经为更简单的智能程序提供启发式方法一样，但更重要的是，现在的机器让经年累月的档案馆和图书馆的冗杂翻阅工作成为过去（可惜!）。同时，机器会梳理出我们作品中的主题，这项工作本来十分困难，甚至在我们看来是不可能的。它们做事的方式不同于我们的思维方式，这让我颇为欣赏。

布莱在我们的一次谈话中向我指出，另一方面，在过去，受到数据的限制，模型往往会很简洁。海量数据集改变了游戏规则。模型可能更具包容性，但也更不守规矩、肆意妄为，而且由于数据的出处原因，模型更难以验证。布莱说，机器学习仍然在与无法量化的数据做斗争，并且经常将曾经的预测问题（机器学习的最早任务）硬塞进与预测几乎没有关系的问题中。人类仍然必须查看 LDA 的结果，并判断它们的含义（就像人类必须为机器学习提供图像标记）。

布莱告诉我，他喜欢参加数字人文研讨会，了解学者们在做什么以及他们需要什么。他的发现促使他和他的学生进行研究，为研究提供更好、更有用的工具。“这对我们来说是绝妙的正反馈循环。”

不仅仅是趋势，伊利诺伊大学的温德尔·皮兹（Wendell Piez）向我们保证，数字人文学科是数字时代的人文学科。他认为，尽管这一切看起来很奇怪，但我们以前也遇到过这样的情况：

> 数字人文学科所代表的精神，就像是煽动欧洲文艺复兴的人文主义运动，这场运动不仅关注古典学术在其领域的复兴，而且随着高科技（印刷）的发展和应用来学习和传播。尼古拉斯·詹森（Nicolas Jenson）和阿尔杜斯·马努提乌斯（Aldus Manutius）等学者技术专家设计了字体和学术工具，创办了出版社，发明了现代评论杂志。在这样做的过程中，他们开创了学术界至今仍在沿用的知识形式……（Terras，Nyhan，& Vanhoutte，2013）[6]

数字人文学科是为一代又一代的学生服务的，他们是未来的学者，对他们来说，计算机不是一种专门的工具，而是“世界组织的一部分”[美国东北大学数字奖学金小组负责人朱莉娅·弗兰德斯（Julia Flanders）写道]。此外，由于数字存储成本很低（比做决定的成本低），被忽视的作品可以被数字化并被获取，从而聚集“成堆，变得引人注目，所以，少数文学作品、非权威文学作品现在也能引起人们注意”（Terras，Nyhan，& Vanhoutte，2013）。经典之外的文本——迄今为止最大的人类文本——被加州大学伯克利分校图书馆前馆长托马斯·伦纳德（Thomas Leonard）称为“伟大的未读文本”。直到现在，它们几乎无法访问，无论是否是因为出版商认为一本书不适合商业出版才将其过滤掉（例如，因为这本书的主题过于地域化，或者它的语言没有足够的读者而无法营利）。自我出版允许创新，可以逃避商业出版商和编辑的保守主义，但也可能成为一部在任何语言中都完全不可读的平淡乏味的文字。

只要看一眼任何关于数字人文学科的新书或学术期刊，就可以发现这个新领域在其现有从业者之间存在巨大差异，更不用说还有批评者和嘲笑者存在。弗兰德斯补充道："但智力成果的评判标准不是力量和速度，而是人文学科一直使用的相同标准：它能让我们思考吗？是不是让我们一直在思考？"

这些是人文学科从信息处理中获取和使用多种数字工具的例子。然而就人工智能专业人士而言，他们恳请人文学科为人工智能企业做出贡献，使项目更加成功和合乎道德，并在各方面改进以造福人类（AI Index，2017）。

五

让我们回到 C. P. 斯诺和他的"两种文化"挑战。我们可以进一步追溯到 19 世纪末期的托马斯·亨利·赫胥黎（Thomas Henry Huxley，一位被称为"达尔文的斗牛犬"的博物学家）。他认为，这场争论实际上始于 18 世纪古代文学与现代文学的派系之间的争论，并在 19 世纪转移到人文与科学。赫胥黎在一所科学学院（伯明翰大学的前身）的成立典礼上发表讲话时就观察到了这一点。斯诺只是在 20 世纪 50 年代重新阐述了这个主题。我大一的阅读材料中就包括了赫胥黎的这个演讲（Huxley，1875），但当时我并没有仔细阅读。现在我看到科学和工程学（可以说是奇迹般地）都占据了 21 世纪知识分子骚动的中心。（工程学曾经是大学里永远清扫灰尘的灰姑娘，这种现象是 19 世纪浪漫主义的产物，因为浪漫主义认为任何实际的东西都可以忽略不计。）[7]

总而言之，数字人文借用了很多人工智能的智力能力。人工智能就像一个双面体：它的一面是工具，另一面是镜子。作为工具，它帮助我们更彻底地挖掘，更精确、更包容地构建人类是谁、曾经是谁，以及可能是谁。作为镜子，它映射我们以及我们永恒的关切：一切都是关于我们自己。人工智能目前还不是外星人——尽管有一天它可能会变成外星人。这将是人工智能的第三张面孔。我们想要知道的事情，我们所关心的问题也因此被提升，变得更加精确。考虑到我们人类对自我是如此的关注（对自我的关注是一种惊人的适应的结果，千年以来它促使个体之间以及群体之间的合作和竞争），人工智能注定有以上功能？

我想说这是一件好事，因为正如我们将在后续章节中看到的，我们将需要用我们拥有的所有资源来满足哲学家尼克·博斯特罗姆所说的“本世纪的根本任务”。

注 释

[1] 周以真随后在许多文章中阐述了她的观点。

[2] 你可以在 http://www.homermultitext.org/ 上找到荷马多文本项目。

[3] 没关系。2018 年，保罗·罗默获得了诺贝尔经济学奖。

[4] 西尼金通过 http://www.dansinykin.com/digital-humanities.html 提供了他的研究更新。

[5] 实际上，这是一所计算学院，但主要是由人工智能的快速发展推动的。你可以自己推测一下，为什么这篇文章会出现在商业版块，而不是新闻甚至报纸的文化版块，尽管公告强调这是麻省理工学院重大的智能转折点。

[6] 匹兹和弗兰德斯的引文出现在特拉斯、奈恩和瓦努特（Terras，Nyhan，& Vanhoutte，2013）的著作中。托马斯·伦纳德的引文来自作者的采访。

[7] 赫胥黎曾经就这个话题发言：“我们有多少次没有被告知物理科学的研究无法赋予文化；它不涉及生活的任何更高问题；更糟糕的是，对科学研究的持续投入往往会产生一种狭隘而偏执的信念，即认为科学方法适用于寻找各种真理。”（Huxley，1875. *Science and Culture, and Other Essays*. Project Gutenberg，www.gutenberg.org/ebooks/52344）如此等等的发言，充满了维多利亚时代的自信。你甚至可以争辩说，这种自信可以追溯到希腊人，他们区分了认识论、理论知识和技术、工具、实现结果的方法。

第七部分

为什么称之为光荣呢？

为什么称之为光荣呢？绝不是因为在这儿行船会像在南方的大海上行船那样一帆风顺，海面波澜不惊，而是因为此行危机四伏，险象环生；是因为无论出现什么意外的情况，你们都坚韧不拔，表现出大无畏的精神；还因为你们时时处于危险和死亡的包围之中，要求你们拿出勇气，攻而克之。正因为如此，它才光荣，才称得上是一次令人肃然起敬的壮举。你们从此会受到人们的欢呼致意，被誉为人类的造福者，你们的名字也将受到人们的崇敬，因为你们已跻身于为了荣誉，为了人类的利益而视死如归的英雄们的行列。

——玛丽·雪莱（Mary Shelley），

《弗兰肯斯坦》*

---

* 译文选自刘新民版《弗兰肯斯坦》（上海译文出版社 2007 年版）。——译者注

/第二十八章/

挽　歌

一

人生短暂，许多在人工智能方面曾教导我的导师都去世了。听说，我们会首先忘记逝者的声音，但是我如今仍然能回忆起他们的音容笑貌。

艾伦·纽厄尔很早就去世了——他在60多岁时死于癌症，虽然我和乔得以在他临终前与他道别，但由于私交很深，我们始终深深地怀念他，同时也为他未尽的事业而遗憾。

在他生命的最后几年，他工作努力、雄心勃勃，这种劲头令人羡慕。从20世纪50年代旨在模拟“人类思维的一小部分但重要的子集”的“逻辑理论家”开始，他最终建议并提出了一个名为“Soar”的程序。Soar采用了纽厄尔在1980年首次提出的计算机智力水平模型，即从0—1层级一直到最高的知识层级。之后他提议把Soar作为理解人类认知的统一理论，并在1987年的威廉·詹姆斯讲座（Newell，1990）中详细论述了Soar的细节。人类认知的多层异步模型激发了科学想象力，在20世纪80年代末和90年代初出现了大量此类程序，包括机器学习分支（也就是深度学习）的惊人突破。正如我所说，深度学习是由杰弗里·辛顿和他的同事杨立昆、约书亚·本希奥共同发明的，当时纽厄尔正在准备威廉・詹姆斯讲座。辛顿、杨立昆和本希奥因他们在深度学习方面的研究，共同获得了 2019 年图灵奖。

纽厄尔于 1992 年 7 月 19 日去世，享年 65 岁。对妻子诺埃尔来说，艾伦临终前病危的日子一定是难以忍受的。然而，她熬过了最艰难的时候。不久我就听说诺埃尔开始旅行。我们知道曾经她是多么脆弱，多么依靠艾伦，因此这个消息令我们惊讶万分：我们聊起了彼此的故事，但我仍有点不相信。不过这真的是事实——她在世界各地旅行，从欧洲到亚洲。20 世纪 90 年代末，我在匹兹堡的一次晚宴上与她短暂碰面。她刚从越南回来，她在那里穿越了越南共产党在悲惨的越南战争中使用过的隧道。

正是因为艾伦对科学的热爱、对自己的严格标准、对那些达不到要求的人的蔑视，使她可能会承受非常大的压力。当然事实是在纽厄尔去世后，诺埃尔放下了身上的重担，开始工作。在 20 世纪 70 年代，我和她都因为性别原因，留下过同样的伤痕，所以她并没有回到旧金山。如果她的收养家庭中还有人活着，那他们对她意味着什么？艾伦的父母也早已经不在了。毕竟，她在匹兹堡有自己的生活。她与西蒙的妻子不同，坚忍的多萝西娅・西蒙在赫伯特死后逃到加利福尼亚州，与姐姐共度余生，而诺埃尔则选择留下来，照料艾伦的遗产，第一次过上了自己的生活。她的勇气令人钦佩——80 多岁的时候，她在滑冰时摔断了髋骨；但几个月后，我在卡内基梅隆大学计算机科学学院的一次演讲中，却看见她拄着手杖，迈着缓慢而有力的步伐，精神矍铄。2015 年，我在卡内基梅隆大学计算机科学系 50 周年庆典上再次见到了她，她做了眼科手术，但仍然活泼好动。她曾经计算过，在艾伦去世后，她坚持旅行已经 17 年了。2018 年，在她 90 岁的时候，她笑着对我说：“别告诉我我有多好看！”她的气色看起来确实不错。

二

离开匹兹堡后，我和赫伯特・西蒙不时见面，他总是很热情。哥伦比亚大学于 1983 年建造新的计算机科学大楼时，向他颁发了荣誉学位。我们坐在一起听了哥伦比亚大学教务长的开场白。教务长几乎是逐字逐句地念了我为他准备的讲稿。西蒙俯身对我耳语："你知道这是谁的想法吗？"我笑了，回答说："当然，是西蒙的，被麦考黛克重新引用。"西蒙纠正了我："是艾伦·佩利、艾伦·纽厄尔和赫伯特·西蒙。"第二天，《纽约时报》刊登了一张照片，我的丈夫乔将博士帽搭在西蒙肩上，哥伦比亚大学校长站在旁边。随照片附上了一个可爱的故事[由新记者莫琳·多德（Maureen Dowd）撰写]，我认为这是为了澄清机器并不危险的又一努力（Dowd，1983）。

几年后，我与西蒙共同参加了纽约科学院的一次晚宴。参加宴会的人还有算法史上的巨人高德纳，他的作品被简称为"Knuth"。他喝了口酒，叹了口气，尖刻地对我说："我想我可能不应该问这个，但你怎么不写赫伯特的传记？"西蒙说："她一直在等我做得足够配得上写一本书。"

最终，西蒙写了自己的回忆录，寄给我一份详细而又坦率的草稿。当我考虑写他的传记时，他警告我不要写任何私人的东西，但令我惊讶的是，他承认如果不是害怕被拒绝，他与很多女性的关系可能不会是仅限于柏拉图式的情感交流。这份手稿描述了他结婚后不久一次精神上的出轨，写得很巧妙，很诚实，只是这种事我无法写进传记里，但它让我得以认识他的另一面。虽然我担心手稿一定会被删节，但我喜欢这种坦率。

我最后一次见到赫伯特·西蒙，可能是在 1990 年卡内基梅隆大学计算机科学系 25 周年庆典上。那几天阳光明媚，我们本应欢庆过去，但我们都因在松鼠山家中垂死的艾伦·纽厄尔难过。爱德华·费根鲍姆和仁井彭妮也在那里，我们一群好友的友谊仍然坚固。拜访他们时，我们"像日本游客一样"拍照（我在午餐后在日记中写道）。西蒙现在与帕特·兰利（Pat Langley）等亲密好友共事，模拟科学发现的过程。他们的"培根"计划重新发现了开普勒第三定律和欧姆定律。

"培根"计划将成为那些不在科学史中而是在科学未来中起作用的计划的先

驱。后续开发的项目现在处于科学的前沿。约兰达·吉尔（Yolanda Gil）和她在南加州大学的同事写道，这些程序可以

> 从根本上改变科学发现的实践。此类系统显示出越来越强的自动化科学数据分析和发现的过程的能力，可以在假设空间中进行系统性的和正确的搜索以确保获得最佳结果，可以自主发现数据中的复杂模式，并且可以一致且透明地进行可靠的小规模科研过程的轻松复现。（Gil，Greaves，Hendler，& Hirsh，2014）

听上去还不错。此外，吉尔和她的同事们写道："基于人工智能的系统可以做很多事情，包括表示假设、用数据模型进行推理、设计假设驱动的数据收集技术，这些工作可以减少科学发现中容易出错的人类瓶颈。"甚至比人类做得更好。

这些新技术不仅限于文本：它们分析非文本来源，例如在线图像、视频和数字数据。"世界面临着挑战传统方法论和意识形态的深刻问题，"吉尔和她的同事们继续写道，"这些挑战需要我们这个星球上最聪明的大脑。在现代世界，最聪明的大脑是人类和智能计算机的结合，它有超越任何单独智能的能力。"美国国防部高级研究计划局是人工智能研究的最初赞助者之一，它已经开始用这种方式使一些研究自动化，并坚持技术革新。

我和乔一直特别想让西蒙参观圣塔菲研究所。研究所的核心研究侧重于复杂性科学，而复杂性源于简单性。研究所所有最初的科学家都明白，他们的工作得益于西蒙关于复杂性的思想；每个人都引用了西蒙的著作《人工科学》，这本书阐述了很多相关思想。在那里，西蒙会受到热烈的欢迎。也许他觉得自己已经太老了，不能仅仅为了宣传思想而去旅行，而且正如他有一次提到中国时说的，他在匹兹堡大学图书馆可以学到的东西比参观学到的更多（虽然他很喜欢去中国旅行）。最终我们没能邀请他来到圣塔菲。

有点奇怪的是，我的日记没有提及西蒙在 2001 年 2 月去世，享年 84 岁。我没有去参加他的追悼会，但乔去了。我当时是不是需要参加哥伦比亚大学的科学写作课程？我很遗憾错过了追悼会，但更多的是，我想念赫伯特·西蒙。他对我

来说仍然活着，他的智慧和他在不同领域之间进行综合和建立联系的能力仍然鲜活，他剥开了不同学科的外衣，找到了它们的共同点。我仍然记得他欢快的笑声，对我来说，他仍然活着。

2013 年 11 月，卡内基梅隆大学宣布启动“西蒙计划”。西蒙计划以赫伯特·西蒙的名字命名，是一项跨学科计划，让教育学和工程教育互相影响促进。作为世界上最大的学生学习数据库，它检查技术在课堂上的使用，确定最佳实践方式，帮助教师教学，通过初创公司（卡内基梅隆大学的专长）加速创新和扩展，改善学生的教育体验。这一项目源于西蒙对涉及教学和学习的认知科学的长期兴趣。西蒙计划现在已经是一个国际化项目，任何人都可以做出贡献或使用它的数据库。丹尼尔·西维奥雷克表示，计划包括两个方面：教学和学习背后更深层次的科学，以及远远超出如今大肆宣传的大规模在线公开课程（MOOC）的更高视野。

同样在卡内基校区，纽厄尔-西蒙楼也是在向他俩致敬。一个名为“赫伯”的特殊机器人被安置在纽厄尔-西蒙楼，它看起来有点笨拙，是一个原型家用辅助机器人，可以在普通家庭视觉混乱的环境中找到并操纵物体。

关于西蒙的遗产最令人抓狂的事情之一，是他的思想在大量领域中已经变成了基础思想，以至于一些人以为这些思想源自上帝。每当有人描述丹尼尔·卡内曼为“第一位获得诺贝尔奖的行为经济学家”时，我和爱德华·费根鲍姆都会怒目而视。不，是赫伯特·西蒙第一次在经济学中打破了理性人的神话！

三

多年来，我和约翰·麦卡锡不时在会议和其他活动中碰面，他一如既往地向我讲述他的新想法和新故事，以说明了解科学和进行计算的重要性。我最喜欢的计算例子是“魔法医生”的故事。一位年轻的医生莫名其妙地获得了超能力，能治愈他接触过的任何人。麦卡锡提出了各种结果——可怜的医生很快就会被抓走，关进因财政窘迫而不择手段的医疗机构；或者被认为苦难是人类应有的命运的宗教疯子暗杀。但是麦卡锡表明，通过计算，这位年轻的医生实际上可以每天只花费几个小时，就治愈地球上每个患有疾病的人。(详细信息见我的书《万能的机器》。)

“这就是我所说的文学问题，”麦卡锡不止一次对我说，“你不能用顺理成章的事情来编故事，你需要冲突、失败、戏剧性去讲一个故事。这就是为什么大多数科幻小说都是反乌托邦的。如果每个人从此都过着幸福的生活，它就不会成为故事。”[1]

爱德华·费根鲍姆在硅谷的一家游乐园里为自己举办了60岁生日派对，主要娱乐活动是让客人爬进飞行模拟器，驾驶他们想尝试的任何类型的飞机（甚至是航天器)。这个模拟器令人头昏眼花，以至于我没摸到模拟器就晕了，于是我摇摇晃晃地走了出去，寻找其他消遣来缓解头晕。幸运的是我遇见了约翰·麦卡锡，他靠在墙上，看起来对这种电子娱乐不感兴趣，因为他已经是一名有执照的飞行员，并真正飞行过。

我们交谈起来，那晚麦卡锡特别活跃。我以前居然不知道他女儿苏珊的作品。她是《当大象哭泣》(*When Elephants Weep*）的合著者，这本书曾红极一时。我对此感到十分惊讶：“漆树*是你女儿？”我从在线论坛 The WELL 上了解到苏珊·麦卡锡（Susan McCarthy)，我们同属一个女性群体，几乎每天都在网上聊天。她是约翰的女儿？不，我当然不知道。苏珊的孩子从高中毕业、上大学到走向世界，我一直在关注他们的冒险经历，但从来不知道他们就是约翰·麦卡锡的孙辈。

他为女儿感到自豪，不仅因为她是一名著名作家，还因为她一生致力于观察和照顾野生动物，这真是令人感动。苏珊在她的博客上撰写关于各种野生动物（从虫子到甲壳类动物到蓝鲸）的敏锐而诙谐的文章，还出版了一本书《成为老虎》(*Becoming A Tiger*)，讲述小动物如何学着变得成熟。后来，她与人合著了讽刺有趣的博客，名为“SorryWatch”，该博客批判了公众人物不道歉的卑劣行为。

2002年9月，当苏珊·麦卡锡告诉我，她将和她父亲一起来纽约参加纽约客

---

* Sumac，应当是苏珊小名或昵称，Su（san）+Mc（Carthy）即名和姓的组合。——译者注

节*时，我坚持要他们来做客，共进午餐。很高兴看到他们在一起，互相取笑，享受彼此的陪伴。可能就是在这次午餐中，约翰·麦卡锡再次因为文学而争吵：

当故事涉及技术主题时，尤其是人工智能，它总是反乌托邦的。我想在一个故事中你需要冲突，你需要一个读者可以认同的“我们”，以及一个读者可以反对的“他们”。“他们”总是一些可怕的技术。在故事中，人工智能总是想要打败我们，我们必须以智取胜。考虑到故事的惯例，我不知道该如何解决这个问题。但在现实生活中，情况并非如此。技术是混合的，但总的来说，它给人类带来了巨大的好处。没有理由认为人工智能会有任何不同。

午饭后，我带着他们，叫了一辆出租车。我坚持要让约翰·麦卡锡主动给我一个告别拥抱。奇怪的是，他真的拥抱了我。这是在他 2011 年去世前我最后一次见到他。苏珊·麦卡锡发誓说，屋子里一定有她父亲的笔记，记录了科技是如何形成并改进托尔金的夏尔**的。[2]

四

2013 年秋天，在我第一次采访马文·明斯基多年之后，我和他又坐在了同一间屋子里。我当年在这里听他演奏音乐，看着他试着修理他妻子的心肺复苏术假人。格洛丽亚·鲁迪施·明斯基那时也和我们在一起。当我再次提起那个时刻，格洛丽亚一下子就想起来了，开心地笑了起来。“那个假人总是修不好！”她惊呼道，“但现在假人好多了。”当她起身走向厨房，从一张桌子边走到另一张桌子以支撑自己（她现在走路很困难）时，有时她的手会伸到她丈夫坐的沙发上，他们

---

* 纽约客节是由《纽约客》杂志组织的年度活动。——译者注

** 夏尔（The Shire）是托尔金奇幻小说《魔戒》和《霍比特人》中的地区，位于中土大陆西部。——译者注

的手指会接触片刻，默默深情地互相安慰。

87 岁的明斯基看起来没有什么变化，这真是令人惊讶。他身材匀称、挺拔，脸上没有皱纹，整个颅骨都散发着智慧，一如往常。[3] 他告诉我他仍在作曲。严重的健康问题拖慢了他的生活，但幸运的是，他挺过了这些问题（有一次多亏了他妻子的快速诊断）。我们坐在同一个拥挤的房间里，桌子、地板都布满了零碎的东西：小小的圣诞剧院、还在盒子里的玩具卡车、乐谱、巨大的扳手和壁炉上的螺丝（每件物品都蒙上一层薄尘，这表明它们在很大程度上是一时兴起收集的），风琴和钢琴、其他各种键盘、塞进书架和楼梯两旁的书籍……我们喝茶，吃饼干，谈起很多可笑的事。

最后，我问马文，他希望人工智能在未来走向何方。他没有立即回答。过了一会儿，他说："我希望看到它介入人类失败的领域。"

那时明斯基还在麻省理工学院很活跃，计划在下个学期教授人工智能课程。"到那个时候，你会说些什么？"我随口问道。他回答说："哦，我可能会说：'有什么问题吗？'"

他于 2016 年 1 月 24 日因脑出血去世。约翰的女儿苏珊·麦卡锡当时在南极洲做研究，几周前给他和格洛丽亚打了电话。"他们很高兴我能从南极打来电话，"她说，"马文还是老样子，但听起来很虚弱。"他是人工智能四位奠基人中最后一位离去的。每个认识他的人都知道他是一位鼓舞人心的老师和导师，是一位巨人。

五

为什么这四个人中，没有一个和后来的科学家（如斯蒂芬·霍金）或企业家（如埃隆·马斯克）一样恐惧人工智能？一个答案是"熟练需要时间，生命短暂"，而成功似乎还很遥远。最好让那些真正需要解决这些问题的人解决问题，而不是制定会被现实和时间超越的假设规则。

但是，除此之外，这些“开国元勋”都是现实主义者。正如约翰·麦卡锡经常说的那样，技术是混合的，但总的来说，它对人类而言有巨大的好处。为什么人工智能应该有所不同？是的，我们的生活因人工智能需要做许多调整，其中一些是重大调整——想象一下，不必从事令人不快、无聊的工作，只是为了保持身心健康——而谨慎的政府最终会明白，公民的经济安全不仅需要，而且很容易实现。最后，人们会去做能带来满足感的工作，因为人类不喜欢闲散或漫无目的。[4]

目前的研究人员已经致力于构建系统，以扩展、放大人类认知能力或提供功能替代品。“应用人工智能的一个主要目标是并且应该是创造可以放大和扩展我们的认知能力的认知矫形器。这个目标快要实现了，但真正的人工智能（computational Golem）还远得很。”（Ford，Hayes，Glymour，& Allen，2015）[5]

这些矫形器将帮助正常衰老的人或其他有轻微认知障碍的人。人工智能已经可以帮助操作外骨骼，这些设备使残疾人能够以简单、直观的方式直立、行走和使用手臂。康复机器人可以在运动治疗期间为患者的四肢提供物理支撑和引导，但要成功做到这一点，需要复杂的人工智能。通过与其他学科的合作，人工智能有望改变教育的现状，就像珍妮特·科洛德纳（Janet Kolodner，2015）所说，在正式和非正式的环境中，未来的教室将是“共同应对挑战的地方，而不是……教师教学、学生聆听和做题的地方”。她的观点比旧的教学机器环境开阔得多，尤其强调跨学科协作的必要性。

六

我在科学方面以及在其他事情上最好的老师是我的丈夫约瑟夫·F. 特劳布，他在 2015 年夏末溘然离世。我本来是一名人文学科的学生，但乔接手了爱德华·费根鲍姆的教育，也教会了我像科学家一样思考。例如，我会思考：为什么？证据在哪里？证据证明的真的是这个吗，还是有不同的看待它的方式？这是不是一份充足的证据？它是经验证可靠的证据吗？我们可以从哪些理论中抽象出来？相反，假设我们……会怎么样？我想知道……？他为我树立了一个很好的榜样——努力工作，尽情玩乐——我对此也持开放态度。

20世纪70年代，在前往哥伦比亚大学之前，他领导了卡内基梅隆大学计算机科学系的转型，该系的规模从10名教员转变为50名教授和研究人员。2015年，卡内基梅隆大学用他的名字命名了一个系主任的职位来纪念他的智慧遗产。《纽约时报》的讣告中提到了他是如何被母校哥伦比亚大学招募的，从而将计算机技术带到这所伟大的常春藤盟校之一。在他的口述历史中（存档在硅谷计算机历史博物馆），他说他的挑战是"说服美国最伟大的艺术和科学大学之一，让它认可计算机科学是真正的中心"(Raghavan，2011)。从这本书记录的故事里你就可以看出这件事并不简单。

在某些方面，我们面临着一个同样艰巨的任务，乔在一所伟大但在计算机方面显然落后的大学，而我的大学则拥有我们这一代的文学领袖。但他开始了这项任务，并活着看到了这项任务被一个精力充沛的年轻的计算机教师队伍完成。在哥伦比亚大学纪念他的追悼会上，有一个共同的主题：他是年轻人敏锐的导师。他们中的一些人已经中年，现在正处于职业生涯中期，但每个人都谈到了乔是如何指导、建议和培养他们的。在一个案例中，他击败了哥伦比亚的官僚机构，例如，他允许凯茜·麦基翁（Kathy McKeown)——一个带着两个小婴儿的女人——在评定终身教职前可以不那么紧张，这样她就可以同时照顾孩子并追求自己的事业。在20世纪80年代初，这是一个革命性的想法。

就像他在卡内基梅隆大学一样，他一边追求自己的科学事业，一边在哥伦比亚大学建立了一个计算机科学系，从事研究和发表直到他生命的尽头。

乔在公共服务方面同样活跃：他是隶属于美国国家科学院、工程院和医学院计算机科学与电信委员会的创始主席，该委员会是美国领先的科学技术咨询小组，他曾两次担任主席。之后，他继续担任美国国家研究委员会的董事会成员。

虽然乔自己的研究与之相差甚远，但他是人工智能研究的热心支持者。正是艾伦·纽厄尔和赫伯特·西蒙向他介绍了人工智能，而他认为，他认识的最聪明的人肯定在做一些大事。当他开始为哥伦比亚大学招聘时，首先不是寻找自己领域的专家，而是寻找人工智能人员——他相信他们会成为新部门的智识领袖。当我因撰写《会思考的机器》的挫折和困难而濒临崩溃时，他给了我支持；他和我一样对以后的工作充满热情；他很高兴我在这本书中写出了故事中人性的一面。

与此同时——我深吸一口气——他在其他兴趣上也抱有极高的热情：他喜欢国际旅行；他会在匹兹堡上烹饪课，师从最终成为美国烹饪学院院长的大师。当我们搬到纽约时，他在茱莉亚音乐学院学习了几门课程——然后他说服我，和他一起上课——为的是更好地了解我们都喜欢的音乐。我们还一同报名参加了现代艺术博物馆的课程。

他收集了大量早期的计算仪器。天蒙蒙亮的时候，我们就动身前往欧洲的跳蚤市场，去参加科隆“办公机器”的年度拍卖会。同时，乔询问了他的朋友、他朋友的朋友，他们是否知道如何获得某些稀有的仪器。最终他购置了两台恩尼格玛密码机、一台三转子一台四转子（现在这些都在卡内基梅隆大学的亨特图书馆展出）。

2012 年夏天，我们去阿尔萨斯旅行，主要是为了吃喝玩乐。在科尔马镇，我们期待能看到早期机械计算器（又称“托马斯机”）的庆祝展览，那是最早广泛使用的数字计算机器之一，由托马斯·德·科尔马（Thomas de Colmar）在 19 世纪早期制造。我们家里就有几台这种漂亮的仪器。但是市立博物馆的馆长却一脸茫然地看着我们。可能会有人在城外的仓库里藏了几个机械计算器，但值得把它们放在展览里展出吗？这种事会很有趣吗？乔耐心地解释道，机械计算器代表了数字时代的开始。你应该尊敬科尔马这位杰出的人。

在他生命的最后十年，乔重回他的“初恋”——物理学。一部分原因是他认为他的研究可能适用于量子计算，另一部分原因是他喜欢了解物理学。自从几十年前他在哥伦比亚大学读研究生以来，他对所有新发现的物理学成果都感到兴奋。

他喜欢户外活动，尤其是山。他年轻时曾热爱攀登和滑雪，直到去世前三天还曾徒步登山。

他爱我。我曾经取笑他说，我是丈夫娇生惯养的宠儿，他毫不客气地同意了。

这是一段将近半个世纪的亲密婚姻，无论是在情感上还是智力上，爱情都给了我们深深的喜悦和力量。

注　释

[1] 亚历克斯·加兰（Alex Garland）2015 年的电影《机械姬》（*Ex Machina*）就是一个有趣的例子。在文学上，有很多类似的例子［《皮格马利翁》（*Pygmalion*）、《弗兰肯斯坦》、《万能机器人》（*R.U.R.*），电影还致敬了《蓝胡子的城堡》（*Bluebeard's Castle*）］，这些故事都有标志性的英雄和恶棍，还有——嗯，机器人女人？这是什么东西？她的很多角色都有其他作品的影子。

[2] 几十年后，我听说《纽约客》正在尝试使用人工智能来处理杂志每期都会收到的漫画命名大赛的投稿。那时候我多么希望约翰还活着，这样我就可以和他一起笑着讨论这件事了。

[3] 帕特里克·温斯顿特别喜欢讲这样一个小故事：丹尼·希利斯曾经问他，是否有过这样的经历，即：他向别人讲述一个新想法，结果他的听众却误解了他，但在误解之后，那个听众将错就错把它变成一个更好的想法。“几乎每次和马文说话都是这样的。”温斯顿回答。

[4] 21 世纪第二个十年，有智者说，考虑到我们这个时代的普遍态度，基本的最低收入是不可能的。但普遍的公众态度可以很快改变：对同性婚姻或性骚扰的态度就是很好的案例。

[5]《人工智能杂志》（*AI Magzine*）2015 年冬季版（这个引用就出自该期杂志）的主题是为了人类的人工智能（AI for people），而不是可替代人类的人工智能（AI instead of people）。这纠正了过去几年大众媒体中狂热的恐惧，十分振奋人心。

/ 第二十九章 /

男性凝视

一

分子生物学家和诺贝尔奖获得者雅克·莫诺（Jacques Monod）在其著作《机会与必然性》（*Chance and Necessity*）的结尾中写道，人类应该相信艺术和科学，它们可以拯救人类。我思考许久，我明白科学能拯救人类，但我不相信艺术是否真的有这么强大的力量。据说许多纳粹指挥官热爱勃拉姆斯和瓦格纳的音乐，但他们仍然做出了那么多惨无人道的事情，虽然这是个老掉牙的故事，可这就是事实——艺术还没有展现它足以拯救人类的强大力量。但是，艺术能够在科学拯救人类之后丰富人类的生活，这或许就足够了。

作为一名人文学者，我很快就明白人工智能是一项人类事业。从一开始它就为人类的未来而服务，现在仍然如此。人工智能研究的主要意义有两点：第一，对智能建模，并借此更好地理解人类的认知；第二，创造优于人类的认知能力，并将其应用于人类想要解决的各种问题上。我对人工智能的历史、前景以及实现它的人很好奇。我认为计算机是一种工具，人类的思想早就在计算机中体现出来（甚至在我与阿什利·蒙塔古就此纠缠不清之前就是如此）。正如本书所言，我十分惊讶地发现其他人文学者并没有这么看待人工智能和计算机。他们不认为我的好奇心是好事，反而认为我将自己“出卖给机器”，为“机器将替代人类”出谋划策。他们胡说八道了一大堆诸如此类的话。

“机器将替代人类？”奥利弗·塞尔弗里奇沉思了一会儿，接着说，“那又如何？机器真的会代替我吗？当然不会。”但在我的一生中，大多数人文学者都对人工智能不屑一顾。

1989年，出版商为宣传《亚伦代码》问了我一些问题，其中有一个简单的问题是“我是如何开始写《亚伦代码》的？”这个问题让我停下来思考。它不仅仅关乎一本书，而是我一生的经历。为什么我要研究人工智能？是什么吸引了我，且从未让我离开？

1989年7月21日：

这是个简单的问题，但答案绝不简单。我很早就意识到了人工智能的重要性，并想要宣告给全世界？我不喜欢无聊的主题，我也不想画大饼，我想迈开步子往前走，以我自己的方式，跟上领域里最厉害的人物，抓住机会，坚持下去。

也许，这是一段与人工智能的爱情长跑？理性、冷静、理智的我，被人工智能牢牢吸引住了？是的。我欣赏自己所拥有的这些特征，我同样欣赏人工智能也拥有的这些特征（就像其他人工智能研究者一样）。然而，我当然也想从这些人身上挖掘出激情。我了解我自己。

答案很简单：我是多么钦佩参与研究的人——他们是有过人的远见的人，以敏锐的自然智慧追求人类永远的梦想，尽管以前从未实现过。如果他们成功了，他们将改变世界。（他们也确实改变了世界。）

赫伯特·西蒙、艾伦·纽厄尔、约翰·麦卡锡、马文·明斯基、西摩·佩珀特、拉吉·雷迪、爱德华·费根鲍姆、哈罗德·科恩、洛特菲·扎德、托马索·波焦、帕特里克·温斯顿，等等，他们都在进行伟大的事业，他们将思想——他们自己的思想、我的思想、世界的思想和新创造的人工智能的思想——延伸到前所未有的方向。我着迷于他们的远见。

他们中的一些人，如纽厄尔和西蒙，如明斯基、麦卡锡、费根鲍姆、波焦和温斯顿，都在追求深刻的科学目标。他们中的一些人，如雷迪和佩珀特，希望将贫困人民从悲惨的境况中解放出来。他们中的一些人，比如哈罗德·科恩，在追求自己的艺术目标。他们对目标的要求都很高，兴致勃勃地追寻自己的理想。而这位因战后悲观文学而沮丧的年轻女性（也就是我），深深热爱着早期人工智能研究的乐观、兴奋和雄心。所有这些都是对这个问题的回答。

对我来说，人工智能是不是一种有吸引力的越界行为？是不是一个令人兴奋的恶作剧？不是。在之后的几十年里，对大多数人来说，我与人工智能的恋情是如此荒谬。对他们来说，这简直不可理喻、古怪、荒谬。但是，我对它却信心满满。

话说回来，在与哈罗德·科恩的谈话中，我曾经脱口而出，如果可以证明人类颅骨之外存在智能，那么我忍受的所谓的“传统智慧”，从各个方面来看就是愚蠢（“女性一定不要太聪明，否则她们不会有丈夫的”；“研究生不适合你，你只能结婚生子”；“你给这个组织带来的最宝贵的资产是你的打字速度”）。20 世纪 70 年代，当第二波女权主义开始解放包括我在内的数百万其他女性时，我们终于看到了，那些都是陈词滥调的腐朽迷信和自私的父权主义。机器展示的智慧打破了男性的思想更加神圣这种观点。迷恋人工智能的我，完全可以咋舌发表看法。

作为一个推论，我天真地想象人工智能将是没有性别歧视或其他偏见的中性智能行为，也许符号推理和算法就源自柏拉图理想天堂，它们没有传统的世俗偏见。并不是只有我有这样的希望。在贷款审批、福利分配、大学入学、就业以及社交媒体展示方面，算法决策似乎能够提供数学上的超然和中正。

但这种中立性是我对人工智能潜意识里的希望，我甚至在很长一段时间内都骗过了自己。我错了，其实不是这样的，人工智能并不是从一开始就有“中立性”的。算法起源于它们发芽的土壤：它们体现了程序员未经检验的假设，而这些程序员大多是白人或亚裔男性。这些人（在一开始）会给图片贴上标签，并给一个或另一个事实赋予权重。此外，这些有失偏颇的算法所处理的数据集数量庞大，通常是百万量级的人类在过往做出的决策量。由于这些决策所表现出的偏见，基于它们的程序也会相应表现出类似的偏见。[1] 到目前为止，在塑造更具包容性的社会文化方面，硅谷表现出了封建式的落后。因此，我们不会因它的产品反映了社会上可悲的状况而感到惊讶。人工智能的某些部分可能同样带有偏见，我们对此也并不惊奇。[2]

举个令人遗憾的例子，2018 年 10 月，《纽约时报》的一篇报道称，谷歌有数十名职员为性骚扰惯犯，而谷歌却放任他们的行为。这让许多人愤怒不已，转而离开谷歌，其中包括安卓（Android）移动软件的创造者安迪·鲁宾（Andy Rubin），他带着 9 000 万美元离职（Wakabayashi & Brenner，2018）。11 月 1 日，全球约 2 万名谷歌员工举行了临时罢工，包括女性和男性员工。他们抗议公司的行为，要求以更透明的方式处理性骚扰，为多样性做出更大的努力。谷歌总裁桑达尔·皮查伊公开道歉，并承诺公司会做出努力（Wakabayashi，Griffith，Tsang，& Conger，2018）。[3] 但抗议活动的两名女性组织者后来发声说，她们遭到了谷歌的报复。

硅谷极端的性别歧视、种族主义和年龄歧视让我深感失望。我渴望改变，我渴望那些能给我们所有人带来荣誉的项目，渴望它们慢慢消除偏见。然而，现在我们面对的是不公开透明地“改进”自己的不负责任的算法，以及像脸书（一家人工智能公司，如果有这样一家的话）这样的大企业的高管，他们的引擎在实践和掩盖极其有害的社会行为。

在机器学习方面，作家和软件工程师艾伦·厄尔曼警告说：“在某些方面，我们已经失去了对程序的话语权。当程序传递到代码中，代码传递到算法中，算法开始创建新算法时，它就已经离人类的控制越来越远。软件被发布到一个无人能完全理解的代码世界中。”(Smith，2018)

我曾经单纯地希望、不容置疑地相信，追求更多的智慧就像追求更多的美德，但我对硅谷的社会层次失望透顶。我很早就感觉到人工智能的重要性。我想为此作证。尽管我现在仍有深深的顾虑，但我为人工智能走到今天这一步而心怀感激。

二

在2015年前后，有关人工智能的宣言、书籍、文章和评论井喷般涌现。(典型的标题有：“机器人正在获胜!”“杀手机器人即将出现!”“人工智能意味着召唤恶魔!”“人工智能：智人将分裂成少数神明和大量凡人”)甚至亨利·基辛格(Kissinger，2018)在他生命暮年依然蹒跚地宣布人工智能是启蒙运动的终结，这一宣言中提到了多种需要暂停人工智能的原因。

人工智能对享有特权的白人男性将会造成深刻而迫在眉睫的威胁，这导致了他们狂热的反对。我对朋友们笑道：“这些家伙一直是街区里最聪明的人。他们真的觉得受到了一些可能比他们更聪明的东西的威胁。”因为这些享有特权的白人男性大多承认人工智能为他们做了好事(据我所知，他们中没有人愿意放弃自己的智能手机)，他们让人想起了圣奥古斯丁的箴言：“上帝啊，让我贞洁吧，但不是现在。”

很少有女性以同样的方式对待人工智能(也许是我们不担心自己漂亮的容貌被人工智能取代)。如老年医学专家路易丝·阿伦森(Louise Aronson，2014)，她敢于推动老年人机器人护理的发展。但雪莉·特克尔(Sherry Turkle，2014)在给《纽约时报》编辑写信时回应了阿伦森的看法，担心看护机器只是假装关心我们。这引发了一些关于真实关怀和模拟关怀(甚至是人类之间的模拟关怀)的有趣讨论，但没人关心谁来做护理工作，也没人问社会可以负担多少护理人员。

这一系列关于“邪恶人工智能”的激烈声明，从深思熟虑到个人表露，再到令人遗憾的衍生品——如果有的话，那就是狄俄尼索斯式的爆发——让我想起了电影评论家劳拉·马尔维(Laura Mulvey)在1975年描述和命名的精彩概念：男性凝视。她创造了这个词，用来描述电影制作的主要模式：一种不可避免地从男性角度讲述的叙事，女性角色是意义的承载者，而不是制造者。她认为，男性电影制作人向男性观众发表讲话，让女性这个充满威胁的强势群体成为男性欲望的被动顺从对象，以此安抚他们的焦虑。(她的文章中有详细的精神分析推理，值得一读，在此不作赘述。)

在马尔维文章的许多句子中，我可以轻松地将人工智能替换为女性：人工智能表示（白人或亚洲）男性智能以外的其他东西，并且必须仅仅是意义的承载者，而非意义的制造者。在“男性凝视”中，人工智能是凝视的对象，它可能是一个自主主体，具有自主能力。对于男性来说，这太可怕了，必须加以阻止，因为它的自主性威胁到男性的无所不能和男性的控制权（至少是那些在流行杂志和电影中烦恼的男性)。年轻时的我希望人工智能最终能够推翻男性智力优越的普遍假设，也许这是有道理的。

年纪大得多的我知道，即便人工智能在未来可能会带来一些问题（怎么可能不会呢?)，可它已经改进和增强了人类的智力，并有可能减轻人类琐碎、毫无意义、往往是繁重的工作的负担。现在，是谁承担了那些琐碎的、毫无意义的、繁重的工作？现在已经有很多手段来解决这一问题，百花齐放。[4]

但已经绝望的人说，人们终于开始认真对待人工智能了。

三

我看到的另一个巨大变化，是科学在我所处的文化中从知识边界转移到了中心位置。(想象一下，假如C.P.斯诺现在才展示他的“两种文化”宣言，那真是一件可笑的事。）如今，不真正了解科学就是放弃对精神生活的要求。这种转变并没有取代人文学科的重要性。正如我们在数字人文学科中看到的那样——有时试探，有时笨拙，这是某种意义深远的东西的合适开端——两种文化正在调和，将彼此视为更大整体的两个部分，这就是人类的意义。现在还没有足够多的人知道，操纵符号的计算机可以成为思维的助手，无论是在理论物理方面还是日常生活方面。

就像诞生之初一样，人工智能不仅仅用于科学和工程，而是重塑、扩大和简化了许多任务。例如，IBM 的“沃森”随时准备以多种方式提供帮助，包括艺术创造力：这个系统（用他的主持人和观众的话说就是“他”）作为热心的电影人的同事在 2015 年的翠贝卡电影节上大获成功（Morais，2015）。

同时，人工智能也使许多任务复杂化。如果自动驾驶汽车需要数百万行代码才能运行，那么谁能检测到某段代码出错呢？艾伦 · J. 佩利计算机科学教授、备受推崇的软件专家玛丽 · 肖担心，自动驾驶汽车正以过快的速度从负责监督的专家助手转向负责监督的普通人类司机，再转向没有监督的全自动驾驶。她认为，我们缺乏足够的经验以实现这一飞跃。半自动系统将更好地服务于社会，这些系统将使车辆保持在车道内，遵守速度限制，并在司机喝醉时停车。一个推着自行车、车把上挂着购物袋的女人被一辆自动驾驶汽车撞死了，是因为有谁预料到了？如果软件工程对人类来说变得太难，而它的算法是由其他算法生成的，那人类该怎么办（Smith，2018）？当系统在“学习”中误入歧途时，谁会受到警告？哪个编程团队可以预测自动驾驶汽车（或医疗系统，或交易系统……）可能遇到的每种情况？“机器学习高深莫测。”哈佛大学的詹姆斯 · 米肯斯（James Mickens）如此说道（USENIX，2018）。当你将难以捉摸的事物与现实生活中的重要事物甚至是他所谓的“互联网仇恨”联系起来时，会发生什么？人工智能发生任务蠕变 * ？[5]

哥伦比亚大学的周以真考虑了这些问题，创造了一个缩写词：FATES。它代表了必须纳入人工智能，特别是机器学习的所有方面：公平（fairness）、问责（accountability）、透明（transparency）、伦理（ethics）、安全和保障（safety and security）。她说，这些方面应该是每个数据科学家从第一天开始培训的一部分，并在所有层次的活动中发挥作用：收集、分析和决策模型。大数据已经改变了人类活动的所有领域、职业和部门，所以每个人都必须从一开始就坚持 FATES。

---

* 任务蠕变指超出给定项目的最初目标和目的的扩展。——译者注

公平？在现实生活中存在多种定义。

问责？谁来负责目前是一个悬而未决的问题，但需要制定政策监控合规性，揭露、修复违规行为，并在必要时处以罚款。

透明？保证输出的可靠性至关重要，但我们还不完全了解某些技术是如何工作的。这是一个活跃的研究领域。

伦理？有时一个问题没有“正确”的答案，甚至当模糊性可能被编码时也是如此。微软有一个相当于机构审查委员会（IRB）的机构来监督研究（谷歌的第一个 IRB 在运行一周后就公开解散了），但公司现在并不强制设立这样的监督机构，也不需要遵从它们。周以真称，深度学习测试算法 DeepXplore 最近在 ImageNet 的 15 个最先进的数据神经网络和自动驾驶汽车软件中发现了数千个错误，其中一些错误是致命的。关于因果关系与相关性的问题几乎还没有开始探讨。

安全和保障？这些领域的研究非常活跃，但还没有定论。

这一切可能很重要。

所以我在我的一生中一遍又一遍地提及这句话。现在我们知道了，这一切可能很重要。人工智能的应用稳步推进。一些人认为，我们最终将拥有不知疲倦、聪明敏锐的私人助理来改善和提升我们的工作、娱乐和生活。研究人员正按照这一设想积极行动，带来这样的私人助理：“守护天使”“马斯洛”“华生”。有了这样的帮助，人类可以进入一个前所未有的时代，我们将拥有充裕的时间和休闲时光。但是有人在大喊：停！我们的工作要没了！公司和政府都在监视我们的一举一动！机器将接管我们！它们要吞掉我们的午餐！它们缺乏人文价值！一切都会很糟糕！[6]

世界最终会变成什么样？

历史表明，无论转型多么痛苦，一场重大的革命——农业革命、工业革命——总体上已经为人类带来了更大的优势。历史学家知道这一点，但这并不能阻止他们说这次可能会有所不同。这一次我们可能是输家。目前，我们只能猜测。[7] 中国著名人工智能研究员、风险投资家李开复（Lee，2018）提醒我们，这场革命会和前两次革命一样重要，甚至更重要——起到一加一等于三的作用——而且这次革命来得更快。随着人工智能变得越来越好，它带来的智力、道德和政治问题将更具挑战性，而我们是不完美的容器，需要与这些问题抗衡。

例如，正如我所写的，至少美国政府反对补偿人们因自动化而失去的工作。未来所有政府都将面临一个全新的现实。聪明的大脑——人类和机器——将使用多种存在的人工智能：伦理的、分析的、情感的、机器的，等等，来考虑如何应对这样的现实，这可能包括收入再分配或提供难以想象的新职业等。

1969 年，富有远见的巴克敏斯特·富勒（Buckminster Fuller）出版了《地球飞船操作手册》。他预见到自动化的兴起和失业，提议为每个因自动化而失业的人提供研发或简单的思考方面的“终身奖学金”。在 10 万个这样的奖学金中，也许只有一个人可能会产生一个突破性的想法，但这个想法会非常有效，足以抵得上支付其他 99 999 个想法的费用。他想象这样的奖学金——现在被称为全民基本收入——会让每个人都有机会发展他们最强大的智力和直觉能力。他想象年轻人对没有灵魂的工作感到沮丧，可能只想去钓鱼。“钓鱼提供了仔细思考的绝佳机会：回顾自己的生活；回忆自己早年的沮丧；回忆自己曾放弃的渴望和好奇心。我们希望每个人做的是清晰的思考。”（Fuller，1978）由此，他预见到一个富足而安宁的时代即将到来。

但我们目前的情况喜忧参半。中国艺术家曹斐在一座寂静诡异的工厂里拍摄了一部电影，影片中几乎没有人类出现。对此，我们应该有什么感觉？在美国，许多人的体面工资已经消失了，我们是不是应该感到悲哀？辛苦、重复的工作现在成为机器的领域，人类将从每周 40 小时的单调乏味中解脱出来，我们是不是应该感到高兴，或是我们应该喜忧参半？

我们知道即便工作消失，这个星球也不会缺少任务。我的一位朋友于 2018 年从危地马拉旅行回来。在那里，她作为志愿护士在一家为农村贫困人口服务的牙科诊所帮忙。她的水彩画不仅描绘了危地马拉的自然美景，还描绘了志愿牙医从幼儿嘴里拔出的六颗腐烂牙齿的画面，而这只是每天处理的一小部分。这个星球提供了无穷无尽的等待完成的任务。

我在本书的开头谈到了科学家正在进行的伟大的智能体结构研究。这个研究关乎计算合理性，包含了所有已经被发现的智能。这些智能可以来源于大脑、思想、机器，我称它为新的圣索菲亚大教堂，神圣智慧的圣殿。因为正如你肯定能猜到的那样，智慧是我认为最神圣的事物之一。

但是，和其他人一样，我无法定义或衡量智能。当我看到智能（或是智能不存在）时，我想我就能识别出它。它的定义才刚刚开始，它的测量是一个难题，这部分还不科学。

哈罗德·科恩晚年时说："我与计算的关系史，经历了这样一个转变，即刚开始我认为计算机是对人的模拟，后来我发现计算机是一个独立的个体，它拥有本质上和我们人类完全不同的能力。"许多研究人员都同意这种观点。人和计算机的智能是不是根本不同，或者只是表面上不一样？我们不知道。也许计算理性会澄清这些问题，以及哪些问题适合人工智能承担，哪些不适合。

让我们回到"男性凝视"。在纽约大学最近的一项研究（West et al.，2019）中，出现了一幅图，将人工智能视为一个围绕性别和种族多样性的危机领域。在领先的人工智能会议上，只有 18% 的作者是女性，而超过 80% 的人工智能教授是男性。例如，在脸书公司，女性仅占人工智能研究人员的 15%；而谷歌只有 10%。（就有色人种而言，比例更糟。）男性的目光转变为男性的束缚。这意味着人工智能产品——算法、启发式——强化了遵循历史歧视模式的偏见。人脸识别程序以无法识别有色人种而臭名昭著，并且在分配性别时，二元假设——人类受试者是男性或女性——过于简单和刻板，无法在多样化的人群中起效。报告继续说，强调培训女性的努力可能会主要使白人女性受益（这不是这些培训不应该继续的原因，但也许会有更好的形式）。

反对多元化的阻力尤其能说明问题。有个对多样性持怀疑态度的人认为，"认知多样性"可以由一个房间里的十个不同的白人男子实现，只要他们不是在同一个家庭中长大。其他人则认为每个人都与别人不同：这不是足够的多样性吗？报告称这是多样性的“扁平化”，如此空洞的多样性忽视了妇女和少数族群的生活经历和记录在案的历史。生物决定论再次上升，不仅体现在招聘实践中，而且体现在由这类劳动力形成的系统中。

为了改善工作场所的多样性，该报告提出了八项建议，其中包括按种族和性别细分所有角色和工作类别的薪酬水平；提高招聘实践的透明度；鼓励雇用和保留弱势群体的激励措施。报告的引言用黑体字表示：“多样性问题不仅仅与女性有关。这是关于性别、种族的问题，最根本的是关于权力的问题。它会影响人工智能公司的工作方式、构建什么产品、为谁服务，以及谁会从它们的开发中受益。”我要补充一点：这些公司的员工一直积极抗议这些固有的偏见，尤其是在谷歌。（但同样，谷歌抗议的两名女性组织者声称因此遭到报复。）

为了解决人工智能系统中的偏见，报告建议采取四个步骤：提高系统及其使用的透明度；人工智能系统整个生命周期的严格测试，包括预发布试验和独立监控；使用多学科方法检测案例是否存在偏见；在设计人工智能系统之前进行全面的风险评估。

一切都与权力有关——工作场所中的权力、新兴产品中的权力、社会上的权力。任何有权力的人都不会轻易放弃。

注　释

[1] 有很多文献可供参考，例如 *Weapons of Math Destruction* by Cathy O'Neil（Penguin Random House），*Life in Code*：*A Personal History of Technology* by Ellen Ullman（Farrar，Straus and Giroux），以及 *Plain Text*：*The Poetics of Computation* by Dennis Tenen（Stanford University Press）。

[2] 有关硅谷性别歧视的调查，请参阅"Letter from Silicon Valley：The tech industry's gender-discrimination problem，" Sheelah Kolhatkar（*The New Yorker*，November 20，2017）。硅谷的年龄歧视和种族主义也好不到哪里去。另请参阅"Amazon's facial recognition wrongly identifies 28 lawmakers，ACLU says，" Natasha Singer（*The New York Times*，July 26，2018），"How white engineers built racist code—and why it's dangerous for black people，" Ali Breland（*The Guardian Weekly*，December 4，2017），以及更多此类文章。纽约大学 AI Now 研究所发布了一份关于人工智能性别歧视的特别详细和严厉的报告：West，S.M.，Whittaker，M. and Crawford，K.（2019）. *Discriminating Systems：Gender，Race and Power in AI.* AI Now Institute. Retrieved from https://ainowinstitute.org/discriminatingsystems.html。这是否表明多元化的员工可能会设计出更好的产品？确实如此。中国的人脸识别程序可能比西方的程序更好，并且已经获得了民众的好评。我们虽然不知道他们是否做得更好，或者有没有个别中国人抗议该程序对他们不公平，但我们确实知道，西方的这种社会制度会因性别和种族偏见而存在严重缺陷。请参阅另一项显示司法系统中的预测算法对被告的不公的研究。来源于 https://news.harvard.edu.gazette/story/2018/05/grad-discovers-a...medium=email&utm_campaign=Daily%20Gazette%2020180530。

[3] 开始罢工的谷歌员工兴高采烈地使用谷歌发明的工具来组织和招募支持者。

[4] 记者莎拉·托德（Sarah Todd）撰写了"人工智能的性别歧视世界"（Inside the Surprisingly Sexist World of Artificial Intelligence）（*Quartz*，October 25，2015），讨论有关人工智能中的性别歧视和缺乏多样性。这篇文章暗示女性不会追求人工智能，因为它不强调人文目标。她继续写道，也许公众对该领域的恐惧是因为该领域的同质性；为了缩小差距，学校需要强调人工智能的人文应用；等等。尽管人工智能的许多应用源于性别歧视文化并反映了这一点，但这段历史的读者也可以看到托德论点中的谬误。人工智能最初是作为理解人类智能的一种方式，这仍然是其主要目标之一，这就是它与心理学和脑科学合作的原因。它的人文目标是核心，无论是理解智能还是增强智能。但所有科技领域，也许除了生物科学，都可以雇用更多的女性从业者和更多的有色人种。很多地方都在解决这个问题，这超出了本书的范围，一个例子是美国国家非营利组织 AI4All，由斯坦福大学的李飞飞于 2017 年发起，梅琳达·盖茨资助，旨在培养人工智能研究人员，使人工智能研究更加多样化。纽约大学 2019 年的报告称，这还不够（West et al.，2019）。

[5] 米肯斯引述的情况主要是关于机器学习的危险，尤其是微软聊天机器人小冰的搞笑悲伤故事，由于它从训练中学到了很多不好的东西，它不得不在 16 小时后从互联网上撤下，远离互联网的荼毒。

[6] 痛苦和惊恐的呼喊声不胜枚举。隐私、干涉、重塑我们对自己独特的感觉，等等。例如，关于未来的就业市场，书籍和文章比比皆是。例如，参见 *Race Against the Machine：How the Digital Revolution is Accelerating Innovation，Driving Productivity，and Irreversibly Transforming Employment and the Economy*，Erik Brynjolfsson and Andrew McAfee（Ditigal Frontier Press，2011），或是牛津大学精细的定量研究，Carl Benedikt Frey and Michael A. Osborne，"The Future of Employment：How Susceptible are Jobs to Computerisation?"（September 17，2013，https://www.oxfordmartin.ox.ac.uk/downloads/academic/The_Future_of_Employment.pdf）。但后来的经济学家质疑这些发现仅仅是推断，没有考虑将创造的新工作岗位。例如，Forbes.com 的帕米·奥尔森（Parmy Olson）在"普华永道报告指出，人工智能不会扼杀就业市场而是使其保持稳定"（AI Won't Kill the Job Market But Keep It Steady，PwC Report Says）（2018 年 7 月 17 日）中写了一篇关于人工智能的普华永道报告。

[7] 2017 年，布尔约尔松（Brynjolfsson）和著名人工智能研究员汤姆·米切尔（Tom Mitchell）

主持召开美国国家科学院专家会议，强烈建议开发新的更精确的测量工具，衡量人工智能对就业的影响，包括更好的数据监测和分析谷歌和脸书这样的公司常用的工具。一些人对美国国防部或盈利的大型科技公司资助的人工智能研究提出了异议。这些都是颇有争议的抱怨，但其他选择——让中国政府或一些富有的基金会来碰碰运气——似乎并不是更可取的。退出可不是一个好选择。

/ 第三十章 /

横空出世的黑马：中国与人工智能

一

2017 年，中国政府正式宣布，中国将在 2030 年前成为人工智能创新中心。同年，AlphaGo 程序以决定性的胜利战胜了在世的最强的人类围棋选手——19 岁的中国人柯洁。对于北京“硅谷”来说，这场比赛既是启发，也是挑战，处于领先地位的人工智能研究人员和风险投资家李开复称之为“中国的人造卫星时刻”。

2018 年冬天，西方多家新闻媒体报道了中国的这一计划。例如，2018 年 2 月 8 日，《科学》杂志在一篇题为“中国对人工智能的大规模投资有潜在的负面影响”（China's Massive Investment in Artificial Intelligence Has an Insidious Downside）的文章中，向英文读者详细介绍了中国的新举措。从量子计算到芯片设计，中国正在信息技术的各个方面进行大量投资。“人工智能站在所有这些东西之上。”报道援引了拉吉·雷迪的话。他是对的。

文章接下来赞扬了陈氏兄弟 *，他们的人工智能芯片在中国科学院计算技术研究所的支持下成为新公司寒武纪的基础。到 2017 年，该公司的价值已经达到 10

* 即陈云霁、陈天石兄弟，中科寒武纪科技有限公司创始人。——译者注

亿美元。理事会预测，到 2030 年，中国的人工智能产业价值可能达到 1 500 亿美元。

由于规模庞大、充满活力的在线商务和社交网络，中国拥有大量数据，这是深度学习系统的命脉。陈云霁与他的兄弟共同设计了一款芯片，其性能可以与需要用 1.6 万个微处理器学习识别猫的谷歌大脑相媲美。他也表示，因为人工智能是个新兴领域，中国将会从中受益；人工智能相对较新，这鼓励了“蓬勃发展的学术努力，使中国可以拉近与美国的距离”(Larson，2018)。

陈云霁所宣称的中国“蓬勃发展的学术努力”，在一定程度上被人工智能公司寻找人才的现实所削弱，这些公司提供的薪酬是任何大学都无法匹敌的。但美国也面临着同样的挑战，一些大学为了解决这个问题，选择让美国学者在一学期或一年的时间里休假赚钱，然后再欢迎他们回来教书和做基础研究。特朗普政府的反移民政策使美国局势恶化，有前途的学生前往加拿大和欧洲，而不是传统上欢迎和培训他们（并经常留住他们）的美国。

二

李开复是一位杰出的人工智能专家，11 岁还不会说英语的时候就移民到了美国，后来以优异成绩毕业于哥伦比亚大学，并在拉吉·雷迪的指导下，在卡内基梅隆大学获得博士学位。他的博士论文名为 Sphinx，这是第一个大词汇量、独立于说话人的连续语音识别程序。他公开了他的源代码，令其他人相信这个程序与描述相符，这真是太了不起了。李开复在苹果、微软和谷歌等美国公司拥有多年任职经验，现在是北京的风险投资家，在中国和美国都有投资。在东方和西方的生活经历使他成为特别敏锐的观察者。

在他 2018 年出版的《人工智能超级大国——中国、硅谷和世界新秩序》(*AI Superpowers*：*China*，*Silicon Valley*，*and the New World Order*）一书中，李开复

描述了两场战局的对比：IBM 的“深蓝”战胜世界国际象棋冠军加里 · 卡斯帕罗夫，以及谷歌子公司 DeepMind 的 AlphaGo 战胜人类围棋冠军柯洁。国际象棋是一种以暴力破解取胜的游戏，专门制作的硬件和软件只适用于国际象棋。李开复说，这场胜利很有趣，但对现实世界几乎没有影响。

但对于围棋来说，这种蛮力是没有用的。围棋是如此复杂，简单地下棋都需要人类独特的直觉，更不用说获胜了，这就是人类的艺术。因此，当 AlphaGo（后来称为 AlphaZero）程序在与 19 岁的人类冠军柯洁的四场比赛中迅速赢下三场后，它对现实世界产生了深刻的影响。

围棋是中国人自己的有丰富内涵的游戏，是所有中国古代文人都应该掌握的“琴棋书画”之一。这次人工智能的胜利，开始了李开复所说的中国“人工智能狂潮”。可以肯定的是，这是人工智能大规模应用而不是发现的时刻，这些疯狂的应用程序建立在西方早期的基础研究之上。中国的风险投资家也响应了政府的号召，中国在 2017 年的人工智能风险投资资金占全球的 48%，首次超过美国。

李开复说，人工智能研究的重大突破来自北美——美国和加拿大，但这并不重要。这些根本性的突破（例如深度学习）让中国有机会以意想不到的方式开发基于这项研究的应用程序。是的，有人指责中国人只是模仿者（甚至是抄袭者，李开复开玩笑地说），但他们知道如何理解他们的市场。他们很灵活，拥有大量本土经验和海量的数据（“中国就像沙特阿拉伯对待石油一样对待数据”），他们的表现让硅谷的人看起来很懒惰。2013 年，中国只有 2 家全球最大的上市科技公司，而美国有 9 家。但到了五年后的 2018 年，前 20 名中有 9 家企业来自中国，而其余 11 家则来自美国。20 年前，中国没有如此的成就（Friedman，2018）。

李开复的关于中国企业家的故事读起来引人入胜——他将那些艰辛历程比作斗兽场中血腥的角斗，是生死搏斗，赢或死。与此同时，中国政府看到人工智能对未来中国经济的重要性，正在“加大力度”推动人工智能发展，即向风险投资家和其他有前途的人工智能应用程序提供者提供补贴。

因此，没有历史遗留系统（如信用卡）的阻碍，中国互联网很快就适应了手机。买不起台式机或笔记本电脑的人可以轻松买到便宜的手机，推开互联网的大门。

然而，中国的微信想要超越线上，深入人们的线下生活。也因此，微信已经成为一款超级应用，一款“生活遥控器”。它不仅在线上应用中有主导地位，还允许用户线下“在餐厅支付、叫出租车、解锁共享单车、管理投资、预约医生，并将医生的处方送到家门口”。除了提供更多的人工智能算法可以处理的数据外，它还模糊了中国网络和现实生活之间的区别（Lee，2018）。

同样，中国政府发挥了重要作用。在2017年的宣言中，中国政府提出了人工智能的主要经济目标，目标是到2030年实现人工智能的主导地位。李开复指出，奥巴马政府之前发布了一份类似的政策文件，但不幸与总统候选人唐纳德·特朗普的好莱坞录像带曝光在同一周。后来，特朗普总统提议削减人工智能研究的资金，但五角大楼没有批准，特朗普最终同意支持人工智能研究。

中国在人工智能领域的投资巨大——中国在硅谷投入巨资购买初创公司以拥有他们的新奇想法。2018年，美国国会通过了一项立法，扩大了政府对任何“新兴技术”外国投资的监督，并有权在他们认为不利于国内安全的情况下阻止交易（Canon，2018）。

三

中国政府制定了国家人工智能的主要目标，但实施细节由省市两级政府决定。因此，位于北京大学和清华大学附近的最初的“企业家大道”，在中央政府的资助和补贴的帮助下，成为中国各城市的榜样。随之而来的，是受到政府政策鼓励的私人资本。李开复指出，2009年他创立风险投资公司创新工场时，制造业和房地产主导了中国的投资市场。到2014年，人工智能领域的风险投资翻了两番，达到1 200万美元，第二年又翻了一番（Lee，2018）。

中国还开始在北京以南60英里处设立一块全新的区域——雄安新区。这是个“兼具技术进步和环境可持续性的标杆性区域”，预计人口将达到250万。雄安新区是专门为适应自动驾驶汽车和环保而设计的，人工智能嵌入每个角落和缝隙中。2018年10月，李开复在纽约市亚洲协会的一次演讲中说，在他的书出版后，苏州市宣布计划重建一部分古城，使用双层街道网格，下层允许自动驾驶汽车通过，上层则允许自行车和行人通过。李开复承认，中国其他以科技为主题的城市并不都成功，但其中不乏成功案例，所以雄安新区将如何发展仍是一个开放式问题。

中国政府鼓励投资的制度错综复杂，但基本上是成功的。“当长期收益如此巨大时，短期内多付可能是正确的选择，”李开复写道，“中国政府希望推动中国经济发生根本性转变，从制造业驱动型增长转向创新驱动型增长，而且希望能尽快实现这一转变。”

李开复对人工智能给中国带来的社会变化的敏锐描述令人信服。几十年来，西方普遍对计算机技术嗤之以鼻，尤其是对人工智能有所抵制，这让我对普通中国人对这门新科学及其技术的反应感到震惊。

几乎在一夜之间，巨大的怀疑变成了狂热的追求。李开复描述了最初为他的风险投资公司创新工场资助的初创公司招募优秀人才是多么困难，但是，一旦政府鼓励人工智能初创公司的发展，李开复发现有人主动敲开了创新工场的大门——有一次，真的是有人在寻求与他合作的机会。“……糟糕的高中辍学生、顶尖大学的优秀毕业生、前脸书工程师，还有不少精神状态不佳的人。”

中国的O2O（线上到线下）革命正在进行中，线上行动逐步融入线下生活中。电子商务将使现实世界的服务变得像盒饭一样方便：热腾腾的食物、理发和打车软件（中国的打车软件是以优步为原型的，但它们在中国做得更好，甚至在其他国家成为优步的竞争对手）。中国服务业令人惊叹，在经历了最初的繁荣和萧条（因为角斗也发生在O2O）之后，中国的城市服务业已经被重塑。微信这一超级应用提供了激活这些服务的一站式平台，这与美国盛行的应用群形成了鲜明对比。

同样，中国的在线服务也将相关服务捆绑在一起，李开复称这种方式为“重磅出击”。例如，美国的应用“轻装上阵”的模式，每款软件只提供单一的服务，如处理餐厅订单（但将送货服务留给各个餐厅）；而中国的 Yelp* 不仅可以对餐厅进行评分，还能负责处理订单、交付食品，它们甚至正在收购加油站和摩托车维修店。中国版的爱彼迎 ** 不仅列出了房屋信息，还负责管理出租业务，处理、清洁、储存物品、安装智能锁等。“重磅出击”的长期优势体现在有关用户消费模式和个人习惯的数据中。移动支付对商家和消费者来说成本可以忽略不计，但它却将数据优势变成了遥遥领先的优势。数据是机器学习的燃料，而机器学习是目前人工智能领域的热门领域：数据越多，算法发挥的作用就越大。

四

中国在人工智能领域拥有很多优势吗？也许吧。李开复欣然承认人工智能在深度学习领域的另一项突破将再次改变游戏规则。而且这种突破很可能不是来自注重应用的东方，而是来自随心所欲的西方。但这种突破通常每隔几十年才会出现一次。（深度学习发明后近 30 年，才有足够的计算能力让其发挥作用。）与此同时，基于过去的突破而实现的无数应用程序都是由中国引领的，通过顽强的试错来改进这些应用程序，并以大量数据为依据。

“我为中国政府支持科学技术而鼓掌，”麻省理工学院斯隆管理学院国际管理学教授黄亚生表示，“美国也应该这样做。”（Elstrom，Gao，& Pi，2018）英特尔人工智能政策总监戴维·霍夫曼（David Hoffman）谈到人工智能生态系统的发展：“解决这个问题的一种方法是，市场会照顾它并随着时间的推移发展它。大多数其他国家都说，好吧，即使是这样，我们也想投资并提供方向。”（Jamrisko &

* 美国点评软件。这里应当指大众点评，但原文中未提及具体名称。——译者注

** Airbnb，知名的民宿和房屋出租软件平台。——译者注

Torres，2018）

当我听到硅谷的自由主义者大声疾呼希望政府退出他们的企业和生活时，我惊讶于他们对自己历史的无知。如果没有对互联网（最初是一个军用通信系统）和人工智能的长期稳定投资，就不会有硅谷。美国国防部在这些技术上细心分辨，它在这些技术上的投资时间非常长，没有任何私人投资者会容忍如此长时间的不见收效的投资。代表美国国防部（代表美国公众）进行这些投资的人是有远见的人和经验主义者，而不是意识形态的奴隶。

美国对中国人工智能超快速提升的反应是可以预见的。这将是我们与他们的对决，一场人工智能超级大国的冲突。在特朗普政府将包括原罪在内的一切都归咎于中国之际，竞争就开始了，言论也因此激烈起来。“谁将制定 21 世纪全球秩序的关键规则？”托马斯·J. 弗里德曼（Thomas J.Friedman，2018）问道，是美国，“世界上长期占据主导地位的经济和军事超级大国”，还是中国，“美国崛起的竞争对手”？

五

在《人工智能超级大国》中，李开复担心的不是中美对抗，而是全球问题。他认为，美国在创新方面领先，中国在应用方面遥遥领先，在未来一段时间内，两国将在人工智能领域互补。但是信息和通信技术不同于以前的颠覆性技术。曾经，蒸汽机和电力导致技能的丧失，例如，技艺高超的织布大师没有了用武之地，他们的工作由技术水平低得多的工人操作机器取而代之。这种变化对织布大师来说是艰难的（并改变了其中一个人的儿子，安德鲁·卡内基的生活），但却让一大批没有相应技能的人找到了有收入的工作。

然而，李开复观察到，对于信息和通信技术，结果却是更加模糊。在过去的 30 年里，工人生产率稳步提高，但这些提高并没有转化为工资或就业的增长。相反，我们看到贫富差距越来越大；在美国，信息通信技术的经济收益惠及了最富有的 1% 的人口。信息通信技术通常偏向于高技能工人（尽管并非总是如此）。“通过打破传播信息的障碍，信息通信技术赋予了世界顶尖知识工作者权力，削弱了许多处于中间的人的经济作用。”（Lee，2018）

这不是技术问题，而是令人震惊的社会和政治问题。李开复和其他许多人认为人工智能革命的规模将与工业革命相当，甚至可能规模更大。我们知道革命会更快到来。人工智能将大量涌入并增强身体力量和认知能力，在许多此类任务中胜过人类。但这并不能减轻那些没有技能的人的负担。它将接管通过使用数据可以优化的任务，以及不需要人工交互的任务。新的工作岗位将会被创造出来，但可能不足以弥补所有失去的工作岗位。从理论上讲，失业的工人可以接受再培训，以便在难以自动化的领域从事新的工作，但这是极具破坏性且耗时的（迄今为止，培训主要是在薪酬较低的领域）。

李开复（Lee，2018）继续说，一些代替白领执行工作的算法可以快速而廉价地改进传播，这不同于发生在 17 世纪和 19 世纪的两次工业革命期间发生的改进，也不同于只是断断续续地被不同人采用的改进。他还认为，风险投资的存在改变了前两次革命依赖的随机拼凑的资本（私人财富、赞助、银行贷款）。相反，风投数据显示了另一种情况：2017 年全球风险投资达到 1 480 亿美元，人工智能初创企业投资 152 亿美元，比 2016 年增长 141%。风投将继续从人工智能研究人员提出的每一个吸引人的想法中寻求每一笔利润。人工智能是第一项让中国，这个拥有世界 1/5 人口的国家，在技术提升和应用开发方面与西方不相上下的颠覆性技术。中国的参与将加速人工智能的发展。

尽管李开复的著作以有说服力的细节研究了人工智能对工作的影响，但他最大的担忧是中国和美国这两个人工智能超级大国对世界其他地区的影响，如果人工智能不加以控制，它将在富人和穷人之间造就一座难以逾越的山峰。人工智能是一种不平等机器。发展中国家正在失去它们曾经拥有的巨大的、也许是唯一的优势：廉价劳动力。

李开复提出的解决人工智能可能会造成的社会影响的方案，是由他自己与死神擦肩而过的经历所塑造的，值得一读。他提议从根本上改写社会契约，以工业经济奖励经济生产活动的方式来奖励社会生产活动。我曾有一个模糊的愿望，希望人工智能的回报能够公平地分享给世人，而李开复则提供了具体的答案。其他人也可以想象出自己的答案。如果我们人类足够聪明，就能实行它们。

我们面对着一个新世界，包括两个民族国家对手之间潜在的新冲突，它们掌握着巨大的力量，这种力量在全球范围内从未见过或使用过，而且可以使过去的战争武器无效。未来的冲突是经济和地缘政治的，但也是哲学的，甚至是精神上的。

/第三十一章/

做正确的事

一

40 年前，赫伯特·西蒙向我提出了一个问题：如果人类的价值观能够以“野兽”的形式得以延续，并将这些价值观完美地传承下去，我赞成这种观点吗？我没有立刻回答，正是这短暂的犹豫让他十分惊讶，我们从来没有明白所谓的人类价值观是什么。人们总是漫不经心地谈论人类的价值观，仿佛价值观是一成不变的。但实际上价值观因文化而异，在任何文化内部也会逐渐（或突然）发生变化。

道德在不断发展，人类只会对道德做出临时的判断。我们的道德不断发展，人类价值观不断改变。我们宣布奴隶制是罪恶的制度，谴责殖民主义，在民族国家内暂时扩大公民的权利，教育年轻的思想解放的妇女。有时，价值观会逆着历史的潮流倒退，但并不总是如此。

我们以为自己能够定义有关机器的道德准则：机器绝不能如何……机器必须如何……

但是，谦虚地说，我们其实不能轻松定义。有关机器的道德准则是由专业协会、政府财团和其他团体提出的，现在甚至是人工智能公司的员工也可以提出。

但这些准则必须进行测试、完善、修正和再次测试。这些道德准则可能会写入法律，但对于人工智能表现出的微妙的敏捷来说，法律是一种生硬、迟滞且不完美的工具。正如我们一再看到的那样，人工智能对智能项目的巨大影响在于它需要可执行代码。如果要让具备道德准则的人工智能发挥作用，它们需要，并将持续需要令人振奋的特异性。需要通过道德准则的生成、测试、修改和对结果的高度敏感性，人工智能才能够合乎道德。

第一个广泛报道的人工智能伦理测试来自社交媒体——为了丰厚的利润，人工智能的主人是否可以随意地通过人工智能无休止地侵犯个人隐私？我们是否可以放任政治恶意行为和宣传操纵（这些操纵常常是隐瞒的）？众所周知，这些恶意行为对选举进程和民主构成了真正的威胁。最近公众对社交媒体的反抗似乎在说，不，必须更好地监管企业。但要如何对企业进行监管和限制呢？许多人工智能研究是私有的，掌握在私人手中。让人类个人行为合乎道德已经够难的了，要求企业遵守道德会遇到更大的障碍和更多的问题——它们对利润的渴望，似乎与人类的性欲一样强烈。所以又回到了那个问题：我们究竟需要监管谁的道德准则？

几年前，我得了一种莫名其妙的病。几位医生能诊断出我得了什么病，但却没有相关治愈方法。后来，我考虑把我的医疗记录交给一家硅谷公司，这家公司声称自己阅读了数百万而不是区区几百篇医学和科学研究论文，从而发现了一种治疗方法。但最终我没有交出个人记录，我早已对硅谷丧失了信心。

2018 年，谷歌的一些员工冒着丢掉工作的风险——他们威胁要辞职——公开抗议高管想要接的工作，首先是反对美国国防部的工作，然后是反对谷歌为了进入中国市场而签署的协议（Conger & Metz，2018）。在此情况下，谷歌高管开始重新考虑公司的决策。他们决定不再续签国防合同，并在 2018 年晚些时候决定不再竞争国防部另一份价值 100 亿美元的云计算合同。这些做法直接回应了员工的担忧（Nix，2018）。谷歌是否会进入中国市场，我们尚不清楚。大约 300 名微软员工抗议微软与美国联邦移民和海关执法局（ICE）签订的合同，尤其是在

2018 年夏天，ICE 强迫移民儿童与其父母分开从而威慑非法移民的时候。

然而，微软已经宣布，该公司将向五角大楼出售构建强大国防实力所需的任何先进技术，而亚马逊也加入了进来。中国作为其竞争对手，在这些计算技术中一直暗自努力。与此同时，微软总裁布拉德·史密斯（Brad Smith）已经提起诉讼，要求保护客户的个人数据不受政府的侵害，他还积极参与设计限制网络武器的国际协议（Sanger，2018）。

我对这一切的看法不一。这么多年过去了，我对人工智能产生了依恋。我和年轻的谷歌工程师和科学家一样，对他们的工作可能被用来伤害其他人的情况感到厌恶。我希望在这个世界上，我们不需要被迫面对这些可能性。为什么不创造一个不同的世界，一个充满合作甚至友善的世界呢？但是，既然你读到这里，你应该会记得我出生在战乱中，我能够安全地躺在小小的婴儿床里，正是因为在战争的前线，有陌生男女抛头颅洒热血来保护我们。我无法成为一名和平主义者。我热爱我生活过的国家，在生命的大部分时间里，我作为一个公民积极报效国家。我希望这个国家更接近一个理想国度吗？是的，我由衷地希望。但我希望能有机会和时间，更加努力地推动我的国家实现这些理想。在可预见的未来，我想要为这片不完美的土地建立最好的防御。

有观点认为，虽然存在局部冲突，但在过去 70 年中维持世界总体和平的因素是在万一发生核战争时同归于尽的保障。如果是这样，我们怎么知道，网络防御中的相互确保摧毁战略 * 能否保持未来的和平？

我在第三十章提到的科学家和风险投资家李开复（Lee，2018）后来染上了重病，差点失去治疗机会，这迫使他开始思考这些问题。他的精神导师星云大师 ** 帮助他打开眼界。李开复将自己的知识和对正义人工智能未来的想象总结在

---

* 指美苏双方均拥有可靠的第二次核打击能力，即在对方首先实施核打击后，己方仍能生存下来，并具备完全摧毁对方的核报复能力。——译者注

** 释星云（1927 年 8 月 19 日—2023 年 2 月 5 日），法号悟彻，出生于江苏江都，12 岁在南京栖霞寺出家，1947 年从焦山佛学院毕业，1949 年迁居台湾，1967 年在高雄开创佛光山。曾任中国国民党党务顾问、中央常务委员。——译者注

了《人工智能超级大国》一书中。他希望看到的，不是人工智能带来了职位的减少，而是职位的转变。例如，人工智能将医生这一职业变成富有同情心的护理人员，他们不再需要牢记医生现在必须掌握的所有知识，只需要通过人工智能就能轻松普及健康知识。这些富有同情心的护理人员将接受良好的培训，“更多人可以成为医生，他们不需要像今天的医学生那样，度过死记硬背的数年时光。因此，社会将能够以最具有成本效益的方式支持数量更多的护理人员，病患也将获得更多更好的护理”。李开复设想了许多职业的转变。“从长远来看，抵抗人工智能可能是徒劳的，而如果与之共存，我们将得到丰厚的回报。”与目前的人类服务工作不同，未来的新工作将成为高薪职位，因为私营企业的逻辑必须改变。李开复认为，这种改变——从强调巨额利润转向强调人类服务——不仅在道德上是正确的，而且是一种自我保护。是的，这种投资需要接受线性而不是指数级的回报，这样的企业“将成为建立人工智能经济的关键企业，它们能够创造新的就业机会，促进人与人之间的联系”。

公共政策也必须参与进来。李开复写道：

我不想生活在一个“技术种姓”的社会中。在这样的社会中，人工智能的精英生活在一个与世隔绝的世界里，坐拥难以想象的财富，依靠微薄的施舍来让失业的大众保持安静。我想创建一个系统，它能为所有社会成员提供服务，同时利用人工智能产生的财富来建立一个更富有同情心、更有爱心、更人性化的大同社会。

李开复提出了“社会投资津贴”的概念。它不是如今在社会中普遍存在的基本工资制度，而是向费心费力投入友善、有同情心和创造性的社会的建设的人，提供不错的政府工资。这些人主要包括三大类：护理工作、社区服务和教育，他们为新的社会契约提供基础。与我们现在奖励经济生产活动的方式相同，我们将重视和奖励对社会有益的活动。这可以让“人工智能的经济财富用于建设一个更美好的社会，而不仅仅是去麻木人工智能导致的失业的痛苦”。他提出了实现这一变革的许多障碍，但也认为这些障碍并非不可逾越。

如果李开复没有经历过可怕的诊断、严酷的化疗、精神导师的智慧分享和家人的爱，他写道，他可能永远不会意识到爱在人类心中的中心地位。爱，使得当下简单的全民基本工资制度——一个纯粹的资源分配问题——显得无比空洞。

同时，我已经列举了人工智能给我们带来的一些问题：个人隐私丧失，缺乏真正的多样性，让每个人而不仅仅是少数特权人士的生活变得更美好。脸书创始人兼首席执行官马克·扎克伯格（Mark Zuckerberg）呼吁政府监管，使其公司及其竞争对手收集、暴露或出售用户私人信息成为非法行为。个人隐私问题与人工智能密切关联，一个社会显然可以通过它学习如何应对泛人工智能问题。现在，仅仅是公众开始感到不安，国家政策还没有形成。我们需要为此努力：隐私政策是我们的尝试。这些尝试不是一蹴而就的，但是每次尝试都会让我们越来越接近真正的正义。

机器比我们更聪明，它们（或他们）可能不认同我们的价值观。它们可能会想，我们人类为什么要做这些事（开发智能机器）？人类为什么这么久以来都在梦想做这些事？当它们来到我们身边，人类该怎么办？人类如何控制它们？机器能力越强，人类越感到不安，那么机器能力的界限应该被划定在哪里？能划在哪里？[1]人类对人工智能的这种文化冲动由来已久，非常持久：为什么一定会这样？我们是否可以从这些其他智能中学到一些东西？

快思维，也就是我们的第一冲动，在思考这些问题时是没有用的。人工智能带来了许多的问题，而这些问题的最佳答案需要集体的彻底研究，也需要集体付出经验和时间。渐渐地，我们可能不得不修改社会契约以囊括对人类和机器的保护和责任。一个非人类的智能实体引出了令人痛苦的问题，需要训练有素的伦理学家、哲学家、精神领袖、计算机科学家、历史学家、法律学者和许多其他学者在很长一段时间内予以关注。

我们就不能停止研究吗？

这里说的“我们”是谁？实际上，人工智能并不是由隔离在新墨西哥州荒野山顶上的一小群科学家进行的，我们当然也不可以专横地对他们说，停止研究吧，没关系的。这是一项国际性的努力，已经持续了几十年。如果一个国家（或团体）因为可能的危险而决定放弃人工智能，还有谁会放弃这一优势？任何单方面决定放弃人工智能的团体都会发现自己在智力、社会、政治和经济方面都出现了令人震惊的欠缺。正如爱德华·费根鲍姆喜欢说的那样，人工智能是计算的宿命。要放弃人工智能，一个国家就必须完全放弃计算。他们或许会回到鞋盒里的索引卡时代？或许只能使用街角公用电话（这些电话被连接到一个简陋的机电系统）？凭借经验想象翱翔天际？医学和生物学研究的终结？放弃自己的智能手机？不，这些都不会发生。

迄今为止，只有少数哲学家认真对待人工智能。塔夫茨大学的哲学家丹尼尔·丹尼特就是其中之一，他的观点促进了人工智能领域的发展。几年前，纽约大学的哲学家戴维·查尔默斯也回答了人工智能引发的一些问题。[2] 牛津大学哲学家和认知科学家尼克·博斯特罗姆撰写了《超级智能：路径、危险、策略》（*Superintelligence：Paths，Dangers，Strategies*）[3]，这是一部关于何时会出现与人类水平相当或更好的人工智能的精彩研究（他说，可能本世纪中叶就会出现，但也可能更早或更晚）。他也开始询问这些变化对我们意味着什么，并提出可能将人工智能塑造成人类所需要的样子的策略，而不是构成威胁。他呼吁人们“要下定决心，竭尽所能地提高自己的能力，就像我们在准备一场困难的考试，这场考试要么会实现我们的梦想，要么会毁掉我们的梦想”。他说，这是我们这个时代的基本任务。

当然，这只是基本任务之一。拯救地球的任务同样艰巨，维护民主也是这样。缓解经济不平等亦是如此。

在人工智能是非自然还是不人道的问题上，我与博斯特罗姆意见不同。我仍认为人工智能的创造是完全自然的，是不可避免的，它必定是类似人类的。对人工智能的完全控制只是一种缥缈的错觉。但我同意他和其他许多人的另一个看法，也就是深刻的挑战迫在眉睫。这个挑战从来都不是什么秘密。很久以前，艾伦·纽厄尔（Newell，1992）在1976年发表的名为“童话”的演讲中说过：我们需要克服各种考验，需要勇气去克服各种危险，需要战胜巨人和女巫。我们必须在美德和成熟的理解力上获得成长；我们必须赢得奖赏。另一方面，人工智能先驱（医学博士和博士）埃里克·霍维茨及时地提醒我们，如果没有人工智能，每年会有4万名患者死于本可以避免的医疗事故，每天还有数千人在可以避免的交通事故中丧命。这里仅列举几个人工智能可以预防的问题。在印度，数百万人患有导致失明的视网膜病变，而人工智能可以轻松诊断出这种疾病。这样的例子不胜枚举。

一组欧洲科学家对可能出错的主要的几件事进行了发人深省（虽然有时自相矛盾）的调查，调查主题可以概括为：“民主能否在大数据和人工智能中幸存下来？”（Helbing et al.，2017）该小组特别拒绝任何自上而下地解决我们从人工智能或其他任何地方衍生的问题的方法。他们认为，社会的复杂性在不断加剧，而由多元主义和多样性形成的集体智慧，最有可能解决意料之外的问题。多元主义不仅更有可能为这种复杂性带来的问题提供解决方案，而且就像生物多样性一样，社会多样性也为我们提供了韧性。令人惋惜的是，硅谷和一些国家缺少这样的多样性。

欧洲人还主张信息自决和参与、提高透明度以实现更大的信任、减少信息污染和失真、用户控制的信息过滤器、数字助理和协调工具、集体智慧，以及通过数字素养和启蒙来促进数字世界中负责任的公民行为。该小组详细说明了这些原则可能如何实施。

二

十多年来，人工智能研究人员一直在严肃地研究该领域存在的社会和伦理问题。2009年，微软研究实验室的技术研究员兼主任埃里克·霍维茨担任人工智能促进协会主席。他认为，是时候让人工智能变得主动而不是被动了，并委托康奈尔大学计算机科学教授巴特·塞尔曼（Bart Selman）与他共同主持了在加利福尼亚州阿西洛马尔的一次会议。2009 年的会议以 1975 年分子生物学家的会议为蓝本，他们在会议上会面以考虑其研究的长期前景和危险。2009 年的会议被称为“关于人工智能长期前景的主席级专家小组论坛”。与分子生物学家一样，人工智能研究人员知道，他们相比非专业人士（尤其是政治家）来说，更了解人工智能的可能性和问题，并希望承担起指导方针的责任，使他们的研究安全有益。

人们普遍认为人工智能会产生破坏性的、灾难性的或乌托邦式的结果，这个由人工智能专业人士组成的委员会就讨论了这个问题。专家组对这些极端情况——奇点，即“人工思维的爆炸”——持怀疑态度，并认为发生的概率很低。但是，他们同意需要一些方法来理解和验证复杂系统的行为范围，从而将意外结果最小化。同时我们应该努力教育不安的公众，并强调人工智能提高人类生活质量的方式。

此外，研究者们还提出了人工智能可以在短期内提供帮助的方法——在改善个人服务的同时保护个人隐私，改进人类与人工智能的联合任务，以及改进机器解释其推理、目标和不确定性的方式。人工智能可能会在寻找和防止恶意使用计算方面变得更加积极。

人工智能的伦理和法律问题也受到了仔细审查，特别是随着机器在所谓的“高风险决策”（如医疗或武器）方面变得更加自主和积极。例如，许多人对机器人参与战争的想法深感不满，并希望绝对禁止它们，但对其他人来说，这个问题并没有那么明确。我们希望战争消失，必须尽我们所能努力实现长久的和平。但是，如果战争没有消失，那么在机器人可能是合适的替代品的情况下，在战场上牺牲人的生命在道德上是否更可取？（我没有提到实时理解机器人决策的问题，更不用说控制它们了。）那么，人类与那些可以表现出可信的情感、感觉和个性的系统——那些能读懂我们的脸并做出“适当”反应的机器人——之间的关系又如何呢？小组成员呼吁伦理学家和法律学者参与进来，帮助解决所有这些问题。[4]

我有些忧郁地注意到，十年后，所有这些问题仍然令人烦恼（Horvitz，2009）。

我深信这是一项至关重要的努力，而且努力会持续数年。2014 年 12 月，埃里克・霍维茨和他的妻子玛丽宣布向斯坦福大学捐赠一笔巨款，以支持其对人工智能社会和伦理问题的百年研究。他们成立了 AI100 项目，这是一个支持伦理学家、哲学家、人工智能研究人员、历史学家、生物学家和任何其他工作可能相关的人的计划。AI100 由杰出的人工智能研究人员组成的常设委员会监督，其详细议程可在其网站上找到。[5] 该研究小组的工作每五年发布一次。霍维茨认为，人工智能引发的社会和伦理问题不会一劳永逸地得到解决——这一定需要一个世纪之久的努力，与人工智能本身共同发展。

2016 年底，AI100 发布了其第一个五年研究报告《2030 年的人工智能与生活》（*Artificial Intelligence and Life in 2030*）（Stone et al.，2016）。议题包括技术趋势和意外、人工智能的关键机遇、人工智能技术转让的延迟、隐私和机器智能、民主和自由、法律、伦理、经济、人工智能和战争、人工智能的犯罪用途、人工智能和人类认知——清单很长。

AI100 特别挑选出来的小组成员都是人工智能及相关领域的杰出研究人员，他们谨慎的语调没有登上新闻头条，但可能会安慰焦虑的人们。（因为，我们现在在日常生活中遇到的大部分人工智能，都是基于这些科学家 20 多年前所做的研究，所以它们值得我们关注。）是的，科学使“一系列对日常生活产生重大影响的主流技术”成为可能，例如电子游戏、比好莱坞更大的娱乐产业、在手机上或是在家中和客厅中使用的实用语音理解，以及互联网搜索的新力量。

但是，这些技术都是为特定任务量身定制的，通用智能还很遥远。因此，该报告侧重于特定领域：交通、服务机器人、医疗保健、教育、低资源社区、公共安全和安保、就业和工作场所，以及娱乐。该报告将其范围限制在 30 年：过去 15 年的成就和未来 15 年的预期发展。报告还对政策提出了一些建议。这篇报告并不枯燥（实际上，它是令人兴奋的）。它并没有充斥着制造头条新闻的幻想。

一些话题很抓眼球：没有商业或军事应用价值的人工智能研究，它在历史上一直处于资金支持不足的境地，但有针对性的激励和资金支持可以帮助解决贫困社区的问题——已经开始的尝试令人振奋。伊利诺伊州和辛辛那提市使用预测模型，识别可能有铅中毒风险的孕妇或可能违反法规的地点。人工智能任务分配调度和规划技术已被用于将多余的食物从餐馆重新分配到食品银行、社区和个人。人工智能技术可以将健康信息传播给众多人中无法被接触到的个人。

在劳动力方面，人工智能似乎正在改变某些任务，改变工作而不是取代它们，而且它也创造了新的工作。人类可以看到正在消失的工作，但很难想象还没有被创造出来的工作。报告称：

> 由于人工智能系统可以完成以前需要人力的工作，它们可以降低许多商品和服务的成本，至少从总体上看，可以有效地让每个人变得更富有。但正如当前的政治辩论所证明的那样，失业对人们来说——尤其是那些直接受影响的人——比分散的经济收益更为突出。而且遗憾的是，人工智能被认为是对工作的威胁，而不是提高生活水平的福祉。（Stone et al.，2016）

从长远来看，人工智能可能被认为是一种完全不同的财富创造机制，在这种机制中，每个人都有权获得世界上人工智能生产的财富的一部分。“应该对政策进行评估，看它们是促进民主价值观、公平分享人工智能的利益，还是将权力和利益集中在少数幸运者手中。”

是的，变化不断涌现：人工智能提高了生活水平，挽救了生命。但没有看到它们成为人类迫在眉睫的威胁，短期内也不太可能。然而，经济和社会本身面临的挑战将是广泛的。报告的很大一部分专门讨论围绕人工智能的公共政策问题，并且坦率地说：如果不进行干预，如果对技术的获取在整个社会中分配不公，人工智能可能会扩大现有的机会不平等。“作为一个社会，我们在人工智能技术的社会影响研究方面的资源投入不足。私人资金和公共资金应该用于能够从多个角度分析人工智能的跨学科团队。”更多和更严格监管的压力可能是不可避免的，但扼杀创新的监管会适得其反。

真正的障碍和威胁不是科学的，而是政治的和商业的。可悲的是，我们不能指望有多少政治家会阅读这样一份报告，明智地采取行动。至于私营企业，脸书的工程师和管理人员在允许敌对势力在2016年大选中对美国政治话语发起大规模攻击，他们中有哪些人阅读过这些建议吗？那些工程师和管理人员昧着良心隐瞒他们知道的情况，直到被调查记者逼问承认了事实，他们是怎么做到这些的呢？

也许更多的公司应该成立机构审查委员会，就像大学和研究型医院那样，审查拟议的研究，并保护可能因此类研究或商业行为而受到伤害的人类，但这似乎是对严重威胁的软弱回应。在资本主义社会，让企业改变行为方式的唯一方法，似乎是让客户用脚投票。但如果客户不知道他们正面对什么选择，他们该如何投票？

同时，专业人工智能组织AAAI组织了人工智能、伦理与社会年度会议，征集关于构建道德可靠的人工智能系统、道德机器决策、人工智能系统中的信任和解释、公平性人工智能系统的透明度、社会公益的人工智能以及其他相关主题的论文。2019年，一家学习专门从事人工智能以增强人类教育的名为"松鼠AI"的年轻中国公司，宣布设立100万美元的年度人工智能造福人类奖，由人工智能促进协会管理。尽管松鼠AI学习自身的商业重点是教育（该公司的教师和人工智能程序赢得了彭博社/《商业周刊》(*Business Week*) 2018年度创新奖等奖项），但公司总裁宣布，该奖是为了奖励所有领域的人工智能创新。它的奖金数额与诺贝尔奖和图灵奖相媲美，如此引人注目的慷慨解囊旨在说服公众，人工智能具有巨大的好处，同时促进研究人员动用智力资源推动人工智能发展。

一项名为"负责任的计算机科学挑战"(Mozilla blog，2018）的新竞赛宣布："代码越强，责任越大。"* 竞赛由包括奥米戴尔网络、谋智网络、施密特期货（名字来源于谷歌的创始人埃里克·施密特和温迪·施密特）以及克雷格·纽马克慈善基金会（Craigslist）的财团赞助。竞赛题目是展现如何尽快将伦理教育带入计算机科学课程。竞赛分为两个阶段。第一阶段，从教授或教师和学生团队中寻求

* 原文为With great code comes great responsibility，化用了漫威漫画《蜘蛛侠》中的名言"With great power comes great responsibility"（中文通常翻译为"能力越大，责任越大"）。——译者注

将伦理深入融入现有计算机科学课程的概念。第一阶段的获胜者每人将获得15万美元，用于试验他们的想法。第二阶段将支持传播第一阶段的最佳项目，每人将获得20万美元以实现他们的目标。评委会是一个由伦理学家、计算机科学家和其他人组成的杰出委员会。

三

就在AI100成立不久，2015年1月，由未来生命研究所（Future of Life Institute，FLI）组织的一场会议在波多黎各举行。未来生命研究所是由一群关注技术，特别是人工智能带来的问题的科学家和公民构成的。特斯拉汽车公司的创始人埃隆·马斯克资助了1 000万美元用于相关研究，不过该研究所的议程没有AI100那么详细。未来生命研究所咆哮般地向公众夸张地宣扬威胁、警报和灾难般的咆哮。马斯克、斯蒂芬·霍金和斯图尔特·拉塞尔（加州大学伯克利分校的人工智能研究员，重要教科书《人工智能：一种现代方法》的合著者，他自己公开比较了人工智能与原子武器）在2015年夏天发布了一封“公开信”，主张禁止自主武器，后来“自主武器”这个词在媒体上变成了“杀手机器人”。这封信很快就收集了数万个签名并提交给了联合国。[6] 后来的一封更详细的信可以在未来生活网站上查阅：https://futureoflife.org/ai-open-letter。

虽然有些人认为这两种努力都具有竞争力——一个缓慢而稳定，另一个闪耀着男性凝视的自负，但埃里克·霍维茨相信多样性。他帮助组织了波多黎各计划，认为每个计划都具有相关但不同的目标。未来生命研究所计划解决了对人工智能和安全的担忧，而百年研究“更广泛地关注人工智能可能对社会产生的各种影响。虽然对失控的人工智能的担忧是AI100感兴趣的话题，但关于智能机器的心理学AI100同样感兴趣”，他这样告诉我。

生命未来研究所最初的公开信写得很潦草，漏洞百出，不知怎么才能变成法律（由谁制定？由谁执行？如何制裁？国防方面是否存在例外?）。但从心理上讲，它代表着更深层次的东西。那些耸人听闻的早期声明（“召唤恶魔”“人类的终结”“像原子武器一样危险”）、公开信的语言和宣传，完全是狄俄尼索斯式的。尼采对这个词的解释是：拥抱人类心灵的非理性、极端、狂喜、破坏和可怕的黑暗。[7] 但尼采不厌其烦地提醒我们，狄俄尼索斯，与理性、有节制、照亮又追求美丽和快乐的阿波罗一样，都是二元人性的一部分。事实上，我们正是，而且必须是两者兼而有之。未来生命研究所成立六个月后，其报告称已发放了 700 万美元的拨款为实现目标的研究提供资金。

斯坦福大学的“阿波罗”——AI100 不会每年花费 100 万美元来资助新提案。霍维茨告诉我：

我们有一个不同的模型。在资金层面，包括企业赞助商在内的其他人已经向 AI100 提供了参与和更深入的资金支持。我还建议通过增加自己的慈善事业来提高资金水平。到目前为止，委员会已经带着捐赠基金回来了（它实际上是为了资助一千年甚至更久的研究而设立的）。他们相信资金充裕，“我们不需要额外的资金”。我的感觉是，重要的不是纯粹的资金水平，而是想法、学术、项目和平衡，以及项目所吸引和寻找的人才。

Craigslist 的克雷格·纽马克（Craig Newmark）向初创网站 The Markup 提供了 2 000 万美元，目的是调查技术及其对社会的影响（Bowles，2018）。其编辑是《华尔街日报》普利策奖获奖团队的成员朱莉娅·安格温（Julia Angwin）和数据记者杰夫·拉森（Jeff Larson）。他们都曾为 ProPublica 工作过。（他们还从其他几个基金会筹集了 300 万美元，包括人工智能伦理与治理计划。）该网站将雇用程序员、数据科学家和记者，主要关注三个方面：分析软件如何歧视穷人和其他弱势群体；互联网健康和感染，如机器人程序、诈骗和虚假信息；以及科技公司的强大力量。每个编辑都有研究算法无意识偏见的经验（“越来越多人将算法用来推卸责任”，拉森说）——最终，他们的工作展示了刑事判决算法是如何无意中成为种族主义者的，非裔美国人是如何被多收汽车保险费用的，以及脸书如何允许投放实际上是骗局和恶意中伤的政治广告。

这似乎是一个伟大的想法，直到一年后，朱莉娅·安格温被迫辞职，大多数新聘员工与她一起辞职以示抗议。The Markup 的未来还有待观察。

1859 年，约翰·斯图亚特·穆勒（John Stuart Mill）在《论自由》（*On Liberty*）一书中写道："可以肯定的是，许多现在的普遍观点将被未来的眼光所拒绝，正如许多曾经的普遍观点将被现在的眼光所拒绝一样。"因此，AI100 的时间尺度是十分重要的。

许多国家的大学哲学系、法律系和计算机科学系，以及英国剑桥大学存在风险研究中心和美国国家科学院等智库，都对这些重大努力进行了补充。硅谷已经组建了 Open AI 非营利研究公司，"旨在以一种造福全人类的方式精心推广和开发友好的人工智能。该组织旨在通过向公众开放其专利和研究，与其他机构和研究人员自由合作。它获得了超过 10 亿美元的承诺支持，但这笔款项将在很长时间后才能到位"[8]。我之前提到过的人工智能、伦理和社会年度会议也在做同样的事。

我们人类正在思考这个问题。我们，以及我们的政策制定者是否能胜任这一工作，让人工智能以我们所重视的方式为我们服务？工程师和经理们是否考虑过这一点？虽然他们可能被下一件大事带走了，但我们已经看到在硅谷工作的人们爆发了激烈的抗议活动，而这个问题的答案尚不清楚。该领域的基础研究人员一段时间以来一直在研究该领域的社会影响，并将继续这样做。[9]

人们可能会达成共识以阻止人工智能，但重申一下，共识必须是全球性的，并且经过长期的深思熟虑。它不能仅仅是特权者的仓促判断。至少，当人工智能可以为地球上绝大多数的人提供他们从未享有过的知识、资源和便利时，特权者禁止研究是不合适的。我们不能自以为是，仅举几个过去的伦理立场：曾经伟大的伦理思想家强烈支持奴隶制、厌女症、种族主义和恐同症。这种演变需要时间，并且到现在还没结束。

良好的道德立场兼顾内在和外在世界。外在世界的目标是看到立场是有效的：政策制定者不仅必须意识到任何共识的存在，而且必须被说服基于这一共识采取行动。内在世界需要对自己进行审查，以确保其成员真正具有多样性，并能代表将受到影响的选民。哪些人对现实的假设被包括在内了？任何小组或委员会的成员都需要进行深入调查，以防止出现仅仅出于个人喜好得到的结果。

良好的道德立场还可以区分现实、规范和理想。它考虑一个事物现在是什么、应该是什么（内容），以及如何实现（策略）。当下的紧急情况会占用资源并缩小而不是扩大道德立场的范围。[10]

当需要将决定交给专家时，我们需要知道他们是谁。他们的目标是什么？他们的个性是什么？他们值得我们信任吗？如果有一个项目能够完美地将人文和科学结合起来，那么这个项目肯定是合格的。

我们正踏上一段漫长、艰难但令人振奋的旅程。

注 释

[1] 奥伦·埃奇奥尼提出了三项人工智能规则："受到作家艾萨克·阿西莫夫（Isaac Asimov）于 1942 年提出的'机器人三定律'启发并进一步发展：机器人不得伤害人类，也不得因为不作为而使人类受到伤害；机器人必须服从人类下达的命令，除非这些命令与其他规则相冲突；机器人必须保护自己，只要这种自我保护不与前两条规则冲突。"埃奇奥尼发展后的法则是：人工智能系统必须遵守适用于其人类操作者的全部法则；人工智能系统必须清楚地表明它不是人类；未经信息来源的明确批准，人工智能系统不能保留或披露机密信息。Etzioni，"How to Regulate Artificial Intelligence，" *New York Times*，September 1，2017.

[2] 或者，至少是那些对奇点概念感到震惊的人。其实，我一直觉得这个概念十分容易理解。David J.Chalmers，The Singularity：A Philosophical Analysis. *Journal of Consciousness Studies*. 17（9—10），pp.7—65，2010. 紧随其后的是许多人的回应：The Singularity：Ongoing Debate Part II，*Journal of Consciousness Studies*，19，（7—8），2012。从本质上说，我自己的贡献表明，真正面对问题的人才是处理问题的最佳人选。

[3] 博斯特罗姆的书中还包含了一些令人毛骨悚然的人工智能失控的未来场景。

[4] 莎拉·A. 托波尔（Sarah A.Topol）的文章“杀手机器人的攻击”（Attack of the Killer Robots）会让你失眠（https://www.buzzfeed.com/sarahtopol/how-to-save-mankind-from-the-new-breed-of-killer-robots?utm_term-ronLOqqXlb#.hfJJRYY45D）。或者也可以看看斯图尔特·拉塞尔在2017年播放的视频：https://www.theguardian.com/science/2017/nov/13/ban-on-killer-robots-urgently-needed-say-scientists。

[5] AI100的网址是https://ai100.stanford.edu/。

[6]《美国电气电子工程师学会综览》（IEEE Spectrum）主编埃文·阿克曼（Evan Ackerman）在2015年7月29日刊上的“我们不应该禁止‘杀手机器人’及其原因”（We Should Not Ban “Killer Robots” and Here’s Why）中对此做出了回应：“这个论点的问题在于，如果没有任何信件或联合国声明，甚至也没有多个国家批准的正式禁令，人们制造自主、武器化的机器人的行为都不会停止。”他以市面上已经可以低价买到的玩具为例，并假设市场力量只会让它们变得更好、更便宜。他认为，正因为此，自主武装机器人需要符合道德规范，因为我们无法阻止它们的存在。但武装机器人可以让战争更安全，因为它们可以被编程，武装机器人在武装战斗中可以比人类表现得更好，并且它们的准确性和道德行为可以通过重新编程来提高（而人类不能）。“我不赞成机器人杀人。如果这封信是关于这件事的，我完全会同意签署的。但这不是它的内容。这是关于武装自主机器人的潜在价值，我相信这是我们需要进行理性讨论而不是单方面禁止的事情。”斯坦福大学的杰瑞·卡普兰（Jerry Kaplan）在《纽约时报》上写了一篇专栏文章——“机器人武器：有什么危害？”（Robot Weapons：What’s the Harm？）（2015年8月17日），所言大致相同。后来的一个论点是，鉴于如此多的人工智能研究是为了商业部门的利润，美国别无选择，无论多么短暂和困难，只能增加其技术优势。人工智能战争是前所未有的，对此我们几乎没有准备。Matthew Symonds，“The New Battlegrounds.” *The Economist*，January 27，2018.

[7] 要更深入地了解未来生命研究所的创立和目标，以及未来充满人工智能的一些有趣场景，请参阅马克斯·泰格马克令人钦佩的著作《生命3.0：人工智能时代的人类》（*Life 3.0: Being Human in the Age of Artificial Intelligence*，2017）。回想一下泰格马克的生命三个阶段的图式：生命1.0是简单的生物进化，它在生命周期内无法设计其硬件或软件，只能通过进化来改变。生命2.0可以重新设计其大部分软件（人类可以学习复杂的新技能，如语言或专业，并可以更新他们的世界观和目标）。地球上尚不存在的生命3.0不仅可以极大地重新设计其软件，还可以重新设计其硬件，不会被几代人的进化拖延。

[8] 慈善家梅琳达·盖茨与辞去斯坦福大学人工智能实验室负责人、现短暂离职担任谷歌云人工智能和机器学习首席科学家的李飞飞最近成立了AI4All，旨在为人类带来更多人工智能研究的多样性：更多女性，更多有色人种。李飞飞说：“作为一名教育工作者、女性、有色人种女性、母亲，我越来越担心。人工智能即将给人类带来最大的改变，我们正在忽视整整一代多元化的技术专家和领导者。”

[9] AAAI主席托马斯·迪特里奇（Thomas Dietterich）在2017年的讲话中，制订了一项计划，认为人工智能技术还不够强大，无法支持人工智能中的新兴应用，并提出了补救措施。请参阅《AI杂志》2017年秋季刊中的“迈向稳健人工智能的步骤”（Steps Toward Robust Artificial Intelligence）。

[10] 我很感激与联合神学院社会伦理学莱因霍尔德·尼布尔（Reinhold Niebuhr）名誉教授拉里·拉斯穆森（Larry Rasmussen）就这个话题进行的发人深省和有趣的讨论。

/ 第三十二章 /

这可能很重要

一

但是，如果我们假设人工智能的未来不是这样呢?《连线》杂志的创始编辑凯文·凯利是一位从业 40 多年的敏锐的技术观察者。他在《连线》中写道：

> 即将出现的人工智能看起来更像亚马逊网络服务——在背后运行的廉价、可靠、工业级的数字智能，你几乎注意不到它的存在。此通用实用程序将为你提供所需的智慧，不会超过你所需要的范围。就像所有公用事业一样，人工智能将会变得极其乏味，即使它改变了互联网、全球经济和文明。它将使无生气的物体活跃起来，就像一个多世纪前的电力一样。我们以前所电气化的一切，现在都将智能化，有能力识别。这种新的功利性人工智能还将增强我们作为人的个体（加深我们的记忆，加速我们的认识）和作为一个物种的集体的能力。几乎没有什么东西，不能通过为它注入一些额外的智商而变得新颖、不同或有趣。事实上，未来新成立 1 万家创业公司的商业计划很容易被预测：将人工智能与某种事物结合起来，就是一家创业公司的起步。这是一件大事，而现在我们就在这个历史的交叉路口。（Kelly，2014）

距离凯利的预测已经过去了好几年，人工智能发展成了如今的样子。

凯利曾说，廉价的并行计算、大数据和更好的算法把我们带到了这里。例如，谷歌使用我们的日常搜索来训练它的计算机。神经网络计算模型突然有了专门的芯片（最初是为游戏发明的），可以在一天内完成传统处理器需要数周才能完成的计算。大数据提供了计算机训练自己所需的数据（虽然大数据的内在问题已经显现）。在过去的几十年里，人们已经开发出更好的算法来从机器认知的最低到最高和最抽象的层次——深度学习中获取感知。但是我们必须记住，目前的机器学习仅在单个领域中起作用，并且仅在存在客观答案的情况下起作用。它不能跨领域使用；如果初始条件稍有变化，它根本无法工作。

凯利继续设想这类人工智能是“书呆子般的自闭”，专门致力于手头上的单一工作，无论是驾驶汽车还是诊疗疾病：它们的工作是专注、可衡量、具体的。“非人类智能不是错误，而是一种功能。”一种新形式的智能将以不同的方式思考制造、食品、科学、金融、服装或其他任何事物。“对我们来说，人工智能的异质性将比它的速度和力量更有价值。”凯利的观察让我想起了我 1974 年 11 月 3 日的日记：“自从计算机写小说这一想法冒犯到我以来，我已经取得了很大的进展。现在，我想我会欢迎一种新的智能形式与我们共存。”

2017 年，美国国防部高级研究计划局执行主任威廉·雷格利（William Regli），也对凯利对通用机器智能的怀疑表示了认同：

> 事实是，尽管近年来一些独立的工程工作取得了巨大进步，但在艺术设计方面，我们仍然严重不足——艺术是将多种元素合成为最终产品的神秘过程，它在很大程度上仍未自动化。（Regli，2017）

2018 年底，亚利桑那州立大学科学与想象中心的创始主任埃德·芬恩（Ed Finn）重复提及了——也许是在不知情的情况下——约翰·麦卡锡曾经提到过的人工智能的“文学问题”，也就是我们关于未来人工智能的叙事总是遵循这样一个套路：里边包含英雄和反派，而反派几乎总是人工智能。这阻碍了我们认真思考一个协作式人工智能的未来。芬恩问道：为什么是零和竞争？他希望看到将科幻作家、技术专家和政策制定者聚集在一起，对人工智能进行一次整体思考。

二

这本书是关于人的，而不是关于机器的。人类一直是我的主要兴趣。碰巧的是，人工智能的成熟历程（虽然还没有完全成熟）也已经是我生命中的一部分了。这让我停下来思考，人工智能曾经只是小圈子里的研究对象，而现在人工智能几乎进入了我们生活的每个角落，我已经熟悉了人工智能。因此，这本书不仅是一个探索传奇，也是一个成长的故事。它既是一个科学领域的故事，也是一个天真年轻女性的故事。现在，她聪明了很多，但也变老了。我是一名人文学科的学生，在我的生命中很早就接触到了早期人工智能，甚至与它的创始者进行了长时间的交谈，被他们的热情和乐观深深打动。我一生中的大部分时间都在试图拉住严肃思想家的衣袖，告诉他们这——人工智能——可能很重要。

我在这里讲述了自己的故事，因为正如我一开始所说的，个性、友谊、敌意、背景和机会，种种元素都能在这段特殊的故事中找到。要了解人工智能发展的早期年代，仅用抽象的东西是行不通的。正是创造人工智能的科学家、推动人工智能向前发展的科学家，吸引我写下这本书作为见证：不论是在过去还是现在，他们都是最勇敢的，是敢于在智力上创新的女性和男性，对于曾经的攻击和嘲笑，他们不为所动，继续坚持改变世界。他们值得被记住的不只是以他们的名字命名的奖项或楼宇。

你已经看到，人工智能的未来有时被想象成一个智慧的吉夫斯（Jeeves），而不是我们在精神上微不足道的伯蒂·伍斯特（Bertie Wooster）的自我。* “吉夫斯，

---

* 吉夫斯和伯蒂·伍斯特均为英国电视连续剧《万能管家》（*Jeeves and Wooster*）的主人公。——译者注

你真是个奇迹。”“先生，谢谢你，我们尽力了。”华生、守护天使、马斯洛，以及他们乐于助人的人工智能兄弟希望成为我们的汽车司机、我们的财务和医疗顾问、我们的老师、我们的长期规划者、我们的同事——而不是我们的主人。这是一幅引人入胜的画卷，人类乘着自己的智能机器，毫不费力地驶向未来。

凯利说，当一项又一项任务落到机器身上时，我们会问自己，人类是什么？“人工智能到来的最大好处是，人工智能将帮助我们定义人类。我们需要人工智能来告诉我们，我们是谁。”（Kelly，2014）[1]

不，这是人文学科持续而又全新的任务，它已经开始了。十几岁的时候，我不会问自己是谁。我当然知道我是谁。我只是不明白为什么世界不喜欢或不接受我是谁。这就是我对关于我们的任何新定义的看法：适应和阐释我们的无限多样性。

我们现在还不清楚，与其他在某些方面比我们更高级的智能生活在一起对我们意味着什么。它会拓宽和提高我们的个人和集体智慧吗？在一些重要的方面，它已经做到了。它能找到我们永远无法解决的问题的解决方案吗？没准能做到。能找到我们连提都提不出来的问题的解决办法？也许吧。它会引发问题吗？一定会。人工智能已经打破了我们关于自己的最美妙的神话，并对其他人发出了不受欢迎的光芒。但类似的事情还会继续发生。

让我们谈谈未来。描写令人窒息的场景确实让人抗拒。没有什么比这更容易过气，也没有什么能让先知看起来如此有时限。正如中国线上服务平台阿里巴巴的联合创始人马云所说：“我们都是昨天的专家，没有人是未来的专家。”

当人们问我对人工智能最大的担忧时，我会说：我们还不够聪明，无法想象未来。

三

在所有这些发酵过程中，你可能还会认识到关于人工智能有两种习惯性的对立观点——灾难性的偏见和受欢迎的祝福，这是《会思考的机器》的初期主题：我称之为对人类颅骨之外的智能的希伯来式和希腊式看法。希伯来式的看法暗含在第二条诫命中："不可为自己雕刻偶像，也不可做任何天上、地上或地底下水中事物的形象。"[2] 我们害怕拥有上帝才能拥有的愿望，害怕因我们傲慢的、不正当的野心而招致上帝的愤怒。相反，希腊式的观点（带着欢呼和乐观）欢迎外部帮助，欢迎我们用自己的双手创造的东西——并不是说奥林匹斯山的居民和他们的后代没有问题。[3]

我们已经尝到了人工智能阴暗面的苦涩滋味。俄罗斯的机器人和其他软件在社交平台上假冒真人，干扰了2016年美国大选；我们的电信和社交媒体应用程序了解我们的生活细节，甚至是令人尴尬的细节。在我们所有人——无论是我们的政府还是公司，无论是被操纵的个人还是诡计多端的恐怖分子——都受到监视的情况下，经济和社会的组织方式必须从根本上改变。李开复说，我们需要重写社会契约（Lee，2018）。我们确实需要。我们当然需要考虑这一点。

让我们也谈谈西方传统中的伟大思想。什么是思想？什么是记忆？什么是自我？什么是美？什么是爱？什么是伦理？迄今为止，对这些问题的回答都是肯定或否定。有了人工智能，问题必须被精确地指定，用可执行的计算机代码来实现。因此，永恒的问题正在被重新审视和检验。

从一开始，人工智能领域的先驱研究人员就期望机器最终会比人类更聪明（无论这意味着什么）。但是，他们认为这是巨大的好处，更多的智慧就像更多的美德。这些早期的研究人员坚信希腊传统。他们相信——我也相信，如果你没有猜到的话——如果我们足够幸运勤奋，我们可以创造一个拥有人类最好品质的文明：拥有高智力，也就是智慧；有尊严，有同情心，慷慨而人人富足，有创造力，有欢乐，这是由专门研究人文学科和科学的人进行伟大联合的机会。赫伯特·西蒙喜欢说我们不是未来的旁观者，我们是创造者。一个更好的文化以生活为中心，以道德为基础，同时包容无限的人类多样性，是值得拥有最优秀的头脑、人类和机器的综合项目。

作为一个物种，我们渴望拯救自己。历史上所有想象中的神都没能从自然、他人和我们自己手中拯救和保护我们，而我们现在终于准备好用自己增强的大脑来代替它们。有些人担心这一切都会以灾难告终。“我们就像神一样，”斯图尔特·布兰德（Stuart Brand，1968）有句名言，“我们最好能做得更好。”我们正在努力。我们可能会失败。

四

无论输赢，我们都必须追求人类的追求。从一开始，某种神秘而深刻的向往就引领我们来到这里。这是我们的传说、神话和故事的深刻真相。（我得解释一下，人类并不只会追求性的乐趣。）对人工智能的探索与我们天生的飞行愿望、在海面上和海下漫游的愿望、超越我们自然视力看到平时看不到的事物的愿望相似。这场探索中，我们走出平凡，沿着一条黑暗而危险的道路，过关斩将……这是一场全人类都必须进行的集体英雄之旅。

我们已经看到的任务和试验，包括整个商业模式的破坏、工作的转变（因此对许多人来说，生活的意义也发生了转变），以及具有不可预见后果的超乎想象的应用程序。我们可能（也许不可能）征服机器；人工智能可能（也许不太可能）毁灭人类。这些在我看来似乎遥不可及，但我们还无法预见的考验肯定会出现。我们几乎不知道如何应对我们所看到的考验。我在上面引用了赫伯特·西蒙的话：“我们不是未来的旁观者，我们是创造者。”但他也时常无伤大雅地错误引用箴言：“领袖无远见，百姓必亡。”

多年来，我一直把这些美术体文字装裱在书桌上方。这是我丈夫送给我的礼物，上面写着：“为什么称之为光荣呢？”

我默默在心中背诵了其余的段落：

为什么称之为光荣呢？绝不是因为在这儿行船会像在南方的大海上行船那样一帆风顺，海面波澜不惊，而是因为此行危机四伏，险象环生；是因为无论出现什么意外的情况，你们都坚韧不拔，表现出大无畏的精神；还因为你们时时处于危险和死亡的包围之中，要求你们拿出勇气，攻而克之。正因为如此，它才光荣，才称得上是令人肃然起敬的壮举。你们从此会受到人们的欢呼致意，被誉为人类的造福者，你们的名字也将受到人们的崇敬，因为你们已跻身于为了荣誉、为了人类的利益而视死如归的英雄行列。

这是在玛丽·雪莱的重要小说《弗兰肯斯坦》接近尾声时，垂死的维克多·弗兰肯斯坦（Victor Frankenstein）博士的话。在寻找西北航道时，船员们被来势汹汹的冰层吓得魂不附体，而他则向船员们大声呼喊了这段话。是的，这些话讽刺地反映了他对自己创造的超人类智慧的否定。我相信，更深层次的紧迫感是他和我们为了必须去的地方而勇敢地奋斗。

这段话和它所代表的其余段落悬挂在我的桌子上方，为的是提醒我在自己的写作生涯中，我正努力诚实地、毫不夸张地向世界讲述人工智能。它现在可以代表人类在遏制其危险的同时从人工智能中获得最大收益的斗争。

人工智能挑战着同时也融合着艺术与科学以及所有其他人力资源。我们已经按照自己的形象创造了一些可能最终超越我们的东西，它们甚至可以毁灭我们这个物种。我们经历了重大的、引人注目的、可耻的失败，也许我们不配得到更好的结果。但我仍然是个乐观主义者。是的，数字和人文相结合。我们从来没有完全失去对自己的爱，这是一个很大的优势。我们可能会学会与更聪明的自己合作。

当我问马文·明斯基他对人工智能的希望时，他回答说："它可以弥补人类失败的地方。"很公允的答案。我希望人工智能，这种人类历史上罕见的现象，能扩大我们的抱负。到目前为止，这种机会经常被浪费在相对琐碎的事情上，至少在商业领域是这样。我希望我们都能把人工智能当作一种神圣的信任来对待。

为什么称之为光荣呢?

我们已经开始了旅途，让我们继续追寻。

注 释

[1] 凯利在后来的一篇文章“人工智能货物崇拜：超人人工智能的神话”(The AI Cargo Cult：The Myth of a Superhuman AI)(https://backchannel.com/the-myth-of-a-superhuman-ai-59282b686c62)中详细阐述了这些观点。文章的主要观点是，智能不是单一维度的，因此“比人类更聪明”是没有意义的，即便智能的维度不是无限的。人类没有通用的头脑，人工智能也没有。在其他媒体(例如，湿件)中模拟人类思维将受到成本的限制。最后，智力只是进步的一个因素。

[2] Exodus 20：4，King James Version.

[3] 同样的划分在人类功能的生物增强方面也很明显。有些人非常害怕这一点，其他人认为这将有好处。更聪明的人类和更聪明的机器的结合值得考虑。

参考文献

Abramowitz, M., and Chertoff, M. (2018, November 1). The global threat of China's digital authoritarianism. *The Washington Post*. Retrieved from https://www.washingtonpost.com/opinions/the-global-threat-of-chinas-digital-authoritarianism/2018/11/01/46d6d99c-dd40-11e8-b3f0-62607289efee_story.html

AI Index. (2017, November). *Artificial Intelligence Index: 2017 Annual Report*. Retrieved from https://aiindex.org/2017-report.pdf

Andersen, Richard. (2019, April). The intention machine. *Scientific American*, *320*(4), pp.24—31.

Aronson, L. (2014, July 19). The future of robot caregivers. *The New York Times*. Retrieved from https://www.nytimes.com/2014/07/20/opinion/sunday/the-future-of-robot-caregivers.html

Asia Society New York (Producer). (2018, October 1). AI Superpowers: A conversation with Kai-Fu Lee [Online video]. Retrieved from https://asiasociety.org/new-york/events/sold-out-ai-superpowers-conversation-kai-fu-lee

Berwick, R. C., and Chomsky, N. (2016). *Why Only Us: Language and Evolution*. Cambridge, MA: The MIT Press.

Bostrom, N. (2014). *Superintelligence: Paths, Dangers, Strategies*. Oxford: Oxford University Press.

Bowles, N. (2018, September 23). News site to investigate big tech, helped by Craigslist founder. *The New York Times*. Retrieved from https://www.nytimes.com/2018/09/23/business/media/the-markup-craig-newmark.html

Brand, S. (1968, Fall). *Whole Earth Catalog*. Retrieved from http://www.wholeearth.

com/uploads/2/File/documents/sample-ebook.pdf

Brockman, J. (2014, November 14). The myth of AI: A conversation with Jaron Larnier. *Edge*. Retrieved from https://www.edge.org/conversation/jaron_lanier-the-myth-of-ai

Burdick, A., Drucker, J., Lunenfeld, P., Presner, T., and Schnapp, J. (2012). *Digital_ Humanties*. Cambridge, MA: The MIT Press.

Canon, G. (2018, November 10). Why Silicon Valley is worried about U.S. plan to curb Chinese funds. *The Guardian*. Retrieved from https://www.theguardian.com/technology/2018/nov/10/silicon-valley-chinese-funding-trump-administration-pilot

Carey, B. (2019, April 24). Scientists create speech from brain signals. *The New York Times*. Retrieved from https://www.nytimes.com/2019/04/24/health/artificial-speech-brain-injury.html

Carley, K. M. (2015, October 24). Will social computers dream? *Welcome Back to the 〈Source〉 of It All*. Symposium celebrating the 50th anniversary of the Department of Computer Science at Carnegie Mellon University, Pittsburgh, PA.

Chalmers, D. J. (2010). The singularity: A philosophical analysis. *Journal of Consciousness Studies, 17*(9—10), pp.7—65.

Cohn, G. (2018, October 25). AI art at Christie's sells for $432 500. *The New York Times*. Retrieved from https://www.nytimes.com/2018/10/25/arts/design/ai-art-sold-christies.html

Conger, K., and Metz, C. (2018, October 7). Tech workers now want to know: What are we building this for? *The New York Times*. Retrieved from https://www.nytimes.com/2018/10/07/technology/tech-workers-ask-censorship-surveillance.html

David, D. (2017). *Pamela Hansford Johnson: A Writing Life*. New York: Oxford University Press.

Davis, R., Shrobe, H., and Szolovits, P. (1993, Spring). What is knowledge representation? *AI Magazine*, *14*(1), pp.17—33. doi: https://doi.org/10.1609/aimag.v14i1.1029

Dennett, D. C. (2017). *From Bacteria to Bach and Back: The Evolution of Mind*. New York: W. W. Norton.

Dennett, D. C. (2013). *Intuition Pumps and Other Tools for Thinking*. New York: W. W. Norton & Co.

Dowd, M. (1983, October 12). Columbia enters new era with computer center. *The New York Times*. Retrieved from https://www.nytimes.com/1983/10/12/nyregion/columbia-enters-new-era-with-computer-center.html

Dreyfus, H. (1972). *What Computers Can't Do: A Critique of Artificial Reason*. New

York: Harper & Row.

Editorial Board. (2018, October 15). There may soon be three Internets. America's won't necessarily be the best. *The New York Times.* Retreived from https://www.nytimes.com/2018/10/15/opinion/internet-google-china-balkanization.html

Elstrom, P., Gao, Y., with Pi, X. (2018, July 10). China's technology sector takes on Silicon Valley. *Bloomberg News.* Retrieved from https://www.bloomberg.com/news/articles/2018-07-10/china-s-technology-sector-takes-on-silicon-valley

Eschner, K. (2018, February 14). Women were better represented in Victorian novels than modern ones. *Smithsonian.com.* Retrieved from https://www.smithsonianmag.com/arts-culture/what-big-data-can-tell-us-about-women-and-novels-180968153

Estorick, A. (2017, December 5) . When the painter learned to program. *Flash Art.* Retrieved from https://flash—art.com/article/harold-cohen/

Fackler, M. (2017, November 19). Six years after Fukushima, robots finally find reactors' melted uranium fuel. *The New York Times.* Retrieved from https://www.nytimes.com/2017/11/19/science/japan-fukushima-nuclear-meltdown-fuel.html

Feigenbaum, E., and McCorduck, P. (1983). *The Fifth Generation: Artificial Intelligence and Japan's Computer Challenge to the World.* Reading, MA: Addison-Wesley.

Feigenbaum, E., and Shrobe, H. (1993, July). The Japanese national Fifth Generation project: Introduction, survey, and evaluation. *Future Generation Computer Systems, 9*(2).

Finn, E. (2018, November 15). A smarter way to think about intelligent machines. *The New York Times.* Retrieved from https://www.nytimes.com/2018/11/15/opinion/killer-robots-ai-humans.html

Ford, K., Hayes, P., Glymour, C., and Allen, J. (2015, Winter). Cognitive orthoses: Toward human-centered AI. *AI Magazine, 36*(4), pp.5—8. doi: https://doi.org/10.1609/aimag.v36i4.2629

Friedman, T. L. (2018, September 25). Trump to China: 'I own you.' Guess again. *The New York Times.* Retrieved from https://www.nytimes.com/2018/09/25/opinion/trump-china-trade-economy-tech.html

Fuller, R. B. (1978). *Operating Manual for Spaceship Earth.* New York: E. P. Dutton.

Gershman, S. J., Horvitz, E. J., & Tenenbaum, J. (2015, July 17). Computational rationality: A converging paradigm for intelligence in brains, minds, and machines. *Science, 349*, pp.273—278. doi: 10.1126/science.aac6076

Gil, Y., Greaves, M., Hendler, J., and Hirsh, H. (2014, October 10). Amplify scientific discovery with artificial intelligence. *Science, 346*(6206), pp.171—172. doi:

10.1126/science.1259439

Glasberg, E. (2014, February). Faculty Q&A: Dennis Tenen. *The Record*, *39*(5), p.7. Retrieved from https://archive.news.columbia.edu/files_columbianews/imce_shared/vol3905.pdf

Goldman, R. (2017, February 14). Dubai plans a taxi that skips the driver and the roads. *The New York Times*. Retrieved from https://www.nytimes.com/2017/02/14/world/middleeast/dubai-passenger-drones.html

Guizzo, E., and Ackerman, E. (2015, June 9). How South Korea's DRC-HUBO robot won the DARPA robotics challenge. *IEEE Spectrum*. Retrieved from https://spectrum.ieee.org/automaton/robotics/humanoids/how-kaist-drc-hubo-won-darpa-robotics-challenge

Halberstam, D. (2012). *The Fifities*. New York: Open Road Media.

Harari, Y. N. (2015). *Sapiens*: *A Brief History of Humankind*. New York: Harper Collins.

Harari, Y. N. (2018). *21 Lessons for the 21st Century*. New York: Spiegel and Grau.

Helbing, D., Frey, D. S., Gigerenzer, G., Hafen, E., Hagner, M., Hofstetter, Y., ... Zwitter, A. (2017, February 25). Will democracy survive big data and artificial intelligence? *Scientific American*. Retrieved from https://www.scientificamerican.com/article/will-democracy-survive-big-data-and-artificial-intelligence/

Hern, A. (2019, February 14). New AI fake text generator may be too dangerous to release, say creators. *The Guardian*. Retrieved from https://www.theguardian.com/technology/2019/feb/14/elon-musk-backed-ai-writes-convincing-news-fiction

High, R. (2013, November 4). Teaching IBM's Watson how to think like a human. *Forbes*. Retrieved from https://www.forbes.com/sites/ibm/2013/11/04/teaching-ibms-watson-how-to-think-like-a-human

Hirschberg, J., and Manning, C. D. (2015, July 17). Advances in natural language processing. *Science*, *349*(6245), pp.261—266. doi: 10.1126/science.aaa8685

Hofstadter, D., and Dennett, D. C. (1981). *The Mind's I*. Basic Books: New York.

Holmes, D., and Winston, P. H. (2018, December 15). The genesis enterprise: Taking artificial intelligence to another level via a computational account of human story understanding [technical report]. *Computational Models of Human Intelligence*. Retrieved from http://dspace.mit.edu/handle/1721.1/119651

Hong, J. (2015, October). *Intelligent Agents for Helping Humanity Reach Its Full Potential*. Retrieved from CHIMPS Lab http://www.cmuchimps.org/publications/intelligent_agents_for_helping_humanity_reach_its_full_potential_2015

Horvitz, E. (2009). Asilomar Study on Long-Term AI Futures: Highlights of 2008—

2009 AAAI Study: Presidential Panel on Long-Term AI Futures. Retrieved from http://www.aaai.org/Organization/presidential-panel.php

Humanties cross the digital divide. (2014, February). *The Record, 39*(5), p.1. Retrieved from https://archive.news.columbia.edu/files_columbianews/imce_shared/vol3905.pdf

Iacocca, L., and Novak, W. (1984). *Iacocca: An Autobiography.* New York: Bantam Books.

James, H. (1909). *The Ambassadors.* New York: Charles Scribner.

Jamrisko, M., and Torres, C. (2018, June 6). America may need to adopt China's weapons to win the tech war. *Bloomberg Quint*. Retrieved from https://www.bloombergquint.com/technology/america-may-need-to-adopt-china-s-weapons-to-win-the-tech-war

Kahneman, D. (2011). *Thinking, Fast and Slow.* New York: Farrar, Straus, and Giroux.

Kamvar, S. (2012, September 15-2013, April 1). *Boundaries*[art exhibit]. Skissernas Museum | Museum of Public Art. Lund, Sweden.

Katsma, H. (2014, September). Loudness in the novel. *Pamphlets of the Stanford Literary Lab.* Retrieved from https://litlab.stanford.edu/LiteraryLabPamphlet7.pdf

Kelly, K. (2014, October 27). The three breakthroughs that have finally unleashed AI on the world. *Wired.* Retrieved from https://www.wired.com/2014/10/future-of-artificial-intelligence/

Kissinger, H. A. (June 2018). How the enlightenment ends. *The Atlantic.* Retrieved from https://www.theatlantic.com/magazine/archive/2018/06/henry-kissinger-ai-could-mean-the-end-of-human-history/559124/

Kolodner, J.L. (2015, Winter). Cognitive prosthetics for fostering learning: A view from the learning sciences. *AI Magazine, 36*(4), pp.34—50. doi: https://doi.org/10.1609/aimag.v36i4.2615

Krakovsky, M. (2014, September). Q&A: Finding themes. *Communications of the ACM, 57*(9), pp.104—105. doi:10.1145/2641223

Lanier, J. (2013). *Who Owns the Future*? New York: Simon and Schuster.

Lanier, J. (2017). *Dawn of the New Everything.* New York: Henry Holt and Company.

Larson, C. (2018, February 8). China's massive investment in artificial intelligence has an insidious downside. *Science.* doi:10.1126/science.aat2458

Leavis, F. R. (2013). *Two Cultures? The Significance of C. P. Snow with Introduction by Stefan Collini.* New York: Cambridge University Press.

Lee, D. (2018, June 30). At this Chinese school, Big Brother was watching students—

and charting every smile or frown. *Los Angeles Times*. Retrieved from https://www.latimes.com/world/la-fg-china-face-surveillance-2018-story.html

Lee, K. (2018). *AI Superpowers: China, Silicon Valley, and the New World Order.* Boston: Houghton Mifflin Harcourt.

Linn, T. C. (2018, August 28). Race to develop artificial intelligence is one between Chinese authoritarianism and U.S. democracy. *San Francisco Chronicle*. Retrieved from https://www.sfchronicle.com/opinion/openforum/article/Race-to-develop-artificial-intelligence-is-one-13189380.php

Lohr, S. (2018, October 15). M.I.T. plans college for artificial intelligence, backed by $1 billion. *The New York Times*. Retrived from https://www.nytimes.com/2018/10/15/technology/mit-college-artificial-intelligence.html

McCorduck, P. (1976, February 9). An introduction to the humanities with Prof. Ptolemy. *The Chronicle of Higher Education.* Reprinted in *How to Read Slowly,* James W. Sire, ed., Downers Grove, Ill.: Inter Varsity Press, 1978; in *The Joy of Reading*, James W. Sire, ed., Portland, Oregon: Multnomah Press, 1984; and in the 2nd edition of Sire, *How to Read Slowly*, Wheaton, Ill.: The Harold Shaw Press, 1989.

McCorduck, P. (1990). *Aaron's Code.* New York: W. H. Freeman.

McCorduck, P. (2004). *Machines Who Think, 2nd Edition.* Natick, Massachusetts: A. K. Peters Ltd.

Mill, J. S. (2011, January 10). *The Project Gutenberg EBook of On Liberty.* Retrieved from https://www.gutenberg.org/files/34901/34901-h/34901-h.htm

Miller, A. I. (2014). *Colliding Worlds: How Cutting-Edge Science Is Redefining Contemporary Art.* New York: W. W. Norton.

Minsky, M. (1988). *The Society of Mind.* New York: Simon & Schuster.

Minsky, M. (2006). *The Emotion Machine.* New York: Simon & Schuster.

Morais, B. (2015, April 24). Watson's star turn at Tribeca. *The New Yorker.* Retrieved from https://www.newyorker.com/business/currency/watsons-star-turn-at-tribeca

Moretti, F., and Pestre, D. (2015, March). Bankspeak: The language of World Bank reports, 1946—2012. *Pamphlets of the Stanford Literary Lab.* Retrieved from https://litlab.stanford.edu/LiteraryLabPamphlet9.pdf

Mozilla blog. (2018, October 10). Announcing a competition for ethics in computer science, with up to $3.5 million in prizes [Blog post]. Retrieved from https://blog.mozilla.org/blog/2018/10/10/announcing-a-competition-for-ethics-in-computer-science-with-up-to-3-5-million-in-prizes/

Mozur, P. (2018, July 8). Inside China's dystopian dreams: A.I., shame and lots of cameras. *The New York Times.* Retrieved from https://www.nytimes.com/2018/07/08/business/china-surveillance-technology.html

Mulvey, L. (1975, Autumn). Visual pleasure and narrative cinema. *Screen, 16*(3), pp.6—18.

Muskus, J. (2018, May 17). AI made these paintings. *Bloomberg Businessweek.* Retrieved from https://www.bloomberg.com/news/articles/2018-05-17/ai-made-incredible-paintings-in-about-two-weeks

Naughton, J. (2018, August 5). Magicial thinking about machine learning won't bring the reality of AI any closer. *The Guardian.* Retrieved from https://www.theguardian.com/commentisfree/2018/aug/05/magical-thinking-about-machine-learning-will-not-bring-artificial-intelligence-any-closer

Newell, A., and Simon, H. A. (1972). *Human Problem Solving.* Upper Saddle River, NJ: Prentice Hall.

Newell, A. (1981). The knowledge level. *Artificial Intelligence*, *2*(2), pp.1—33. doi: https://doi.org/10.1609/aimag.v2i2.99

Newell, A. (1990). *Unified Theories of Cognition*: *The William James Lectures, 1987.* Cambridge, MA: Harvard University Press.

Newell, A. (1992). Fairy Tales. *Artifical Intellence, 13*(2), pp.46—48. doi: https://doi.org/10.1609/aimag.v13i4.1020

Nichols, P. (Director). (1991, May 10). The Computer Bowl III, Part 2 [Television series episode]. Janice del Sesto & Stewart Chiefet (Executive Producers), *Computer Chronicles.* San Mateo, CA: KCSM-TV. Retrieved from https://archive.org/details/episode_851

Nichols, P. (Director). (1991, May 3). The Computer Bowl III, Part 1 [Television series episode]. Janice del Sesto & Stewart Chiefet (Executive Producers), *Computer Chronicles.* San Mateo, CA: KCSM-TV. Retrieved from https://archive.org/details/computerbowl

Nilsson, N. (2010). *The Quest for Artificial Intelligence.* New York: Cambridge University Press.

Nix, N. (2018, October 8). Google drops out of Pentagon's $10 billion cloud competition. *Bloomberg News.* Retrieved from https://www.bloomberg.com/news/articles/2018-10-08/google-drops-out-of-pentagon-s-10-billion-cloud-competition

Noë, A. (2015). *Strange Tools*: *Art and Human Nature.* New York: Hill and Wang.

Overbye, D. (2014, October 3). Martin Perl, 87, dies; Nobel Laureate discovered subatomic particle. *The New York Times*. Retrieved from https://www.nytimes.com/2014/10/04/science/martin-perl-physicist-who-discovered-electrons-long-lost-brother-dies-at-87.html

Penrose, R. (1989). *The Emperor's New Mind*. New York: Oxford University Press.

Raghavan, P. (Interviewer). (2011, June 6). *Joe (Joseph) Traub oral history* [Transcription of video]. Oral History Collection (Catalog No. 102745087, Lot No. X6067.2011). Computer History Museum, Mountain View, CA.

Regli, W. (2017, Fall). Design and intelligent machines. *AI Magazine*, *38*(3), pp.63—65. doi: https://doi.org/10.1609/aimag.v38i3.2752

Robertson, J., and Riley, M. (2018, October 4). The big hack. *Bloomberg Businessweek*. Retrieved from https://www.bloomberg.com/news/features/2018-10-04/the-big-hack-how-china-used-a-tiny-chip-to-infiltrate-america-s-top-companies

Rose, F. (2018, September 14). Frank Gehry's Disney Hall is technodreaming. *The New York Times*. Retrieved from https://www.nytimes.com/2018/09/14/arts/design/refik-anadol-la-philharmonic-disney-hall.html

Russell, S., and Norvig, P. (2010). *Artificial Intelligence: A Modern Approach, 3rd Edition*. New York: Pearson.

Sancton, J. (2014, April 24). The culture conversation. *Departures*. Retrieved from https://www.departures.com/art-culture/culture-watch/culture-conversation

Sanger, D. E. (2018, October 26). Microsoft says it will sell Pentagon artificial intelligence and other advanced technology. *The New York Times*. Retrieved from https://www.nytimes.com/2018/10/26/us/politics/ai-microsoft-pentagon.html

Schuessler, J. (2017, October 30). Reading by the numbers: When big data meets literature. *The New York Times*. Retrieved from https://www.nytimes.com/2017/10/30/arts/franco-moretti-stanford-literary-lab-big-data.html

Shapiro, G. (2014, February). Columbia people: Alex Gil. *The Record*, *39*(5), p.4. Retrieved from https://archive.news.columbia.edu/files_columbianews/imce_shared/vol3905.pdf

Simon, H. A. (1956). Rational choice and the structure of the environment. *Psychological Review*, *63*(2), pp.129—138. doi: http://dx.doi.org/10.1037/h0042769

Simon, H. A. (1991). *Models of My Life*. New York: Basic Books.

Simon, H. A. (1996). *The Sciences of the Artifical, 3rd Edition*. Cambridge, MA: The MIT Press.

Simon, H. A. (1997). Allen Newell. *Biographical Memoirs* (pp.141—172). Washington, D.C.: National Academy Press.

Smith, A. (2018, August 30). Franken-algorithms: the deadly consequences of unpredictable code. *The Guardian.* Retrieved from https://www.theguardian.com/technology/2018/aug/29/coding-algorithms-frankenalgos-program-danger

Solman, P. (Business and Economics Correspondent). (2012, July 10). As Humans and Computers Merge ... Immortality? [News segment]. Winslow, Linda (Executive Producer), *PBS NewsHour.* Arlington, VA: WETA Public Broadcasting.

Solon, O. (2018, June 18). Man 1, machine 1: Landmark debate between AI and humans ends in draw. *The Guardian.* Retrieved from https://www.theguardian.com/technology/2018/jun/18/artificial-intelligence-ibm-debate-project-debater

Somers, J. (2018, December 28). How the artificial-intelligence program AlphaZero mastered its games. *The New Yorker.* Retrieved from https://www.newyorker.com/science/elements/how-the-artificial-intelligence-program-alphazero-mastered-its-games

Somers, J. (2017, September 29). Is AI riding a one-trick pony? *MIT Technology Review.* Retrieved from https://www.technologyreview.com/s/608911/is-ai-riding-a-one-trick-pony/

Stockton, F. R. (1895). The Lady or the Tiger? *A Chosen Few Short Stories* (pp.117—128). New York: Charles Scribner's Sons. Retrieved from https://www.gutenberg.org/files/25549/25549-h/25549-h.htm#tiger

Stoica, I., Song, D., Raluca, A. P., Patterson, D. A., Mahoney, M. W., Katz, R. H., ... Abbeel, P. (2017, October 16). *A Berkeley view of systems challenges for AI.* (Technical Report No. UCB/EECS-2017-159). Retrieved from the Berkeley Electrical Engineering and Computer Sciences website: http://www2.eecs.berkeley.edu/Pubs/TechRpts/2017/EECS-2017-159.html

Stone, P., Brooks, R., Brynjolfsson, E., Calo, R., Etzioni, O., Hager, G., ... Teller, A. (2016, September). *Artificial Intelligence and Life in 2030* (Report of the 2015—2016 Study Panel). Stanford University, One Hundred Year Study on Artificial Intelligence. Retrieved from https://ai100.stanford.edu/2016-report

Stone, R., and Lavine, M. (2014, October 10). The social life of robots. *Science 346*(6246). doi:10.1126/science.346.6206.178

Strickland, E. (2014, February 28). Dismantling Fukushima: The world's toughest demolition project. *IEEE Spectrum.* Retrieved from https://spectrum.ieee.org/energy/nuclear/dismantling-fukushima-the-worlds-toughest-demolition-project

Strogatz, S. (2018, December 26). One giant step for a chess-playing machine. *The New York Times.* Retrieved from: www.nytimes.com/2018/12/26/science/chess-artificial-intelligence

Stuart, K. (2018, September 24). From superheroes to soap operas: Five ways video game stories are changing forever. *The Guardian.* Retrieved from https://www.theguardian.com/games/2018/sep/24/from-superheroes-to-soap-operas-five-ways-video-game-stories-are-changing-forever

Tattersall, I. (2014, September). If I had a hammer. *Scientific American, 311*(3), pp.54—59.

Tegmark, M. (2017). *Life 3.0: Being Human in the Age of Artificial Intelligence.* New York: Alfred A. Knopf.

Terras, M., Nyhan, J., and Vanhoutte, E. (Eds). (2013). *Defining Digital Humanities: A Reader.* London: Ashgate.

The evolving university. (2014, Spring). *Columbia Magazine*, pp.28—31.

The tech giant everyone is watching. (2018, June 30). *The Economist*, *427*(9098), p.11.

Togyer, J. (2014, Summer). Institutional memories: Reflections on a quarter-century and more. *The Link, 8*(1), 17—26. Retrieved from https://www.cs.cmu.edu/sites/default/files/14-399_The_Link_Newsletter-May.pdf

Turkle, S. (2014, July 25). Letter: How ... are ... you ... feeling ... today? *The New York Times.* Retrieved from https://www.nytimes.com/2014/07/26/opinion/when-a-robot-is-a-caregiver.html

USENIX (Producer). (2018, August 16). USENIX Security '18-Q: Why do keynote speakers keep suggesting that improving security is possible? (YouTube video). Retrieved from https://youtu.be/ajGX7odA87k

Valiant, L. (2014). *Probably Approximately Correct: Nature's Algorithms for Learning and Prospering in a Complex World.* New York: Basic Books.

Wakabayashi, D., Griffith, E., Tsang, A., and Conger, K. (2018, November 1). Google walkout: Employees stage protest over handling of sexual harassment. *The New York Times.* Retrieved from https://www.nytimes.com/2018/11/01/technology/google-walkout-sexual-harassment.html

Wakabayashi, D., and Brenner, K. (2018, October 25). How Google protected Andy Rubin, "the father of the Android." *The New York Times.* Retrieved from https://www.nytimes.com/2018/10/25/technology/google-sexual-harassment-andy-rubin.html

Wapner, Jessica (2019) "The Engineer using A. I. to Read Your Feelings, " March 29, 2019. Retrieved from https://onezero.medium.com/the-engineer-using-a-i-to-read-your-feelings-bc284343f02

Weizenbaum, J. (1976). *Computer Power and Human Reason.* New York: W. H.

Freeman.

Weizenbaum, J. (1983, October 27). The computer in your future. *The New York Review of Books*. Retrieved from https://www.nybooks.com/articles/1983/10/27/the-computer-in-your-future/

West, S. M., Whittaker, M. and Crawford, K. (2019). Discriminating Systems: Gender, Race and Power in AI. AI Now Institute. Retrieved from https//ainowinsitute.org/discriminatingsystems.html

Wilson, E. O. (2014). *The Meaning of Human Existence*. New York: Liveright Publishing Corporation.

Wing, J. M. (2006, March). Computational thinking. *Communications of the ACM*, *49*(3), pp.33—35.

Winston, P. H. (2011). The strong story hypothesis and the directed perception hypothesis. In AAAI Fall Symposium Series. Retrieved from https://www.aaai.org/ocs/index.php/FSS/FSS11/paper/view/4125

Wortham, J. (2014, July 26). When digital art is suitable for framing. *The New York Times Bits Blog*. Retrieved from https://bits.blogs.nytimes.com/2014/07/26/when-digital-art-is-suitable-for-framing/

Yuan, L. (2018, October 3). Private businesses built modern China. Now the government is pushing back. *The New York Times*. Retrieved from https://www.nytimes.com/2018/10/03/business/china-economy-private-enterprise.html

Zadeh, L. A. (1965, June). Fuzzy sets. *Information and Control, 8*(3), pp.338—353.

Zhong, R. (2018, November 8). At China's Internet conference, a darker side of tech emerges. *The New York Times*. Retrieved from https://www.nytimes.com/2018/11/08/technology/china-world-internet-conference.html

致 谢

我在写这本书时的所欠是如此之多，以至于我完全无法偿还这一切，也就只能在此致谢了。

传奇的威廉·辛瑟（William Zinsser）开启了我的这个旅程，虽然我与这位才华横溢的作家的相识不是通过写作，而是通过十多年来一起在美国歌曲集里的音乐探索。在他生命的尽头，当他失明无法阅读时，我会引导他从钢琴边过来坐下，在那里我大声朗读给他听——有时是他自己的作品，有时是我手稿中的段落。那时他已经90多岁了，但他的品味如此敏锐，一个句子、一个词组、一个词都能让他高兴地笑，或被冒犯地皱起眉头（他会用蓝铅笔写下形容词“传奇”，他过去是这样，现在也是这样）。这些情景在我的记忆中是如此美好。

这本书献给两个人——我已故的丈夫约瑟夫·特劳布，和我终生的朋友亦是时常合作的伙伴爱德华·费根鲍姆。他们是任何作家都希望得到的最坚定的支持者。他们每一位都阅读了本书手稿的早期版本，纠正我，也慷慨地表扬了我。他们在我步履蹒跚时敦促我继续前进，因为他们相信我正在讲述一个关于人工智能早期的重要故事。玛丽·肖慷慨地自愿阅读了整本手稿（因为她也亲身经历了那些时期）并提出了非常好的修改建议，我为此非常感激。苏珊·巴克利（Susan Buckley）阅读了本书的重要部分，并在编辑上提出了明智的建议，保罗·纽尔

(Paul Newel)也是如此。当乔和我有幸在马萨诸塞州的剑桥度过一个学术休假时，帕特里克·亨利·温斯顿给我解释了他自己做的关于讲故事与智能方面的工作，并安排我会见麻省理工学院的其他年轻成员——这些年轻教师的工作是塑造下一代人工智能应用。他还邀请我参加了麻省理工与哈佛合办的关于人脑、思想与机器研讨会的首场会议以及每周的研讨会。研讨会的参与人员包括神经科学家、计算机科学家、工程师和其他对大脑、思想和机器感兴趣的人，他们每周聚在一起互相学习、讨论。这些早期的会议对我来说非常宝贵，而 2019 年 7 月帕特里克的离世无论是对专业领域还是对于个人而言都是巨大的损失。

我与文学学者和传记作家戴尔德丽·戴维(Deirdre David)就传记艺术、回忆录艺术以及 19 世纪英国小说的光辉进行了非常有意义的探讨。她的专业专长让我在与她的对话中受到极大的启发。她还在帮助我增加对 C.P. 斯诺和他的妻子、小说家帕梅拉·汉斯福德·约翰逊的了解上给予了特别重要的帮助。

许多人工智能研究人员也花时间接受了我的采访。他们包括奥伦·埃齐奥尼、爱德华·费根鲍姆、埃里克·霍维茨、雅龙·拉尼耶、凯茜·麦基翁、马文·明斯基、彼得·诺维格、托马斯·波焦、拉吉·雷迪、丹·西维奥雷克、曼努埃拉·维洛佐、周以真、帕特里克·亨利·温斯顿和许多参加 2014 年纽约布鲁克林人工智能峰会的参与者。对于数字人文学科，我很高兴能够与戴维·布莱、埃德蒙·坎皮恩、安东尼·卡斯卡尔迪、查尔斯·福尔哈伯、伊利莎白·霍尼格和尼克·维尔杜斯交谈。拉里·拉斯穆森是一位出色的伦理导师。

心灵必须居住在某种身体里，所以我应该感谢那些发现我处于严重的健康紧急情况下的人：我的姐姐桑德拉·麦考黛克–玛罗娜(Sandra McCorduck-Marona)和我的兄弟约翰，是他们主动地迈出了步伐来拯救我的生命。我在纽约长老会 / 哥伦比亚大学医院的医生杰里·格利克里希(Jerry Gliklich)和彼得·格林(Peter Green)是两位成就满满并且对病人充满温暖和关怀的医生。是他们确保了我有很多的“又一天”去写作。希拉·帕尔迪(Hila Paldi)和利萨·戈尔丁(Lisa Goldin)，出色的普拉提教练，让我那在紧急情况发生前和恢复后的骨肉能够保持灵动。我的长期管家贝丽尔·希布里斯（Beryl Sibblies）如此亲切地把我肩上的许多担子接过去，即使是在她更愿意退休了的情况下。

卡内基梅隆大学ETC出版社的出色团队：署名如下，包括基思·韦伯斯特（Keith Webster）、布拉德·金（Brad King）、德鲁·戴维森（Drew Davidson）和朱莉娅·科林（Julia Corrin），在各方面都鼓励和支持我。丽贝卡·于埃尔（Rebecca Huehls）在最艰难的情况下出色地完成了本书事实核查和文案编辑的工作。我深深地感谢他们中的每一个人。

帕梅拉·麦考黛克

2019年7月

译后记

好几年前，在上海科技大学羽毛球场的休息凳上，我曾经尝试请教虞晶怡教授："到底什么是人工智能（AI）？"也许是觉得我的问题非常无知，又或者是真的觉得当前"AI"已经成为一个经常被用于科技炒作的概念词，虞教授丢下了几个字，"就是个 buzz word（流行词）"，便头一转冲回到球场上继续打球了。

许多人也许跟我当时一样，对于什么是 AI，都处在一种感觉自己知道这个词，但事实上不确定自己是否了解它的状态。生活在当今这样一个科技发展日新月异的时代，智能手机、智能电脑、智能程序、智能制造等无所不在的人工智能技术已经渗透到我们生活的方方面面：出行时，智能导航系统能结合历史数据和实时交通状况给我们规划最优的行程路线；购物时，智能推荐系统能根据我们过去的行为，依托大数据分析给我们生成各种商品推荐；浏览信息时，智能算法能根据我们的个人用户画像，提供精准的、几乎"个人定制化"的信息推送；闲暇时，我们还可以打开智能手机和基于人工智能技术开发的语音助手（例如 iPhone 的 Siri）进行调侃对话……然而，即使有了上述体验，我们对于"什么是智能"这样的问题（或者确切地回答"什么是人工智能"），似乎还是很难给出一个确切的定义。而正是阅读、翻译本书的过程，让我对这个问题有了清晰和深入的理解。

本书的作者帕梅拉·麦考黛克女士并不是人工智能领域的科技工作者。她在大学和研究生期间主修的是人文科学专业。正如书中所述，帕梅拉是在参加了美国加州大学伯克利分校英语系举办的一场关于“两种文化”的讲座才开启了她对“智能是什么”的探索。大学期间，帕梅拉一直在半工半读。在伯克利商学院从事打字员工作期间，她结识了有“人工智能之父”之称的赫伯特·西蒙，以及人工智能领域的奠基人中的朱利安·费尔德曼和爱德华·费根鲍姆。正是这段经历正式拉开了她与人工智能精英们的交流。帕梅拉在书中几乎记录了人工智能史上每一位奠基人，诚挚有趣的文字让这些人物栩栩如生。作为一位致力于架构起人文和科学之间桥梁的人工智能史学者，帕梅拉通过本书让我们在尽览人工智能这六七十年来的发展历程的同时，也感受到了冰冷机器和算法背后的人工智能精英们的思维、文化与真挚。

正如帕梅拉在书中所言：“这本书是关于人类的，而不是关于机器的。”人文叙述与科技描述在本书中的交织，成就了其独特的叙述方式。麦考黛克女士以她自己的人生经历为定点，用浅显易懂却不失细致的语言，精彩地记录了世界人工智能领域伟大的奠基者们推动技术发展的初心、愿景、主要的成就以及与他们交往经历中的佚事。本书在什么是人工智能、人工智能与生物智能的关系类比、人工智能与人类智能的差异以及人工智能的发展应用的伦理思考方面均有深刻的探讨，非常值得一读。

在此，我要特别感谢两年前虞晶怡教授邀请我参与本书的翻译工作。共同翻译本书也许就是虞教授给我当年向他提出的“到底什么是人工智能”问题的一个最有创意的回答。在当今这样一个 AI 被广泛应用的时代，我们在刚开始着手翻译之时也曾尝试让学生以谷歌公司出品的 Google Translate 为工具将书稿迅速地翻译了一遍。然而当学生将用此类 AI 工具翻译后的内容交给我们时，我们发现其中许多的内容表述无论是在准确性、完整性、流畅性以及可理解性上都不尽如人意。因帕梅拉在叙述和描写过程中常不循常规语句而更注重表述自己的主观感受和主观理解，原著中有许多单词、句子和段落在使用 AI 工具翻译的情况下是无法做到表述合理准确的。为此，虞晶怡教授和我还是采用最“原始”的方式翻译本书。我们回到原著，从语意、语境以及全书上下文的关系中理解确认帕梅拉每一个表述的意思，反复确认后才将原著的字句内容以我们认为最准确的方式翻译成文。经过两年多的努力，本书的翻译终于完成。在此，我要特别感谢格致出版社的编辑忻雁翔、张苗凤、王亚丽以及上海科技大学的学生孔祥威、王祎、李一丹在本书的翻译、编辑、出版过程中给予的帮助。在翻译过程中，虞晶怡教授严谨、细致、专业的态度让我更直观地感知到来自“第二文化”的学者们在处理“第一文化”问题上的求实精神。我本身从事的是人类态度行为科学的研究，翻译本书不但拓展了我对人工智能的历史与技术上的认知，而且让我对人工智能开发者的思维行事方式有了更具体的了解。或者在不久的将来，我们也会出版一本原创著作，向世界展示中国的人工智能精英的文化与思维的故事。本书的翻译难免还存在错误和不足，希望专家读者批评指正。

杨丽凤

上海科技大学

2023 年 8 月 26 日

图书在版编目(CIP)数据

人工智能往事 ：精英、文化与思维 /（美）帕梅拉·麦考黛克著 ；虞晶怡，杨丽凤译. — 上海 ：格致出版社 ：上海人民出版社，2024.1
ISBN 978-7-5432-3387-4

Ⅰ. ①人… Ⅱ. ①帕… ②虞… ③杨… Ⅲ. ①人工智能-简史 Ⅳ. ①TP18

中国版本图书馆 CIP 数据核字(2022)第 170646 号

责任编辑 王亚丽
装帧设计 人马艺术设计·储平

人工智能往事：精英、文化与思维
[美]帕梅拉·麦考黛克 著
虞晶怡 杨丽凤 译

出 版 格致出版社
上海人民出版社
(201101 上海市闵行区号景路 159 弄 C 座)
发 行 上海人民出版社发行中心
印 刷 上海盛通时代印刷有限公司
开 本 720×1000 1/16
印 张 27
插 页 2
字 数 388,000
版 次 2024 年 1 月第 1 版
印 次 2024 年 1 月第 1 次印刷
ISBN 978-7-5432-3387-4/K·223
定 价 108.00 元

This Could Be Important：My Life and Times with the Artificial Intelligentsia by Pamela McCorduck

上海市版权局著作权合同登记号：图字 09-2022-0308